反应式设计模式

罗兰·库恩(Roland Kuhn)
[美] 布赖恩·哈纳菲(Brian Hanafee) 著
杰米·艾伦(Jamie Allen)
何 品 邱嘉和 王石冲 译
林炜翔 审校

清华大学出版社
北 京

Roland Kuhn, Brian Hanafee, Jamie Allen
Reactive Design Patterns
EISBN: 978-1-61729-180-7

北京市版权局著作权合同登记号　图字：01-2017-4218

图书在版编目(CIP)数据

反应式设计模式 / (美)罗兰 • 库恩(Roland Kuhn)，(美)布赖恩 • 哈纳菲(Brian Hanafee)，(美)杰米 •艾伦(Jamie Allen) 著；何品，邱嘉和，王石冲 译. —北京：清华大学出版社，2019(2019.6 重印)
书名原文：Reactive Design Patterns
ISBN 978-7-302-51714-6

Ⅰ. ①反… Ⅱ. ①罗… ②布… ③杰… ④何… ⑤邱… ⑥王… Ⅲ. ①软件开发 Ⅳ. ①TP311.52

中国版本图书馆 CIP 数据核字(2018)第 259605 号

责任编辑： 王　军　韩宏志
封面设计： 周晓亮
版式设计： 思创景点
责任校对： 牛艳敏
责任印制： 丛怀宇

出版发行： 清华大学出版社
网　址：http://www.tup.com.cn，http://www.wqbook.com
地　址：北京清华大学学研大厦 A 座　　邮　编：100084
社 总 机：010-62770175　　邮　购：010-62786544
投稿与读者服务：010-62776969，c-service@tup.tsinghua.edu.cn
质 量 反 馈：010-62772015，zhiliang@tup.tsinghua.edu.cn
印 装 者： 三河市铭诚印务有限公司
经　销： 全国新华书店
开　本： 170mm×240mm　　**印　张：** 24.75　　**字　数：** 471 千字
版　次： 2019 年 1 月第 1 版　　**印　次：** 2019 年 6 月第 2 次印刷
定　价： 98.00 元

产品编号：075684-01

致 *Reactive Design Patterns* 中文版读者

能看到《反应式设计模式》以其他语言出版，是我的荣幸；中文版的推出，将使中国的众多软件工程师以及系统架构师更便捷、更充分地获知书中内容。在见证了译者 Wayne Wang(王石冲)、Kerr(何品)、Hawstein(邱嘉和)以及他们的技术评审 Neo Lin(林炜翔)在翻译过程中投入的饱满热情以及对细节的极致追求后，更让我深感荣幸。亲爱的读者，你们此时手中所握，正是他们辛勤付出的结晶，而我也深受感动和启发。我衷心期望，本书能为你们开拓“论证回弹性分布式系统设计”的新思路，在全球人类文明互联的当下，能帮助你们继续挑战软件工程进步的极限！

Roland Kuhn 博士
《反应式设计模式》的主要作者

Letter for the Chinese Translation of Reactive Design Patterns

It is a great pleasure to see *Reactive Design Patterns* translated into foreign languages, in particular for China where many software engineers and architects are not adequately reached by the English version. An even greater pleasure was to witness the enthusiasm and attention to detail put into this effort by 王石冲(Wayne Wang), 何品(Kerr), 邱嘉和(Hawstein), and their technical editor 林炜翔(Neo Lin). I am very grateful and inspired by their hard work which you, dear reader, are now holding in your hands. May this book open up new ways of reasoning about resilient distributed systems for you and help you in continuing to push the envelope of software engineering in the globally connected age of human civilization.

Dr. Roland Kuhn

Main author of *Reactive Design Patterns*

译者简介

何品　热爱反应式编程，也是 Akka 和 Netty 等项目的贡献者，活跃于 Scala 社区，目前就职于淘宝。

邱嘉和　热爱编程与开源，Akka 贡献者，活跃于 Scala 社区，曾就职于豌豆荚与 GrowingIO，目前在创业中。

王石冲 Scala 程序员，Lightbend 全家桶爱好者，反应式宣言践行者，目前在数云公司任架构师一职，从事流式数据引擎开发。

技术审校简介：

林炜翔 对软件系统工程化精益求精的中年程序员，曾参与多种业务场景下的软件开发。他对跨领域的软件系统设计有独到的见解。

译者序一

我从 2012 年开始接触 Netty，并随后了解到 Scala 和 Akka。随着对这些技术栈的深入学习，逐渐建立了自己的知识脉络和体系。源于对这些项目的热爱，贡献了一些代码，也结识了一些朋友。

我本来打算与嘉和写一本关于 Akka 的书，甚至已经设计好封面，不过当时由于 Akka 的前技术领导者主笔的这本书快要出版，嘉和就鼓动我翻译，我们一拍即合。不过本书的翻译难度颇高，涉及多个领域的相关知识，王石冲的加入为我们注入更大信心，而林炜翔一丝不苟的审校和陈涛的持续投入则极大地提高了本书的翻译质量。

本书围绕反应式宣言(https://www.reactivemanifesto.org/zh-CN)展开，讲述什么是反应式、为何需要反应式，以及反应式系统设计与开发中的一些常用模式，无论是软件开发者还是系统架构师，都可从本书中汲取知识养分。本书提出许多真知灼见，勾勒出反应式应用程序、反应式系统以及反应式平台等概念，有场景、有故事、有概念、有实践，令人沉醉其中，流连忘返。只可惜，受限于本书的篇幅，有些细节的讲解还不够全面透彻，还需要读者参考书中的指引自行研习。

由于篇幅所限，本书的主要例子都用 Scala 语言描述，运用了现成的 Akka 套件中提供的一些功能，但本书提及的概念、知识点、设计和模式并不局限于特定的语言和框架，读者可任意选择并亲手实践。以反应式流(https://github.com/reactive-streams/reactive-streams-jvm)为例，读者可选用 Akka-Stream、Reactor 或 RxJava 进行实践。读者也可多方参考、兼收并蓄，进而融会贯通。

作为本书的译者之一，我非常希望，本书可帮助读者构建出反应式系统设计的体系化知识结构，无论大家最终选用何种工具，都能得心应手地构建自己的反应式系统。当然，我也鼓励读者更多地参与到开源项目中，贡献自己的力量。作为本书的早期读者之一，我认为本书作为一本模式书已经足够，而实际开发对领域知识、编程技能以及架构能力都有较高的要求，需要读者进行更多的思考和实践。

我们将本书的相关源代码放到 GitHub，以方便读者下载，并提出问题和反馈意见。另外提供在线版代码清单。在技术审校林炜翔的帮助下，本书翻译质量得到极大提升；作为深耕电信、金融领域多年的外籍专家，他对一些英语文化梗的拿捏也恰到好处。我们也得到了社区的极大帮助，特别是杨云、沈达、欧林猫。而在反应式宣言的翻译上，更是得到了多方的帮助。

当然，最应该感谢的是我的爱人和两个女儿，感谢她们的体谅和支持，她们是我一切动力的来源。

何　品

2018 年 7 月于杭州

译者序二

我就读研究生期间就开始接触函数式编程，涉猎过几种函数式语言后，最终情定 Haskell。我对 Haskell 巧妙、灵活地解决问题的能力极为着迷，以至于参加工作成为一名 Java 程序员后，仍在利用业余时间学习 Haskell。再后来，受邓草原老师的影响，开始进入 Scala 世界，踏上学习、使用 Akka 进而为 Akka 项目贡献代码的道路。

Roland 做了多年 Akka 项目的技术领导，对反应式系统和 Akka 有深刻的思考和独到的见解。我在给 Akka 贡献代码的过程中得到其悉心指导，所以得知他正在编写一本关于“反应式系统”设计模式的书籍时，我第一时间在 Manning 上购买了其 MEAP 版本(Manning Early Access Program)，跟随 Roland 的指点，一点点地整理零散的架构模式和原则并形成系统。那时，我曾与何品讨论合写一本关于 Akka 的书籍。当本书英文版临近出版时，我向何品建议翻译本书。这不是一本讲述 Akka 的书，而是讲述反应式架构原则和设计模式，但这些原则和模式却在 Akka 发展过程中不断注入 Akka 中。可以说，Akka 被注入“反应式”灵魂。反过来，用 Akka 构建反应式系统是如此自然和简单。随着 Scala 社区的不断壮大，越来越多的人接触到 Akka，并开始用它构建应用程序。然而，我看到太多人还抱着旧思维模式，在不适当地使用 Akka，导致 Akka 的先进性无法发挥出来。正因为如此，我觉得更有必要翻译这本讲述反应式系统“内功心法”的书籍，以飨中文读者。

翻译书籍是一项艰辛的工作，翻译本书占用了我绝大部分业余时间。这本书最终是何品、石冲和我共同翻译完成的。没有他们，本书也就不可能在如此短的时间内完成。特别是何品，除了翻译书籍本身，还负责处理沟通和协调等事项。另外，特别感谢林炜翔和陈涛，他们怀着极大的热情对本书的译稿进行审校，进一步提高了本书的翻译质量。

当然，最应该感谢的是我的爱人，感谢她在本书翻译过程中给予的理解与支持。

邱嘉和

2018 年 7 月于北京

译者序三

我从 2013 年开始接触 Scala。别人因为畏惧 Scala 望而却步，我却因为觉得简单而欲罢不能。后来才领悟出，这是因为 Scala 是一门可以学习和实践的语言。我能通过理论学习迅速找到 Scala 以及基于它构建的框架的正确用法和最佳实践，而不需要通过“踩坑”来积累经验；我可以迅速地利用 Play 和 Akka 构建高性能、高可用的项目，并在生产中发挥作用。这里必须特别感谢数云公司以及技术总监韩铮对我的信任和“放纵”，使得我可以迅速积累 Play 和 Akka 实践经验，并逐渐整理出自己对使用 Actor 模型的心得。后来因为在何品的 Akka 群里逐渐变得活跃，并因而与他相识。也是机缘巧合之下，由于特别想感受创业公司氛围，我从数云离职，在北京的 GrowingIO 认识了嘉和，并和他一起经历了一段“一年抵三年”的岁月。在 2017 年 6 月，嘉和提议翻译，何品寻找到版权方时，我积极响应。之后，我们便开启了《反应式设计模式》的翻译之旅。

说实话，本书在 Akka 爱好者中可以说是万众期待。Akka 因为使用了 Actor 模型而闻名，但为什么使用 Actor 模型就能带来诸多好处呢？“放任崩溃”是好模式，但崩溃后怎么恢复呢？Actor 在分布式中是一把好手，但分布式下的 Actor 又有什么不同呢？然后，又如何基于 Actor 的消息发送机制得到 Akka Stream，这种流式处理又有哪些优点呢？还有，应该如何应对分布式数据复制、资源管理、流量控制、状态管理等不同场景？Akka 文档足够详尽，但很多功能的设计思想并没有阐释清楚，很容易让人落入只知其然不知其所以然的状态。

而本书能最好地解答你的几乎所有疑问。其中很多理论并不局限于 Akka，在构建高性能、低耦合、健壮的分布式系统中，也能大放异彩。作为还算资深的 Akka 使用者，我也是跟随本书的讲解，才真正弄懂 Akka 在设计上的许多精妙之处，以及反应式流的基本原理和 Akka Stream 的正确用法。这里必须感谢原作者们奉献了这本我们认为必成经典的书籍。

当然，不可否认的是，书里面仍有很多不足之处。有时读着会忽然发现意犹未尽，却戛然而止。我们曾就此询问 Roland 博士，他坦言当时因为篇幅和个人精力所限，很多地方未能深入展开。不过，大致方向已经列出来了。所以读者在阅读时，如果发现有些地方不够深入，可自行查找资料，以便更深入地理解和应用。

如果遇到任何问题，可以访问 Github 向我们提问；如果问题得到确认，我们会请你喝可乐。衷心希望所有阅读本书的读者，都可与我们共享编程乐趣！

在本书翻译过程中，需要特别感谢技术审校林炜翔、喜马拉雅 fm 的陈涛以及来自何品 Akka 群的各位帮忙评审的朋友，正是在他们的帮助和监督下，本书翻译质量才能得到保证。尤其是林炜翔，因为他加拿大华人的身份，帮助我们解读了很多也许只有土生土长的外国人才能理解的梗和俗语。希望在今后的工作中，我能把从翻译过程中学到的知识成功应用到公司的产品开发中，创造更大价值。

最后感谢我的妻子。你是我做一切事情的动力。

王石冲

2018 年 7 月于上海

技术审校序

在 2013 年，因为 Spark 初创团队在加拿大从事业务推广，我才了解到 Scala 以及其生态圈的存在，而那时的 Spark 只是蒙特利尔小众技术 meetup 里面的一个小话题。我并没有因为很早就接触 Spark 而成为大数据风口的追风人，反而在那间昏暗的地下室里看到了 Scala 带来的无限潜力。作为一个中年人，一个资深编程人员，在代码质量和业务效率的平衡上，我一直有自己独到见解和追求，而且这一路走来，其实累积了不少疑惑。而 Scala 及其充满活力的社区为我敞开了一扇新的大门，得以验证我长期以来的一些想法，以便更好地完善和沉淀自己的知识体系。

在寻找这些答案的路途上，我甚至完全偏离了自己原先的职业轨迹，投身 IT 领域做电商开发，再甚至从加拿大回到中国，尝试一些分布式、纯函数式编程的高级商业应用实践。

至于参与本书的技术审校，也是在这条道路上的一段加速小跑。本书尝试建立(尚需完善)的理论体系基础，是原作者多年来理论和实践的升华，他希望通过把这些认知提炼为落到纸上的文字，以便为追求工程质量的同行助力。然而对于大部分读者而言，原版书中有不少技术名词或理论显得相对生僻，一些细心的读者甚至在一些中文名词的选用上另有看法，对于这一点，我希望读者多花点时间通读全书，再自行判断；希望读者能在这个过程中，审视、回顾甚至推翻自己的某些知识结构，构建出更强大的知识体系。毕竟，每个软件工程师都有改变世界的梦想，可我们很多时候只是获得了改变旧世界的工具，但缺少一个构造新世界的蓝图。

希望本书的面世，能成为广大软件工程工作者勾勒各个宏大蓝图时的有益借鉴。

最后，感谢远方的家人，对我的任性给予理解、包容和支持。

林炜翔

2018 年 7 月于北京

序　言

非常感谢 Roland 耗费心血撰写这本基础书籍，我实在想不出还有谁更有能力胜任这项工作。Roland 是一个思维敏锐、知识渊博的人。Roland 与其他人合著了《反应式宣言》(*Reactive Manifesto*)，并多年来一直是 Akka 项目的技术领导。他还参与编辑和讲授了 Coursera 平台上广受欢迎的"反应式编程和设计"课程，是我遇到过的最优秀的技术作家。

诚然，我对本书的出版感到兴奋。本书概述了反应式架构/设计的含义，并且务实、透彻地分析了反应式的各种第一原理/公理。此外，本书也给出了反应式设计模式的分类目录(catalog)，如何构思系统设计，以及这些模式之间的整体关联——就如 Martin Fowler 的《企业应用程序架构》在 15 年前所做的一样。

在自己的职业生涯中，我亲眼看到了弹性、松耦合、消息驱动的系统可带来巨大效益，与那些隐藏了分布式系统本质的传统方案相比更甚。2013 年左右，我想将这些经验教训规范化，《反应式宣言》应运而生。我记得，《反应式宣言》最初只是我在 Typesafe 公司(现在的 Lightbend 公司)的内部技术会议上分享的一些草稿。恰巧，这次技术会议和 Scala Days New York 同场，期间又遇上了 Roland、Martin Odersky 和 Erik Meijer，他们在那里拍摄了他们那个"不专业"但又蛮有趣的反应式编程 Coursera 课程宣传片。宣言中基于各项反应式原则的探讨引起了其他工程师的共鸣，在 2013 年 7 月发布了初版。此后，该宣言从开发社区收到了大量反馈意见。Roland、Martin Thompson、Dave Farley 和我对该宣言进行了大量改进和修正，并最终在 2014 年 9 月发布了第 2 版。到目前为止，已有超过 2.3 万人签署了这个宣言。在此期间，我看到"反应式"进展显著，从一项几乎不被承认的、只在少数公司的一些边缘系统中使用的技术，发展为众多大公司的整体平台战略，涵盖中间件、金融服务、零售、社交媒体、彩票以及游戏等各个不同领域。

《反应式宣言》将"反应式系统(Reactive Systems)"定义为一系列架构设计原则，旨在解决系统当前和未来面临的挑战。这些原则也非首开先河；可追溯到 20 世纪 70 年代和 80 年代由 Jim Gray 和 Pat Helland 在 Tandem System，以及 Joe Armstrong 和 Robert Virding 在 Erlang(及 OTP)上所做的开创性工作。然而，这些先驱者都领先于他们所处的年代，直到过去五年，科技产业才被迫重新思考当前企业软件开发的最佳做法，并学会将得来不易的反应式知识框架应用到当今的多

CPU 核心架构、云计算以及 IoT 领域。

至今，反应式的多项原则已对行业产生巨大影响；与许多成功想法一样，它们被过度使用和重新诠释。这不纯粹是坏事；思想需要不断进化，从而保持相关性。但这也会引起混淆，导致原始意图被淡化。例如，一种不幸的流行误解是：反应式编程无非就是使用回调或面向流的组合子进行异步和非阻塞的编程(这些技术归结成反应式编程)。如果仅关注这个角度，就意味着将错过反应式各项原则的其他许多好处。本书的贡献之一便是从更宏大的视角(系统视图)将焦点从一个模块如何独立提供服务，聚焦到如何设计一个具有协作性、回弹性和弹性的系统：反应式系统。

与 *Design Patterns: Elements of Reusable Object-Oriented Software* 和 *Domain-Driven Design* 一样，这本明日经典书籍也是每位专业程序员的案边必备。预祝你享受到阅读和学习的乐趣！

——Jonas Bonér

Lightbend 公司 CTO 和创始人

Akka 创始人

自　序

早在正式加入 Akka 团队前，Manning 出版社的 Mike Stephens 就试图说服我写一本关于 Akka 的书籍。我很想说："好啊！"，但我当时正要变动工作和国籍，我的妻子也提醒我：写一本书需要付出大量心血。但此后，写一本书的想法便在我心中扎根了。又是三年，在《反应式宣言》发表后，Martin Odersky、Erik Meijer 和我在 Coursera 平台上讲授 Principles of Reactive Programming 这门公开课程，期间参与学习的学生逾 12 万人。这门课程的最初想法来自于 Typesafe 的一次开发者会议，在那次会议上，我向 Martin 建议，我们应通过演示如何在规避陷阱的同时高效地使用这些反应式工具，来促进反应式编程的蓬勃发展——结合我自己在 Akka 的邮件列表上答疑的经验，我知道人们通常都会有哪些疑惑。

视频课程效果不错，覆盖面广，和学生们在讨论组互动，能普遍改善大家的"生活水准"。不幸的是，由于受形式上的限制，在这个主题上进行的讨论的深度和广度都是有限的。毕竟在七周时间里，只能展示那么多内容。因此，我还是渴望写一本书来传达我对反应式系统(Reactive system)的思考。如果只描述 Akka，内容将过于简单，我觉得，要是我写一本书，那么它应涵盖更大范围。我喜欢研究 Akka，它确实改变了我的生活，但 Akka 仅是一种表达分布式和高可靠系统的工具，并非所需要的唯一工具。

于是，我就开始了你手中这部作品的创作之旅，这项任务十分艰巨，我知道我需要助力。幸运的是，那时 Jamie 刚完成他的 *Effective Akka*，所以立刻加入了创作队伍。可白天写书对我们来说太奢侈了，导致本书的启动过程很慢，并且一直都在延期。原计划在 Principles of Reactive Programming 课程的第一次迭代期间就将前三章内容放在网上，并开启早期预览计划，可最终不得不延后数月。令我们惊讶的是，即使我们知道某个观点主要写哪些内容，可当将心中的想法真正转化成文字时，却发现缺少很多细节。随着时间的推移，Jamie 的日常工作越来越繁忙，不得不完全停止参与创作。再后来，Manning 的技术开发编辑 Brian 参与到了这个项目，很快变得很明显的就是：他不仅提出了非常好的建议，并且以身作则，所以也将他作为合著者之一写在封面上。最终，我在 Brain 的帮助下完成了本书手稿的撰写。

本书不仅包含关于何时以及如何使用反应式编程以及相关工具的建议，也解释背后的缘由；这样你就可以根据自己的需要做适当的调整，从而满足不同的需求以及新的应用场景。我希望本书能激励你更多地学习，并进一步探索“反应式系统”的奇妙世界。

Roland Kuhn

作者简介

Roland Kuhn 博士曾在慕尼黑工业大学学习物理专业，获得了博士学位；在欧洲核子研究中心(瑞士日内瓦)的高能粒子物理实验中，发表了关于核子的胶子自旋结构测量的博士专题论文。该实验需要使用和实现大型计算集群以及快速的数据处理网络，这也为 Roland 透彻理解分布式计算奠定了基础。此后，Roland 博士在德国空间运营中心工作了 4 年，负责建设军事卫星的控制中心和地面基础设施。再后来，他加入 Lightbend(之前叫做 Typesafe)公司，在 2012 年 11 月到 2016 年 3 月期间负责带领 Akka 团队。在此期间，他与 Martin Odersky 和 Erik Meijer 一起在 Coursera 平台上讲授 Principles of Reactive Programming 课程，这门课程的学员超过 12 万人。Roland 与 Jonas Bonér 等人共同撰写了第一版的《反应式宣言》，该宣言于 2013 年 7 月发表。目前，Roland 是 Actyx 的首席技术官及联合创始人，Actyx 是一家总部位于慕尼黑的公司，致力于使欧洲的各类中小型制造企业享受到现代反应式系统的福泽。

Brian Hanafee 在加利福尼亚大学伯克利分校获得电气工程与计算机科学学士学位，现任富国银行的首席系统架构师，负责设计网上银行和支付系统，并长期引领公司的技术门槛提升。此前，Brian 曾在甲骨文公司工作，致力于研究新兴产品、互动电视系统以及文本处理系统。Brian 也曾任博思艾伦咨询公司的咨询师，并曾在 ADS 公司将人工智能技术应用到军事规划系统中。Brian 还为第一代弹射安全的头盔综合显示系统编写了软件。

Jamie Allen 是星巴克 UCP 项目的技术总监，致力于以跨运营模式、跨地域的方式，为星巴克公司各地的消费者重新定义数字体验。他是 *Effective Akka* 一书的作者，曾与 Roland 和 Jonas 一起在 Lightbend 公司工作 4 年以上。Jamie 自 2008 年以来一直从事 Scala 和 Actor 开发工作，与世界各地的客户合作，帮助他们理解和采用反应式系统设计。

致　谢

首先感谢 Jamie，没有他，我就不敢接手这个项目。但最深切的感激还是属于 Jonas Bonér，他创立了 Akka，并委以我引领 Akka 发展的重任，一路走来都支持着我。也深深感谢 Viktor Klang，他无数次就生活和分布式系统话题与我进行过严肃探讨，教我如何以身作则、迎难而上。还要特别感谢 Jonas、Viktor 和 Patrik Nordwall，在我休假三个月专注于创作本书期间，他们替我站好了 Akka 技术领导岗。感激 Brian 和 Jamie 和我一同挑起重担，和这些值得信赖的同伴一起工作，令我感到欣慰和鼓舞。

感谢 Sean Walsh、Duncan DeVore 以及 Bert Bates 审阅早期手稿，并帮助我拟定了如何表述各种反应式设计模式的基本结构。还要感谢 Endre Varga 耗费精力为 Principles of Reactive Programming 课程设计 KVStore 习题——这构成了本书第 13 章使用的状态复制示例代码的基础。感谢 Pablo Medina 帮我组织 13.2 节的 CKite 例子；同时感谢技术校对 Thomas Lockney，他始终能敏锐地找到正文中的错误。感谢以下独立评审者的慷慨奉献：Joel Kotarski、Valentine Sinitsyn、Mark Elston、Miguel Eduardo Gil Biraud、William E. Wheeler、Jonathan Freeman、Franco Bulgarelli、Bryan Gilbert、Carlos Curotto、Andy Hicks、William Chan、Jacek Sokulski、Christian Bridge-Harrington 博士、Satadru Roy、Richard Jepps、Sorbo Bagchi、Nenko Tabakov、Martin Anlauf、Kolja Dummann、Gordon Fische、Sebastien Boisver 以及 Henrik Lovborg。真诚感谢热心的 Akka 社区以及所提供的宝贵素材，帮助我们加深了对分布式系统的理解。

感谢 Manning 出版社负责本书的团队，是他们让本书成为可能。尤其要感谢 Mike Stephens，他一直唠叨到我答应写作本书才作罢，Jenny Stout 则不断督促我前进，还要感谢 Candace Gillhoolley 为本书推广所付出的努力，我想要单独说明的是，Ben Kovitz 是一位极其认真负责的排版编辑，感谢 Tiffany Taylor 和 Katie Tennant 对表意不明的段落进行润色。

最后，以所有读者之名，我向妻子 Alex 致以最大的谢意与爱。她怀着极大的怜悯之情，忍受了我无数小时的精神陪伴缺失。

——Roland Kuhn

感谢我的妻子 Yeon 以及我的三个孩子 Sophie、Layla 和 James。同样非常感谢 Roland 邀请我参与本书的创作；也要感谢 Brian，感谢他推动本书的最终出版，并贡献了他的专业知识。

——Jamie Allen

感谢妻子 Patty 一贯的支持，感谢我的两个女儿 Yvonne 和 Barbara，感谢她们帮我回顾《神秘博士》的剧情，并“口是心非”地称赞我讲的笑话十分有趣。感谢 Susan Conant 和 Bert Bates，感谢你们让我加入，并教导我如何以书本形式传道授业解惑。最后，感谢 Roland 和 Jamie，感谢你们向我展示了反应式设计的各项原则，并欢迎我加入本书的创作中来。

——Brain Hanafee

前　言

本书旨在成为引导你理解和设计反应式系统的综合性指南，不仅提供《反应式宣言》的注解版本，还包括开创该宣言的缘由和论据。本书浓墨重彩地描述一些反应式设计模式，这些模式实现反应式系统设计的多个方面；还列出了更深层次的文献资源，以便你进一步研究。所陈述的模式形成一个连贯整体，虽然并非详尽无遗，但其所包含的背景知识将使得读者能在需要的时候识别、提炼和呈现出新模式。

读者对象

本书面向每一位想要实现反应式系统的人士。

- 本书涵盖反应式系统的架构设计以及设计理念，向架构师简要介绍反应式应用程序及其组件的特性，并讨论了这些模式的适用性。
- 践行者将受益于书中对于每个模式所适用场景的详尽讨论。本书列出各模式的应用步骤，并配备完整的源代码；讲述了在不同场景下，如何灵活运用和适配这些模式。
- 希望学到更多知识的读者在观看了 Principles of Reactive Programming 视频课程后，将乐意了解反应式原则背后的思考过程，并可遵循参考文献做进一步的研究。

阅读本书前，读者不必预先了解反应式系统，但仍然需要熟悉通常的软件开发，并具有一些排除分布式系统引发的困难的经验。对于某些部分，基本理解函数式编程将有所裨益(例如了解如何使用不可变值和纯函数进行编程)，但不必了解范畴论。

导读

本书的内容是特意组织编排的，以便读者可像读一本故事书那样翻阅。首先呈现一个介绍性示例，概述《反应式宣言》以及反应式工具集，进而探讨反应式原则背后的哲学，最后从不同角度阐述设计反应式系统所需的设计模式。这段旅程涵盖大量知识领域，并在文字描述中引用了不少额外的背景资料。通读一遍，浏览相关内容，你将建立对书中知识范围的直觉。但这通常只是进一步研究的起点；在自己的项目中应用从本书学到的知识时，可回头再次研读，那时会获得更深刻的洞察力。

如果你已经熟悉反应式系统面临的挑战，可跳过第 1 章；如果你已经熟悉大多数行业主流工具，则可跳过第 3 章。时间紧迫的读者可直接开始阅读第 III 部分讲述的各个模式，但依然建议首先学习第 II 部分：模式的描述过程常引用相关解释及理论背景，这些内容都是对应设计模式的衍生基础。

具有更多设计和实现反应式系统的经验后，预计你将再次研读那些更富哲理性的章节——尤其是第 8 章和第 9 章；首次阅读时，会觉得这两章的内容难以理解，请不必担心，反复研读即可。

约定

由于在作为编程概念时，对英文单词 future 的多重解读已严重偏离其本身的含义，因此，所有将其作为编程概念引用的地方都使用首字母大写的 Future，就算没有出现在代码字体中也是如此。

英文单词 Actor 的情况略有不同，在日常英语中 Actor 指舞台上的一个人，以及一个动作或处理过程的参与者。因此，这个单词只有在特别指 Actor 模型，或在代码字体中作为 Actor 特质出现时，才会大写。

源代码下载

本书的示例源代码(作者提供的源代码)可从 GitHub 下载：https://github.com/ReactiveDesignPatterns/CodeSamples/。

本书译者对源代码进行了重新调试，新代码下载位置如下：https://github.com/ReactivePlatform/Reactive-Design-Patterns。

本书正文列出的代码都是经过译者重新调试过的代码。

读者也可扫描封底的二维码，下载这两套代码。

中文版还提供在线资源：https://rdp.reactiveplatform.xyz/。

GitHub 还提供其他功能，允许你讨论本书中的示例或报告问题，并欢迎你提出改进意见，这样，其他读者将受益于你的思考和经验。

书中大部分示例代码都用 Java 或 Scala 编写，并将 SBT 用作构建工具。要查阅 SBT 详细文档，请访问 https://www.scala-sbt.org/；要查阅 SBT 入门资料，可访问 https://github.com/ReactivePlatform/Notes/issues/8。为构建和运行示例代码，还需要使用 JDK 8。

其他在线资源

可访问 https://www.reactivedesignpatterns.com/获取本书所介绍模式的概述和附加材料。此外，读者可免费访问 Manning 出版社的私有 Web 论坛，在那里，可评论本书、提出技术问题，还可获得作者和其他用户的帮助。可用 Web 浏览器访问 https://www.manning.com/books/reactive-design-patterns。可从这个页面了解以下信息：注册后如何访问该论坛、可获得哪些帮助以及该论坛的一些行为准则。

Manning 承诺为读者提供一个交流场所，在那里，你可与作者以及其他读者进行有意义的对话。但作者不对参与程度做任何承诺，作者对 AO 的贡献仍是自愿的和无偿的。我们建议你向作者提一些富有挑战性的问题，以引起他们的兴趣！

只要本书英文版尚未绝版，就可从 Manning 出版社的网站上访问到作者在线论坛以及之前讨论的存档。

目　录

第Ⅱ部分 微言大义

第Ⅲ部分 设计模式

第Ⅰ部分

简　介

你曾思考过高性能Web应用程序是如何实现的吗？社交网络和大型零售网站肯定有一些秘密配方使得系统运行迅速并且可靠，但这些秘密是什么呢？本书将为你揭晓谜底，你将学习到这些近似永远不出故障[1]，并能满足数十亿人需求的系统背后的设计原则与模式。虽然你构建的系统未必有如此雄心勃勃的要求，但是它们的主要特质应该是一致的：

- 你想要你的应用程序可靠地工作，即使某些部件(硬件或者软件)有可能出现故障。
- 你希望你的应用程序在你需要支撑更多用户时，可持续提供服务，而且你希望能通过添加或者删除资源来调整它的能力[2]，从而适应不断变化的需求(没有可预测未来的水晶球的帮助，很难进行正确的容量规划)。

在第 1 章中，我们将勾勒出一个具备这些特质的应用程序的开发过程。我们将指明你会遇到的挑战，并基于一个具体例子(一个假想中的 Gmail 服务实现)给出解决方案，但我们将以不提供具体技术选型的形式进行[3]。

这个使用场景为接下来在第 2 章中对《反应式宣言》所进行的详细讨论作了铺垫。该宣言以简洁、抽象的形式撰写，目的是为了聚焦于它的本质：将多个独立的、有效的程序特性凝聚为一个整体，从而形成更大的合力。我们将通过把高度抽象的特质分解为更小的部分，并解释各部分又如何重新合为一体，来展现这一点。

---

1 这里指理论层面上的高可用性。在真实场景中，你仍然可能遇到这些系统出现故障的时候。——译者注

2 一般都利用公有云的能力，或者混合部署公有云和私有云，从而根据需求对所使用的资源进行动态伸缩。——译者注

3 即使用通用的模式，而非绑定到某种具体的技术实现。——译者注

第 3 章是本部分的最后一章，该章大致介绍了行业工具：函数式编程、Future、Promise、通信顺序进程(Communicating Sequential Processes，CSP)、Observer 和 Observable(Reactive Extensions)以及 Actor 模型。

第1章 为什么需要反应式？

我们的初衷是构建一个对用户即时响应的(responsive)系统。这意味着该系统无论在什么情况下，都能即时响应用户的输入。由于任何单台计算机在任何时刻都可能宕机，因此我们需要将这个系统分布到多台计算机上。引入分布式结构这个额外的基础需求使我们意识到：构建这样的系统需要新的架构模式(或者重新发现旧模式)。过去，我们建立了各种方法来维持某种表象：单线程的本地运算能够魔法般地扩展运行在多个处理器核心或网络节点上。然而，虚实之间的沟壑已经大到难以为继[1]。解决方法是让我们的应用程序中所具有的分布和并发的本质明明白白地反映到编程模型上来，并使其变成我们的优势。

本书将教你如何编写一种无论在部分组件宕机、程序运行失败、负载变化，甚至代码里有bug时，仍然能保持即时响应性(responsive)的系统。你将看到，这会要求你调整思考和设计应用程序的方式。下面是《反应式宣言》(Reactive Manifesto)[2]的四个信条，这些信条定义了一套通用词汇，并罗列了现代计算机系统面临的基本挑战。

1 例如，Java EE服务允许我们透明地调用远程服务，这些服务其实自动连接在一起，其中甚至可能包括分布式数据库事务。网络失败或者远程服务过载等细节都完全被隐藏并抽象掉了。因为无法接触到这些内容，也导致开发者们无法在开发过程中进行周全的考量。

2 参见：http://reactivemanifesto.org。

- 必须对用户作出反应(即时响应，英文为 responsive[3])；
- 必须对失败作出反应，并保持可用性(回弹性，英文为 resilient[4])；
- 必须对不同的负载情况作出反应(弹性，英文为 elastic)；
- 必须对输入作出反应(消息驱动，英文为 message-driven)。

除此之外，创建系统时，如果脑海里带着这些原则，将指引你更好地完成模块化设计，无论是运行时的部署，还是代码结构本身。因此，我们在反应式的增益清单里面添加两个新属性：可维护(maintainability)和可扩展(extensibility)。图 1-1 以另一种方式展现了这些属性。

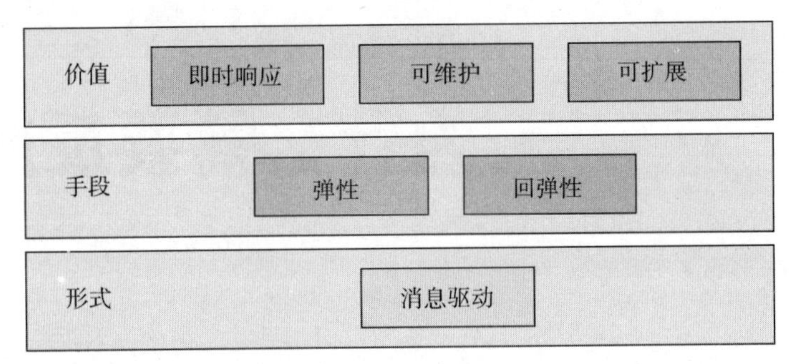

图 1-1　反应式的价值结构

在接下来的章节中，你将深入领悟《反应式宣言》蕴含的逻辑，并了解几个行业主流的工具以及蕴藏在工具背后的设计哲学，使你能够行之有效地运用这些工具实现反应式设计。由这些工具引出的设计模式将在本书第Ⅲ部分呈现。在尽力呈现宣言之前，我们先来探索创建反应式应用(reactive application)所面临的挑战，并用一个众所周知的邮件服务作为例子：设想如何重新实现 Gmail。

---

3 按牛津英英词典，此处英文的 responsive 有两种意思，一种是 reacting quickly and positively，即积极、迅速地反应；另一种是 answering，即应答的、反应的。系统正常运行时，responsive 应当取前者；在系统失败或者过载的情形下，则应该保障后者(参见 16 章流量控制模式里的丢弃模式)。读者需要分清这两种情境下 responsive 的不同意义。但整体来说，为强调反应式应用的迅速应答特点，我们将其翻译成“即时响应”。在附录 C 中，读者可以看到更具体的解释。——译者注

4 resilient 在之前被很多人翻译成“弹性”，这容易产生歧义，而且容易和 elastic 混淆。所以把 resilient 翻译成弹性的人又把 elastic 翻译成“可伸缩性”，但是又与 scalable 混淆，所以 scalable 翻译成“可扩展”，但是又和 extensible 混淆，然后他们再也找不出其他词了，所以 extensible 还是叫“可扩展”……实际上这个词更多是强调受压的时候回弹的那种弹性，强调有复原力、有抵抗力，所以本书翻译成“回弹性”。后续的几个词也都往前移动一位，回到它们的本意。——译者注

1.1 剖析反应式应用

要开始这样一个项目，首要任务是描绘出部署的架构图，并草拟出需要开发的软件模块清单。这也许不会是最终架构，但是你需要描绘问题空间，并探寻潜在的难点。我们将通过列举应用程序中的几个概括性功能来展开这个“重新实现”的 Gmail 例子：

- 应用必须提供一个视图，供用户查看各自的邮箱并展现相关内容；
- 为此，系统必须存储所有邮件，并保证它们可以被随时访问到；
- 系统必须支持用户编写和发送邮件；
- 为方便用户使用，系统应该提供邮件联系人列表，并支持用户管理联系人。
- 系统必须有一个好用的邮件搜索功能。

真正的 Gmail 应用程序有更多功能，但是上面的清单对于该例来说已经够用了。这些功能的某些部分之间的关系比其他部分更紧密：例如，展示和编写邮件都是用户界面的一部分，它们分享(或者竞争)同一块屏幕区域，而邮件存储的实现，则和这两点相对疏离些。搜索功能的实现则更贴近存储端而不是前端。

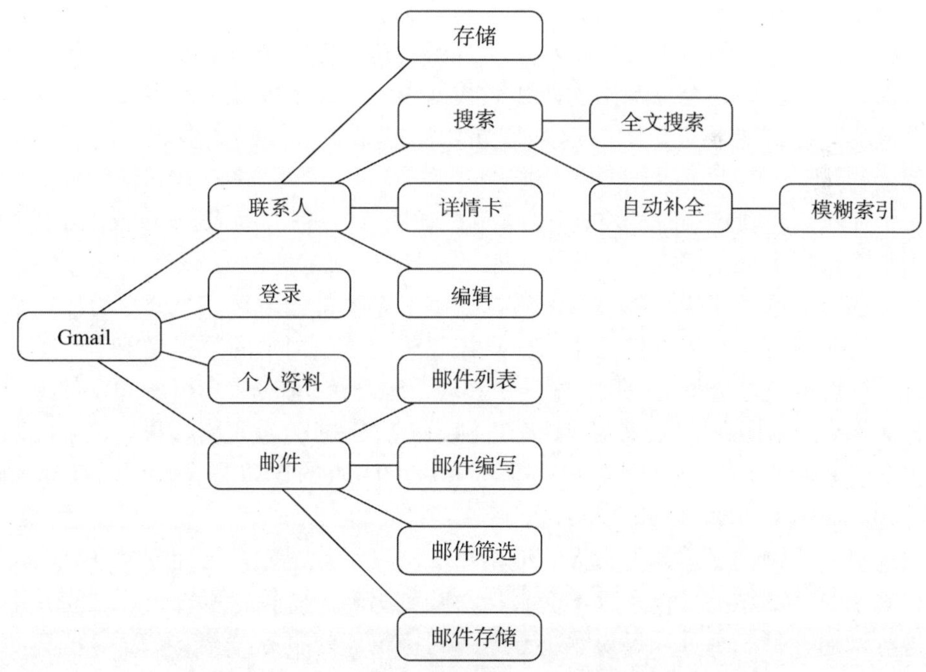

图 1-2　虚构的 Gmail 系统的部分分解模块层次结构图

这些考量点指引了 Gmail 的层次化拆分，将它的整体功能拆分成越来越小的部分。更准确地说，你可以应用第 12 章描述的“简单组件模式(Simple Component pattern)”，以确保清晰地划定和分离整个系统中的不同职责。“错误内核模式(Error Kernel pattern)”和“放任崩溃模式(Let-It-Crash pattern)”则是对这个过程的补充，以保证应用架构具备可靠的失败处理机制(failure handling)——不仅要防止机器或者网络故障，也要提防源代码里面没有被正确处理的、罕见的失败条件(failure conditions)，即 bug。

这个过程的结果将会是一套层次分明的组件，等着被开发和部署。图 1-2 展示了一个例子。其中，每个组件就其功能而言可能是复杂的，例如搜索算法的实现；也可能就其部署和编排过程而言是复杂的，例如为数十亿用户提供邮件存储。但在描述组件的个体职责时，总是应该保持简洁。

1.2 应对负载

存储所有邮件所需的资源将是巨大的：数亿拥有 GB 级邮件的用户的数据将需要 EB(exabytes)级别的存储容量。这样量级的持久化存储将需要由许多分布式机器来提供。任何单台存储设备都无法提供如此大的空间，而且将所有数据存放在同一个地方也是不明智的。分布式使得数据集对于局部危险(如自然灾害等)具有更强的抵抗力；但更重要的是，它使数据能够在更广阔的地域内被高效地访问到。如果用户群体是全球范围的，那么数据也应该在全球分布。将日本用户的邮件存储在日本或者临近日本的地方是更可取的(假设该用户大多数时间都是从日本登录的)。

上述洞察将我们引领到将在第 17 章描述的“分片模式(sharding pattern)”：你可将整个数据集分割成很多小片——即“分片(shards)”——并随后分而布之。因为分片的数量远小于用户的数量，所以让整个系统都知道每一个分片的位置是实用的。为了找到一个用户的邮箱，你只需要确定这个用户的数据属于哪一个分片就好。你可以通过给每个用户分配一个体现了地理密切关系的 ID(例如，使用开头几位数字来表示所在国家)来实现这个目标，之后这些 ID 就能直接根据数字被划分进正确的分片号里(比如，0 号分片可以包含 0~999 999 的 ID，1 号分片可以包含 1 000 000~1 999 999 的 ID，以此类推)。

这里的关键在于：数据集天然地由众多独立小片组成，每片彼此分离非常简单。对于一个邮箱的操作永远不会直接影响到另一个邮箱，所以分片之间并不需要进行沟通。每一个分片只为解决方案中的特定部分服务。

Gmail 应用另一个需要占用很多资源的部分是向用户展示文件夹和邮件。想用中心化处理方式提供这项功能几乎是不可能的。这不仅仅有延迟的原因(即便是以光速，在全球范围内发送信息也会消耗可观的时间)，还有上百万用户每秒进行的海量交互次数。所以，你也需要在众多机器之间拆分任务。先从用户的电脑说起：绝大多数图形化展现都是由浏览器渲染的，从而将工作负载转移到非常靠近需要它的地方，并且实际上为每个用户分片了这些展现。

Web 浏览器需要从服务器获取原始信息，最理想的当然就是从最近的服务器上获取，以尽量缩短网络往返时间。连接用户与邮箱以及传递对应的请求与响应的任务也可被很容易地分片。在这个场景里，浏览器的网络地址直接提供了所有需要的特征数据，其中包括大致的地理位置。

一个值得注意的地方是，在前面提到的所有场景里，都可通过将分片变小，并将负载安排到更多机器上的方式来添加资源。机器的总量由用户或被使用的网络地址的数量决定，以这个数字来提供所需资源将是绰绰有余的。这个方案只有在服务单个用户需要的计算能力超过单个计算机所能提供上限时才需要调整，而这个时候，用户的数据集或者计算问题需要被拆分成更小的单元来处理。

这意味着通过将系统拆分成可分布的部分，你获得了扩展服务容量的能力，能通过使用更大数量的分片来服务更多用户。只要分片彼此独立互不依赖，那么系统在理论上就能无限扩展。当然在实际应用中，一个世界范围内的、拥有数百万节点的部署规模的系统的编排和维护需要耗费大量精力，并且必须有值得这样付出的价值。

1.3　应对失败

数据集或者计算资源的分片解决了为一般场景提供足够资源进行服务的问题。这时所有服务都平滑运行、网络也正常运转。但是为了应对失败，你还需要在意外发生时仍然保持运行的能力：

- 机器可能存在临时(例如发生了机器过热或者内核错误)或者永久(电力或机械故障、火灾、洪水等)故障。
- 无论是在计算中心里还是在互联网上，网络组件都可能发生故障——包括洲际跨海电缆连接中断这种情形造成的失联的网络分区。
- 运维人员或者自动维护脚本也可能会意外地损毁部分数据。

解决这个问题的唯一办法是在不同的位置复制系统的数据或者功能。副本放置的地理位置需要与系统的适用范围相匹配；例如全球化的邮件服务应该能够服务来自多个国家的每个用户。

相对于分片来说，复制是一个更加困难和多变的话题。虽然从直觉上来说，你不过是想在多个地方拥有相同的数据——但是让副本像我们所期待的那样保持同步不仅要付出很高的成本，还要做许多艰难的决定。比如说，如果远程副本暂时无法同步，那么我们是否应该使对于距离最近的副本的写入操作失败，或者延迟到远程副本可用时？如果最近副本已经发出了操作完成的信号，那么远程副本的尚未同步的老数据是否不应该被访问到？或者这样的不一致性出现的机会不大或者很短暂？在不同项目里，甚至一个特定系统的不同模块中，对于这些问题的答案都可能不尽相同。因此，将呈现一系列解决方案，这些方案使得你可以基于运维复杂性、性能、可用性和一致性进行权衡。

我们会在第13章中讨论几种能处理大部分上述特征的方案。以下是几个基本选项：

- 主动-被动复制(active-passive replication)——多个副本会商定出它们中的哪一个可以接受更新。当主动副本不再响应了，失败切换到哪一个副本需要剩余被动副本之间达成共识。
- 基于共识的多主复制(consensus-based multiple-master replication)——每一次更新操作都要被足够多的副本同意以获得跨所有副本的一致性行为，代价则是可用性和延迟。
- 带有冲突检测和解决方案的乐观复制(optimistic replication with conflict detection and resolution)——多个主动副本传播更新，并在冲突时回滚事务，或者丢弃在网络分区期间被执行的冲突更新。
- 无冲突的可复制数据类型(conflict-free replicated data types)——这种方法预先规定了合并策略，所以从定义上来说是不会产生冲突的。而代价则是只能提供最终一致性，并且在创建数据模型时需要特别的处理。

在Gmail例子中，有几个服务需要向用户提供一致性：如果一个用户成功地将一封邮件移动到另一个文件夹，那么无论该用户之后从哪个客户端访问他的邮箱，他都应该能在对应的文件夹里面看到这封邮件。联系人的电话或者用户资料的变更也都应该达到同样的效果。对于这些数据，你可以使用*主动-被动复制*的方式，并通过粗粒化的失败响应动作(即在副本范围内采取相同的失败响应方式)来保持系统的简单性。或者你也可以在单个用户不会并发地对相同的数据项进行带有冲突的变更的假设下，采用“乐观复制”的方式——只是必须牢记，这个假设对人类用户才成立。

“基于共识的复制”作为通过用户ID进行数据分片的实现细节在系统内部是需要的，因为一个分片的迁移必须被所有客户端精确地、一致地记录下来。如果客户端在失效与存活的副本中来回颠簸，那么会导致类似于邮件忽然消失或重现等用户可见的扭曲。

1.4　让系统即时响应

前面两节提出了系统在多台机器、计算中心乃至各大洲分布的论据，用于满足应用的服务范围和可靠性要求。只不过，“重新实现 Gmail”这个练习项目最重要的目标是为终端用户构建一个邮件服务系统，而对于用户来说，无论系统是如何实现的，唯一值得他们在意的指标就是：当他们需要服务时，系统是否能够提供他们所需的服务。换句话说，系统必须快速响应用户发出的任何请求。

完成这个目标的最简单方法当然就是写一个运行在本地环境的应用程序，并且这个应用程序的所有邮件也都保存在本地机器上：跨网络寻求答案永远都会耗费更长时间，而且不如在就近就保存有答案可靠[5]。也因此在分布式的需求和快速响应的需求之间存在矛盾(tension)。所有分布式设计都必须充分论证，就像 Gmail 例子里面所做的一样。

当分布式结构不可或缺时，你会在探索提高系统响应能力的道路上遇到新挑战。当下很多分布式应用最恼人的行为就是它们的用户交互在网络连接不好时近乎停滞。有意思的是，处理完全没有网络的情形可能比处理缓慢数据流的情形要更简单。在这样的情景下，将要在第 12 章详细讨论的“断路器模式(Circuit Breaker pattern)”就非常有用了。使用这种模式，你可以监控部分功能所需服务的可用性和性能，当服务的质量低于一个阈值(有太多的调用失败或者太高的响应延迟)时就触发断路器，强制将功能切换到不使用该服务的模式下。对于部分组件(服务)不可用的场景，系统需要在最开始设计时就将其纳入考虑范围；而断路器模式则挑明了这种关切。

另一个对即时响应性的威胁来自于应用所依赖的服务可能会出现的瞬时过载。此时待办的请求会积压。即使它们其后会被处理，但是响应延迟仍将比平时更久。这种情况可以通过采用第 16 章描述的“流量控制(flow control)”模式来避免。在 Gmail 例子里面，如下几点需要应用断路器和流量控制模式：

- 运行在用户设备上的前端和提供访问后端功能的 Web 服务器之间；
- Web 服务器和后端服务之间。

第一点的理由前文已经提过了：我们渴求用户可见部分在任何条件下都能保持应用的即时响应，即使它唯一所能做的事情是通知用户服务器宕机了(请求只能在稍后完成)。取决于前端在“离线模式(offline mode)”下能保留多少功能，可能需要停用用户界面的部分区域。

第二点的理由是，如果不这样的话，前端对 Web 服务器的不同请求就可能需

---

5 这里有多重含义，如应用相应的缓存，以及就近建设数据中心。一般来说，大型互联网服务提供商都选择以多地多中心方式来架设并提供服务。——译者注

要不同的断路器，每个断路器对应一种请求所需要的后端服务的一个子集。如果仅因为后端的一小部分服务不可用就将整个应用切换到离线模式的话，那么这无疑是无益的过度反应；而如果在前端追踪这些信息，会使得前端的实现耦合于后端的精确结构，导致无论什么时候后端服务的组合改变了，前端的代码也都必须进行相应的调整。因此，Web 服务器这一层应该将相关的细节隐藏掉，并且在所有情况下，都需要给它的客户端尽快提供响应。

拿一个后端服务来举例，这个服务提供展现在联系人卡片上的信息，而这个卡片会在鼠标悬停在邮件发送者姓名上时弹出。以 Gmail 的整体功能考虑，这个模块并非核心组件。所以 Web 服务器可在这个服务不可用时，给所有这类请求返回一个临时不可用的错误码。前端不需要追踪这个状态；它只需要在此时不弹出名片，然后在用户再一次触发了这个交互时重试这个请求即可。

这个推论不仅适用于 Web 服务器这一层。在一个由成百上千个后端服务所组成的大型应用里，以这种方式隔离处理服务失败和不可用同样迫切。否则，系统会因为其行为无法被人类所理解而显得不可理喻。正如功能应该被模块化一样，对于失败条件的处理也必须被封装在一个可以被理解的范围内。

1.5 避免大泥球

到目前为止，这个 Gmail 应用已经明确包括：运行在用户设备上的前端部分，提供存储和功能模块的后端服务，以及作为访问后端服务入口的 Web 服务器。后者除了要提供前面讨论的即时响应性之外，还需要服务于另一个重要的目标：在架构上将前端与后端解耦。将客户端请求的入口处明确定义后，有利于简化对于系统组件之间(例如用户设备上的组件和运行在云端服务器的组件之间)的相互作用的推导。

目前后端是由众多服务组成的。这些服务的划分和关系来源于对“简单组件模式”的应用。而在服务内部，这个模式并没有提供关于如何避免架构陷入巨大混乱的制衡机制。在这样的混乱里，每个服务要与几乎所有的其他服务进行通信。这样的系统即使有完美的单独的失败处理机制、断路器和流量控制，也会变得难以管理；它也必定不可能使得开发人员可以完全理解它并有信心做出变更。这种情形被非正式地称为“大泥球(big ball of mud)”。

对于由任意后端服务之间无限制地交互所产生的混乱问题，解决办法是专注于整个应用内的通信链路，并专门设计它们。这样的做法被称作“消息流(message flow)”模式，我们会在第 15 章详细讨论它。

图 1-2 所展示的服务分解粒度过于粗化，不太合适做大泥球的例子，但是可以大概描绘消息流设计的原则，比如说，处理邮件编写的服务不应该直接和处理

联系人信息弹出框的服务交互：如果编写一封邮件必须展现邮件里面提及的联系人的名片，那么与其让后端负责做这些事情，不如由前端发出查询弹出信息的请求，正如前端在用户鼠标悬停在邮件的头信息时所做的事情一样。以这种方式设计，消息流链路所需的数量就可以减少一个，使得后端服务的整体交互模型变得简单一点。

另一个仔细思考消息流设计的好处，会体现在测试的便利上，以及更易于保障交互场景的测试覆盖率。当拥有一个清晰明确的消息流设计后，组件会和哪些服务进行交互、组件所需具备的吞吐量和延迟就会变得显而易见。这个优点也可以被转而当作煤矿里的金丝雀[6]：每当难以为一个给定组件评估哪些场景应该被测试时，那也许就是系统正在成为大泥球的危险信号。

1.6　整合非反应式组件

依据反应式原则创建应用的最后一个侧重点在于，应用在大部分情况下都不得不与现有系统或者基础架构进行整合，但这些系统或架构并没有提供反应式应用所需的特性。这样的例子有：缺少封装(在失败时只是简单地终止整个进程)的设备驱动；由于同步执行自身作用(effects)而阻塞调用者，让调用者无法在同一时间对其他输入予以反应或对此次调用触发超时的 API；拥有无界输入队列，但又不遵循“在有限时间内响应”原则的系统。

上述大部分问题都可以使用第 14 章讨论的“资源管理模式(resource-management patterns)”进行处理。基本原理是通过与专用反应式组件内的资源进行交互，按需使用额外的线程、进程或机器，以此改造所需的封装和异步边界。这些资源便可以由此无缝地整合到原有架构中。

当与没有提供有界响应延迟的系统进行交互时，有必要改造出可用信号来通知瞬时过载情形的能力。某种程度上可以通过采用断路器方式来获取这种能力，但是这样的话我们就必须额外考虑对于过载应该给出怎样的响应。第 16 章描述的“流量控制模式(flow-control patterns)”在这种场景下也会有所帮助。

举个在 Gmail 应用背景下的例子，假设有一个与外部功能的整合需求，比如共享的购物清单。在 Gmail 的前端里，用户可通过半自动化手段从邮件抽取出所需的信息，向购物清单里添加物品。后端会通过一个服务封装这个外部 API 来为此功能提供支持。假设与购物清单的交互要求使用原生库，而这个原生库易于崩溃，还能拖垮运行它的进程，那么用专有的进程单独执行这项任务就是值得的。

---

6 英文习语，指某人/某物危险将至的预警标志。煤矿工人过去带着金丝雀下井。这种鸟对危险气体的敏感度超过人。如果金丝雀表现出急躁不安，那么矿工便知道井下有危险气体，需要撤离。——译者注

这种外部 API 的封装形式之后就可以通过操作系统的进程间通信(IPC)设施(如管道、套接字或者共享内存)整合进应用。

进一步假设购物清单的实现使用了一个实际上无界的输入队列，这时你就需要思考一下当延迟增加时会发生什么。如果一项物品需要数分钟的时间才能在购物清单里显现，那么用户就会感到困惑甚至烦躁。解决这个问题的其中一个办法是监控购物清单，并且观察它与 Gmail 后端负责与之交互的服务之间的延迟。在当前检测到的延迟超过可接受的阈值时，服务要么在响应时添加拒绝信息，要么回复一个临时不可用的错误码，或者也可以继续执行操作，但是在响应中加入一个警告提示。前端应用之后可以根据任一响应告知用户：要么建议用户稍后重试，要么通知用户可能会有延迟。

1.7 小结

在这一章中，我们通过探讨《反应式宣言》所列举的基本原则，大致领略了反应式世界的风景，并通过这种方式来告知你在构建应用时将会面临的主要挑战。如果你需要一个更详细的设计反应式应用的例子，可以参考附录 B。下一章将深入分析《反应式宣言》本身；附录 C 则简述该宣言的要点。

第2章

《反应式宣言》概览

这一章详细介绍《反应式宣言》：原文文字简练且内容紧凑，我们将在这里加以展开并进行深入讨论。有关该宣言相关理论的更多背景知识，请参阅本书第II部分。

2.1 对用户作出反应

到目前为止，本书不太严谨地使用了用户(user)这个词，主要泛指与计算机交互的人。你虽然只与Web浏览器进行交互以读写电子邮件，但是需要许多计算机在后台来执行这些任务。这些计算机中的每一台都提供一组特定的服务。大多数情况下，这些服务的消费者或使用者则是直接或间接地代表着人类的另一台计算机。

相关服务的第一层由前端服务器提供，并由Web浏览器使用。浏览器发出请求并期待响应——主要使用HTTP，也可通过WebSocket。所请求的资源可以涉及电子邮件、通讯录、聊天记录、搜索结果，以及更多各类资源(还包括网站的样式和布局的定义)。这类请求中可能有和你通信的人的图片：当你将鼠标悬停在一个电子邮件地址上时，将会出现一个弹出窗口，展现有关此人的详细信息，其中包括照片或头像。为渲染该图片，Web浏览器向前端服务器发出一个请求。图2-1展示了如何使用传统的Servlet方法来实现这个过程。

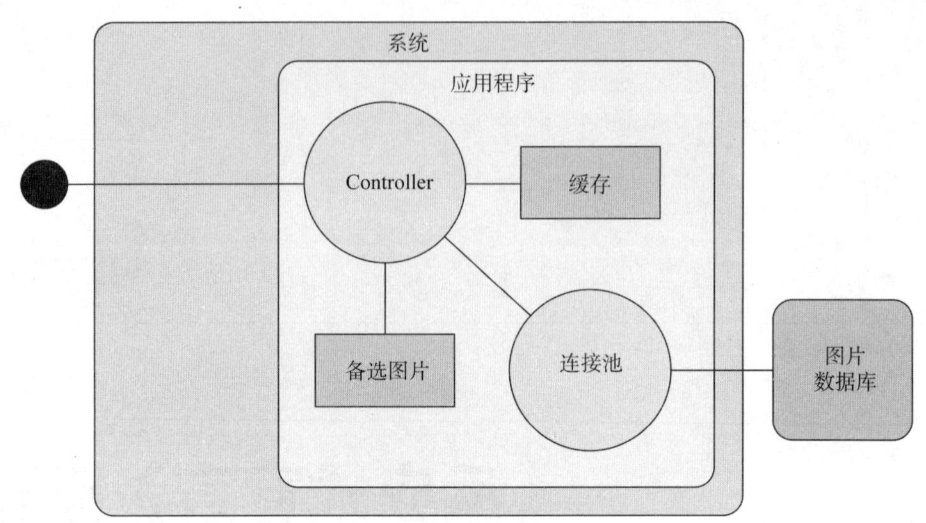

图 2-1 图片的前端服务器首先检查内存中的缓存，然后尝试从存储中检索图片，如果二者都不成功，则最终返回一个备选的图片

用户在电子邮件地址上悬停鼠标的动作带起一连串请求，这些请求经由 Web 浏览器、前端服务器和内部图片服务，到达存储系统。紧接着，它们各自的响应又沿着相反的方向传播，直到图片正确地渲染在屏幕上。这条链路上存在用户与服务的多重关联，而且这些关联全部需要满足本部分首页中概述的基本挑战；而其中最重要的是，要求对每个请求作出快速响应。

在设计一个功能(例如图片服务)的整体实现时，你不仅需要在外部，还需要在内部去考虑服务及其用户的需求。这是迈出构建反应式应用的第一步。一旦系统以这种方式完成分解，你需要把注意力调整到使这些服务能够按需响应所有层级的用户上。

对一个图片服务的传统实现进行剖析，可更好地理解为什么反应式系统比传统的其他方案更好。即使传统服务实现缓存、连接池，甚至在出现问题时还有备用图片，它还是有可能在系统受到压力时失败。理解这个服务如何失败以及为什么失败，需要看穿单线程表象。一旦理解了失败(及其原因)，你会看到，即使在传统框架的局限下，你也可以使用第 16 章中介绍的“托管队列模式(Managed Queue pattern)”的简化版来改进图片服务。

2.1.1 理解传统方法

我们从一个简单的实现开始：直接从数据库中检索图片。应用程序的 Controller 首先检查缓存来判断最近是否检索过该图片。如果 Controller 在缓存中找到该图片，则立即返回它；如果没有，则尝试从数据库中检索图片。如果在数据库中找到了图片，则将它加入缓存并返回给原始请求方；如果还是找不到图片，则返回一幅固定的备选图片，以避免直接向用户显示错误。这种模式应该是你所熟悉的。这个简单的 Controller 可能包含如代码清单 2-1 所示的代码。

代码清单 2-1　图片服务中简单 Controller 的一段代码

```
public interface Images {
  Image get(String Key);

  void add(String key, Image image);
}

private Images cache;                          <-- 假设线程安全
private Images database;                       <-- 包装了一个数据库连接池

public Image retrieveImages(String key) {
  Image result = cache.get(key);
  if (result != null) {
    return result;                             <-- 在缓存中找到相应的图片
  } else {
    result = database.get(key);
    if (result != null) {
      cache.add(key, result);                  <-- 在数据库中找到相应的图片，将它加入缓存，并返回给客户端
      return result;
    } else {
      return fallback;                         <-- 在数据库中没有检索到相应的图片
    }
  }
}
```

在下一级细节，应用程序也许构建在具有部分并发处理能力的框架上，例如 Java Servlet。当接收到新请求时，应用程序框架将其分配给一个请求线程。该线程负责处理请求并返回响应。配置的请求线程越多，系统预期能够同时处理的请求就越多。

一旦命中缓存，请求线程便可立即提供响应。在未命中缓存时，Images 的内部实现需要从连接池中获取一个连接。数据库查询本身可在请求线程上执行，也可以使用单独的线程池。无论哪种方式，请求线程只有等待数据库查询完成或超时，才能完成这个请求。

当你对这样的系统进行性能调优时，其中一个关键参数是请求线程数与连接池大小的比例。连接池大于请求线程池没有太多意义。如果它们大小相同，并且所有请求线程都在等待数据库查询完成，那么系统可能会发现自己暂时除了等待数据库的响应，几乎无事可做。如果接下来的几个请求实际上可以从缓存中获得响应，那将是不幸的：它们将不得不等待一个不相关的数据库查询完成，以便获得一个可用的请求线程，而不是被立即处理。另一方面，把连接池设置得太小会

使其成为瓶颈；这有可能限制系统的请求处理能力，因为多个请求线程都需要等待获取一个数据库连接。

对于给定的负载，最佳答案介于两个极端之间。下一节将着眼于寻找其中的平衡点。

2.1.2 使用共享资源的延迟分析

我们可通过检查极端情况来分析一下简化版实现：无限数量的请求线程共享固定数量的数据库连接。暂时忽略缓存(当我们在2.3.1节中介绍阿姆达尔定律时，将重新审视缓存的影响)，并假设每个数据库查询需要花费一致的时间 W。你想知道对于给定的负载 λ，会有多少个数据库连接 L 被使用。利特尔法则(Little's law)给出了答案：

$$L = \lambda \times W$$

利特尔法则可以应用于分析系统接收的请求，其三个指标(L、λ、W)的长期平均数与请求到达的实际时机或处理顺序无关。如果数据库平均需要30ms来响应，并且系统每秒接收500个请求，则可以应用利特尔法则算出：

$$L = 500\text{请求}/\text{秒} \times 0.03\text{秒}/\text{请求}$$
$$L = 15$$

数据库连接平均数将会是15，因此你至少需要这么多的连接以应对负载。

如果有等待服务的请求，那么它们必须要有地方进行等待。通常情况下，它们在某处的队列(queue)数据结构中等待。当一个请求完成后，系统将从队列中取出下一个请求进行处理。如图2-2所示，你可能会注意到其中并没有显式队列。如果这段代码是使用传统的同步Java Servlet编写的，那么队列应该是由内部等待数据库连接的请求线程的集合组成。平均来说，将有15个这样的线程在等待。这很糟糕，因为就算队列是一个轻量级数据结构，队列中的请求线程却是相对昂贵的资源。更糟的是，15只是平均值：峰值要高得多。实际上，线程池也不会无限大。如果请求太多，它们将溢出回到TCP缓冲区，并最终回到浏览器，导致显示无用的错误信息，而不是预期的备选图片。

你可能会做的第一件事是增加数据库连接池的大小。只要数据库能继续处理由此产生的负载，那么这种做法将会改善平均情况。需要注意，这只是一般情况。现实中的事件可以导致更糟糕的失败情景。例如，如果数据库完全停止响应几分钟，那么500个/秒的请求将压垮一个平时足够用的线程池。你需要保护你的系统。

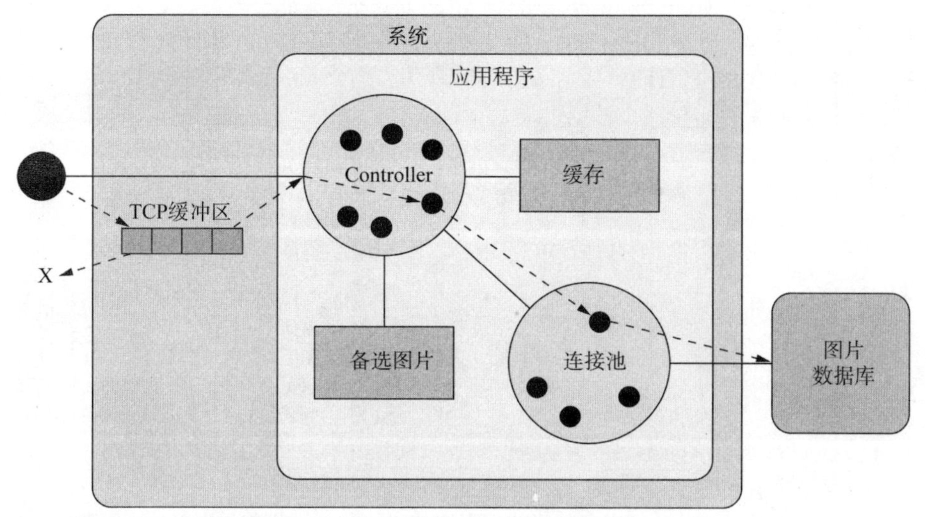

图 2-2 使用标准的监听器线程和连接池会使得监听器被当作队列条目，并溢出到系统 TCP 缓存区中

2.1.3 使用队列限制最大延迟

初始的实现方案会阻塞并等待，直到有可用的数据库连接；只有在数据库中找不到所请求的图片时，它才会返回 null。以下简单更改将为服务增加一些保护：如果没有可用的数据库连接，那么立即返回 null。这将释放请求线程并返回备选图片，而不是停在那里等待并消耗大量资源。

这个方法可将两个单独决策合为一体：能被同时接受的数据库查询的数量等于连接池的大小。但这可能不是你想要的结果：这意味着如果没有可用的数据库连接，系统将立即返回备选图片；如果有，则会在 30ms 内返回结果。假设你愿意等待稍微长一点的时间，来换取更高的成功率，这种情况下，你可以引入一个显式队列。如图 2-3 所示。现在，如果没有可用的数据库连接，那么新的请求将会被添加到队列中，而不是立即返回。只有当队列本身已满时，请求才会被拒绝。

以上改进对系统行为提供了更好的控制。例如，添加一个长度为 3 的队列，响应的时间不会超过 120 ms，包括在队列中等待的 90 ms 以及用于数据库查询的 30 ms。队列的大小提供了一个你可以控制的时间上限。根据请求的速率，平均响应时间可能会更短，比如说可能会小于 100 ms。如果现在把在分析时忽略的缓存考虑进来，平均响应时间将进一步下降。在缓存命中率为 50%时，图片服务器的平均响应时间可低至 50 ms 以下。

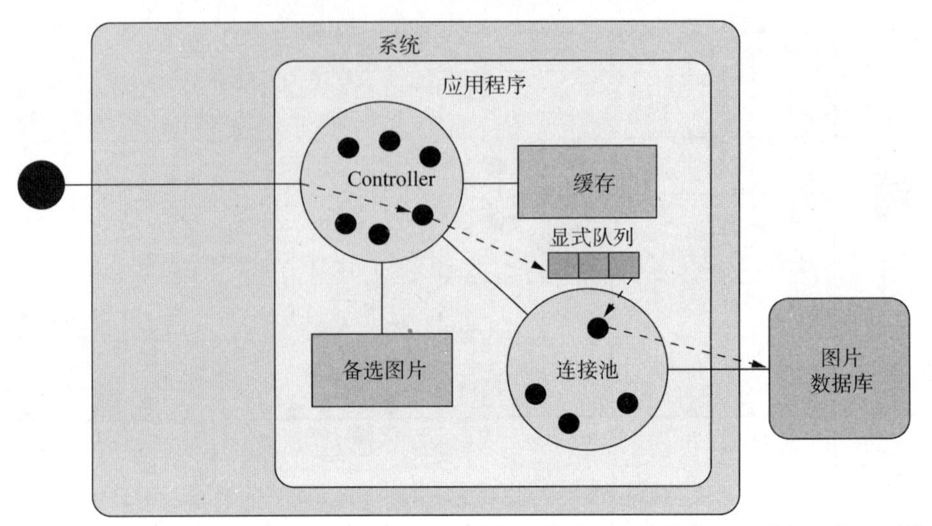

图 2-3 通过添加显式的队列来管理对数据库连接池的访问，将使你可以独立于监听器线程池大小和连接池大小对系统的最大延迟进行管理

鉴于你知道了 50 ms 的平均水平是如何达到的，同时你应该也知道不要设置小于 120 ms 的超时时间。如果这个超时时间不可接受，最简单的解决方案就是使用一个小一点的队列。只知道平均响应时间小于 50 ms 的开发人员可能会假定它服从高斯分布(Gaussian distribution)，并且可能将超时时间设置为 80ms 或 100ms。实际上，引入到分析中的这个假设很容易遭受相同的错误，因为数据库能提供一致的(consistent)30 ms 响应时间的这一假设在现实世界的实现中是值得商榷的。真正的数据库都有它们自己的缓存。

设置超时具有选择系统失败边界的效果。系统要么成功，要么失败。从这个角度看，平均响应时间没有最大响应时间那么重要。由于系统通常在负载较重时响应较慢，基于平均响应时间的超时设置将导致大负载下更高的失败率，并且在资源紧张时导致资源浪费。超时的选择将在第 2.4 节和第 11 章中再次进行讨论。现在，重要的一个认识是平均响应时间通常对最大超时限制的选择没什么影响。

2.2 利用并行性

用户-服务关系的最简单例子是调用一个方法或函数：

```
val result = f(42)
```

用户提供参数 42 并将 CPU 的控制权交给函数 f，该函数可能用于计算第 42 个斐波纳契数或 42 的阶乘。无论这个函数的作用是什么，你都希望当它处理完后能返回某些结果。这意味着调用这个函数与发出一个请求是相同的，函数返回一个值类似于回复一个响应。这个例子看起来非常简单，因为大多数编程语言都包含这样的语法，并且默认假设该函数确实会回复，你可以直接使用其响应。如果函数没有回复，程序的其余部分也不会被执行，因为它无法在没有响应的情况下继续。这种执行模型是函数的求值将在同一线程上同步进行，这使得调用方和被调用方紧紧耦合在一起，所以失败会以同样的方式影响二者。

所有流行的编程语言都能很好地支持函数的顺序执行，如图 2-4 所示，该示例使用 Java 语法展示：

```
final ReplyA a = computeA();
final ReplyB b = computeB();
final ReplyC c = computeC();

final Result r = aggregate(a, b, c);
```

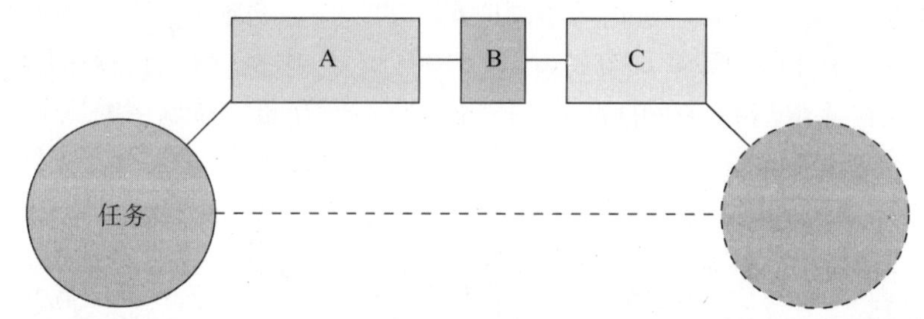

图 2-4 由顺序执行的三个子任务所组成的任务：总的响应延迟是三个单独延迟之和

顺序执行模型非常容易理解。对于只有单个处理器核心的早期计算机来说，这种模型是够用的，但它必须等待由相同资源计算的所有结果，而其他资源却处于闲置状态。

2.2.1 通过并行化降低延迟

在许多场景里，对于降低延迟，都有一种可立即产生作用的方法。假设完成一个请求必须涉及其他几个服务，如果这几个服务可并行地执行，你将更快地获得整体结果，如图 2-5 所示。这要求服务之间不存在依赖关系，例如，一种常见的依赖是：任务 B 需要任务 A 的输出作为它的其中一个输入。以 Gmail 整个应用为例，它包含许多不同且各自独立的部分。又或者以应用中联系人信息弹出窗口为例，对于给定的电子邮件，弹出窗口可能包含有关联系人的文本信息和他们的头像，而这些信息明显是可以并行获取的。

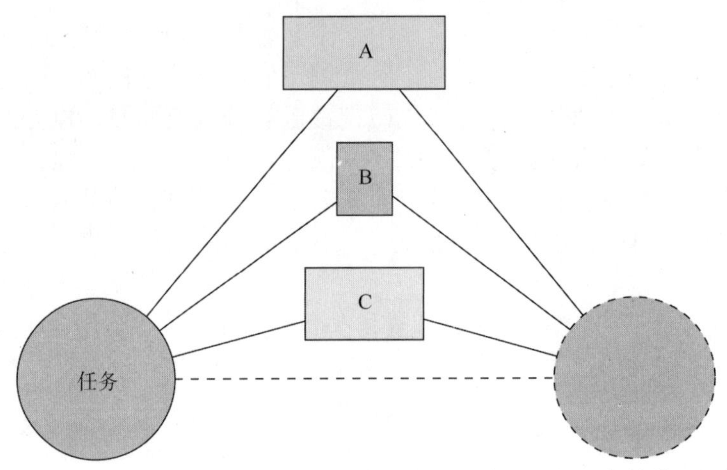

图 2-5　由并行执行的三个子任务所组成的任务：总响应延迟是三个单独延迟的最大值

当顺序执行子任务 A、B、C 时，如图 2-4 所示，总延迟取决于三个单独延迟之和。而通过并行执行，总延迟等于耗时最长的子任务的延迟。在一个真实的社交网络实现中，子任务的数量很容易就超过 100 个，顺序执行完全是不切合实际的。

并行执行通常需要额外的思考和库的支持。一方面，被调用的服务不应该直接从发起请求的方法调用中返回响应，因为在这种情况下，调用方在任务 A 执行时无法执行任何其他操作，包括发送执行任务 B 的请求。绕过此限制的方法是返回包含结果的一个 Future 而不是值本身：

```
final Future<ReplyA> a = taskA();
final Future<ReplyB> b = taskB();
final Future<ReplyC> c = taskC();

final Result r = aggregate(a.get(), b.get(), c.get();
```

Future 是一个值的占位符，并且该值最终可能变得可用；一旦有值可用，你就可通过 Future 对象访问该值。如果调用子任务 A、B、C 的方法改成了这种方式，那么总的任务只需要调用它们并从每个方法获取一个返回的 Future 即可。下一章将对 Future 进行更详细的讨论。

前面的代码片段使用了一个名为 Future 的类型，它定义在 Java 标准库中(该库位于 java.util.concurrent 包中)。它为访问值所定义的唯一方法是阻塞的 get()方法。这里阻塞意味着调用线程被挂起，在该值可用之前，不能执行任何其他操作。我们可以像以下这样来描述这种 Future 的用法(从处理整个任务的线程的角度来看)：

当我的老板给我一个任务去汇总某个客户的概述文件时，我会派出三个跑腿的：一个从客户的档案中获取客户的地址、照片以及合同状态；另一个到图书馆取得该客户撰写的所有文章；最后一个到邮局收集给这个客户的所有新消息。相对于自己去执行这些任务，以上方法是一个巨大的进步，但现在我需要在我的桌子旁百无聊赖地等待直到 3 个跑腿的人回来，然后把他们带来的所有东西整理到一个信封里并把它交给我的老板。

如果我可以留下一张便利贴，告诉跑腿的把他们找到的东西放到信封里，并让最后一个回来的人派遣另一个人把汇总后的信封交给我的老板，这种方式或许会更好。这样，我也许可以处理更多的请求，而不是显得大部分时间都无所事事。

2.2.2　使用可组合的 Future 改善并行性

开发人员应该做的是，通过描述如何组合各种值以获得最终结果，并由系统找到最高效的方式来计算这些值。可组合的 Future 使之成为可能，它是许多编程语言和库的一部分，包括较新版本的 Java(JDK 8 中引入了 CompletableFuture)。使用这种方式，架构可从同步阻塞完全转变为异步非阻塞；而底层实现机制则需要改成面向任务的形式以支持这一点。对比回调这种相对原始的前身，组合型 Future 具有更强的表达能力。使用 Scala 语法[1]，可将前面的例子转化成以下形式：

```
val fa: Future[ReplyA] = taskA()
val fb: Future[ReplyB] = taskB()
val fc: Future[ReplyC] = taskC()

val fr: Future[Result] = for (a <- fa; b <- fb; c <- fc)
  yield aggregate(a, b, c)
```

启动和完成子任务只是由程序的某一部分所引发的事件，程序的另一部分会对这些事件作出反应：例如，通过注册一个动作以在 Future 完成时处理由它提供的值。用这种方式，处理整个任务的方法调用的延迟甚至不包含子任务 A、B、C 的延迟，如图 2-6 所示。当正在处理这些请求时，系统可以自由地去处理其他请求，最终对其完成作出反应，并将整个响应返回给请求的原始用户。

一个额外好处是，添加诸如任务超时之类的附加事件不会太麻烦，因为整个基础结构已经建立起来。执行任务 A，将包含其返回结果的 Future 与一个在 100 ms 之后产生 TimeoutException 的 Future 相组合，并在后续处理过程中使用该组合结果，这个过程是完全合理的。接下来，这两个事件中的任何一个(任务 A 完成或超时)都会触发组合 Future 完成后所附加的一系列操作。

1 也可以使用 Java 8 中的 CompletionStage 的 thenCompose 组合子，但是因为 Java 没有 for 推导式，所以代码会和同步版本一样繁杂。最后一行中的 Scala 表达式可以转化成对应的对于 flatMap 的调用，flatMap 函数等价于 CompletionStage 的 thenCompose。

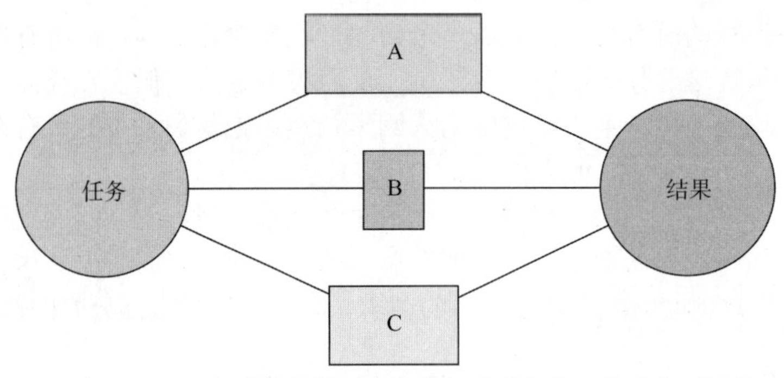

图 2-6 由三个以 Future 方式执行的子任务所组成的任务：总响应延迟是三个单个延迟的最大值，并且发起任务的线程不需要等待响应

异步结果组合的需求

你可能想知道为什么第二部分——异步结果组合——是必要的。难道通过并行执行来降低响应延迟还不够吗？这个讨论的上下文是，在一个嵌套式的用户-服务关系型系统中实现有界的延迟，其中每一层是其下层服务的一个用户。因为子任务 A、B 和 C 的并行执行依靠的是它们的启动方法返回 Future 而非严格求值结果，所以整体任务也必须返回 Future。而整体任务很可能是另一个服务的一部分，被更高层级的一个用户所消费，同样的推断也适用于这个更高的层级。因此，并行执行必须与异步的、面向任务的结果聚合配合使用。

可组合的 Future 无法完全集成到前面讨论的使用传统 Servlet 模型的图片服务器例子。原因是请求线程封装了将响应返回给浏览器需要的所有细节。没有任何机制可以将这些信息提供给将来的结果。这个问题在 Servlet 3 中通过引入 AsyncContext 解决了。

2.2.3 为序列式执行表象买单

传统上，用于建模组件之间交互的方式(如在网络上收发数据)被表示为阻塞 API 调用：

```
final Socket socket = new Socket("127.0.0.1", 8080);
socket.getOutputStream().write(requestMessageBytes);
final int bytesRead = socket.getInputStream().read(responseBuffer);
```

这些阻塞调用中的每一个都与网络设备进行交互，在底层产生并响应消息，但这些都被完全隐藏起来，以便在底层消息驱动的系统上构建一个同步的门面(facade)。执行这些命令的线程将在输出缓冲区中没有足够的可用空间(见第 2 行代码)或响应不能立即可用(见第 3 行代码)时暂停执行。因此，这个线程在此期间无法做任何其他工作：每个这种类型的正在并行执行的活动都需要自己的线程，即使其中许多线程无事可做，只是在等待事件的发生。

如果线程数量不比系统中 CPU 核心的数量多太多，那么这不会造成什么问题。但考虑到这些线程大部分是空闲的，你会想要运行更多的线程。假设准备 requestMessageBytes 以及处理 responseBuffer 的过程都只需要各自花费几微秒，而网络传输以及在另一端处理请求所花费的时间则以毫秒计量，很明显，每个线程在超过 99%的时间里都处于等待状态。

为充分利用(榨干)CPU 可被利用到的性能，意味着，我们就算在最普通的硬件上也要运行成百上千的线程。此时，你应该注意到，出于效率方面的考虑，线程是由操作系统内核管理[2]。因为内核可决定在任何时间点切换 CPU 核上的线程(例如，当发生硬件中断或当前线程的时间片被消耗完)，大量 CPU 状态需要被保存并随后恢复，以便运行的应用程序不会注意到还有其他应用在同时使用 CPU。这被称为上下文切换，而每次切换都需要耗费数千个 CPU 时钟周期[3]。使用大量线程的另一个缺点是，调度程序(内核的一部分，可在任意给定的时间点决定在哪个 CPU 核上运行哪个线程)很难找出哪些线程是可运行的，哪些线程是正在等待的，也很难选择其中一个线程，使得每个线程都能获得公平的 CPU 时间片。

前一段落的关键内容是，使用隐藏了底层消息驱动结构的同步、阻塞 API 会浪费 CPU 资源。如果在 API 中显式地使用消息作为沟通媒介，而不是挂起线程，你将只是挂起计算——线程可以释放出来执行其他操作——那么这个切换的开销就会大大降低。以下例子显示了使用 Java 8 的 Akka Actor 之间的(远程)消息传递：

```
final CompletionStage<Response> future =
  ask(actorRef, request, timeout)
    .thenApply(Response.class::cast);
future.thenAccept(AskActorWithJava8::processIt);
```

发送一条消息给 actor 引用，使用 CompletionStage 作为响应目的地

把响应转化为预期的类型，不匹配则失败

注册进一步的处理，一旦接收到响应并对其做了转换，便进行处理

在这里，发送请求后获得一个指向可能的将来回复的句柄(一个可组合的 Future 结果，如在第 3 章中所讨论的)，可以在其上附加一个回调，该回调将会在接收到响应时被执行。这两个动作(返回句柄，附加回调)都会立即完成，使当前线程在启动数据交换任务后可以执行其他操作。

2 在单个操作系统线程上复用多个逻辑用户级线程称为多对一模型或绿色线程。早期的 JVM 实现使用了这个模型，但它很快就被废弃了(http://docs.oracle.com/cd/E19455-01/806-3461/6jck06gqh/index.html)。

3 尽管 CPU 已经越来越快，但更多的内部状态已经抵消了纯执行速度上带来的进步，使得上下文切换大约需要耗费 1 微秒的时间，这一点二十年来几乎没有大的改进。

2.3 并行执行的限制

组件之间的松耦合(设计时和运行时)带来另一个好处：更高的执行效率。虽然在过去，硬件主要通过增加单个顺序执行核心的计算力来提升处理能力，但物理限制[4]在 2006 年左右开始阻碍这方面的进展。现代处理器则通过增加更多的核来扩展处理能力。为了从这种方式的增长中受益，即使在单台机器上，你也必须使用分布式计算。在使用基于互斥锁的共享状态并发的传统方法时，CPU 核心之间的协调成本变得非常大。

2.3.1 阿姆达尔定律

2.1 节中的示例包含一个图片缓存。最可能的一个实现是使用一个 Map 数据结构，它会被运行在多个核上的属于同一 JVM 的请求线程所共享。协调对共享资源的访问意味着需要以某些同步方式执行依赖 Map 完整性的那部分代码。如果 Map 被读取的同时也正在被修改，那么它将无法正确地工作。Map 上的操作需要以某种顺序串行(serialized)地进行，这个顺序要在应用的各个部分达成全局一致；这也称为顺序一致性(sequential consistency)。这种方法有一个明显的缺点：需要同步的部分无法并行执行。这等效于单线程运行。即使它们在不同的线程上执行，但任意给定时刻只能有一个处于活跃状态。这种可能会减少由并行化带来的运行时提升的效应可以由阿姆达尔(Amdahl)定律描述，如图 2-7 所示。

$$S(n) = \frac{T(1)}{T(N)} = \frac{1}{\alpha + \frac{1-\alpha}{N}} = \frac{N}{1+\alpha(N-1)}$$

图 2-7 阿姆达尔定律指出通过添加额外线程所能达到的速度上的最大提升

这里，N 是可用线程的数量，α 是程序串行部分所占的比例，$T(N)$是使用 N 个线程执行时算法所需的时间。图 2-8 展示了这一公式在不同的 α 值及不同的可用线程下的速度提升曲线，在真实系统中，不同的可用线程用不同的 CPU 核数来表示。你会注意到，即使只有 5%的程序以同步方式运行，其他 95%的部分是可并行的，执行速度上可获得的最大增益是 20 倍。要接近理论极限意味着需要使用大约 1000 个 CPU 核心，这是非常荒谬的！

4 光速上限及功耗使得进一步增加时钟频率变得不切实际。

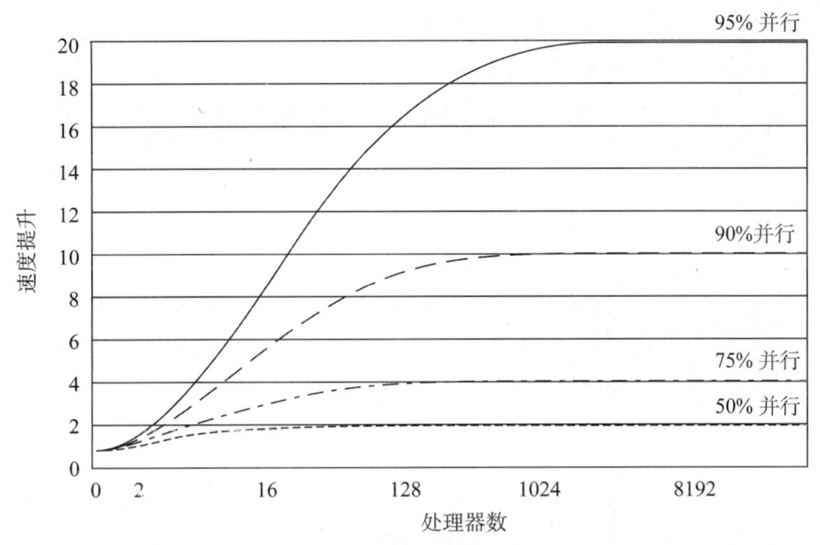

图 2-8 在并行计算中，一个使用多个处理器的程序的速度提升受限于程序中顺序执行部分的占比。例如，如果一个程序中 95%的部分可以并行化，则使用并行计算理论上速度的最大提升是原来的 20 倍，无论使用多少处理器

2.3.2 通用伸缩性法则

阿姆达尔定律也没有考虑协调和同步不同执行线程的开销。通用伸缩性法则(Universal Scalability Law)[5]提供了一个更符合现实的公式，如图 2-9 所示。

$$S(n) = \frac{N}{1+\alpha(N-1)+\beta N(N-1)}$$

图 2-9 通用伸缩性法则显示了通过增加额外线程在速度上可获得的最大提升，该定律为协调开销增加了一个额外因子

通用伸缩性法则增加了另一个参数，描述了确保整个系统中数据一致性所花费的时间占比。这个因子被称为系统的一致性(coherency)，它将线程之间协调相关的所有延迟结合起来，以确保对共享数据结构访问的一致性。当你有大量 CPU 核心时，这个新的项(指一致性因子)将占据主导地位，它抵消了吞吐量优势，并使得在超过了一个临界点后，增加更多资源不再具有吸引力。图 2-10 展示了在一致性因子较低的假设下，增加 CPU 核心数所带来的性能提升；分布式系统将在协调上花费大量时间。

5 N. J. Gunther, “A Simple Capacity Model of Massively Parallel Transaction Systems,” 2003, www.perfdynamics.com/Papers/njgCMG93.pdf. 另外可参考 “Neil J. Gunther: Universal Law of Computational Scalability,” Wikipedia, https://en.wikipedia.org/wiki/Neil_J._Gunther#Universal_Law_of_ Computational_Scalability.

结论是同步从根本上限制了你应用程序的可扩展性。无须同步可完成的计算越多，就越能将计算分发到不同的 CPU 核心或网络节点上。最优的情况是什么也不共享，这意味着不需要任何同步，这种情况下，可扩展性将是完美的。在图 2-9 中，α 和 β 都将为零，整个方程会被简化为：

$$S(n) = n$$

简而言之，这意味着使用 n 倍的计算资源，可以带来 n 倍的性能提升。如果你的系统构建在完全独立的隔离(bulkheading)区，且假设你可以将任务拆分成至少 n 个独立的部分，那么这将是唯一的理论限制。实际上，你需要交换请求和响应，这需要某种形式的同步，但开销非常低。在普通硬件上，每秒可在 CPU 核心之间交换几亿条消息。

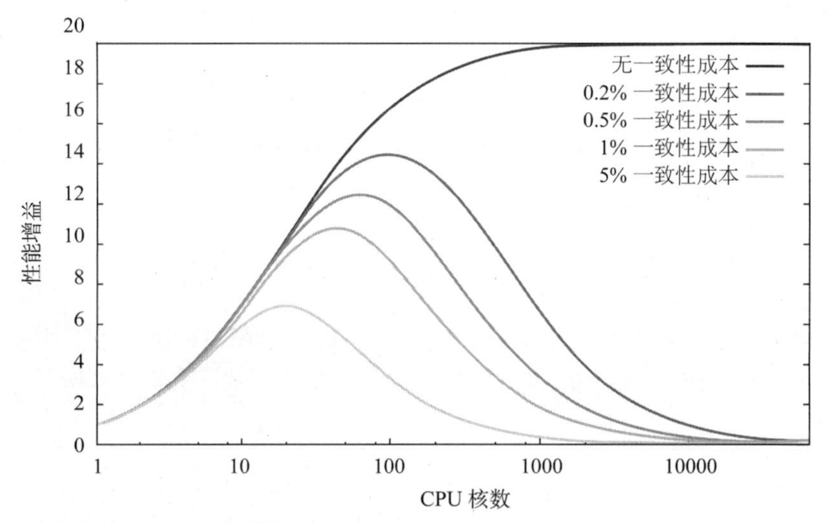

图 2-10 某些时候，增加更多资源带来的速度提升会因为保持系统内部的一致性而抵消掉。精确度取决于并行程序的占比以及用在保持一致性上的时间

2.4 对失败作出反应

前面的章节涉及如何设计一个服务实现，使得每个请求在给定的时间范围内都能获得响应。这很重要，否则用户将无法确定请求是否已被接收和处理。但即使按这个设计完美无瑕地执行，最终还是会有意想不到的事情发生：

- **软件总有出故障的时候(Software will fail)**。总会有你忘记处理的异常(或者你正在使用的库没有文档说明)；或者你可能只有极小的同步错误，却导致了死锁发生；或者你为跳出循环所制定的条件可能无法覆盖到一种奇怪的边界情况。你要对你代码的使用者有信心，他们总是有办法发掘到这些使软件出故障的条件。

- **硬件总有出故障的时候(Hardware will fail)**。每个操作计算机硬件的人都知道电源是非常不可靠的；硬盘往往会变成昂贵的门挡[6]，无论是在最初的烧录阶段还是在使用了几年后；而快要坏掉的风扇会在悄无声息的情况下导致各种部件因为过热而损毁。无论如何，根据墨菲定律(Murphy's Law)，你宝贵的生产服务器将会在你最需要它的时候发生故障。
- **人类总有失误的时候(Humans will fail)**。当你让维护人员去更换 RAID 5 中的一块故障硬盘时，一项研究[7]发现他们有 10%的概率会换错硬盘，并导致所有数据丢失。Roland(本书的主要作者)作为网络管理员的一段轶事是，清洁人员为了连接吸尘器而拔掉了工作组的主服务器电源，而且是两根冗余电线都拔掉了！所有这些事情都不应该发生，但正所谓 “叹人生，不如意事，十常八九”。
- **超时也是一种失败(Timeout is failure)**。超时的原因可能与系统的内部行为无关。例如，即使所有组件运行正常，网络拥塞也可能会导致系统组件之间的消息延迟。延迟的根源可能是其他系统共享了网络资源。从处理单个请求的角度来看，导致延迟的原因是永久性的还是暂时性的并不重要。事实是这个请求花费了太长时间，因此失败了。

因此，问题不在于是否会(if)发生失败，而在于失败发生的时间点(when)和频率(how often)。一个服务的用户并不关心系统内部失败是如何发生的或者到底是什么地方出了问题，因为用户唯一的感知是没有收到正常的响应。连接可能超时或被拒绝，或者响应可能由一个晦涩的内部错误码组成。任何情况下，用户都将不得不在没有响应时继续进行工作，这对于人类来说，可能意味着要使用另一个不同的服务：如果你尝试预订航班而预订网站停止响应，那么你可能到别处预订并且短时间内可能不会回来(又或者，在另一种业务场景中，例如网上银行，用户可能会打爆支持热线)。

高质量的服务能非常可靠地执行其功能，并且最好完全没有停机时间。因为计算机系统故障不是一个主观的可能性，而是一个客观的必然性，所以问题出现了：你怎么能希望建立一个可靠的服务呢？《反应式宣言》选择“回弹性(resilience)”而不是“可靠性(reliability)”来表明这种明显的矛盾。

回弹性是什么意思？

韦氏词典将回弹性定义如下：

---

6 这里的门挡即门碰，意指硬盘坏了，被视为仅可用来挡门的废物。可理解为用不再感兴趣的书本来垫显示器。

7 Aaron B. Brown (IBM Research), “Oops! Coping with Human Error,” ACM Queue 2, no. 8 (Dec. 6, 2004), http://queue.acm.org/detail.cfm?id=1036497.

- 物质或物体恢复形状的能力；
- 从困难中快速恢复的能力。

这里的关键概念是以容错(fault tolerance)而不是避免故障(fault avoidance)为目标，因为故障不可能完全避免。为尽可能多的失败场景做好规划当然是好的，以便定制程序化的响应，这样可以尽快地恢复正常的运行——理想情况下，用户不会有任何感知。同样的做法也必须应用于那些在设计中没有预见和明确的失败情况，并且知道这些情况也会发生。

但是，回弹性比容错又更进一步：一个具有回弹性的系统不仅能够承受故障的发生，而且能恢复到原有的样子以及功能集。举个例子，考虑一个放置在轨道上的卫星。为了减少任务失败的风险，每个关键功能至少实现了两次，无论是硬件还是软件。对于一个组件出现故障的情况，程序会将其切换到备份组件。执行这样的失败切换(failover)可保持卫星正常工作，但在那以后，受影响的组件将无法再承受额外的故障，因为备份只有一个。这意味着卫星的子系统具有容错能力，但不具有回弹性。

只有一种通用的方法来防止你的系统在部分失败时牵连整体系统："分布(distribute)"和"划分(compartmentalize)"。前者可非正式地翻译为"不要把所有鸡蛋放在一个篮子里"，后者增加了"保护你的篮子，避免它们互相影响"。涉及故障处理时，委托是非常重要的，为的是发生故障的部分不必为自身的恢复而负责。

系统分布可以有几种形式。你可能首先想到的是跨多个服务器复制一个重要的数据库，以便在发生硬件故障时，数据是安全的，因为副本随时可用。如果你确实非常关心这些数据，那么你可以尽量将备份放在不同的建筑物中，以免在发生火灾时丢失所有这些数据，或者当它们中的一个遭遇完全停电的情况下，其他的仍然可以独立运行。对于偏执狂来说，这些建筑还需要由不同的电网来供电，并且最好能放在不同的国家或在不同的大洲。

2.4.1 划分与隔离

副本分得越开，单个错误影响所有这些副本的可能性就越小。这适用于所有类型的故障，无论是软件、硬件还是人工：重复使用计算资源、运维团队、一组运维过程等都造成耦合，使得多个副本受到同步或相似的影响。这背后的思想是隔离分布的不同部分，或用造船业来比喻，就是使用"隔离(bulkheading)"。

图2-11显示了一艘大型货船的原理设计图，它的货舱被舱壁分隔成许多舱室。当船体由于某种原因被破坏时，只有那些直接受到影响的舱室才会进水，而其他舱室仍然保持密封状态，使船得以漂浮。

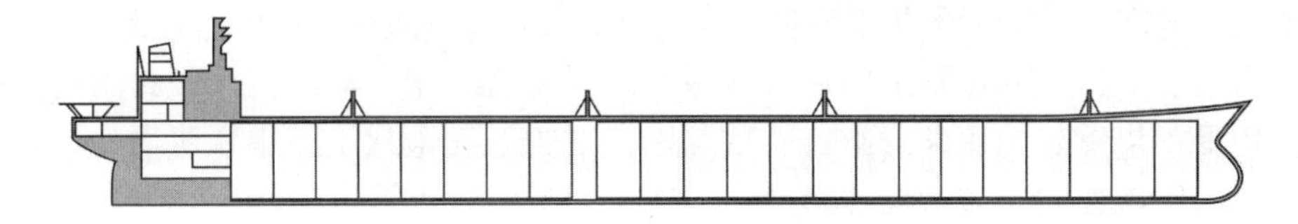

图 2-11 术语 bulkheading 来自造船业，意味着船只被分割成完全隔离的船舱

这个建造原则的一个例子是泰坦尼克号(Titanic)，船头和船尾之间共有 15 个舱壁，因此该船被认为是永不沉没的[8]。然而，这艘特殊的船实际上却沉没了，出了什么问题呢？为了不造成乘客(特别是较高等级的乘客)的不便以及省钱，舱壁仅在水线以上延伸了几英尺，并且舱室顶部没有密封。在与冰山碰撞过程中，当靠近船头的 5 个舱室遭到破坏时，船头更深地浸入水中，使水从舱壁顶部流向越来越多的舱室，直到船只沉没。

这个例子 ——航海史上最可怕的事件之一 ——完美地展现了由于 bulkheading 没有做对而使其变得毫无用处。如果舱室之间没有真正地隔离开来，那么失败将在它们之间蔓延，并最终使整个系统崩溃。分布式计算设计中的一个例子就是要在整个应用服务器层级来管理容错，其中一个失败所导致的过载或停顿将导致其他服务器发生故障。

现代船舶采用完全隔离的舱室，舱壁从龙骨延伸到甲板，并且可在所有侧面(包括顶部)进行密封。这并不能保证船只永不沉没，但这种情况下只有船只被严重地管理不善，并全速撞上冰山，才可能出现灾难性后果[9]。这个比喻也完全适用于各类计算机系统。

2.4.2 使用断路器

任何计划和优化都无法保证你实现或所依赖的服务遵守其延迟边界。在讨论回弹性时，我们会更多地谈论可能出错的事情的性质。但即使不知道失败的根源，我们同样也有一些有用的技术来处理那些违反了它们界限的服务。

当一个服务的用户请求瞬间激增时，其响应延迟会增加，最终服务将会开始失败。用户也将收到延迟更大的响应，这反过来会增加用户自身的延迟，直到接近极限。在第 2.1.2 节的图片服务器例子中，你看到了添加显式队列是如何通过拒绝耗费超过可接受时间的请求来保护客户端的。当服务中有瞬时大量的请求时，这是非常有用的。如果图片数据库完全失效几分钟，该行为就不理想了。这个队列会堆满请求，在短暂的时间后，这些请求将变得无用。第一反应可能会是剔除旧的队

8 “泰坦尼克号没有沉没的危险。这艘船是不会沉没的，乘客最多只会感到不便。”— Phillip Franklin，White Star Line 副总裁，1912 年。

9 例如，可参阅 Costa Concordia 灾难：https://en.wikipedia.org/wiki/Costa_Concordia_disaster。

列条目，但这个队列又会立即填充更多需要很长时间才能得到处理的查询。

为阻止这种影响在整个用户-服务关系链中传播，用户需要在这段时间内保护自己免受不堪重负的服务影响。实现这一点的方法在电气工程中众所周知：安装一个断路器，如图 2-12 所示。

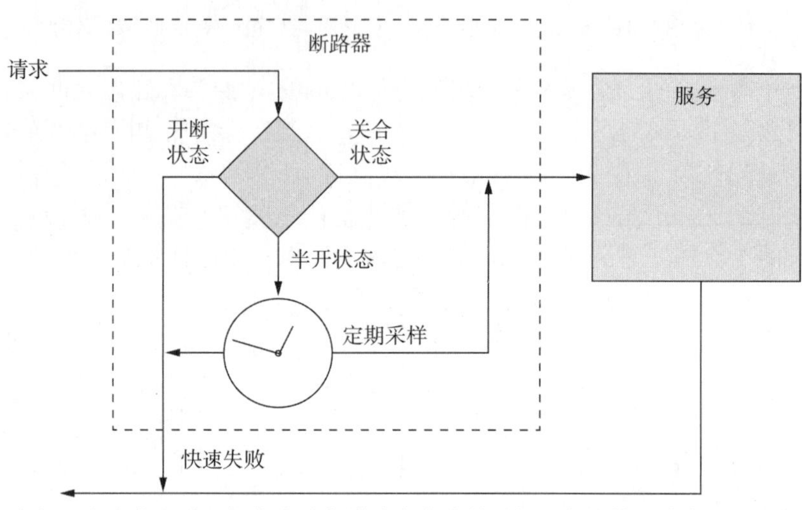

图 2-12 电气工程中的断路器保护电路免遭过高电流的破坏。在软件领域中相应地也会对服务做类似的事情，否则服务可能会被过多的请求所压垮

这里的想法很简单：当涉及其他服务时，监视响应返回所需的时间。如果时间一直大于该用户为该特定服务调用所设定的延时阈值，则断路器跳闸；从那个时刻开始，请求将采用不同的处理路径，要么快速失败，要么降级服务，就像服务前面的有界队列溢出的情况一样。如果服务反复地响应失败，也应该发生同样的结果(断路器跳闸)，因为那个时候已经不值得再费时间(向该服务)发送请求了。

这不仅有利于用户将其从故障服务中隔离出来，而且还具有减轻故障服务的负载的效果，给它一些恢复和清空队列的时间。也可通过监视这种情况的发生，为不堪重负的服务增加资源，以响应增加的负载。

当服务已经花费一段时间进行恢复时，断路器应该回到半关合状态，在该状态下一些请求将会被成功发送以测试服务是否恢复正常。如果没有(恢复)，断路器会立即再次跳闸；否则，它将会自动关合并恢复正常运行。断路器模式将在第 12 章中进行详细讨论。

2.4.3 监督

在 2.2 节中，一个简单的函数调用会同步返回一个结果：

```
val result = f(42)
```

在一个更大的程序上下文中，f 的调用可能以合理的错误条件判断包含在一个异常处理中，例如导致除以零错误的无效输入。实现细节可能会导致与输入值无关的异常。例如，递归实现可能导致堆栈溢出，分布式实现可能导致网络错误。这些情况下，服务的用户几乎无能为力：

```
try {
  f(i)
} catch {
  case _: java.lang.ArithmeticException => Int.MaxValue     <—— 合理的响应
  case ex: java.lang.StackOverflowError => ???
  case ex: java.net.ConnectException    => ???               这里怎么办?
```

响应(包括验证错误)被传回给服务的相关用户，而失败必须由服务操作者来处理。在计算机系统中描述这种关系的术语是“监督(Supervision)”。监督者负责保持服务的正常运行。

图 2-13 描述了这两种不同的信息流。该服务会在内部处理它已经知道如何处理的一切；它执行校验并处理请求，但对于任何它无法处理的异常，则都上报给监督者。当服务处于故障(broken)状态时，它也就无法处理传入的请求。例如，设想一个依赖于正常运行的数据库连接的服务。当连接中断时，数据库驱动程序将抛出异常。如果你尝试通过建立一个新的连接在服务内直接处理该问题，那么这部分逻辑将与该服务的所有正常业务逻辑混合在一起。更糟的是，该服务还需要考虑整个大局。多少次的重新连接尝试是合理的？重新连接之间又要等待多久？

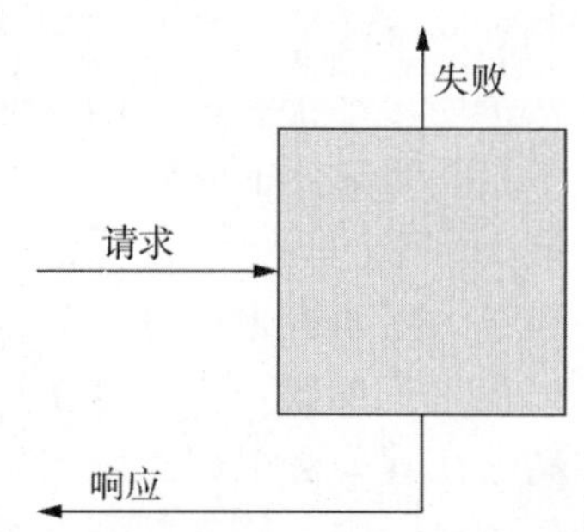

图 2-13 监督意味着正常的请求和响应流(包括错误验证等负面响应)与失败是分开的：前者在用户和服务之间交换，后者从服务转移到其监督者

将这些决策交给一个专门的监督者，可将问题(业务逻辑与专门的失败处理)分开，并将它们分解成一个外部个体，从而也可为多项被监督的服务实现一个总体策略。例如，监督者可以监控主数据库后端系统发生故障的频率，并在适当时转移到一个辅助的数据库副本上。为做到这一点，监督者必须有权启动、停止和重启所监督的服务：监督者要对它们的生命周期负责。

直接支持这个概念的第一个系统是 Erlang/OTP，它实现了 Actor 模型(将在第 3 章中进行讨论)。与监督有关的模式将在第 12 章中进行描述。

2.5 放弃强一致性

Eric Brewer 的 CAP 定理[10]是分布式系统最著名的理论成果之一，它指出任何网络共享数据系统最多可以有以下三个理想属性中的两个：

- 一致性(C)相当于拥有单一最新的数据副本
- 该数据的高可用性(A)(用于更新)
- 对网络分区(P)的容忍性

这意味着在网络分区期间，必须牺牲一致性和可用性中的至少一个。如果在网络分区期间修改继续，则可能会出现不一致的情况。避免这种情况的唯一方法是(在分区期间)不接受修改，但这样一来系统则又变得不可用。

举一个例子，考虑两个用户使用类似 Google Docs 这样的服务来编辑共享文档。希望文档至少保存在两个不同位置，为的是能承受一个硬件出现故障的情况，两个用户都可随机地连接到某一个副本来进行文档修改。通常情况下，这些变化将在它们之间传播，每个用户都能看到对方的编辑；但是如果副本之间的网络连接发生故障而其他的一切都继续工作，则两个用户都将继续编辑并只能看到自己的更改，而不会看到其他人的更改。如果两个人对同一个词做了不同的修改，那么结果将使文档处于一种不一致的状态，当网络连接恢复正常时这种状态需要被修复。而另一种做法是当检测到网络故障发生时，便禁止用户做进一步的更改，直到网络恢复正常。这会使两个用户都不愉快，因为他们不但不能进行会相互冲突的更改，而且在文档完全不相关的部分上的修改也被阻止。

传统的数据存储是有着极高水平的强一致性保证的关系型数据库。数据库厂商们在过去付出大量努力，做了大量研究来提升产品效率，与此同时，一直坚持保证 ACID 的事务性语义[11]，而他们的客户也习惯了这种产品运营模式。为此，目前不少分布式系统也集中精力在其关键组件上提供某种程度的强一致性。

在两个用户编辑共享文档的例子中，相应的强一致性的解决方案意味着在本地显示前，每个改变(每次按键)都需要由中央服务器确认，否则一个用户的屏幕可能显示一个与其他用户看到的不一致的状态。这显然行不通，输入文本时产生如此高的延迟是非常恼人的，我们习惯于字符会立即出现。考虑到具有日志副本的高可用性设置以及部署在大型机上的数据库的许可费用，该解决方案对于扩展

10 S. Gilbert and N. Lynch, "Brewer's Conjecture and the Feasibility of Consistent, Available, Partition-Tolerant Web Services," ACM SIGACT News 33, no. 2 (2002), 51-59, http://dl.acm.org/citation.cfm? id=564601.

11 Atomicity, Consistency, Isolation, Durability.

到数百万用户来说也是昂贵的。

一个具有说服力的用例是，反应式系统提出了具有挑战性的架构变化：为了获得预期效益，需要将回弹性、可伸缩性和即时响应性的原则应用于系统的所有部分，去掉在传统系统上建立起来的强事务保证。最终，这种变化将不得不发生，要么为了前几节中概述的益处，要么出于物理原因。ACID 事务的概念旨在定义事务的全局顺序，该顺序使观察者无法察觉到不一致。从编程抽象退一步到物理世界，爱因斯坦的相对论具有一个惊人的性质，即某些事件不能相互排序：如果一束光线不能在第二事件发生之前，从第一事件的位置传播到第二事件所在位置，那么这两个事件受观察的顺序取决于观察者相对于这些位置移动的速度。

尽管我们不需要担心计算机相对彼此以接近光速运行，但我们确实需要担心静止的计算机之间的信息传播速度。对于不能通过刚才所描述的光线连接的事件，则它们之间无法存在某种因果关系。将系统之间的交互限制在光速以内是避免歧义的一个解决方案，但在当今的处理器设计中，这已成为一个痛苦的限制：一块硅芯片两端对于当前时钟滴答达成一致，是试图增加时钟频率的限制因素之一。

2.5.1 ACID 2.0

具有内在分布式设计的系统建立在不同的原则上。一个这样的集合称为 BASE：

- 基本可用(Basically Available)
- 软状态(Soft state；状态需要主动维护，而不是默认持久化)
- 最终一致(Eventually Consistent)

最后一点意味着对数据的修改需要时间在分布式副本之间传播，在此期间，外部观察者可能会看到不一致的数据。“最终”指的是在变化发生后，能观察到不一致的时间窗口是有界的；当系统不再接收修改，并进入静止状态时，它最终会再次变得完全一致。

在编辑共享文档的例子中，这意味着虽然你立即看到自己做出的修改，但你看到对方的修改会有一些延迟；如果做出的修改有冲突，则两个用户看到的中间状态可能不同。但是一旦传入的变更流结束，对两个用户来说，两个视图最终将处于相同的状态。

在 CAP 猜测之后 12 年发表的一篇文章[12]中，Eric Brewer 这样评论道：

CAP 的这个表述(见上)表达了它的目的，这是为了让设计人员的思想敞开至

12 Eric Brewer, “CAP Twelve Years Later: How the ‘Rules’ Have Changed,” InfoQ, May 30, 2012, https://www .infoq.com/articles/cap-twelve-years-later-how-the-rules-have-changed.

更广泛的系统和权衡；事实上，在过去十年中，已经出现了大量的新系统，以及许多关于一致性和可用性的相对优点的争论。“3 个中只能满足 2 个”的表述总是具有误导性，因为它倾向于简化属性之间的紧密联系。现在这样的细微差别很重要。因为 CAP 仅禁止设计空间中的一小部分：即分区存在的情况下完美的可用性和一致性，这是非常罕见的。

在涉及爱因斯坦相对论的论证中，事件不能排序的时间窗口非常短——对于日常观察来说，光速是相当快的。同样，在最终一致的系统中观察到的不一致性也是短暂的；一个用户所做的更改和被其他用户看到之间的延迟大约为几十毫秒或几百毫秒，这对协同文档编辑来说就已经足够好了。

BASE 可帮助我们理解哪些属性是有用的，哪些是无法实现的，但作为一个术语，它太不精确了。所以 Pat Helland 在 React Conf 2014 上提出另一个提案，即 ACID 2.0：

- 可结合的(Associative)
- 可交换的(Commutative)
- 幂等的(Idempotent)
- 分布式的(Distributed)

最后一点只是为了补齐熟悉的缩写(ACID)，但前三个描述了基本的数学原理，允许以一种最终一致的形式执行操作：如果每个动作都以一种可批量应用(可结合的)的方式表达，以任意(可交换的)顺序并且多次执行也不是有害的(幂等的)，那么最终结果并不取决于哪个副本接受了这个更改，以及更新以哪种顺序在整个网络上传播；如果接收尚未确认，甚至重新发送也是可以的。

其他作者，例如 Peter Bailis 和 Martin Kleppmann，正在推动我们扩大一致性保证的范围，而不陷入 CAP 定理的禁区：在跟踪不同更新间因果关系的帮助下，似乎有可能非常接近 ACID 语义，同时尽量减少牺牲可用性。这个研究领域在 10 年内将如何发展，值得拭目以待。

2.5.2 接受更新

只有在网络分区期间，接受对两个断开端的修改才会导致问题；即使在这种情况下，也可以采用无冲突复制数据类型(conflict-free replicated data types，CRDT)解决方案。当分区结束时，它们拥有干净合并的属性，不管任何一方做了哪些修改。

Google 文档采用了一种叫“操作变换(operational transformation)[13]”的类似技

13 David Wang, Alex Mah, and Soren Lassen, “Google Wave Operational Transformation,” July, 2010, http://mng.bz/Bry5.

术。在文档副本由于网络分区而不同步的情况下，本地更改仍被接受并存储为一系列操作。当网络连接恢复工作状态时，不同的操作链将被合并，使它们成为线性化的序列。这是通过将一个链重新在另一个链上操作来完成的，为的是一个链在另一个链操作过的结果状态上操作，而不是在最后一个同步状态上操作。这样可以确定性地解决有冲突的更改，从而在分区恢复后为两个用户提供一致的文档。

具有这些良好属性的数据类型在它们可以支持的操作方面具有一定的限制。自然会有一些问题无法用它们来表述，这种情况下，你别无选择，只能把这些数据集中在一个地点并放弃分布式。但我们的直觉是，(分布式的)必要性将通过研究各个问题领域的替代模型来减少这些问题，从而在提供始终可用的即时响应服务与企业级强一致性需求之间形成折中。真实世界中的一个例子是自动取款机(ATM)，银行账户是一个强事务一致性的传统例子，但向账户所有者分配现金的机械实现却是在一段长时间之后才达到最终一致的。

当你去 ATM 机取钱时，如果 ATM 机不工作，你将会对维护它的银行感到恼火，特别是如果你正需要钱来为你的配偶买礼物时。网络问题确实频繁出现，如果 ATM 机在这段时间拒绝服务客户，这会使许多客户不满意。我们都知道，好事不出门，坏事传千里。解决方案是继续为客户提供服务，即使某些功能(如透支保护)在当时无法正常工作。例如，你提取的现金可能比你想要的要少，因为机器无法验证你的账户是否有足够的资金，但是这样你至少还能提取现金，而不是得到一个可怕的“停止服务”的错误。对于银行来说，这意味着你的账户可能会被透支，但大部分想取款的人应该都是有足够的钱来支付这笔交易的。如果某个账户因此变成了小额负债的状态，也有许多现有的办法来解决这个问题：社会提供了一套司法系统来执行机器无法执行的那些合同部分，此外，只要账户所有者欠银行钱，那么银行就要收取费用并赚取利息。

这个例子强调了计算机系统不必在所有情况下都解决业务流程中的所有问题，特别是当这样做的成本过高时。它也可以被看成这样一个系统，能在本职功能未恢复前，临时提供一个近似的解决方案。

2.6　对反应式设计模式的需求

许多讨论的解决方案和大部分的本质问题都不是新的。解耦程序中不同组件的设计从一开始就一直是计算机科学研究的目标之一，自 1994 年著名的《设计模式》[14]一书出版之后，它一直都是通用文献的一部分。随着计算机在日常生活中的日益普及，程序设计也相应受到更多的社会关注，并由学院派以及随后

14 Erich Gamma 等人，《设计模式》，Addison-Wesley Professional (1994)。

年轻的地下室“狂人”所修炼的魔法普及开来，渗透到日常生活中。在过去 20 年中部署的计算机系统规模的增长，使设计在既定最佳实践的基础上正规化，拓宽了我们认为的规划领域的范围。在 2003 年，《企业集成模式》一书已经提到了网络组件间的消息传递，并定义了沟通和消息处理的相关设计模式——例如，Apache Camel 项目提供了相关实现。其后，还有面向服务的架构(Service-Oriented Architecture，SOA)。

在阅读本章时，你会发现早期阶段的一些元素，例如对消息传递和服务的关注。你很自然会问，这本书增加了哪些在其他地方还没有被充分描述的内容？特别有趣的是与 Arnon Rotem-Gal-Oz 的《SOA 模式》中 SOA 定义的比较：

定义：面向服务的架构(SOA)是基于松耦合、粗粒度和自治的组件(称为服务)之间的交互来构建系统的体系结构风格。每项服务都通过契约来公开过程和行为，这些契约由称为“端点(endpoint)”的可发现地址组成。服务的行为受服务本身之外的策略所支配，合约和消息被称为“服务消费者”的外部组件使用。

这个定义侧重于应用程序的高层体系结构，并明确要求服务结构是粗粒度的。其原因在于，SOA 从业务需求和抽象软件设计的角度来看待这个话题，而粗粒度无疑是非常有用的。但正如我们所论述的，各类技术原因将推动我们把服务的粒度细化，并要求通过显式地建模底层系统的消息驱动本质，以取代像同步阻塞网络通信这样的抽象。

2.6.1 管理复杂性

提升抽象水平已被证明是提高程序员生产效率的最有效措施。暴露更多的底层细节似乎在这一点上是一种倒退，因为抽象通常意味着把复杂性从你的视野中隐藏起来。这一考虑忽略了复杂性有两种这一事实：

- 固有的复杂性(Essential complexity)是问题领域中所固有的。
- 附带的复杂性(Incidental complexity)是仅由解决方案所引入的。

回到之前的例子，如果使用传统数据库和事务处理作为共享文档编辑器的后端存储，那么 ACID 解决方案试图隐藏网络计算机系统领域中的固有复杂性，却引入了附带的复杂性，并要求开发人员尝试解决出现的性能和可伸缩性问题。

一个适当的解决方案是暴露问题领域中的所有固有复杂性，使其可以根据具体的使用情况进行处理，并且避免了由于所选择的抽象和底层机制之间的不匹配而导致的附加复杂性给用户带来的负担。

这意味着，随着你对问题领域理解的不断深化(例如，认识到需要比以前更精细地分配计算)评估现有的抽象，考虑它们是否抓住了固有复杂性以及又增加了多少附带复杂性。结果将是对原解决方案进行调整，有时表现为你想要抽象的属性和想要公开的属性的转变。反应式服务设计就是这样一种转变，它使同步、强一致服务耦合等模式变得过时。用于解决方案的各抽象层面的相应损失，将通过定义新的抽象和模式来进行抵消，如同在调整过的地基上重铺新砖。

新的基础是面向消息的，为了在其上构建大型应用程序，你需要使用合适的工具。本书第III部分所讨论的模式由断路器模式以及从更广泛使用的 Actor 模型中学到的新兴模式等组合而成。但一个模式不仅包括一个对原型解决方案的描述，更重要的是，它的特点由它所试图解决的问题所决定。本书的主要贡献是根据反应式宣言的四条原则来讨论反应式设计模式。

2.6.2　使编程模型更贴近真实世界

我们最后来总结一下关于反应式编程所带来的影响，虽然本章已经在多处提到受其福泽的各个领域。你已经看到过，开发人员对于能创建可靠快速地为用户提供服务的完备(self-contained)系统的愿望，促使产生一个基于整合多计算单元(逻辑封装、独立执行)的设计。“舱壁”之间的“隔间”形成了服务的专用空间，它们之间只用提炼过的语言交流信息。

这些设计上的限制在物理世界和我们的社会中都很熟悉：人类也在更大的任务上协作，自主地执行独立任务，并通过高级语言进行交流等。这使我们能够使用众所周知的惯常现象来可视化抽象的软件概念。我们设计一个应用系统的架构就如同自问，“如果给你一组人，你又会怎么做一件事？”。与过去几千年来人类间的劳动组织相比，软件开发是一个非常年轻的学科。利用我们已经建立起来的知识，我们可以更容易以一种兼容分布式、自治实现属性的方式，来分解一个系统。

当然，我们会尽量避免滥用拟人化的行为：生活中我们正在慢慢地消除“主/从”(master/slave)这样的术语，因为已经认识到并不是每个人都以相应的技术背景去解读这些词汇[15]。但有时，合理地运用拟人化，可以为枯燥的工作增加一些情趣：例如，将负责把日志写入磁盘的组件称为 Scribe。在实现这个类型时会有一种创建一个小机器人的感觉。机器人将去做你告诉它的某些事情并能进行某种程度的互动。其他人称这个互动为写测试，并且这么说的时候会摆出一张臭脸。在反应式编程中，你会改变这种情况并发现：这太有趣了！

15　尽管术语提供了许多有趣的侧面说明：例如，客户端(client)指服从(命令)的某个人(来自拉丁语 cluere)，而服务器(server)则源自奴隶(slave)一词(来自拉丁语 servus)。因此，从字面上理解时，客户端-服务器关系有些奇怪。举一个命名上容易让人觉得跑题的例子：假想一个方法名叫 harvest_dead_children()。因此，为减少关于代码的非技术性争论，你最好避免使用这样的术语。

2.7 小结

本章为本书的其余部分奠定了基础，介绍了《反应式宣言》的原则：

- 即时响应性
- 回弹性
- 弹性
- 消息驱动

在组件失败时保持即时响应的需求定义了“回弹性”，在传入负载激增时如何承受的需求定义了“伸缩性”。在整个讨论过程中，你已经看到了面向消息的共同主题。

下一章将介绍行业工具：事件循环、Future、Promise、反应式扩展工具包以及 Actor 模型；所有这些都使用了函数式编程范式。

第3章 行业工具

上一章解释了你为何需要反应式(Reactive)。现在我们将注意力转向如何实现反应式。在本章中，你将学习：

- 反应式的早期实现方式
- 重要的函数式编程技巧
- 现有反应式工具和库的优缺点

3.1 反应式的早期解决方案

过去 30 多年，人们设计过多种工具和范式来辅助反应式应用程序的构建。其中最古老、最引人注目的当属 Erlang 编程语言(www.erlang.org)，由 Joe Armstrong 和他的团队于 20 世纪 80 年代中期在爱立信创建。Erlang 是第一门使得 Actor 模型(将会在本章后面讲到)成为主流的编程语言。

Armstrong 和他的团队曾面临艰巨挑战：创造一种编程语言，用于支持构建几乎不受失败影响的分布式应用程序。随着时间的推移，Erlang 在爱立信实验室不断地演化，并最终在 20 世纪 90 年代被成功地应用于打造 AXD 301 型电话交换机，AXD 301 声称达到了“9 个 9”(即 99.999 999 9%)的正常运行时间。想一下这究竟意味着什么。对于在单机上运行的单个应用程序来说，在 100 年以内，它将仅有大约 3 秒钟的宕机时间！

```
100 年
    * 365 天/每年
    * 24 小时/每天
    * 60 分钟/小时
    * 60 秒/分钟
        = 3 153 600 000 秒

3 153 600 000 秒
    * 0.000000001 预期宕机时间
        = 100 年内(仅有) 3.1536 秒的宕机时间
```

当然，如此持久的、近乎完美的正常运行时间是纯粹理论性的；现代计算机的存在甚至都还没有 100 年。这项声明基于英国电信在 2002-2003 年所进行的研究，研究中涉及了 14 个节点，并以 5 节点/年[1,2]的基准进行计算研究。要达到这样短暂的预估宕机时间，系统对于硬件和软件的依赖程度是一致的，因为，即使是对于最具回弹性的软件来说，不可靠的计算机硬件也为其可用性设定了上界。但是，如此理论性的正常运行时间正说明了在一个反应式应用程序中可带来的非比寻常的容错性。令人惊奇的是，没有任何其他的编程语言或者平台提出过能与 Erlang 相媲美的类似声明。

Erlang 采用一套动态类型系统，以及无处不在的模式匹配，来捕获 Actor 系统天然的动态特性，并为每个 Actor 之间传递的消息复制消息数据。因为在 BEAM VM(运行 Erlang 的虚拟机)中，两个 Actor 进程之间并没有共享的堆空间，所以必须复制数据，如图 3-1 所示。在发送消息之前，必须将 Actor 之间发送的(消息的)数据复制到接收消息的 Actor 的堆中，以确保 Actor 之间的隔离性，并防止对数据的并发访问。

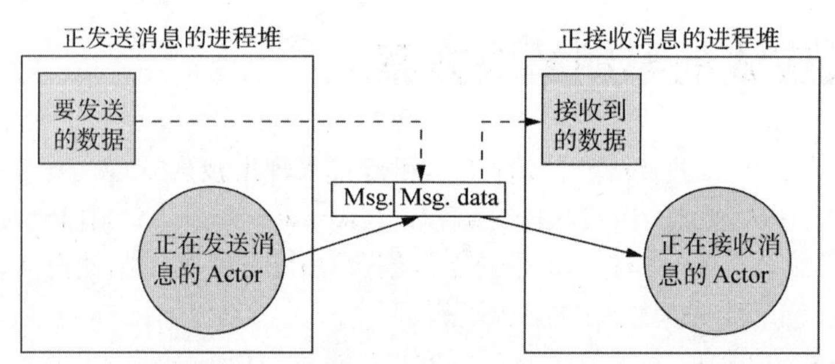

图 3-1 在 Erlang 中，正在发送消息的 Actor 堆中的数据将通过消息传递给正在接收消息的 Actor 的堆

1 参见 Mats Cronqvist 在 2012 年进行的主题为 *The nine nines and how to get there* 的分享演讲，www.erlang-factory.com/upload/presentations/243/ErlangFactory SFBay2010-MatsCronqvist.pdf.

2 录播地址：https://vimeo.com/17106893。——译者注

虽然这些特性提供了额外的安全性，确保任何 Erlang Actor 都可接收任意消息，并且不会共享任何数据，但是它们也降低了应用程序的潜在吞吐量。而在另一方面，对于所有 Actor 的进程堆，Erlang 都可以进行单独的垃圾回收[3]，从而更快地完成垃圾回收，并且具有可预测的延迟。

如果所有 Actor 都共享相同的堆，那么所有这些复制都不是必要的。这样一来，两个 Actor 将共享指向相同消息的指针。不过，要做到这一点，必须满足一个关键条件：消息的数据不能够被修改。函数式编程解决了这一难题。

3.2　函数式编程

函数式编程的概念已经存在很长时间了，但直到最近才得到主流编程语言的青睐。为何函数式编程会脱离主流这么久？为何它的人气现在又开始飙升呢？

在 1995 年到 2008 年这段时期，可谓是函数式编程的“中世纪”[4]，C、C++以及 Java 等编程语言的使用率不断增加，而命令式的、面向对象的编程风格成为编写应用程序和解决问题最流行的方式。终于，多核心 CPU 的到来为并行化开辟了新机会，但在这样的环境中，具有副作用的命令式编程结构成分[5]可能难以为继。想象一下，一个 C 或者 C++开发者已经挑着在单线程的应用程序中自行管理内存开销的重担。而在多核世界里，他们现在必须要管理跨多个线程的内存，还得弄清楚谁可以在什么时刻访问共享的可变内存。这使得本来就难以开发和验证的任务，变得更令人望而却步，即使对于最资深的 C/C++开发者也是如此。

这引领函数式编程进入了可称为“文艺复兴”(Renaissance)的时期。许多编程语言现在都包含来自函数式编程中的结构成分(construct)，因为这些成分可以帮助更好地分析推导并发和并行应用程序中的问题。对于以函数式风格编写的代码，开发人员可更容易地推断出应用程序在任意给定时间内的行为。

函数式编程的核心概念已经存在很多年：Alonzo Church[6]在 20 世纪 30 年代于 lambda 演算[7]中首次定义了它们。函数式编程的本质是：洞察到程序实际上可以按照纯粹的数学函数来编写；也就是说，每次给这些函数传递相同的输入时，它们将总是返回相同的值，并且不会产生副作用。在函数式编程中编写代码类似于在

---

3 一个例外是长度超过 64 字节的二进制字符串，它被存储在一个单独的堆中，并由引用计数所管理。

4 这里原文是 Dark Ages，即欧洲中世纪这段时期。——译者注

5 原文是 imperative programming construct。construct 一般都翻译成构造，但在此处明显不通。此处取的是其在语法学上的意义。牛津词典中这个词在语法学上的翻译为“结构体，结构成分”。本书取后者。——译者注

6 美国著名的计算机科学家，也是图灵的导师。——译者注

7 Alonzo Church 发表的 *The Calculi of Lambda-Conversion*，收录于普林斯顿大学出版社于 1941 年出版的《数学研究年鉴》第 6 册。

数学中组合函数。现在，有了多种我们可以信手拈来的函数式编程工具，作为程序员的我们得以重焕生机，因为我们可使用多种编程语言来解决问题，这些编程语言能够支持函数式、副作用，或者同时支持两种编程范式。

接下来，我们将检验函数式编程的一些纯函数组合以外的核心概念：不可变性、引用透明性、副作用以及函数作为一等公民。

3.2.1 不可变性

当一个变量可在不同时刻指向不同的值时，它就被称为具有可变的状态(mutable state)。相反，在纯函数式编程中，可变的状态被称为不纯粹的(impure)，并被认为是危险的。可变性表现为：任何变量或者字段都不是稳定或者终态(final)的，并且可以在应用程序运行的过程中被修改或者更新。代码清单 3-1 中展示了一些例子。当使用终态的、不可变的变量时，你可以更容易地推导出变量在给定时间所具有的值，因为你知道：在被定义之后，它不会被任何东西修改。这适用于数据结构以及简单变量：对不可变数据结构执行任何操作都将创建一个新的数据结构，其保存了更改后的结果。而原始的数据结构则保持不变。因此，程序中继续使用原始数据结构的任何其他部分都不会看到这些变化。

代码清单 3-1 不安全的、可变的消息类，可能会隐含非预期的行为

```
import java.util.Date;

public class Unsafe {
  private Date timestamp;
  private final StringBuffer message;

  public Unsafe(Date timestamp, StringBuffer message) {
    this.timestamp = timestamp;
    this.message = message;
  }

  public synchronized Date getTimestamp() {
    return timestamp;
  }

  public synchronized void setTimestamp(Date timestamp) {
    this.timestamp = timestamp;
  }

  public StringBuffer getMessage() {
    return message;
  }
}
```

- 字段需要标记为 final，如此编译器可以保障不可变性（private Date timestamp;）
- 可变的，因为缓冲区的内容不稳定（private final StringBuffer message;）
- 可变的，因为可以通过 setter 方法改变 timestamp 对象。对 setter 和 getter 进行同步增加了线程安全性，但是并不会减轻访问 timestamp 对象的多个线程之间的争用（setTimestamp）
- 可变的，因为缓冲区的内容不稳定（getMessage）

通过在整个应用程序中应用不可变性，你可以将可能发生变化的部分限制在非常小范围的代码片段中。因此潜在的争用(contention)也被限制在这个小范围之内。当发生争用时，多个线程会试图同时访问相同的资源，其中一些则被迫等待。争用是在多核心 CPU 上运行的代码最大的性能杀手，应该尽量避免。

精明的读者会注意到，将所有更改通过一个单点来进行与努力避免争用之间存在矛盾。解决这一明显矛盾的关键是，将所有执行变更的代码限制在小范围内，从而使争用更容易管理。有了对问题的全局把控，你便可以调整其行为：例如，通过将复杂的状态表征划分为数个可变的变量，由于这些变量通常都可以独立地更新，因此不会产生争用现象。

最好是使用编译器而不是约定来强制不可变性。这也就意味着将值传递给构造函数，而不是调用 setter 函数，并使用编程语言的特性(如 Java 中的 final 以及 Scala 中的 val)。当然有时，这是不可能的，例如，API 要求在一个对象的所有成员的值可知前，提前创建这个对象。在这些情况下，你可能需要使用初始化标志来防止值被不止一次地设置，或者对象已经在使用时还设置对象的值。

如代码清单 3-2 中所示的不可变数据结构确保了对象返回的值不会被更改。如果 Date 变量的内容可以更改，那么确保持有一个 Date 对象的变量不会被重新赋值的意义也就不大。问题不在于线程安全性，而在于，可变状态使得推断代码的具体行为变得异常困难。此时，有以下几种替代方案：

- 第一个选择是使用本质上就不可变的数据结构。有些编程语言提供了广泛的不可变集合类库实现，或者你也可以结合第三方库使用。
- 你可以编写一个包装类来阻止对修改(mutating)方法的访问[8]。要确保一旦其支撑(backing)可变数据结构被初始化之后，不会有任何引用指向它。当然，这也不经意地削弱了包装类的本来目的。
- 读时复制语义(Copy-on-read semantics)。在每次从对象中读取时，都创建并返回该数据结构的一个完整副本。这可以确保读者无法访问原始对象，但是代价可能是昂贵的。如同不可变的包装器一样，你必须确保不会有任何外部引用指向对象内部依然可写(still-writable)的数据结构。
- 写时复制语义(Copy-on-write semantics)。在每次对象修改时，都创建并返回该数据结构的完整副本，从而确保了对象的用户无法通过从访问器(accessor)方法所获取到的引用对其进行修改。这可以防止调用者修改对象的底层的、可变的数据结构，并保持以前所获取的用于读取的引用不变。
- 数据结构可以在初始化之后，阻止修改器(mutator)的使用。这通常需要添加一个标志，以便在数据结构被初始化以后，将其标记为只读。

---

8 类似于通过调用 java.util.Collections#unmodifiable*所达到的效果，通过继承和包装，阻止了对修改方法的访问；如果调用了，将抛出 UnsupportedOperationException。——译者注

代码清单 3-2 不可变的消息类，其行为是可预知的，并易于推导

```
import java.util.Date;

public class Immutable {
  private final Date timestamp;
  private final String message;

  public Immutable(final Date timestamp, final String message) {
    this.timestamp = new Date(timestamp.getTime());
    this.message = message;
  }

  public Date getTimestamp() {
    return new Date(timestamp.getTime());
  }

  public String getMessage() {
    return message;
  }
}
```

所有字段都是final的，并包含了稳定的数据结构[9]

将参数声明为 final 也是一个很好的实践

确保 timestamp 变量不能被其他代码修改[10]

只有getter，没有 setter

Java 并不会让一切都默认不可变，但是全面地使用 final 关键字总是有好处的。而在 Scala 中，样例类(case class)默认提供了不可变性，同时包括其他非常方便的附加特性，如正确的相等性以及 hashcode 函数：

```
import java.util.Date

final case class Message(timestamp: Date, message: String)
```

即使使用样例类，你也必须注意那些持有不可变数据结构的字段——使用Date的 setter 方法将打破其不可变性

3.2.2 引用透明性

如果将一个表达式替换为其求值后的结果(一般是一个常量)并对程序的执行不产生影响，那么这个表达式便可称为引用透明(referentially transparent)[11]的。因此，对一个引用透明的表达式求值(即对某些数据执行操作)对数据并没有影响，也不会产生副作用。例如，在不可变列表中添加、删除或者更新一个值的行为，将会产生一个具有修改后的值的新列表；程序中任何仍然使用该原始列表的部分都不会看到对该列表的更改。

考虑一下 Java 的 java.lang.StringBuffer 类。如果你调用 StringBuffer 上的 reverse

9 其中 Date 字段并不是稳定的数据结构，只是通过读时复制保护起来。——译者注

10 主要通过读时复制来完成。——译者注

11 参见 http://en.wikipedia.org/wiki/Referential_transparency_(computer_science)。

方法[12]，那么你将得到一个值已反转的StringBuffer引用。但由于原始的StringBuffer引用也指向相同的实例，所以也改变了它的值：

```
final StringBuffer original = new StringBuffer("foo");
final StringBuffer reversed = original.reverse();
System.out.println(String.format(
    "original '%s', new value '%s'",
    original,
    reversed));            <—— 输出结果：original 'oof', new value 'oof'
```

上面便是引用不透明(referential opacity)的一个例子：表达式 original.reverse()的值在它被求值的过程中发生了改变。在不改变程序的执行方式的前提下，它不能被结果代换。java.lang.StringBuilder 也有同样的问题。

然而，需要注意的是，即使函数修改了内部状态，只要函数调用可以被代换为它的结果值而又不影响程序的输出，那么函数调用仍然可以是引用透明的。例如，如果某个操作可能会执行多次，在内部首次执行时缓存结果值则可以加快执行，又不会违反引用透明性。下面的代码清单展示了一个使用这种方式的例子。

代码清单 3-3 引用透明性：允许代换预先计算好的值

```
public class Rooter {
  private final double value;
  private Double root = null;         <—— 用于缓存计算值的可变字段

  public Rooter(double value) {
    this.value = value;
  }

  public double getValue() {
    return value;
  }

  public double getRoot() {
    if (root == null) {
      root = Math.sqrt(value);
    }
    return root;                       <—— 可变性不可能从外部观察到
  }
}
```

3.2.3 副作用

“副作用(side effect)”是指通过改变后续方法调用环境来打破它们的引用透明性的动作，以至于相同的输入现在将产生不同的结果。例如，修改系统属性、将日志写到控制台以及通过网络发送数据。纯函数(pure function)没有任何副作用。

12 实际上，调用 reverse 方法所返回的引用是 this，即指向和原来相同的实例。——译者注一些函数式编程语言(如 Haskell)强制定义了副作用可以存在的位置以及发生的时机[13]——这在推断代码的正确性时很有帮助。

副作用很重要，因为它们限制了对象的使用方式。考虑下面的类：

代码清单 3-4 因副作用而受限的可用性

```
public class SideEffecting implements Serializable, Cloneable {
  private int count;

  public SideEffecting(int start) {
    this.count = start;
  }

  public int next() {
    this.count += Math.incrementExact(this.count);
    return this.count;
  }
}
```

对 next()方法的每次调用都将会返回一个不同的值。因此，像下面例子这样的结果将给你带来非常不愉快的体验。

```
final int next = se.next();
if (logger.isDebugEnabled()) {
  logger.debug("Next is " + se.next());    <-- 可能本意是引用变量 next
}
return next;
```

更糟的是，像 new SideEffecting(Integer.MAX_VALUE - 2)这样的调用将在多次调用后产生副作用，变成 ArithmeticException。

有时候副作用更微妙。假如需要将对象传递到远程节点。如果它是不可变的，并且没有副作用，那么它便可以被序列化并且在远程系统上进行重组，然后远程系统就具有它自己的相同而且不变的副本。如果有副作用，那么这两个副本将会彼此偏离。当原始系统并没有预见过会有分布式操作时，尤其可能会有问题。你可能会天真地以为更新只会被应用到一个对象的唯一实例上，而没有意识到这样的操作在该对象的副本同时存在于多台服务器上时(为了满足可伸缩性需求)将会引起的麻烦。

3.2.4 函数作为一等公民

在函数是一等公民的编程语言中，一个函数是一个值，如同一个 Integer 或

---

13 如 Haskell 编程语言中的 IO Monad。——译者注

String 一样，可作为参数传递给另一个函数或者方法。这样做的目的是让代码更具组合性：接受一个函数作为参数的函数可将它的参数所执行的计算与它自身的计算组合起来，如下面的代码清单中的.map 方法调用所示：

```
final List<Integer> numbers = Arrays.asList(1, 2, 3);
final List<Integer> numbersPlusOne =
  numbers.stream()
    .map(number -> number + 1)          <-- 传递一个将其参数增加 1 的函数
    .collect(Collectors.toList());
```

许多其他并不支持函数式编程的编程语言也都将函数作为一等公民，包括 JavaScript 和 Java 8。在上一个例子中，作为参数传递的函数是一个 lambda 表达式。它没有名称，并且只存在于其调用方的上下文中。支持函数作为一等公民的编程语言也允许你将这个函数赋值给一个命名变量，然后在任何你认为合适的地方再次引用它。在 Python 中，你可以这样做：

```
>>> def addOne(x):
...  return x + 1
...
>>> myFunction = addOne
>>> myFunction(3)
4
```

3.3　即时响应用户

除了函数式编程，要构建反应式应用程序，你还需要使用能够给予即时响应性(responsive)的工具。这里不是说响应式网页设计[14](responsive Web design)，其在用户体验领域人人都知道，当我们说前端网页是“响应式的(responsive)”时，我们指它能够根据用户的查看设备而进行适当调整。在反应式应用程序中，即时响应性(Responsiveness)指应用程序即使在内部或者外部的任何地方发生失败的时候，依然能够快速地响应用户的请求。反应式应用程序的性能权衡由如下原则定义；对于下面的三种特质，你可以选择其中任意两种：

- 高吞吐量
- 低延迟，并且流畅、无卡顿
- 资源占用小

14 参见 http://en.wikipedia.org/wiki/Responsive_web_design。

三种性能特质的权衡

当你为反应式应用程序做架构选择时，你本质上是在优先考虑这三个特质中的两个，并且在必要时选择牺牲剩下的。这并不是定律或者定理，更多是一个指导性原则，在大多数情况下都是成立的。为获得一个非常快速的、平稳的、低延迟的应用程序，你通常都需要给予它更多资源(footprint)。例如 Disruptor(http://lmax-exchange.github.io/disruptor) —— 一个使用 Java 编写的高性能消息传递库。为获得巨大的吞吐量以及平稳的延迟，Disruptor 必须为它内部的环形缓冲区(ring buffer)预先分配所有将用到的内存，以避免在运行时分配，因为这样可能导致 Java 虚拟机中的 Stop-The-World(即 STW)垃圾回收以及压缩暂停。Disruptor 通过将自己固定到特定的执行核心来提升吞吐量，从而避免了在该核心上进行线程间的上下文切换[15]所带来的开销。这也是另一种应用程序资源占用：现在只有更少的 CPU 核心可供该计算机上的其他线程使用。

由 Nathan Marz 创建并于 2011 年发布的 Storm 框架(https://github.com/nathanmarz/storm)广受赞誉，框架提供了流数据的分布式处理能力。Storm 是在 Marz 的初创公司 BackType 创建的，随后被 Twitter 收购，并成为 Twitter 的实时分析应用的基础。但是它的实现并不是特别快，因为它使用 Clojure 编程语言以及纯函数式编程结构成分所构建。当 Marz 在 2012 年发布 0.7 版本时，他为 Storm 引入了 Disruptor，从而将吞吐量提升为将近原来的 3 倍，当然代价就是更多的资源占用。这种权衡对于选择部署使用 Storm 的应用程序(特别是使用云服务)的人来说尤其重要，因为 VM 中的一个 CPU 核心必须供 Disruptor 独占以保持其速度。需要注意的是，在虚拟环境中，应用程序可用的内核数并不是一个绝对值，正如 JVM 上诸多并发库(如 ForkJoinPool 和 CompletableFuture)的作者 Doug Lea[16]所说，“如果你问管理程序有多少内存，或者有多少 CPU 核心，虚拟化管理程序会撒谎。每次都会撒谎。它就是被设计出来撒谎的。你付钱了，所以它想要撒谎。”[17]。开发者每次考虑在云上部署系统所占用的资源时，都必须考虑这些变量。

有些平台的特定局限性限制了我们进行权衡的能力。例如，移动应用程序通常无法放弃资源占用，从而增加吞吐量并使得延迟更平滑，因为移动平台典型地只拥有非常有限的资源。想象一下，在移动电话上固定占用一个 CPU 核心的代价，不仅会占用其他应用程序的资源，还会影响到操作系统。移动电话的内存有限，

---

15 参见 http://en.wikipedia.org/wiki/Context_switch。

16 参见 http://en.wikipedia.org/wiki/Doug_Lea。

17 来源：Doug Lea 2013 年在新兴技术会议(Emerging Technologies Conference)上的演讲，主题是 *Engineering Concurrent Library Components*。译者注：只代表 Doug Lea 的个人观点。本书以及所有译者不承担由此言论引发的任何争议。

并且对电池的使用有限制：你不会想太快耗尽电池，那样的话没人会想要使用你的应用程序。因此，移动应用程序通常都会尽量降低资源占用，并在牺牲延迟的同时增加吞吐量，因为移动平台上的用户更容易接受延迟。任何使用过移动应用程序的人都经历过软件因为网络问题或者数据包丢失而变得缓慢的情况。

3.4　对反应式设计的现有支持

现在，我们已经回顾了需要理解的基本概念，并评估了实现反应式设计需要用到的相应工具以及编程语言结构成分。是时候看一些高级例子了。许多编程语言都在任务划分和异步化方面做了不少创新。

对于我们在本节中所表述的每个概念或者实现，我们都将会评估它是如何遵循《反应式宣言》(Reactive Manifesto)的原则的。请注意，尽管所有的这些列举都是异步的、非阻塞的，但仍由你来确保自己所编写的代码同样是异步和非阻塞的，从而保证/保障反应式。

3.4.1　绿色线程

某些编程语言没有提供在其宿主操作系统的单个进程中运行多个线程的内置结构成分[18]。在这些场景下，使用绿色线程(green threads)[19]仍然可以实现异步行为：线程由用户进程而不是操作系统调度。

绿色线程可以非常高效，但是仅限于单台物理机器。如果不借助于可移植有界延续[20](delimited portable continuations)，就不可能跨多个物理机器共享某一个线程的处理过程。可移植有界延续使得你在业务逻辑中进行标记，包装执行堆栈，并在本地或者另一台机器上展开。然后，这些延续(continuations)可看成函数。这个想法很巧妙，并已经由一个称为 Termite(https://code.google.com/p/termite)的 Scheme 库实现了。但是绿色线程和延续并不提供回弹性，因为目前没有监督它们执行情况；所以它们在容错性方面比较欠缺。

Waldo 等人提出[21]，尝试使得在分布式上下文中执行的逻辑看起来像在本地(执行)并不是个好主意。这个主张同样适用于绿色线程。如果我们将“本地”表示为线程的本地，而将“分布式/远程”表示为在另一个线程上执行，也就是异步

---

18 Java 语言提供诸如 Thread 的类，从而提供和操作系统对应的一比一的原生线程支持。此处并未提供这样的类。——译者注

19 参见 http://en.wikipedia.org/wiki/Green_threads。

20 参见 http://en.wikipedia.org/wiki/Delimited_continuation。

21 参见 Jim Waldo、Geoff Wyant、Ann Wollrath、Sam Kendall 于 1994 年在 Sun 微系统实验室发表的论文 A Note on Distributed Computing，地址为 http://citeseerx.ist.psu.edu/viewdoc/summary?doi=10.1.1.41.7628。

的，那么你不会想让“分布式/远程”看起来像是“本地的”，因为这将会掩盖同步和异步操作之间的差异。将很难判断哪些操作可以阻塞程序的处理过程，以及哪些不能。

绿色线程的反应式评估

绿色线程是异步和非阻塞的，但不支持消息传递。如果运行时支持，可以在一个进程中拥有多个绿色线程，或者也可以运行多个进程，但绿色线程自身不能做到垂直伸缩，以利用机器上的多个 CPU 内核。它们不能在集群的节点之间水平扩展，也没有提供任何容错机制，因此，只能依靠开发人员自行编写编程结构(construct)，来处理任何可能发生的失败。

3.4.2 事件循环

当语言或者平台不支持一个进程中具有多个线程时，你仍然可以通过共享同一个事件循环(event loop)的多个绿色线程来进行异步化。该事件循环提供一种在多个逻辑线程之间共享单个执行线程的机制，背后的思想是：虽然在给定的时刻只有一个线程执行，但是应用程序不应该在任何操作上阻塞，而是应该在其所依赖的外部任务(如调用数据存储)完成之前，让这些线程让出其执行时间片。这些操作完成时，应用程序便可以调用回调来执行预设的行为。这是非常强大的。例如，Node.js(http://nodejs.org)使用了单线程的 JavaScript 运行时来处理大量工作，因为它不必等待每个操作完成后再去处理其他任务。

事件循环通常都通过回调实现。如果每次都只是引用单个回调倒不是什么问题，但是，随着应用程序功能的增加，情况通常都不是如此。回调地狱(callback hell)以及厄运金字塔(pyramid of doom)的术语已经被创造出来，以表示在使用诸如 Node.js 的流行工具时，经常写出类似于意大利面条一样交织在一起的代码。此外，基于“单线程”进程的事件循环仅适用于 I/O 密集型或者特别用于处理输入和输出的用例。尝试将事件循环机制用于 CPU 密集型操作，将无法从这种方式中受益。

下面是一个简单的 Node.js 应用程序例子。需要注意，运行此服务，并且使用谷歌的 Chrome 浏览器将请求发送到地址 127.0.0.1:8888 可能导致每次请求时计数器加倍。Chrome 浏览器有一个已知的问题，将在每次请求时额外发送一个 favicon.ico 请求[22]。

22 参见 Chrome 浏览器的缺陷报告：https://code.google.com/p/chromium/issues/detail?id=39402。

```
var http = require('http');

var counter = 0;                                        使用回调函数设置
                                                        服务器，将会应答
http.createServer(function (req, res) {             <-- 每个请求
    counter++;
    res.writeHead(200, {'Content-Type': 'text/plain'});
    res.end('Sending response: ' + counter + ' via callback!\n');  告知用户通过
}).listen(8888, '127.0.0.1');                                       什么地址连接
                                                                      到服务器
console.log('Server up on 127.0.0.1:8888, send requests!');       <--
```

事件循环的反应式评估

事件循环对于反应式应用程序的适用性取决于具体实现。如在 JavaScript 中通过 Node.js 配备一样，事件循环类似于绿色线程；原因在于它们是异步和非阻塞的，但不支持消息传递。如果运行时支持，可在一个进程中拥有多个事件循环，或者可以同时运行多个进程，但事件循环自己不能垂直伸缩从而利用机器上的多个 CPU 内核。它们不能在集群的节点之间扩展。它们同样也没有提供任何容错机制，因此，必须依靠开发人员自行编写结构成分以处理任何可能发生的失败。

但也有其他替代实现，如 Vert.x(http://vertx.io)运行在 JVM 之上，给人感觉类似于 Node.js，但支持多种语言。Vert.x 是一种引人瞩目的解决方案，因为它为事件循环模型提供了一种分布方式，使用一个分布式事件总线在节点之间推送消息。在 JVM 上部署时，它不需要使用绿色线程，因为它可以使用一个线程池来完成多个任务。在这方面，Vert.x 是异步和非阻塞的，并且支持消息传递。它也能够垂直伸缩以使用多个核心，当然也包括在集群中水平扩展，从而使用多个节点。对于容错，Vert.x 不具备监管策略，但它是事件循环的绝佳替代，特别是它和 Node.js 一样能够支持 JavaScript。

3.4.3　通信顺序进程

通信顺序进程(Communicating Sequential Processes，CSP)[23]是对通过消息传递进行通信的多个进程或者单个进程中的多个线程的数学抽象。你可以定义需要在不同进程或者线程中并发执行的任务，然后在它们之间传递消息从而共享信息。

使得 CSP 独一无二的是，两个进程或者线程不必知道关于彼此的任何内容，所以从发送方和接收方的角度看，它们很好地解耦了，但仍与所传递的值耦合。并非假设消息在被读取之前会一直滞留在队列中，CSP 采用的是协商式消息传递(rendezvous messaging)：对于一个要传递的消息，发送方和接收方必须在某个时间点上都到达就绪的状态。因此，接收一个消息总会同步两个进程。从根本上来

23 参见 C.A.R. Hoare 的 *Communicating Sequential Processes*，ACM 21, 1978 年，第 8 期 666–677 页。

说，这不同于将在3.4.6节中介绍的Actor模型。取决于CSP的实现方式，这同时限制了两个进程或者线程可以达到的分布程度。例如，JVM上的CSP(由Clojure编程语言的core.async库所实现)不能跨多个JVM实例分布任务，即使在同一台机器之上也同样如此。Go的Channel(即goroutine)也不行。

因为CSP的定义是形式化和数学化的，因此可通过过程分析(process analysis)的方法在理论上证明死锁是否可能在其内部发生。能够静态验证并发逻辑的正确性是一个强有力的想法，然而需要注意的是，不管Clojure的core.async库还是Go的Channel都不具备这个能力；但是，如果该想法能被切实可行地实现，那将是非常有用的。

因为基于CSP的应用程序没有进程(或线程)必须了解另一个进程(线程)，将存在一种形式的位置透明性：为一个进程(或线程)编写代码时，你不必了解将要与之通信的进程(或线程)。但是迄今为止，大部分流行的CSP实现都不支持在网络不同节点之间进行通信，因此，它们也不能支持真正的位置透明性。在容错方面它们也捉襟见肘，因为两个进程或者线程之间的失败不能够被轻松地管理。相反，每个进程或者线程中的逻辑必须能够管理在和另一端进行通信时可能发生的任何失败。另一个潜在缺点是，难以推导CSP高级用法的逻辑，因为每个进程/线程可能在每个步骤中都与另一个进程/线程进行交互。

下面是一个简单例子，展示了在Go编程语言中的两个通信进程。有趣的是，Go函数可创建一个Channel，并将值放到它里面，同时也可以从中消费值，其实是将值放置在一旁以备后用。在这个例子中，一个函数生成消息，并将它们放入Channel中，而另一个函数消费它们：

```
package main

import (                          <— 引入所需要的语言库
        "fmt"
        "time"
)

func main() {
        iterations := 10
        myChannel := make(chan int)              <— 为整数值创建通信Channel

        go producer(myChannel, iterations)
        go consumer(myChannel, iterations)       <— 开始生产者和消费者的异步执行

        time.Sleep(500 * time.Millisecond)
}

func producer(myChannel chan int, iterations int) {
        for i := 1; i <= iterations; i++ {
                fmt.Println("Sending: ", i)
                myChannel <- i        <— 将消息发送到Channel
        }
```

```
}

func consumer(myChannel chan int, iterations int) {
        for i := 1; i <= iterations; i++ {
                recVal := <-myChannel       ◁— 从Channel中接收消息
                fmt.Println("Received: ", recVal)
        }
}
```

CSP 的反应式评估

CSP 是异步非阻塞的，并且支持协商式消息传递。它能垂直伸缩，从而使用单台机器上的多个 CPU 核心，但是目前没有一种实现能够跨节点水平扩展。CSP 理论上不提供任何容错机制，所以需要依靠开发者自行实现结构成分，以处理可能发生的任何失败。

3.4.4　Future 和 Promise

Future[24]是一个只读(read-only)句柄，提供可能在将来某个时间点就绪的值，或者失败结果；Promise[25]是对应的单次写入(write-once)句柄，以允许提供值。需要注意，这些定义并不普遍成立，这里所选用的术语是在 C++、Java[26]和 Scala 中所使用的[27]。以异步方式返回结果的函数会生成一个 Promise[28]，启动对应的异步处理过程，设置一个完成时的回调，该回调最终将完成 Promise，并将与该 Promise 对应的 Future 返给调用者。然后，调用者可将代码(例如回调或者转换)附加到该 Future，以便在 Future 的值被提供的时候执行。通常，返回 Future 的函数不会向其调用者公开底层的 Promise。

所有 Future 实现都提供了一种机制，可将一个代码块(如 lambda 表达式)转换为一个 Future，以便将代码分派到其他线程上运行，并且当它的返回值就绪时，完成该 Future 对应的 Promise。因此，Future 也提供了一种使得代码异步执行以及实现并行化的简便方法。Future 要么返回它们(指传入的计算)成功的求值结果，或者返回在求值过程中可能发生的任何错误的表达。

---

24 一种方便的理解方式是，Future 是一个和时间解耦的值，即“Future is a value decoupled from time.”英文理解这个意思很简单，I promise you a future。这个 future 是未来的东西，到了这个时间点，你就会拿到，但是你只能读取它，不能改写它。而怎样才能获得呢？就需要我来 fulfill the promise，履行这个承诺，也就是写入内容。Promise 只能被完成一次。——译者注

25 在 Scala 的实现中，我们可以从 Promise 导出一个 Future，而在 Java 8 的实现中，CompletableFuture 同时承载了这两个角色。——译者注

26 Java 8 并未内置类名类似于“Promise”的实现，不过在 Netty 等流行的异步网络编程库中都有名为“Promise”的定义和实现。——译者注

27 参见 https://en.wikipedia.org/wiki/Futures_and_promises 的概览。

28 在 Scala 中，我们通常返回一个 Future，而在 Java 8 中，则通常返回一个 CompletionStage。Promise 或者 CompletableFuture 通常用作异步解耦，传递给其他计算步骤，而非作为结果值返回。——译者注

现在，让我们讨论一个在实践中应用 Future 的优雅例子：从多个数据源检索数据，这时，你更加倾向于并行地(同时地)访问数据源，而不是顺序地访问。设想一个服务，它需要返回可能存储在某个远程数据库中的客户信息，但是由于性能的原因，该数据也可能缓存在某个近端存储中。如果要检索数据，程序将首先检查缓存，以查看其中是否有所需的数据，从而避免昂贵的数据库查询操作。如果缓存没有命中(没有找到所需的信息)，那么该程序将必须在数据库中查找它。

在图 3-2 所示的顺序查找中，调用线程首先尝试从缓存中检索数据。如果缓存查找失败，它将发起对数据库的查询，并返回其响应——代价就是一个接一个发生的两次查询。在图 3-3 所示的并行查找中，调用线程同时向缓存和数据库发起查询请求。如果缓存首先响应所查询到的客户记录，那么对应的响应将被立即发送给客户端。当数据库稍后响应相同的记录时，来自数据库的响应将会被忽略。但是，如果缓存查找失败，那么该调用线程就不必后续发起对数据库的查询调用，因为之前已经发起了。所以当数据库响应时，对应的响应将被立即发送给客户端，理论上，这将比客户端进行顺序调用更快。

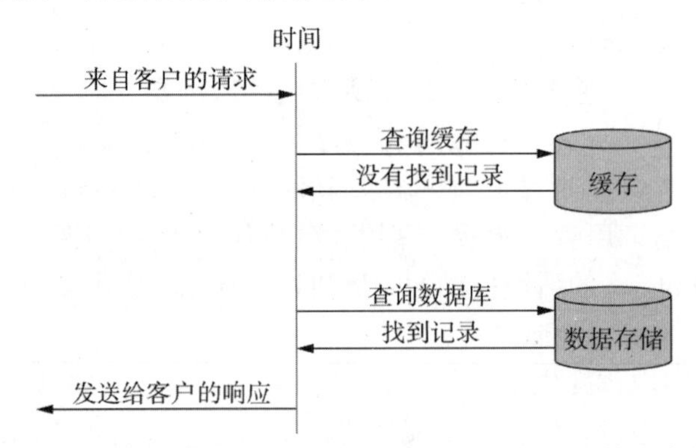

图 3-2 顺序查找：首先查询缓存，如果未找到数据，则从数据库中检索它们

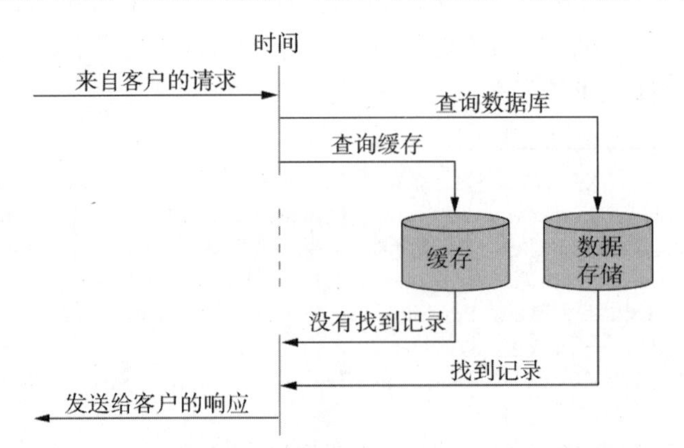

图 3-3 并行化查找：同时向缓存和数据库发送查询请求，结果是第一个返回的值

用于并行化查找的代码可能类似于下面的代码清单，其使用 Java 8 编写，从而利用了非阻塞的 CompletableFuture 类。

代码清单 3-5 从更快的数据源获取结果

```
public class ParallelRetrievalExample {
  private final CacheRetriever cacheRetriever;
  private final DBRetriever dbRetriever;

  ParallelRetrievalExample(CacheRetriever cacheRetriever,
      DBRetriever dbRetriever) {
    this.cacheRetriever = cacheRetriever;
    this.dbRetriever = dbRetriever;
  }

  public Object retrieveCustomer(final long id) {
    final CompletableFuture<Object> cacheFuture = CompletableFuture
      .supplyAsync(() -> cacheRetriever.getCustomer(id));
    final CompletableFuture<Object> dbFuture = CompletableFuture
      .supplyAsync(() -> dbRetriever.getCustomer(id));

    return CompletableFuture.anyOf(cacheFuture, dbFuture);
  }
}
```

顺序执行两个操作可能很昂贵，而且在不知道客户端下一步要请求什么数据的情况下，很难有机会预先缓存数据。Future 提供了一种并行执行这两种操作的简便方法。使用 Future，你可以轻松地创建两个任务，来从缓存和数据库中几乎实时地查询数据，使得无论哪个任务先完成，都可以立即为客户端提供响应。

并发查询因此会需要更多资源(resources/footprint)，从而减少从请求到响应之间的时间(延迟)。但是，当查找缓存或者查找数据库都不能快速地返回结果，以满足客户端的非功能性需要时，并发查找也会失败。因此，要实现“反应式”，任何 Future 实现都必须具备超时机制，从而使得服务能够告知客户端，某个操作所花费的时间太长，而客户端则可能需要再次尝试请求该数据，或者告知其上游，系统内部发生了失败。如果没有超时，那么应用程序就不能快速地响应用户以告知系统的当前状态，也无法允许用户决定如何对其进行处理。

Future 并不是天然非阻塞，它取决于实现方式。例如，在 Java 8 之前已经存在一个 Future 实现，但是没有办法在不以某种形式阻塞的情况下从 Future 中获取对应的值。你可以编写一个循环，在一个或者多个 Future 实例上调用 isDone()方法以查看它们是否已经完成，或者你可以调用 get()方法，这样将会阻塞直到 Future 失败或者成功地完成。请检查你所使用的编程语言的具体版本中的 Future 实现，确定它是不是非阻塞的，如果不是，请考虑使用其他非阻塞的实现替代。

类似于事件循环，Future 可通过回调实现，使得你可以在 Future 完成时应用预定义的逻辑。但是，和使用 Node.js 一样，当一次应用多个回调时，回调将变得很丑陋[29]。一些支持函数式编程的编程语言允许你对 Future 进行 map 操作：这定义了只在 Future 成功完成时才会执行的行为，但是如果失败了，则不会执行。借助类似于 map 的高阶函数[30]，通过使用语法糖，例如 for 推导式(for-comprehension)或者列表推导式(list-comprehension)[31]，这些编程语言通常能让你方便地将依赖于 Future 的完成状态的行为组合为简洁、优雅的逻辑。这在将多个 Future 的结果组合为单一结果时非常有用，如下所示：

代码清单 3-6 使用 Scala 编程语言将两个 Future 的结果组合为单一结果

```
                                                                    用来执行Future
                                                                          的线程池
implicit val ec: ExecutionContext = ExecutionContext.fromExecutor(  <─┘
  ForkJoinPool.commonPool())

def getProductInventoryByPostalCode(
  productSku: Long,
  postalCode: String): Future[(Long, Map[String, Long])] = {
    // Provide the thread pool to be applied
    implicit val ec: ExecutionContext = ExecutionContext.fromExecutor
    (new ForkJoinPool())

  // Define the futures so they can start doing their work
  val localInventoryFuture = Future {                   <─┐ 提前创建这两个Future，
    inventoryService.currentInventoryInWarehouse(         │ 以启动并行查询
      productSku, postalCode)
  }
  val overallInventoryFutureByWarehouse = Future {
    inventoryService.currentInventoryOverallByWarehouse(
      productSku)
  }

  // Retrieve the values and return a future of the combined result
  for {
    local ← localInventoryFuture                  <─┐ Scala编程语言中的for表达式：等价于
    overall ← overallInventoryFutureByWarehouse     │ 嵌套函数调用flatMap()和map()方法
  } yield (local, overall)      <── 返回组合结果
}
```

多个 Future 可能会“竞争”完成同一个 Promise，其中，第一个完成的 Future 将提供 Promise 的值。因为一个 Promise 的值只能被写入一次，所以你可以确信，从该 Promise 获取值的 Future 将不会改变，即使其他稍后完成的异步任务会尝试重写该 Promise 的值也同样如此。代码清单 3-5 使用 CompletableFuture 的.anyOf 方法展示了这

29 类似于 Netty 4.x 版本中的 Future 实现。——译者注

30 参见 http://en.wikipedia.org/wiki/Higher-order_function。

31 参见 http://en.wikipedia.org/wiki/List_comprehension。

项技术：它返回任何首先完成的Future。需要注意，该Future的值并非由retrieveCustomer方法中的某个代码块(某个类型为 CompletableFuture<Object>的局部变量)确定：一个Promise 的值可由任何事件提供——即使是同步的，如果它已经就绪的话。

有些编程语言提供了构建在 Future 和 Promise 之上的高级工具，如一等延续(first-class continuation)和 Dataflow。这些结构成分的美妙之处在于，它们允许你编写看似同步的代码，但实际上被编译为 Future。这是可能的，因为执行的顺序可以维持：每个代码块只有在它所依赖的代码块被求值之后才可以被执行。尽管 Dataflow 代码具有异步特性，但是其逻辑仍然是确定的(只要它没有副作用，如 3.2.3 节所述)。因此，每次执行它时，它的行为都将是相同的。如果应用程序曾经陷入 Dataflow 代码的死锁状态，那么每次执行它都会陷入，因为求值的顺序始终是相同的。一个这样的例子是 C#和 Scala 编程语言中的 async-await 结构成分[32]：

```
import scala.async.Async.{ async, await }
val resultFuture = async {
  val localInventoryFuture = async {                    <-- 开始异步检索
    inventoryService.currentInventoryInWarehouse(productSku, postalCode)
  }
  val overallInventoryFutureByWarehouse = async {       <-- 开始另一个异步检索
    inventoryService.currentInventoryOverallByWarehouse(productSku)
  }
  (await(localInventoryFuture), await(overallInventoryFutureByWarehouse))  <-- 挂起，直到两个检索都已完成，并提供一个组合结果
}
```

这段代码展示了一种替代方法，用于实现和代码清单 3-6 末尾附近的 for 表达式语法相同的功能。

有一个新兴的安全(safe)Future 概念，其中可以同时执行的方法以某种方式注解(annotated)或者标记(marked)[33]。它只是让运行时可以在没有数据共享的时候，选择对它们进行并行优化。这是一个非常好的想法，但是仍然会出现错误，例如，有人在标记为安全的方法中意外地向其他方法公开了数据时。此外，它也没有提供对失败的监督。Future 通常都是非常狭隘的抽象：它们仅允许你定义一个单次操作，该操作将在其他线程(off-thread)[34]执行一次，并且需要被看成是单一的任务单元。它们并不能很好地处理回弹性：你必须使用可在执行线程失败时传达错误信息的 Future 实现。

Future 和 Promise 的反应式评估

Future 和 Promise 是异步和非阻塞的，但它们不支持消息传递。它们能在一台

32 下面的代码清单依赖于 Scala-Async 库，参见 https://github.com/scala/scala-async/。——译者注

33 例如 Netty 4.x 中的@Sharable 注解。——译者注

34 实际上，不管是在 Scala 还是在 Java 8 内置的实现中，我们都可以在当前线程执行计算并返回一个 Future 或者 CompletableFuture，而不一定要切换到别的线程进行。——译者注

机器上垂直伸缩从而利用多个 CPU 核心。目前的实现不能在网络中跨节点水平扩展。当单个 Future 失败时，它们提供了容错机制；有些实现则聚合跨多个 Future 的失败，从而如果一个 Future 失败，则所有 Future 都失败。

3.4.5 反应式扩展工具包

反应式扩展工具包(Rx, https://rx.codeplex.com)是起源于.NET 世界的一个库；它最初由 Erik Meijer 和他的微软同事设计和编写，并被移植到 JVM 之上被称为 RxJava 的库(http://github.com/ReactiveX/RxJava)[35]。最近，这种类型的 API 设计也在 JavaScript 框架(如 React.js 和 Cycle.js)中得到了广泛应用。它结合了两种控制流模式：Iterable 和 Observer[36]。这两种模式都涉及如何处理潜在的未知数量的工作项或者事件。使用 Iterable，你可编写一个循环来逐个获取每个工作项并执行其工作，并且总能同步地控制工作产生的时间。使用 Observer，你可以注册一个回调函数，从而在每次特定的异步事件发生时被调用。

Rx 中的上述两者的复合结构成分被称为 Observable[37]。使用 Observable，你将编写一个循环结构来对其他地方所发生的事件作出反应。类似于流式处理(streaming)语义，这里数据将被无休止地迭代，只要它们持续到达来请求处理。该库使用标准操作符(如 filter 和 accumulate)来组合函数，甚至还包含一些根据事件发生时间来执行时间敏感函数的操作符。Future 异步地返回单一值，而 Observable 则是对可被按组处理的数据流的抽象。Observable 也可在它们完成时通知其消费者，类似于 Iterator。

Rx 的设计目标并不是使用一个抽象来涵盖反应式系统的方方面面。它只专注于使用反应式的方式在反应式系统内的单个组件的内部处理步骤之间传递数据。因此，它的失败处理模型也仅局限于将错误传播到下游(与数据流的方向相同)，并向上游发送取消请求，对于失败的处理则留给了外部组件。RxJava 包含跨越异步边界[38]传播回压所需的工具[39]。这使得它可以跨多个线程分发处理过程，通过利用多个 CPU 核心来获取垂直伸缩能力。失败处理以及负载管理则必须委托给类似于 Netflix 的 Hystrix 的系统。

Observable 定义为与某种事物的源相关：集合、网络套接字等。Subscriber 则提供了处理函数，从而告诉系统在一组数据已经就绪可供处理时，或者当错误发生时需要执行的操作。使用 RxJava 的 Observable 来处理流可能如下面的代码片段

---

35 另参见 ReactiveX(http://reactivex.io)。

36 参见 http://en.wikipedia.org/wiki/Observer_pattern。

37 在 RxJava 2.x 的版本中还引入了 Flowable，一个 Reactive Stream 的 Publisher 实现。——译者注

38 在反应式流(Reactive Stream)规范中定义，参见 http://reactive-streams.org。

39 需要使用 RxJava 2.x 版本中的 Flowable，其中的 Observable 没有回压机制。——译者注

所示：

```
package chapter03.rxjava;

import io.reactivex.Observable;

public class RxJavaExample {
  public void observe(String[] strings) {
    Observable.fromArray(strings).subscribe((s) ->
      System.out.println("Received " + s));
  }
}
```

一个生成该 Observable 所消费的事件的驱动可能如下面的代码片段所示：

```
package chapter03.rxjava;

public class RxJavaExampleDriver {
  private static final RxJavaExample RX_JAVA_EXAMPLE = new RxJavaExample();

  public static void main(String[] args) {
    String[] strings = {"a", "b", "c"};
    RX_JAVA_EXAMPLE.observe(strings);
  }
}
```

反应式扩展工具包的反应式评估

Rx 提供了以异步和非阻塞方式来处理数据流的工具。其当前的实现能够垂直扩展从而使用机器上的多个 CPU 核心，但是不能跨网络中的多个节点进行水平扩展。Rx 没有提供机制来委托失败处理，但是它确实提供了通过一个专门的终止信号来销毁一个失败的流处理管道的能力。RxJava 是在实现反应式系统的组件时尤其有用的构件块。

3.4.6　Actor 模型

Actor 模型最早是由 Carl Hewitt 于 1973 年提出[40]的，它是一种并发计算模型，其中的所有通信，通过发送方的消息传递机制和接收方的信箱队列，在被称为 Actor 的实体之间发生。作为最早支持反应式应用程序开发的编程语言之一，Erlang 编程语言使用 Actor 作为它的主要架构成分。随着 Akka 工具包在 JVM 平台上的成功，Actor 模型随后人气激增。

---

40 Carl Hewitt、Peter Bishop 和 Richard Steiger 的 A Universal Modular ACTOR Formalism for Artificial Intelligence，收录于 1973 年版的第三届国际人工智能联合会议论文集。

天然的异步性

反应式的定义规定，组件或者实体之间的交互应该是消息驱动的、异步和非阻塞的。Actor 模型符合所有这三个标准。因此，除了创建多个 Actor，并在它们之间传递消息之外，你不必做任何额外的事情来异步化程序逻辑。你只需要避免在 Actor 中使用同步用的阻塞原语或者通信即可，因为这些都会削弱 Actor 模型的优点。

通过监督实现容错性

大多数 Actor 实现都支持将 Actor 组织到监督层级结构中，从而在不同的级别上管理失败。当异常在一个 Actor 内部发生时，该 Actor 的实例也可以被恢复、重启或者停止，就算异常发生在不同的异步线程上也一样。Erlang 的开放电信平台(Open Telecom Platform，OTP，参见 https://github.com/erlang/otp)定义了用于构建对于 Actor 的监督层次结构的模式，允许父 Actor 管理其下面的所有的子 Actor 的失败，有时也可能将某些失败向上汇报到其祖父(grandparent)Actor[41]。

这种方式使得失败处理成为应用程序领域的一部分，就如同表示应用程序特定数据的类一样。在设计基于 Actor 的应用程序时，你应该花时间慢慢思考应用程序在所有监督层级上可能失败的所有方式，以及针对每种失败，每个监督层级所需要采取的措施。你还应该考虑如何处理那些无法预见的失败，并允许应用程序回应这些失败。即使你无望得到每个失败的确切原因，却总是可以安全地假定失败的组件现在已经处于无效状态，并且需要放弃这些组件。这一原则可称为放任崩溃(let it crash)原则，它使得人们能够设计出对于意料之外的失败场景的周全响应。如果没有监督层级，这种类型的回弹性是行不通的；最多只能让你的失败处理代码散落到应用程序业务逻辑的各个部分。所有之前提过的容错模式都会在第 12 章中详细讨论。

位置透明性

Erlang 和 Akka 都提供了代理功能，所有与 Actor 的交互都必须通过代理发生：Erlang 中的 PID 以及 Akka 中的 ActorRef。因此，一个单独的 Actor 不需要知道它正将消息发送到另一个 Actor 的物理地址——这是一种被称为位置透明性(location transparency)的特性，我们将在第 5 章对其进行详细解释。这使得消息发送代码更具声明性，因为所有关于消息到底如何发送的物理细节都在幕后处理。位置透明性使得你甚至可以添加一些非常复杂的功能，比如，如果在会话的进行过程中，一个接收消息的 Actor 停止了，那么启动一个新的 Actor，然后将所有消息重新路

---

41 即当某一层级的 Actor 无法处理某种失败时，可选择将错误逐级上升到其父辈 Actor，比如在 Akka 中使用 akka.actor.SupervisorStrategy.Escalate 指令。——译者注

由给它[42]，而不必更改消息发送代码。

Actor 模型的一个缺点是，消息的生产者和消费者是相互耦合的：消息的发送者必须拥有接收消息的 Actor 的引用(即 ActorRef)。这个引用与信件上的收信人地址一样是必要的，没有这个地址，邮政服务就不知道将信件送往哪里。而 Actor 的引用与邮政地址非常类似，因为它只是告知将消息传送到哪个位置，而不论接收方的外貌或所处的状态。这种方式的一个好处是，每个 Actor 或多或少与另一个 Actor 所发生的失败相互隔离，因为除了通过这些引用之外，Actor 之间并不能够彼此访问。负责处理失败的监督 Actor 同样受到这种消息传递机制的隔离层保护。

Actor 内部无并发

因为每个 Actor 的内部只包含一个单线程执行模型，并且没有任何线程可以直接地调用 Actor 的内部方法，因此，除非你通过其他方式有意引入，否则在一个 Actor 实例的内部不存在并发。因此，Actor 可以封装可变状态，而又不需要考虑使用锁来限制对变量的同时访问。

这极大地简化了 Actor 的内部逻辑，但也有一些代价。Actor 可以通过两种方式实现：重量级的，基于线程的 Actor，每个 Actor 都会被分配一个专门的线程；或者轻量级的，事件驱动的 Actor，多个 Actor 共享同一个线程池，从而消耗更少的内存。无论实现方式如何，都必须引入一些公平性(fairness)概念，其中你定义了一个 Actor 在让出 CPU 之前可以处理多少条消息[43]。为防止饥饿(starvation)，这是必须要做的：没有任何一个 Actor 应该如此长时间地使用一个线程/CPU 核心，以至于其他 Actor 都无法进行它们的工作。即使基于线程的 Actor 不与其他 Actor 共享它的线程，它也可能在硬件级别共享执行内核。

Erlang 和 Akka 之间的不同

鉴于存在着 Erlang 和 Akka 这两个流行的 Actor 库，你选择哪一个更适合给定的应用程序呢？这取决于应用程序的需求，和应用程序所在的平台是否有 Erlang 或 Akka 的实现可用。

对于 Erlang 来说，BEAM 虚拟机允许每个 Actor 被实现为一个独特的、隔离的进程。这是 Erlang 应用程序具有卓越容错性的根本原因。

Erlang 的 Actor 使用了一种称为选择性接收(Selective Receive)的模式，其中 Actor 接收一个消息并确定它当前能否处理该消息。如果该 Actor 此时无法处理，将把该消息暂时放置在一旁，并继续处理下一条消息。这个过程将一直继续，直到 Actor 接收到其当前的 receive 代码块可以处理的消息为止，这时它将处理消息，并随后重试所有(之前)被放在一旁的消息。实际上，这是一种内存泄漏，因为如

42 如果使用 Akka，这时候需要使用 akka-persistence 模块以及 AtLeastOnceDelivery 特质。——译者注

43 Akka 的 Actor 在默认配置下处理 5 个消息后让出线程。——译者注

果这些消息从未被处理过，它们将会在每次成功处理消息之后持续被放置和查看。幸运的是，由于 BEAM 虚拟机中的每个进程都是相互隔离的，所以一个单独的 Actor 进程可以因为其超出了其可用内存而失败，但又不会牵连到整个虚拟机。

在 JVM 上就不能这样奢侈了。在 JVM 上，对于具有选择性接收(Selective Receive)功能的 Erlang 和 OTP 的一比一移植将会是一种内存泄漏，给予足够长的时间，将导致整个 JVM 因为 OutOfMemoryError 而崩溃。因为所有 Actor 都共享相同的堆内存。由于这个原因，Akka 的 Actor 具有按需暂存(stash)消息的能力，但这不是自动的。它们同时提供了编程手段，在需要时(at leisure)取出和重放这些消息[44]。

代码清单 3-7 展示一个内建了容错机制的 Akka Actor 应用程序。一个父 Actor 监督两个子 Actor，其中两个子 Actor 相互之间将来回发送一个计数器的值，每次都递增它的值(递增 1)。当一个子 Actor 的值超过 1000 时，将抛出一个 CounterTooLargeException，从而导致负责监督的父 Actor 重新启动对应的子 Actor(使用的是 OneForOneStrategy)，并重置其计数器。

代码清单 3-7 一个使用 Akka 的 Actor 的例子

```
package chapter03.actor

import akka.actor.SupervisorStrategy.Restart
import akka.actor._
import akka.event.LoggingReceive

case object Start

final case class CounterMessage(counterValue: Int)

final case class CounterTooLargeException(message: String) extends Exception(message)

class SupervisorActor extends Actor with ActorLogging {
  override val supervisorStrategy: OneForOneStrategy = OneForOneStrategy() {
    case _: CounterTooLargeException ⇒ Restart
  }

  private val actor2 = context.actorOf(Props[SecondActor], "second-actor")
  private val actor1 = context.actorOf(Props(new FirstActor(actor2),
"first-actor")

  def receive: Receive = {
    case Start ⇒ actor1 ! Start
  }
}

class AbstractCounterActor extends Actor with ActorLogging {
```

44 在 Akka 中，需要使用 Stash 特质，并且显式地调用 stash()和 unstashAll()方法。——译者注

```
  protected var counterValue = 0

  def receive: Receive = {
    case _ ⇒
  }

  def counterReceive: Receive = LoggingReceive {
    case CounterMessage(i) if i <= 1000 ⇒
      counterValue = i
      log.info(s"Counter value: $counterValue")
      sender ! CounterMessage(counterValue + 1)
    case CounterMessage(_) ⇒
      throw CounterTooLargeException(
        "Exceeded max value of counter!")
  }

  override def postRestart(reason: Throwable): Unit = {
    context.parent ! Start
  }
}

class FirstActor(secondActor: ActorRef) extends AbstractCounterActor {
  override def receive = LoggingReceive {
    case Start ⇒
      context.become(counterReceive)
      log.info("Starting counter passing.")
      secondActor ! CounterMessage(counterValue + 1)
  }
}

class SecondActor() extends AbstractCounterActor {
  override def receive: Receive = counterReceive
}

object Example extends App {
  val system = ActorSystem("counter-supervision-example")
  val supervisor = system.actorOf(Props[SupervisorActor])
  supervisor ! Start
}
```

结合 Actor 和其他结构成分

Actor 的位置透明性以及监督特性，使其成为打造反应式应用程序的分布式基础的理想选择。但在更大的应用程序上下文中，本地编排通常不需要完整的 Actor 系统的位置透明性、监督以及回弹性特性。这些情况下，你通常会根据系统所使用的库以及系统的其他部分所提供的 API，选择将 Actor 与其他量级更轻的反应式结构成分(如 Future 和 Observable)相结合。这些选择牺牲了完整的 Actor 特性，但换取了更低的内存消耗以及调用开销。

在这样的场景下，重要的是记住这些结构成分之间的差异。Actor 对于它们之间的消息传递是显式的。而在 Actor 中生成与组合 Future，可能使得你在无意之间因为 Future 的执行上下文导致访问或者修改了 Actor 的内部状态。这将破坏单线程模型，并导致难以检测的并发问题。即使状态已经被仔细地隔离了，你也需要考虑使用哪个线程池来执行 Future 的回调函数或 Observable 的组合子。

Actor 的反应式评估

Actor 是异步和非阻塞的，并且支持消息传递。它们可以垂直伸缩从而利用一台机器上的多个 CPU 核心，并在 Erlang 和 Akka 两者的实现中，它们都可以跨节点水平扩展。它们满足构建反应式应用程序的所有需求。但是这并不意味着在构建应用程序时，Actor 应该用于方方面面。但是它们可以很容易地成为主干，并为使用其他反应式技术的服务提供架构支撑。

3.5 小结

本章介绍了构建反应式应用程序的基本概念和所需的结构成分，并提供了容错和伸缩性，来帮助你即时地响应用户。后续章节将深入探讨反应式哲学，并讨论这些概念与其他概念之间的关联性。此时，你应该清晰地理解以下内容：

- 构建非反应式应用程序的代价；
- 什么是函数式编程，以及它与反应式应用程序之间的关系；
- 高吞吐量、低/平滑的延迟以及较小的资源占用之间的权衡；
- 支持反应式模型的所有应用程序工具包[45]的优缺点；
- Actor 模型如何同时解决容错性以及伸缩性问题。

45 Spring 生态中的 Reactor 框架，也支持反应式编程。——译者注

第 II 部分

微言大义

本书第 I 部分综述了反应式系统的价值。你看到了始终对用户输入保持回弹性和可伸缩性的需要，从而即使在失败和不同负载的情况下也能保持即时响应性。在探索这些可取属性的过程中，你领会了使用消息驱动作为底层实现的必要性。

第 II 部分对反应式的 4 个特质进行补充说明：提出一组构建反应式架构的构建块。这一部分的重点是如何做到“反应式”，而第 I 部分则描述了我们要实现的目标及缘由。在这一部分所讨论的指导原则，以及我们在第 3 章中所介绍的行业工具，一起构成了第III部分中多种模式的基础。

我们决定以一种连贯、凝聚的方式组织这些材料，以便你在构建反应式应用程序的过程中，推敲自己的模式设计时，本书可以方便地作为一个简明的参考。作为一个完整的反应式架构的 360 度全景。这一部分涵盖了大量的基础理论；你可能想要先阅读第 4 章，然后略读这一部分的其余章节，并在你研究本书第III部分中所介绍的相应模式时，再回头仔细研读这部分中的对应章节。

在这一部分中，你将学习到：

- 通过显式的异步消息传递使得封装和隔离成为可能；
- 通过位置透明性，提高组合能力，并添加水平扩展能力；
- 应用分而治之(divide et regna[1])，以层级化模块的形式组织系统；
- 这个层级结构如何使得原则化失败处理成为可能；
- 在分布式系统中实现足够一致的程序语义；
- 尽可能避免不确定性，并在必要时添加；
- 使用基于消息流的拓扑指导反应式应用程序设计。

1 拉丁语。英文为“divide and reign”，通常译作“分而治之”。——译者注

第4章 消息传递

“事件”是建立消息传递的基石：事实上，一个特定条件的触发(事件本身)捆绑了上下文信息——如某人在某时某地做了某事——并且被生产者以消息的形式传送。而感兴趣的各方则可以通过一个共同的传输机制得知并消费该消息。

在这一章，我们将详细讨论消息传递的以下几个要点：

(1) 关注消息与关注事件之间的差异。

(2) 应该以同步还是异步的方式传递消息。

(3) 如何在不淹没接收者的情况下传输消息，并保证不同级别的可靠性。

你将会看到消息传递是如何为系统带来垂直伸缩性。最后，我们将讨论事件和消息之间的关联——即，如何用一方刻画另一方。

4.1 消息

在现实世界中，当你给某人寄一封信时，肯定不希望信的内容在寄出之后发生变化。你期待送达的信件跟发送时完全一样，而且在送达以后也不会变成别的信件。不管信件是花费了数天或数周漂洋过海才送达，还是仅仅跨过小镇，甚至是亲手递交给收件人，这个期待都成立。不可变性非常重要。

在第 3 章开头，我们接触了 Erlang 以及 Actor 模型的一个早期实现。在该模型中，Actor 通过互相发送消息进行通信。这些消息一般在进程间传递，但并非总是如此。也可将消息发送到其他计算机上，或者同一台计算机上的其他进程上，或者仅在同一进程之内发送。除非你确定消息永远不会离开当前进程，否则必须确保消息可以被序列化以便传输。理想情况下，你绝不应该做出这种假设。消息传递机制经常通过将接收者移到不同的进程，来为应用的水平扩展划出一个清晰的界限。

你可以认为一个简单的方法调用由两个消息组成：一个包含所有输入参数的消息和一个包含结果的返回消息。这看起来也许有一点极端，不过三十多年之前的 Smalltalk-80 就已经说明这是一种实用的方式。[1] 如果没有返回消息，编程语言也可以将方法调用看成一个过程，或者说这个方法返回了一个 void 值。

4.2 垂直伸缩

想象一下，在曼哈顿一个忙碌的邮局里，我们回到了尚无法使用计算机和机器整理信件的年代。多个邮政人员可以像图 4-1 所示的那样并行地整理信件，以加快处理过程。而相同的理念在请求顺序不重要的反应式应用里也可以采用(详见第 14 章)。

图 4-1 两个邮政工作人员在邮局里并行地整理邮件

假设有一段执行复杂计算过程(质因数分解、图搜索、XML 转换或者其他类似过程)的代码。如果这段代码只能被同步的方法调用所访问，就需要调用者承担

1 参见 https://en.wikipedia.org/wiki/Smalltalk#Messages。

起并行执行代码的责任，以此充分利用计算机的多核处理器——就是说，通过使用 Future 将方法调用派发到线程池上。这么做有一个问题，就是只有被调用代码的实现者才知道代码是否可以在不产生任何并发问题的情况下并行地执行。如果计算过程在其封装的类或者对象中，没有使用合适的内部同步方法来存储和复用辅助的数据结构，那么会引发典型的并发问题。

消息传递通过解耦发送者和接收者解决了这个问题。计算过程的实现可以在发送者不必知情的情况下将流入的消息分布到数个执行单元。

这种方式的美妙之处在于消息传递的语义并不依赖于接收者如何处理消息。在数十个处理核心上垂直缩放一个计算任务可以被透明地实现，调用代码不必关注其实现细节或者配置选项。

4.3 “基于事件”与“基于消息”

数据生产者和数据消费者的关联互动有两种模型：基于事件(event-based)和基于消息(message-based)。基于事件的系统提供了一种将响应关联到特定事件的方法。关联成功后，无论事件何时发生，系统都要负责执行对此事件的正确响应。基于事件的系统通常建立在一个事件循环上。任何时刻只要发生了事情，对应的事件就会被追加到一个队列中。事件循环持续地从队列中拉取事件，并执行绑定在事件上的回调函数。每一个回调函数通常都是一段微小的、匿名的、响应特定事件(例如鼠标点击)的过程。回调函数也可能产生新事件，这些事件随后也会被追加到队列里面等待处理。基于事件的模型被类似 Node.js 的单线程运行库以及大多数图形化操作系统的用户图形界面工具包所采用。

相比之下，基于消息的系统提供了一种将消息发送到特定接收者的方式。匿名回调函数方案被以另一种形式取代，由活跃的接收者接收并消费来自潜在的匿名生产者的消息。在基于事件的系统中，事件生产者是可寻址的，以便回调可以在它们那里注册；然而在基于消息的系统中，消费者是可寻址的，如此它们才可以被赋予处理特定消息的职责。不管是消息生产者还是消息系统本身都不需要考虑如何对消息产生正确的响应；由当前所配置的消费者来做这个决定。举个例子，当系统的一部分组件产生了日志事件，组件并不需要考虑日志事件是被网络、数据库或文件系统所消费，也不需要关注日志文件每 6 个小时还是 24 小时滚动一次(指日志按照时间策略进行自动划分和归档，一般在日志库的配置文件中配置)。接收日志事件的日志记录器会负责做出正确的处理。

由消费者负责处理其自身所接收的消息有如下几个优点：

(1) 使得单个消费者对消息的处理过程可以顺序进行，也使得有状态的处理过程不需要同步操作。这样的过程翻译成机器级代码会非常好，因为消费者可以聚合流入的事件并一举进行处理。现有的硬件可以高度优化这种策略。[2]

(2) 顺序处理使得对于事件的响应可以依赖于消费者的当前状态。如此，之前的事件也可以影响消费者的当前行为。相比之下，基于回调函数的模式则要求消费者在订阅事件时就决定它的响应是什么，而不是在事件发生时。

(3) 消费者可以在系统过载时选择抛弃事件或者进行短路处理。概括来讲，显式的队列处理允许消费者控制消息流量。我们将在 4.5 节进一步解释流量控制。

(4) 最后但是同样重要的一点是，这样做符合人们的工作习惯。我们也是按顺序处理从同事那边发来的请求的。

最后一点对于你来说可能会有些吃惊，但是我们找到了一些熟悉的场景来帮你形象地了解组件的运行。花点时间来想象一个老式的邮局，就像图 4-2 所示，在这里职员将一堆到来的信件整理到不同的盒子里以便进行配送。职员会捡起信件，查看地址标签，然后做出决定，将信扔到正确的盒子里。之后，职员会回到未整理好的信件堆前，要么捡起下一封信件继续整理，要么忽然发现已经是中午，该吃午饭了。心中有了这个场景，你就能对消息路由有一个直观的理解。现在你要做的就是把它转换成代码。而这个任务现在会变得简单很多。

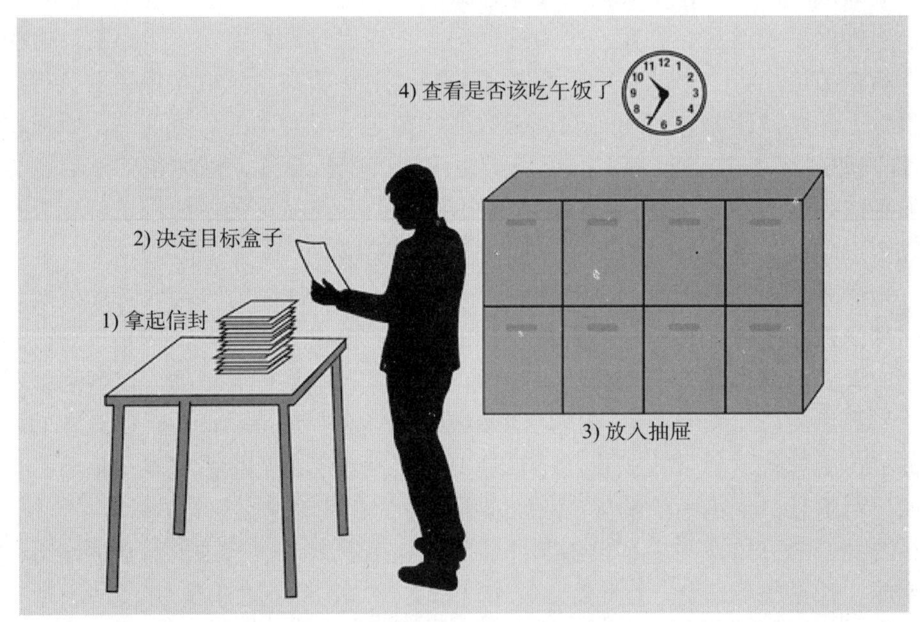

图 4-2　职员在邮局的工作间将收到的信件整理到标有地址的盒子里

消息传递和人类的互动之间的相似度远远超过顺序处理过程。我们通过交谈、

2 可以参见第 16 章流量控制模式里的拉取模式。——译者注

书写、观察面部表情等方式交换消息，而不是直接去读、写彼此的思想。我们在软件设计中，通过构建封装的、以传递消息的方式进行互动的对象，展现了同样的行为准则。这些对象并不是你所熟知的类似 Java、C#或者 C++等语言中的对象，因为在这些语言中，通信是同步的，接收者对如何以及何时处理请求没有发言权。这类似于你的老板用电话呼叫你并强迫你立即找到一个问题的答案。我们都知道这种电话应该是特例而不是常态，不然什么工作都做不完。我们倾向于回答：“好的，老板，有结果我会立刻回复你”；或者，更好的情形是，老板应该发送邮件，而不是打了一个扰乱性电话，尤其是如果找到答案需要耗费一点时间的时候。“我将会回复你”的模式对应了一个返回 Future 类型的方法。发送邮件则等同于显式的消息传递。

虽然我们已经确定了消息传递是一种非常有用的抽象，但我们还需要指出在处理消息时(不管是在邮局还是在计算机里)都可能发生的两个基本问题：

(1) 有时我们必须保证特定的、非常重要的信件的送达；

(2) 如果消息发送的速率快于它们能够被送达的速率，那么消息就会在某处堆积起来，并最终导致系统崩溃或消息丢失。

本章后面将讨论送达保证(delivery guarantees)。接下来，我们首先简单看一下反应式系统如何控制消息流量，以确保请求可以被及时处理，并且不淹没接收者。

4.4　“同步”与“异步”

从生产者到消费者之间的通信可以两种形式实现：

(1) 以同步方式通信，双方都需要在同一时间准备好。

(2) 以异步方式通信，不管接收者是否准备好，发送者都可以发送消息。

图 4-3 展示了在邮局同步地传递消息的情形。顾客 Jill 的邮票没了，她找职员 James 寻求帮助。幸运的是柜台前面没人排队，可 James 这人没影了。James 现在在后台的某处，正在装载他接收的前一位顾客的邮包。当 James 在忙手上工作的时候，Jill 不得不停留在柜台等他。她不能去上班、去超市购物或者做任何她接下来要做的事情。如果 Jill 等了太久，那么她就会暂时放弃邮寄信件，晚一点再尝试(也许会选择不同的邮局)。

在现实生活中，我们可以得体地处理太长时间无法提供服务的情形。而在程序里，相应的超时及其恰当的处理却经常被认为是亡羊补牢。

相比之下，异步消息传递意味着 Jill 可以把信投寄至邮箱中。这样她就可以立即赶着去做下一件事情或者约会。邮局职员会在晚些时候清空邮箱，将信件整理到正确的待发箱。这样对每个牵涉进来的人就好得多：Jill 不需要一直等到职员为她抽出时间，而职员也可以批量地处理事情，这样便可以更高效地利用时间。因此，无论何时，只要可以选择，我们都更喜欢这样的模式。

图 4-3 顾客寻求帮助的信息通过铃声传送给职员

当有多个接收者时，异步消息传递的优越性就体现得更明显。一直等到一条消息的所有接收者在同一时间都准备好沟通是非常低效的，即使是同步地逐个传递消息也是如此。以比喻的方式，前者意味着生产者需要安排一次全体会议，然后在开会时同时通知到每个人；后者意味着我们需要四处走动，耐心地等候在每一个接收者的桌旁直到他们有空。而发送异步消息则可取得多——在以前是一封信，现在应该是电子邮件，只要发送出去就完成了通知工作。所以，为了方便，当我们提到消息传递(message passing)的时候，我们指的都是一个生产者和任意数量的消费者之间使用消息进行的异步通信。

个人轶事

Actor 工具集 Akka 在最开始的时候是为了表达消息传递机制而构建的；这就是 Actor 模型所要展现的。但是在 2.0 版本之前，这个原则在 Akka 里面贯彻得并不彻底。它只是体现在表面，即在用户级别的 API 上。而在幕后，我们使用了锁来进行同步，并在被监督的 Actor 失败之后，同步地调用监督策略来恢复。由此导致的后果是，远程监督在这种架构下无法实现。实际上，涉及远程 Actor 交互的每一件事情都有点古怪和难以实现。用户开始注意到 Actor 的创建过程是在创建者的线程中同步执行的，并且开始推荐避免在 Actor 的构建器里面执行耗时任务，转而通过发送初始化消息来进行初始化。

当类似问题的列表变得实在是太长时，我们静下心来，重新设计了 Akka 的整个内部架构，将其迁移到纯粹的异步消息传递机制上。每一个无法以这种规则表达的功能都被移除，并且内部所有工作都被改成完全非阻塞的。作为结果，拼图的每一片都到位了：随着单独运转部分之间的紧密耦合被移除，我们得以实现监督功能、位置透明性，以及在可承受的工程代价之内的极致伸缩性。唯一的缺点就是特定的部分——比如说，在监督层级(supervisor hierarchy)中传递失败——无法忍受消息丢失，以至于在实现远程通信时需要付出更多努力。

用另一种方式描述的话，异步消息传递意味着，接收者最终会得知新流入的消息，然后在时机合适时尽快消费它。有两种通知接收者的方式：它可以注册一个回调函数来描述当特定事件发生时应该如何响应，或者它可以接收信箱(也被称为队列)里面的消息，然后根据具体情况决定如何进行处理。

4.5　流量控制

“流量控制(flow control)”是指调整消息流的传输速率，以确保接收者不被淹没的过程。每当这个过程通知发送者它必须减慢输送时，发送者就被称为经历了回压(back pressure)。

在类 C 语言中常见的直接方法调用(direct method invocation)，自身带有一种特定的流量控制：请求的发送者被接收者阻塞，直到处理过程结束。当多个发送者竞争同一个接收者的资源时，通常利用锁或者信号量等同步方式，来串行化处理过程。这种处理额外地阻塞了每个发送者，使其必须等待，直到前一个发送者的消息被处理完毕。这种隐式的回压一开始看起来好像很方便，但是当系统增长以及非功能性要求变得越来越重要时，它就会变成一种阻碍。你会发现自己花费很多时间调试性能瓶颈，而不是实现业务逻辑。

消息传递为流量控制方案提供了更大的选择范围，因为它引入了“队列”概念。举个例子，就像在第 2 章里面讨论过的，如果使用有界队列，那么在队列满时，你便可以选择如何响应：你可以丢弃最新的、最老的消息或者所有消息。一种你需要丢弃所有消息的情形可能是：一个旨在展现最新数据的实时系统。你也许会加入一个小的缓冲区来平滑处理过程或延迟抖动，但是快速地移动新消息穿过此队列比处理积压的消息更重要。因为消费进程从消息队列进行读取，所以当它发现消息有积压时，便可以做出任何合理的决定。

另一个选项是：你可根据优先级将流入的消息整理到不同队列，并根据特定的带宽分配来出列。如有必要，你也可在丢弃消息时，立即给发送者生成一个否定回复。我们将在第 15 章中讨论这些选择以及其他可能性。

图 4-4 中刻画了两种基本的流量控制模式：左边的职员试图将装满信件的麻袋递给右边负责在桌上整理它们的职员。采用否定应答方式(negative acknowledgment，

NACK)，右边的职员会在桌子堆满时拒绝新送来的麻袋；采用肯定应答方式(positive acknowledgment，ACK)，左边的职员会等待右边的职员告知他，已经没有信件可以整理了。这种模式有很多变体，其中一部分会在第 15 章中呈现。这个主题非常适用于人类的隐喻，就像上面给出的一样。你也可以开拓思路，想想在日常生活中还有哪些相似的类比。

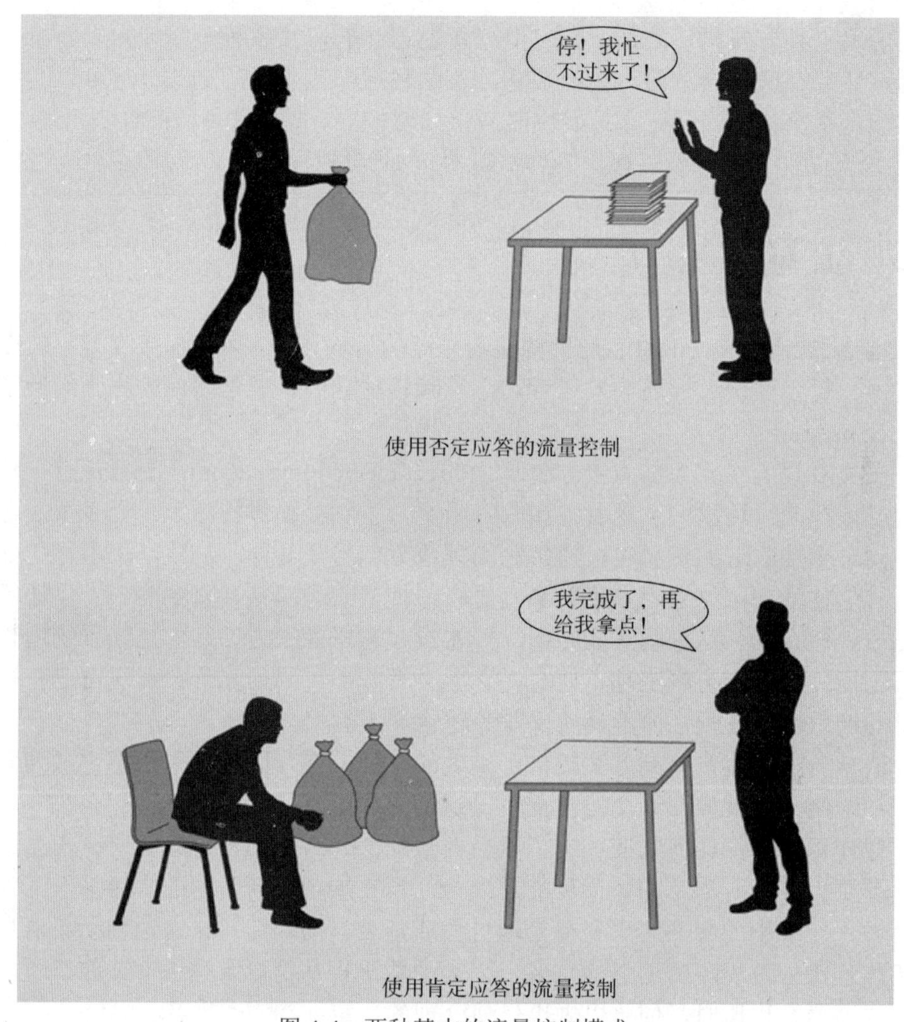

图 4-4　两种基本的流量控制模式

从本质上讲，消息传递把普通的面向对象语言中隐含的流量控制机制分拆出来，并允许定制化的解决方案。只是这种选择并非没有成本：至少，你需要思考你想要的是哪种流量控制语义，你必须选择在哪种粒度上应用消息传递，以及这种粒度下，直接方法调用和面向对象的组合哪个更好。举个例子，假设有一个拥有异步接口的面向服务架构(SOA)。服务本身可能以传统同步方式实现，而服务之间的通信则通过消息传递进行。在重构其中一个服务时，你也许会发现在其中使用细粒度的流量控制非常合适，所以降低了粒度级别。根据服务的需求以及负责开发的团队的喜好，也可以做出截然不同的选择。

在基本理解了如何在消息传递系统中避免过载后，我们就可以将注意力转向如何确保送达特定的重要信息这个议题了。

4.6　送达保证

尽管邮局的每个职员都尽心尽力，但信件还是有可能丢失，即使概率非常低，这样的事情每年仍然会发生几次。发生之后怎么办呢？信件里面也许包含着温馨的生日祝福，发信人和收信人都希望能在他们下一次相见时打开它来重叙旧情；信里也可能是纳税单据，而丢失会导致无法支付，于是又一封提醒信件将被发出。这里要强调的重要主题是人们通常会跟踪互动的结果，从而引入对消息丢失的检测。某些情形下，丢失了某个消息会产生不愉快的结果。可是生活还得继续，不能因为丢失了一封信而停止我们所有的社交活动。在这一节中，我们将展示反应式应用程序是如何以同样的方式运转的，不过我们先从反方向开始：同步系统的运转模式。

在代码里写下一个方法调用时，我们十分确定当程序运行到对应的代码段时，该调用会被执行；我们不习惯考虑行间代码丢失的情形。但是严格来说，我们应该考虑进程中止或者电脑死机的可能性；或者，进程也可能溢出调用栈或者抛出致命信号。如前所见，将方法调用想象成给对象发送一条消息并不难。以这种组织形式看来，我们可以说即使在同步系统中，一条消息——一次方法调用——同样可能会丢失。我们因此需要站在一个极端立场上来看待这个问题，那就是，不可能存在请求一定会被处理或者得到响应的这种牢不可破的保证。

然而，很少有人会认为这个立场具有建设性，因为我们理性地接受规则的局限性和意外性。生活中，我们运用常识处事，并称那些不运用的人迂腐。例如，人际交流通常在默认双方都健在的前提下进行。与其在罕见情形上钻牛角尖，我们更多地关注于管理我们自身固有的不可靠性，确保沟通内容被接收，并提醒同事重要的工作内容和截止日期。可是当这个过程被转化成电脑程序后，我们却希望它是完全可靠的、可以毫无瑕疵地执行任务。厌恶处理失控的麻烦是我们的天性，因此我们求助于机器来避免这些麻烦。然而可悲的是，我们创造出来的机器也许是更快、更可靠的，但是它们并不完美。我们还是需要继续关注无法预见的失败。

日常生活再次提供了一个值得借鉴的上佳模型。每当一个人向另一个人请求服务时，他们都必须面对没有任何回复的可能性。也许另一个人正在忙，也许请求或回复在路上丢失了(例如信件或者电子邮件丢失)。在这些场景下，发出请求的人都需要重新尝试，直到他们得到回复或者请求变得并不重要，就像图 4-5 中所描述的那样。在计算机编程领域里的类比显而易见：从一个对象发送到另一个对象的消息可能会丢失，或者接收消息的对象可能因为其所依赖的部分服务暂时不可用——也许是磁盘满了或者数据库崩溃了——而无法处理请求，因此发送消息的对象就需要重试，直到请求成功或者放弃。

图 4-5 日常生活中的重试模式

使用同步方法调用时，通常无法从“消息丢失”场景中恢复过来。如果一段程序没有返回，一般是由于某些灾难性的事情(比如不正常的程序延续)所导致。调用者无法尝试恢复和继续。而消息传递使请求得以留存，以便在错误条件修正之后，可以进行重试。即使整个计算中心由于电力故障而崩溃，只要所需的消息保存在非易失的存储设备上，那么程序也能在电力恢复之后继续执行。如同流量控制，你需要根据每个系统的需求选择一个合适的粒度来应用消息传递机制。

理解了这些概念，很自然就能设计出一个基于消息送达弱保证的应用程序。从最开始就应用这些知识使得构建出来的应用程序对于消息丢失具有回弹性，无论丢失是源于网络中断、后端服务故障、超量负载，甚至是编程错误。

实现带有极强送达保证的运行时环境需要复杂的内建辅助机能——例如，重发网络消息直到接收被确认——并且这些机制即使在没有任何故障发生时也会降低性能和可扩展性。在分布式系统中，这种代价会剧烈增加，大多数是由于消息确认所需的网络往返延迟量级远远大于本地系统(即，在单个 CPU 的两个核之间)。提供相对弱的送达保证使得你可以更加简单、快速地实现常见的场景，并可以在确实需要更强保证的地方承担代价。注意这和邮政服务如何处理普通邮件和挂号信是一致的。

关于送达保证的主要选择罗列如下：

至多一次送达(at-most-once delivery)—— 每个请求都只会被发送一次，并且永远不会重试。如果它丢失了或者接收者不能成功处理，也不会尝试进行任何恢复。因此，被请求的函数可能会被调用一次，或者根本不会被调用。这是最基础的送达保证。它拥有最低的实现代价，因为发送者和接收者都不需要维护关于它们之间的通信状态的信息。

至少一次送达(at-least-once delivery)——试图保证请求会被处理，需要在*至多一次*的语义基础上添加两个额外条件。首先，接收者必须通过发送确认消息来应答是否收到或者执行完成(取决于需求)。其次，发送者必须持有请求，以便在没有接收到确认消息时重新发送请求。由于重发可能是确认消息发生丢失的结果，所以接收者也许会收到多次消息。给定足够时间，并假设通信最终会成功，那么消息将至少被接收一次。

确切一次送达(exactly once delivery)——如果一个请求必须被处理但是不能被处理多次，那么，在至少一次的语义基础上，接收者还必须对消息进行去重。也就是，它们必须保持哪些请求已经被处理的记录。这种模式的开销最大，因为它要求发送者和接收者都去追踪通信状态。如果额外要求请求必须按照发送的顺序进行处理，那么吞吐率会因为需要对每一个请求都完成确认，再处理下一个请求而产生的网络开销被进一步限制——除非流量控制的需求与接收端的缓冲策略刚好兼容。

Actor 模型的实现通常提供了开箱即用的“至多一次送达”，并允许其他两层被按需添加到它们的通信链路上。有趣的是，本地方法调用提供的也是“至多一次送达”，虽然无法送达的概率非常小。

对流量控制和消息送达保证的考虑很重要，因为消息传递使得通信的局限性明确显现，并且清楚地曝光了会造成不便的边缘情形。在下一节中，我们将专注于消息和真实世界的事件之间的自然匹配以及这种匹配如何促进了应用程序中跨层的简单一致性。

4.7 作为消息的事件

在硬实时系统中，首要的关切是将对外界事件的最大响应时间严格控制在限定范围之内——也就是说，要对每个事件和它的响应施加一个紧密的时间耦合。而在光谱的另一端，比起低延迟来说，一个用来归档日志信息的大容量存储系统更需要高的吞吐率。只要日志信息最终存储成功了，那么耗时多久都无关紧要。对于事件的响应时间的需求也许变化很大，但是与计算机互动总可以归纳成：产生事件、响应事件。

消息天然就在表达事件，消息传递天然就在表达事件驱动的交互。事件在系统中的传播也能被视为消息在一系列处理单元之间流转。以消息表达事件，可使延迟和吞吐率之间的权衡基于具体场景，或者甚至动态地调整。如果系统平时需要的响应时间较短，但要在负载增加时可以优雅地降级，那么这种表达就极其有用。

如图 4-6 所示，对于网络数据包的接收和处理，表明了在一系列交互中可能存在不同的延迟需求。首先，网络接口控制卡(NIC，网卡)使用一个同步中断通知 CPU 有数据可用，这些数据需要尽快得到处理。然后操作系统内核从网卡中拿出数据，选择出它们需要被转发到的正确进程和套接字。从此时起，延迟需求就变得宽松了，因为数据已经安全可靠地进入了机器的内存——当然你仍然希望负责响应这个流入请求的用户空间进程能够尽快地被通知到。套接口上有数据可用的信号之后被发出——比如，通过唤醒一个选择器(selector)——应用程序继而向内核请求数据。

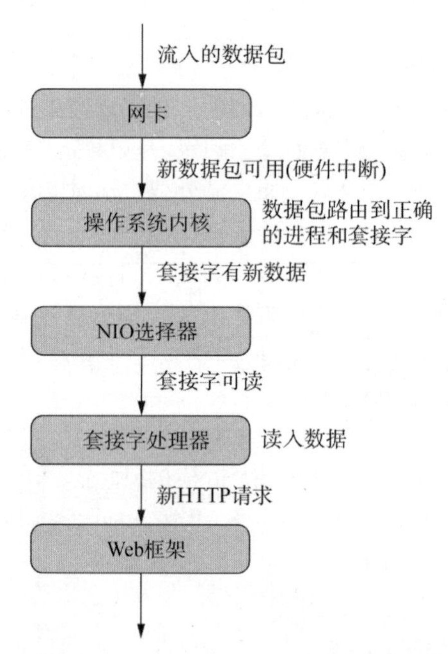

图 4-6　一个网络请求从接收数据包到调用 Web 框架所经历的步骤

注意这里有一个基本的模式：在同一台计算机内，通过网络接收到的数据是以一系列事件的形式相继向上传播到较高的软件层面的。每一个成功接收到的数据包最终以一种包含相同信息的呈现形式(为提高效率，可能会与其他数据包进行组合)到达用户级程序。

在最底层，计算机之间的交互是以消息形式进行的。在这种形式里，数据的物理表达从一台计算机传播到另一台；每个消息的接收都作为一个事件被通知出去。因此，很自然地就可将所有层级的网络 I/O 刻画成事件流，并进一步具体成消息流。我们选择这个例子是因为我们最近以这种方式重新实现了 Akka 的网络 I/O 层，但在不同的层级上利用消息之间的相关性的机会是普遍存在的。所有对于计算机的最底层输入都基于事件(键盘和鼠标，相机和音频，等等)，并能很方便地当成消息进行传递。这样看来，消息传递是任何种类的独立对象之间最天然的通信形式。

4.8 同步消息传递

显式消息传递通常给应用的单独部分提供了一种便捷的通信方法，或者有助于描绘出源代码组件，即使在没有任何使用异步通信机制的需求时也同样如此。但是如果不需要异步性，那么使用异步的消息传递来解耦组件将引入不必要的代价：为了异步执行分配任务所带来的管理性运行时开销，以及额外的调度延迟。在这种情景下，同步消息传递通常是更明智的选择。

我们提到这个是因为同步消息传播对于流处理经常是有用的。比如，将一系列转化融合到一起保证了被转化的数据是单个 CPU 核心的本地数据，从而更好地利用其所关联的缓存。同步消息传递因此服务于解耦反应式应用组件之外不同的目的。4.4 节所讲的异步必要性在此并不适用。

4.9 小结

在这一章中，我们仔细讨论了消息传递的动机，特别是和同步通信机制进行了对比；阐明了基于事件系统中的可寻址事件源与消息驱动系统中的可寻址接收者之间的区别；分析了消息传递机制可以采用的多样化的流量控制形式，并介绍了不同级别的消息送达保证。

我们简单提及了事件和消息之间的相关性，你应该也明白了消息传递如何赋予系统垂直伸缩性。下一章将展现“位置透明性”如何在这个基础上补全了水平扩展性。

第5章 位置透明性

前面的章节介绍了消息传递作为解耦协作对象的一种方式。将通信变为异步、非阻塞的，而不是调用同步方法，这使得接收者能够在不同的执行上下文(比如不同的线程)中执行其工作。但为什么要止步于一台机器内的交互呢？消息传递在本地和远程交互中的工作原理相同。调度一个任务在本地机器上稍后运行，与将一个网络包发送到不同的主机并在那里触发执行，并没有本质区别。在这一章中，我们将探讨这个视角所提供的可能性，以及它对诸如延迟、吞吐量和消息丢失概率等性能量化指标的影响。

5.1 什么是位置透明性？

你可能还记得图5-1所示的例子，它来自第1.1节，在那里我们使用假设的Gmail应用程序简化视图讨论了《反应式宣言》的原则。如果你要开始设计这个系统，你会把它拆分成包含各种假定的依赖关系的服务；你会开始规划各种接口以支持服务间通信；你可能会思考如何将整个应用程序部署在可用的硬件上(或者需要什么硬件)。然后，通过编写每个服务并整理草拟的依赖关系和通信模式来实现设计，比如使用异步 HTTP 客户端与另一个服务的 REST API 进行通信或使用消息代理。

这个例子使用了与本地交互不同的语法，在程序代码中将消息传递清晰地标记了出来。因此，调用对象需要知道接收对象的位置，或者至少需要知道接收者不支持正常的方法调用。

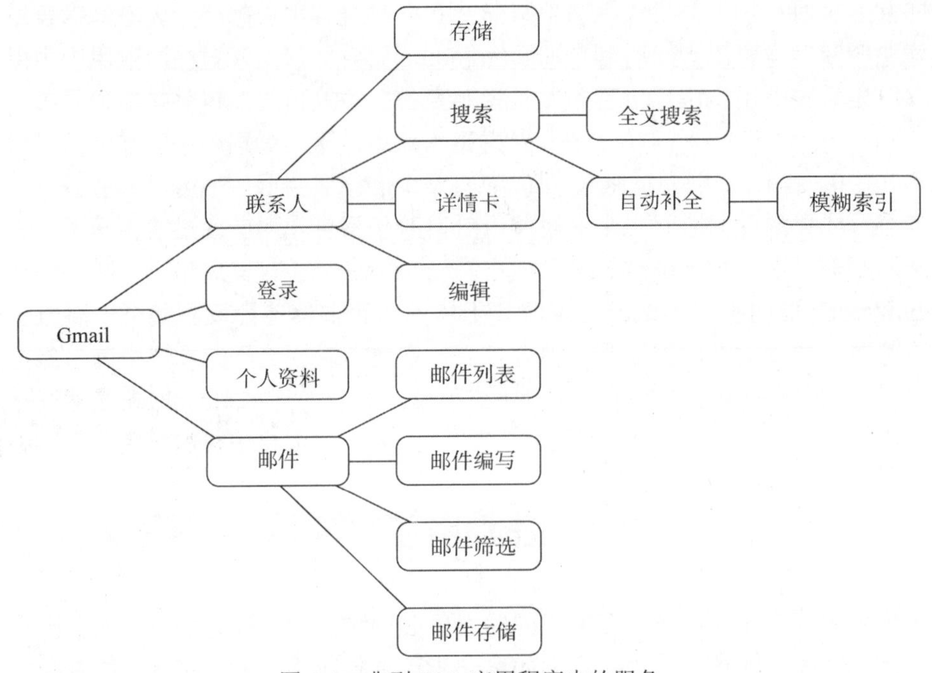

图 5-1 典型 Web 应用程序中的服务

位置透明性是这样一种属性：无论接收者将在哪里处理消息，发送消息的源代码看起来都一样。应用程序组件通过显式的消息传递定义的统一方式进行交互。允许发送消息的对象于是成为指向其指定接收者的句柄[1]。这个句柄是可以移动的，并可在网络节点间自由传递。

5.2 透明化远程处理的谬误

自从无处不在的计算机网络出现以来，就已经有过多次尝试，希望统一本地和远程方法调用的编程模型。所使用的手段都是透明化远程处理：使远程调用看起来与本地调用相同。CORBA、Java RMI 和 DCOM 都是为了实现这一目标而提出的，然而他们全都失败了。失败的原因在于隐含的和实际的保证或执行语义之间的不匹配，正如 Waldo 等人曾提及的[2]。

最明显的问题是部分失败。当调用一个方法时，你预期会得到一个结果或者

1 句柄(handle)，本书沿用了业界通用翻译，参见 https://zh.wikipedia.org/wiki/句柄。——译者注

2 Jim Waldo、Geoff Wyant、Ann Wollrath 和 Sam Kendall，A Note on Distributed Computing，Sun 微系统实验室，1994，http://citeseerx.ist.psu.edu/viewdoc/summary?doi=10.1.1.41.7628。

一个异常，然而如果方法调用是通过网络发送到另一台计算机的话，就会有更多的地方可能出错。该方法也许根本不会被调用，因为调用无法被传输。或者，如果该方法被调用，结果也许会在回传过程中丢失。这两种情况下，都没有可报告的输出。这通常会通过在调用者的线程中引发超时异常来解决，而这要求调用代码处理“所需函数是否被调用”的不确定性。

其他问题来自于方法调用相关的性能期望。在网络中传输至少会增加一个往返时间的延迟：调用请求[3]需要发送给接收者，结果需要返回给发送者。这比在本地执行方法所涉及的开销要大几个数量级。一次本地方法调用在当前的硬件上大概需要一纳秒；远程调用在本地网络中需要几十到几百微秒，而在全球分布式系统中则高达几百毫秒。你需要考虑这部分延迟，以确保算法的实现满足其非功能性需求。如果一个看起来很无害的方法调用花费的时间比你所天真地预想的时间长上百万倍，那么后果可能是毁灭性的。

除了延迟增加之外，远程调用的吞吐量也远低于本地调用版本的吞吐量。将大量的内存数据作为参数传递给本地函数可能会很慢，因为需要将相关数据放入 CPU 高速缓存中，但这还是比将数据序列化并通过网络传输要快得多。吞吐量差异可能轻易地超过 1000 倍。

因此，远程交互采用与本地交互相同的语义在理论上是不可取的，在实践中也还没有成功过。Waldo 等人认为，反向的做法——改变本地交互语义以适应远程通信的限制——也过于激进，所以也不应该这样做。他们建议清楚地划分本地与远程计算，并在代码中选择不同的表征。

5.3 基于显式消息传递的纠正方案

你已经看过，消息传递天然地模拟了远程通信的语义：没有先入为主地期望消息会被立即传输或立即处理。回复也是消息，并且消息可能会丢失。因此，两个通过消息通信的组件可被放在同一台机器上或不同的网络主机上，而不需要改变它们之间的交互的任何特征质量。如上所述，只要消息传递与同步的本地方法调用是明确不同的，那么组件的内部工作也可由任意数量的通过本地同步方法调用进行协作的对象组成。如上所述，组件的内部运作可由任意数量的同步对象协作完成，但消息传递必须和本地方法调用有着明显的区别。

位置透明性的目标并不在于使远程交互看起来像本地交互，更多的是在本地和远程交互的通用抽象下统一对消息传递的表达。一个具体例子就是第 3 章中的

3 感兴趣的读者可以查看 Java 编程语言中 java.lang.reflect.InvocationHandler 接口的 invoke 方法，以获得直观的感受。——译者注

Actor 模型，其中 Actor 之间的所有通信都是通过稳定的占位符(在 Akka 中被称为 ActorRefs，Erlang 中则是进程 ID 和注册名称)来实现的，其唯一目的是提供一个通用的消息传递设施：

```
actorRef ! message
```

该代码片段[4]将右边给出的消息发送给由左边引用表征的 Actor[5]。注意，这个操作并不调用 Actor 本身的方法。相反，ActorRef 只是一个门面，它将消息传递到 Actor 所在的任何地方——如有必要，还会跨网络传输。在那里，消息被追加到 Actor 的接收消息队列供后续处理。

这是位置透明性和透明化远程处理关键的不同之处。位置透明的话，消息传递始终是显式的。消息传递过程中的每个实例都是潜在远程的，但发送者本身并不需要关心 Actor 是本地的还是远程的，也不必关心消息发送的机制，以及消息是在纳秒时间还是微秒时间内被传送。发送者也不必停下来等待响应。消息被传递给 Actor 的引用就足够了。

将其与透明化远程调用对比，透明化远程调用创建了一个本地代理对象，并直接在其上调用期望的方法。这样就隐藏了底层实际发生了消息传递这一事实。透明化远程调用的另一个具体问题是如何定义无返回值方法的语义。比如，当前线程是应该阻塞直到远程对象处理了这个调用，还是应该立即返回给它的调用者？

通过将所有消息传递视为潜在远程的，你获得了不必更改代码就可以迁移组件的自由。你只需要编写软件一次，并更改这部分代码的实例化位置，来将软件部署到不同的硬件设置上。例如，Akka 允许在配置文件中指定 Actor 的远程部署。因此，运维团队原则上可以决定硬件布局，而不必考虑工程团队预期使用的分区。当然，这依赖于一个假设，即在实现过程中，将所有消息传递都视为潜在远程的。对于开发和运维团队来说，明智的做法是互相研讨，以便双方对部署方案有一个共同的认知。

5.4 优化本地消息传递

本地消息传递可以只作为远程消息传递的一种优化。在不改变源代码的情况下，本地消息可以通过引用来传递，这样一来，避免了序列化和反序列化消息的需要，从而大大降低了延迟，并提高了吞吐量。然而，Erlang 默认维持了本地和

4 不熟悉 Scala 的读者可能会觉得语法 actorRef ! message 很奇怪。叹号是定义在 ActorRef 的一个方法的名字。Scala 可通过去掉. 和括号来简化对于值具有单个参数的方法调用，因此这个代码等同于 actorRef.!(message)。

5 如果使用 Akka 的 Java API，那么这段代码可能编写为 actorRef.tell(message,getSelf())。——译者注

远程之间的完全对应关系，并没有应用这种优化，它对发送的所有消息都进行序列化和反序列化，包括纯粹的本地发送。这进一步解耦了不同组件，而代价则是性能下降。

到目前为止所讨论的消息传递的优点——松耦合、水平扩展性和流量控制——对于纯粹的本地程序来说当然也是合适的。这种场景下，不遗余力地减少传输消息的序列化大小没有任何意义。因此，位置透明性是这样的一种特性：你可以在高阶抽象中应用以带来巨大的效益，但也可以选择不将其深入应用至各个子程序内部。在面向服务的体系结构中，可将其应用于服务级别；如果其部署不适合单台机器，则可将其粒度降低到服务的实现上。后续章节将进一步讨论这个概念。

5.5　消息丢失

进行远程传递的消息比在本地传递的消息存在更多的丢失途径，如网络硬件可能出错或者过载从而导致丢包，等等。因此，远程消息传递带来了更高的消息丢失概率。TCP 缓解了某些类型的网络故障，但它不是万能的。例如，当活跃的网络组件关闭连接时，TCP 也无能为力。

此外，无论是本地还是远程的消息传递，发送者都可能因为消息丢失以外的原因而无法收到回复。有时消息处理以不可预知的方式失败了，导致没有回复被发送。你可能试图编写 catch-all(捕获所有异常)错误处理器来发回失败消息，但这仍不能确保有答复。比方说，如果系统内存不足，或者接收对象长时间未得到 CPU 的调度，则 catch-all 语句也不会被执行。即使执行了，它也无法判断最初的操作是成功还是失败。触发它的错误可能是一些无关紧要的异常，例如日志记录器在相关操作成功后失败了。

当消息丢失或未被处理时，发送者获得的唯一信息是没有确认信息返回。发送者可能因为操作重要性较低而对确认信息并不感兴趣(例如，调试日志记录不需要确认)，否则发送者需要对确认信息的接收或者缺失予以反应。

为说明第二种情况，让我们回到 Gmail 应用程序的例子。当你将指针悬停在电子邮件的发件人上方时，会弹出一个小的联系人卡片，显示该人在 Google 的社交网络中与你的联系，他的个人头像，也许还有备用电子邮件地址等。为显示这个窗口，Web 浏览器向 Gmail 前端服务器发送请求，前端服务器之后将请求分发到不同的内部服务来查找并返回所需信息，如图 5-2 所示(本图和下图使用比附录 A 的定义稍微灵活一些的图示语法；每个箭头都是一个消息分发，分发序列的顺序像往常一样由相邻的数字表示)。前端服务存储着关于向哪里发送结果的上下文信息。当收到来自内部服务的回复时，前端服务器会将它们添加到此上下文中。一旦信息完整后，就把聚合的回复发送回原始请求者。但是，如果其中某个预期的回复永远不返回呢？

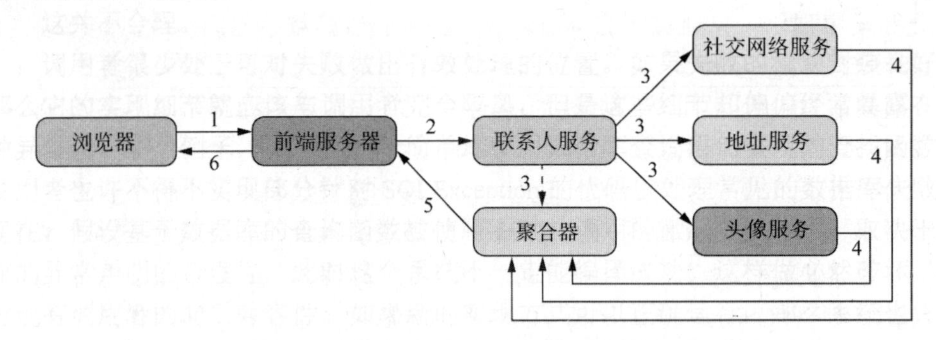

图 5-2　检索联系人信息时的请求与回复链

消息的缺失可通过触发类似“100 毫秒内发送此提醒”的超时来表示。下一步如何处理则取决于哪个消息被首先接收。[6] 如果期望的回复在超时之前到达，处理正常继续，并且如果系统支持的话可以取消超时。另一方面，如果超时在任何合适的回复之前到达，则需要执行恢复路径，之后可能会重新发送原始消息，回退到备份系统或默认值，或者中止原始请求。如图 5-3 所示。

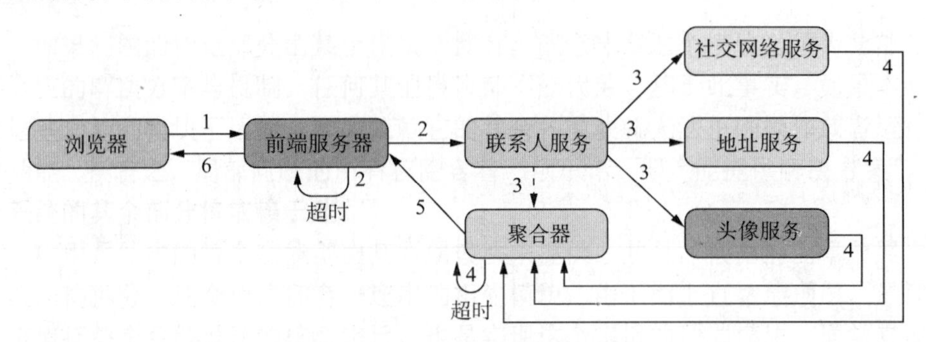

图 5-3　包含超时的请求回复链

根据缺失答复的不同，可能会有不同的响应。只要社交网络的状态被检索到了，即使可能缺少通常包含的备用电子邮件地址，将这个部分成功的回复发送出去也是合理的。但是，如果社交网络状态不可用，则该请求将不得不以整体失败作为响应。[7]第 15.5 节描述了这样的模式。

正如我们在第 2.1.3 节有界延迟主题中所讨论的，超时有一个缺点是需要设置

6 这里表述的实际上是一种异步的短路超时实现。在 Akka 中，我们可以通过 akka.pattern.Patterns#after 帮助方法来实现，在内部利用了一个 HashedWheelTimer，它支持大量的超时集，在 Windows 平台上最大精度为 10ms，其他平台则为 1ms。——译者注

7 一般地，我们会首先梳理强弱依赖，然后决定对弱依赖的服务超时进行降级响应，而对于强依赖的服务超时，则返回一个失败的响应。——译者注

足够长的时间以允许慢响应，以免触发得过于频繁。当后端服务停止响应时，合理的做法是提早使请求失败，并每隔几秒发送一条消息以检查服务是否恢复正常。这称为断路器模式，我们将在第 12 章中进行讨论。

对于本地消息传递也使用这些模式似乎是多余的；你也许会认为假设所有消息都被成功传递会是一个好的本地优化。然而，正如你刚刚所看到的，处理错误能够导致相同的失败症状。因此，在假设远程通信的情况下编写应用程序——并应用位置透明性——带来的一个满意结果是，你同时使其更具回弹性。与消息传递一样，这些好处得益于显式的失败恢复机制，而不是依赖隐式的、不完全的隐含保证。

5.6　水平扩展性

你已经看到消息传递解耦了调用者和被调用者，使之转变为发送者和接收者。这种变化带来了垂直伸缩性，因为接收者现在可以自由地使用不同于发送者的处理资源，这个成就得益于两者不在同一个调用栈上执行。位置透明性为消息传递添加了水平伸缩性：你可以通过向网络添加更多机器来提高性能。

位置透明的消息传递使得接收者能够被放置在可达的计算机网络上的任何地方，而发送者不必知道其在哪里。例如，在 Akka 中，ActorRef 可指向本地节点上的单个 Actor，但是它也可以将通过它发送的消息分派到分散在计算网格上的一组 Actor。两种情况下发送消息的方法都是相同的。

在 Gmail 应用程序的示例中，可以思考一下翻译服务。通常情况下，你看到的电子邮件内容就是发送者所发送的内容，但如果应用程序确定该语言对你来说是外文，它就给你提供一个翻译文本的链接。翻译服务(用于执行这种昂贵的转换)可能运行在非常多的机器上，以满足其吞吐量要求。在具有位置透明性的系统中，如图 5-4 所示，人们可以根据需求添加和移除翻译服务器，而不必更改调用服务的前端代码。你可以在带有本地安装的笔记本上测试翻译服务；预发(staging)试验环境可以(也应该)包含几个远程节点来测试这个部署场景；而在生产中，运维团队可自由调整硬件数量，以满足负载峰值的需求。[8]

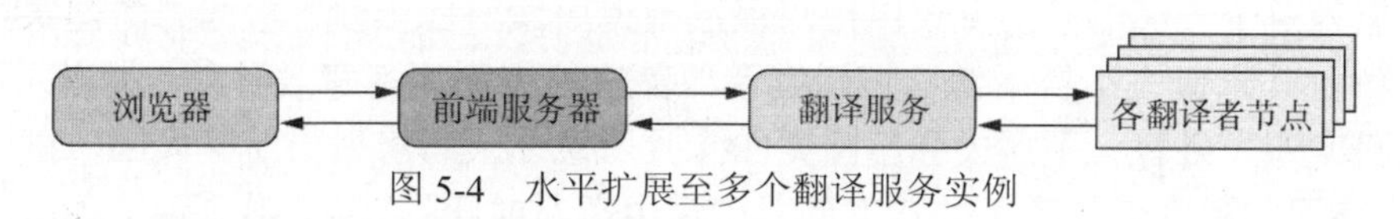

图 5-4　水平扩展至多个翻译服务实例

8 甚至可以配合反应式基础设施，来自动调整和缩放部署结构。——译者注

5.7 位置透明性使测试更加简单

前面的观点值得从不同角度另行讨论。水平扩展性不仅可以使你向外扩展服务，得以在更多计算机上运行，也允许你在单台计算机上运行整个系统，只要这么做是符合预期的。这对功能测试和开发过程中的本地探索非常有用。如果被测服务可以连接到本地通信伙伴，甚至是它们的模拟程序，那么持续集成测试会变得更加简单。你可能已经编写过类似的连接到临时本地数据库的代码，以便进行测试(例如通过配置数据库的 URI 来使用经典的依赖注入)。

根据具体的实现方式，用存根替换一个服务(Stub out a Service)可以在不涉及模拟框架或编写一堆样板代码的情况下完成。例如，Akka 带有一个 TestKit，它包含一个通用的 TestProbe 来模拟 ActorRef。因为只有一个方法需要模拟——发送消息——所以用模拟程序来替换后端服务要做的所有事情也只有这一件。其中的存根程序根据测试计划返回成功或失败。

在我们的 Gmail 示例中，前端服务与其他几个服务进行通信以执行其功能。为单独测试它们，可将联系人头像的存储后端替换为只知道某个叫张三的人的存储后端。这个后端可以配置为不回复，或在需要时回复失败。这种测试设置在图 5-5 中进行了描述。第 11 章将深入讨论这方面的测试。

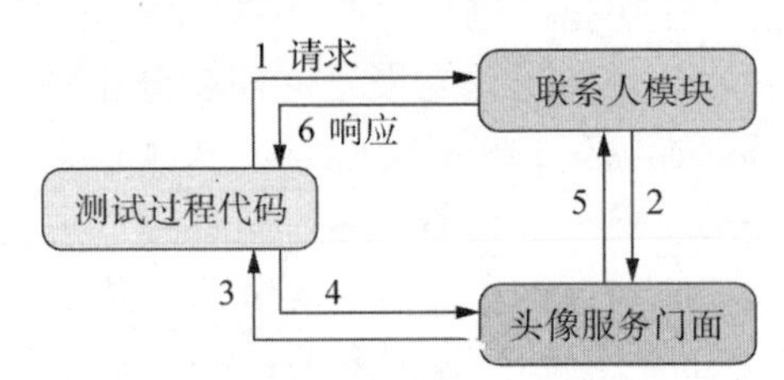

图 5-5 用存根替换一个服务意味着拦截被测模块所发出的请求，并注入回复来验证响应

5.8 动态组合

在面向服务的架构中，通常使用依赖注入框架来完成各部分的连接，依赖注入框架提供每个依赖的确切位置。位置通常是协议、地址(例如，主机名和端口)以及某些协议特有的详细信息(如路径名称)的组合。依赖解析首先需要确定一个资源的位置，然后创建一个代理对象[9]以在其注入的上下文中表征这个资源。这个过程在系统启动时执行，建立好的连接通常在应用程序或服务的整个生命周期中保持不变。

9 在 JVM 平台上的一些 RPC 框架中，这个代理对象通常是一个 java.lang.reflect.Proxy 实例。——译者注发送消息通常以某种类型的句柄为中介，如数据库连接句柄。位置透明的句柄[10]本身就可通过网络发送且被接收者使用，因为说到底，这些句柄无非就是它们所指向对象的地址或描述符。因此，位置透明的句柄和依赖注入框架所创建的代理对象很类似，只不过位置透明句柄能够在网络中的任意节点上使用，而不只限于创建它的机器上。这实现了另一种形式的依赖注入：一个服务可以在请求或者回复中包含对其他服务的引用，以便接收者以动态连接方式使用它们。

在 Gmail 应用的例子中，这个技术可用于身份验证服务。当请求进入系统时，前端服务器将查询派发到这个服务，以验证请求者并获取授权信息。除了验证用户的访问令牌外，验证服务还可在把请求交给联系人服务之前，将对其他服务的引用注入请求中，如图 5-6 所示。在这个例子中，访问管理员或用户数据库的授权以服务引用的形式进行传递，以便联系人模块在处理用户请求时使用。同样的模式也可用于为不同的订阅级别提供具有不同能力的存储后端或翻译服务。为用户提供的整体服务组合可通过这种方式进行定制，而不必在所有地方引入所有部件，或者在整个系统中携带授权信息。

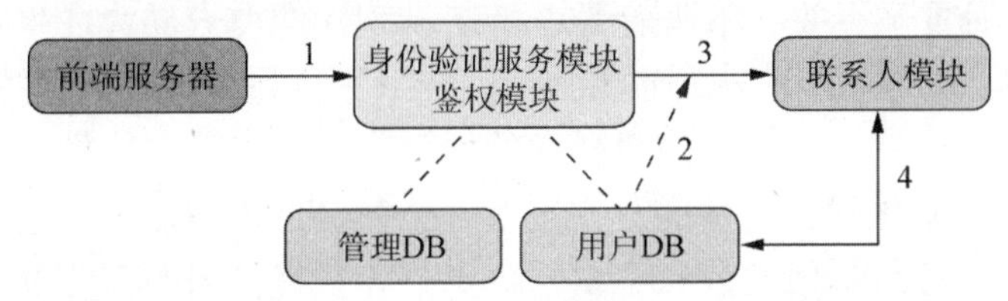

图 5-6　动态依赖注入使身份验证模块动态地给予联系人模块访问用户数据库或管理员数据库的权限

这个概念在各种 Actor 系统的语境中都不是新鲜事物。在这类系统中，访问特定服务的能力是通过拥有对提供这种服务的 Actor 的引用来刻画的。委派这种能力意味着将该引用传递给另一个 Actor，然后该 Actor 就可以自行使用该服务了；我们说这样是在两个 Actor 之间完成了一次“介绍”。

这种技术的另一个用途是在主服务不可用时回退至备用服务——在运行时重新关联依赖关系，如图 5-7 所示。这不仅在服务器端很有用；可以想象一个运行在移动设备上的博客管理服务的客户端。用户界面需要与后端进行通信以检索要显示的数据，并持久化用户想要做的更改。当没有可用的连接时，用户界面可以与各种服务的本地后备副本进行通信，提供缓存的数据，或者将操作放入队列，以便稍后在合适的时候进行传输。位置透明性使得用户界面代码在编写时不必考

10 例如 Akka 中的 ActorRef、SourceRef 以及 SinkRef。——译者注

虑其中的任何差异[11]。所有的回退逻辑能被限制在单个服务中，由这个服务来负责将 UI 连接到真实的或者伪造的后端。

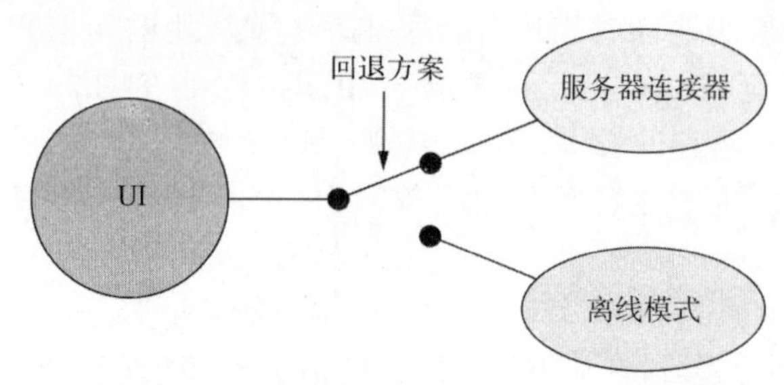

图 5-7 在 Web 客户端中，UI 可通过使用不同的服务引用来切换在线或离线模式

5.9 小结

在这一章中，你已经看到显式的消息传递如何让你能将本地消息视为完全分布式远程消息传递的特例——与之对比的是透明化的远程调用，其旨在使远程交互看起来像本地交互一样。我们讨论了这两种方法在延迟、吞吐量和信息丢失概率方面的差异，以及这些差异如何影响你以统一方式处理本地和远程交互的能力。

你也看到了位置透明化的消息传递的好处：将消息传递提供的垂直伸缩性在水平轴上扩展，简化软件组件的测试，允许软件组件动态地组合。在下一章中，我们将更深入地考察如何定义一个组件，以及如何将较大的任务分解成独立的、较小的任务。

11 为让用户知道所有重要状态信息，通常建议向用户指明离线操作；只要该模式对操作的语义或性能有影响就应该这么做。离线状态应清晰明确地表示出来，但不要太引人注意，不要像模态对话框一样。

第6章

分而治之

上一章假定程序通常由多个组件构成，这些组件以某种方式分离：由不同的团队开发不同的功能领域，通过接口访问模块，模块被打包成容易被替换的方式，等等。在过去几十年间，我们耗费大量精力在编程语言中定义模块的语法和语义，以及部署它们的库和基础设施。重要的问题是，我们应该如何划分一个问题，从而成功地解决它呢？

将时钟倒拨2000多年，我们找到了至理名言divide et regna最早的践行者之一——凯撒大帝(Julius Caesar)。其思想简单易懂：当面对大量的敌人时，制造不和并分裂他们。这使得你可以逐个击破敌人，即便他们在团结的情况下可以轻易地击败你。罗马帝国在内政和外交上都使用了这个策略：其关键是有目的地区别对待异见者，非对称地进行恩泽与惩罚。这种政策很可能递归地作用于各行政级别，从参议员到地方行政官都借鉴了凯撒大帝的成功之道[1]。

我们没有治理大帝国的忧心，也不会煽动我们的某个方法制造不和，但是我们仍可以借鉴这一古老的拉丁格言。我们可以将一个大的编程问题分解成若干可管理的子问题，然后对这些子问题再次采取相同的策略。因此，我们便可以首先逐步缩小我们正在处理的工作范围，然后深入思考如何实现每个特定细节。

1 作者并没有这项推断的直接证据，不过相反的意见也不太可信。

6.1 分层拆解问题

假设你现正从头开始构建 Gmail 应用程序。首先你有个朦胧的直觉，这项任务会是各种临时需求的混乱结合体。一种可以采用的推进方式是，根据经验或者理论推测哪些技术组件将占有一席之地，并据此来确定其他模块：你将需要身份认证和鉴权、渲染和通知、监视和分析模块，以及这些模块所对应的存储。你探索(并可能已经构建了)验证原型，加深了对需求的理解，还逐渐确定了你觉得必要的模块及其关联。一步一个脚印，你对大型任务进行拆分，将需求和功能分派给各个模块。很多小项将最终位于 utils 或者 misc 包中。最后，你将得到数以百计的组件，并希望它们可以和平共处，齐心协力地让用户可以读到他们的电子邮件。

虽然很多项目的现实情况的确如此，但是这种方式并不理想。将大问题拆分成许多小问题将会招致在最终产品中同时存在多种单独的解决方案。这种做法把最初令人生畏的复杂问题转变成一支可能淹没你的小问题军队。

定义层级结构

依旧以构建 Gmail 为例，你可在顶层将职责划分为登录、个人资料、联系人和邮件。在联系人模块中，你必须为每个用户维护一个联系人列表，并支持添加、删除和编辑联系人。此外还需要提供查询能力；例如，当用户在邮件中输入收件人地址时提供自动补全的支持(低延迟，但是数据可能会过期)，以及支持精细化搜索(高延迟，但是数据最新且完整)。该低延迟搜索功能需要缓存联系人数据的优化视图，并且在有更改时，从主联系人列表中刷新。其中的缓存以及刷新服务可能是相互通信的单独模块。

这一设计与最初提及的方案的重要区别在于，你不仅要将整个任务分解成可管理的单元——两种方式很可能最终达到相同的粒度——同时要定义模块之间的层级结构。在层级结构的底部是具体的实现细节。沿着层级越往上，组件变得越抽象，越接近你想要实现的逻辑上的概括性功能。模块和其直接的后裔模块之间不仅仅是依赖关系，它们比依赖关系更紧密：例如，低延迟搜索功能显然依赖于缓存以及缓存刷新服务，但它同时提供了这两个模块的职责范围，定义了要解决的问题空间的边界。

这使得你可以专注于特定问题并解决好它，而不是过早地尝试归纳，这种归纳往往是徒劳甚至是具有破坏性的。当然，归纳过程最终还是会发生——最可能出现在层级结构中较低的层级上——但这将是一个自然的认知过程，你会发现你已经解决过相同的(或者非常相似的)问题，因此可以重用先前的方案。直觉上，你已经有了这种归纳的经验。重用底层库(如集合框架)是很常见的。List、Map 和 Set 概念在所有应用程序中都很有用。在上一个层级，同样也有重用。一个具备刷新服务的底层缓存可能在多个地方重用。沿着层级结构继续往上，系统可能会重用某个从 LDAP 服务器获取联系人信息的接口，但限制也会更多。模块在层级结构中所处的位置越高，就越可能仅特定于具体用例。Gmail 中的“邮件”模块可能不会像在其他应用程序中那样被复用。如果你在其他上下文中也需要一个“邮件”模块，那么最好的做法可能是复制相应的模块并进行适配。大多数子模块很可能可以复用，因为它们只提供了整体解决方案中范围更窄的能力。

概括地说，可将“构建 Gmail”任务分解为一系列高度抽象的功能集合，如“邮件”和“联系人”，并为每个功能定义一个模块。这些模块之间相互合作完成 Gmail 的职责，这也是它们的唯一用途。“联系人”模块提供了范围更明确的部分功能，其将被拆分为多个底层(如“自动补全”)模块，这些模块之间将再次相互协作，以共同提供整体的“联系人”功能。层级结构如图 6-1 所示(此图在前面显示过，为便于参考，此处再次列出)。

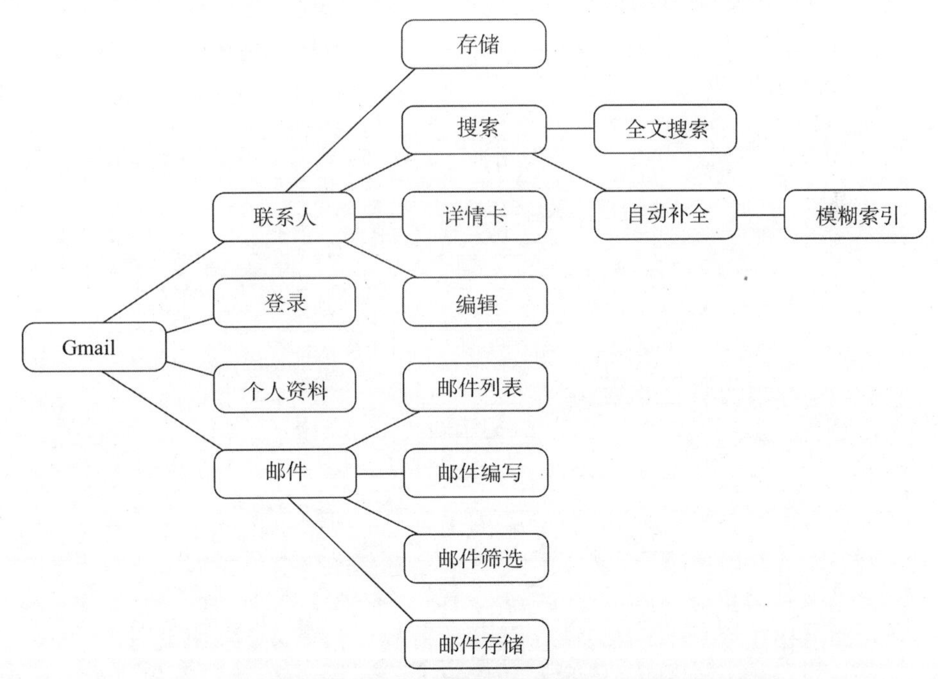

图 6-1　我们假想的 Gmail 实现的不完全分解模块的层级结构

6.2 “依赖”与“子模块”

在层级分解的过程中，我们忽略了一个值得阐述清楚的点：Gmail 中的邮件组件必须使用联系人信息，那么它的层级结构中需要包含这些功能吗？到目前为止，我们只讨论了分段缩小问题空间的范围。如果你也止步于此，那么部分 contacts 模块的功能将会在出现在多个地方；显示电子邮件列表的模块需要访问联系人信息，编写电子邮件的模块至少需要访问联系人的低延迟搜索功能，过滤器规则编辑器也是如此。

在多个地方复制相同的功能毫无意义。我们希望无论是在源代码中，还是在部署和运维的过程中，每个问题都只解决一次。需要注意的是，我们提到的所有模块都不拥有(own)联系人模块的功能。这不是其他任何一个模块的核心关注点。而当涉及层级分解时，所有权(Ownership)是一个重要概念。在这个场景下，问题在于谁拥有问题空间的哪一部分。应该有且仅有一个模块负责提供对应的功能，并且可能具备多个具体的实现；其他需要访问该功能的所有模块都依赖于(have a dependency on)拥有该功能的模块。

早些时候，我们曾暗示过模块和它的子模块之间不仅仅是简单的依赖关系。子模块包含其父模块所拥有的问题空间的一个有界子集，它们同时各有更小的子集。位于边界之外的功能通过引用来协作，而这些功能则由其他一些模块负责提供，如图 6-2 所示。

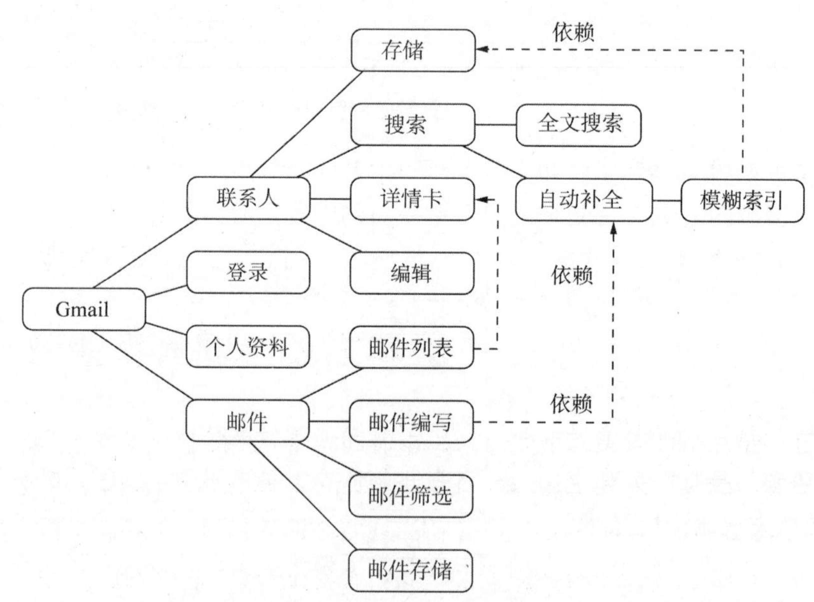

图 6-2 展示了模块之间依赖关系的部分模块层级结构

避免矩阵结构

在开发团队的组织结构和确立软件的良好层级结构的分解工作这两者之间可能存在冲突。通常按照技能来组织人员。将所有前端 JavaScript 专家归到一个组，将服务端开发人员归到另一组，将结构化数据库开发人员又归到一个组中，还得有一个关注大容量存储的小组，诸如此类。Conway 定律(Conway's Law)——“任何组织在设计某个系统时，都将不可避免地创建一个复刻了该组织(人和人之间)沟通结构的设计。”[2]——告诉我们，在 Gmail 的示例中，结果将会是一个前端模块、一个应用模块以及一个数据库模块。在每个模块中，每个团队都很可能为联系人、登录、个人资料以及邮件定义自己的子模块，如图 6-3 所示。

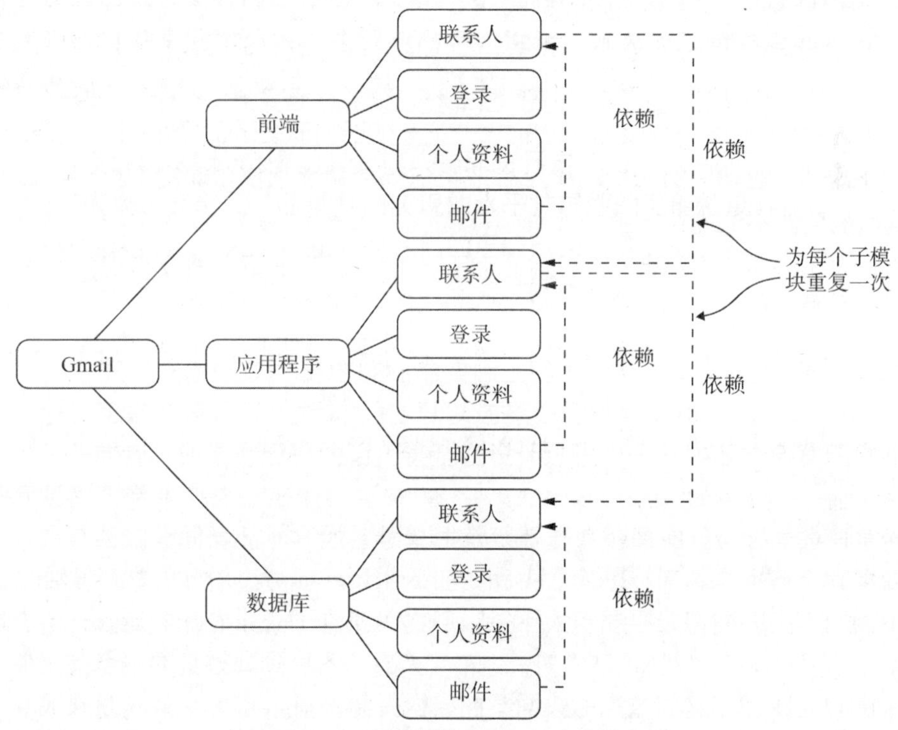

图 6-3 该矩阵创建了一组多余的依赖

这和在前端、应用服务和数据库中都拥有一份带有功能子模块的“联系人”模块不同。区别在于，在以技能为导向的分解中，每个级别的模块之间都存在微小的、水平的依赖关系，而不是限于层级结构的顶层。这些依赖尤其有害，因为在构建完系统的初版时，通常不会觉得它们将是主要问题。在软件生命周期的早

2 改述自 Melvin Conway 的“How Do Committees Invent?”。发表于 Datamation(1968 年 4 月)。参见 http://www.melconway.com/Home/pdf/committees.pdf。

期，几乎每个子模块都需要在每次版本发布时进行更改；因此，无论给定的模块是作为最新的整体应用程序版本的一部分部署，还是作为最新“联系人”模块的一部分进行部署，都没有什么区别。但之后，水平依赖开始成为问题。这将强制发布集中在某个单独的技术点上(如升级数据库版本)，从而影响到同一层级的所有模块。与此同时，每个主要特性的发布都将影响到沿垂直轴上的每个模块。

6.3 构建你自己的大公司

一个很适合描绘或者说明层级结构分解问题的比喻是“大公司”。在结构的顶层，管理层定义了整体的目标和方向(CEO、首席架构师等)。然后，有各种事业部门处理目标中不同的、非常概括性的各个方面。每个事业部门又有不同粒度的各种分组，一直分拆到结构的底部，则有小团队执行非常具体的、问题范围收敛的任务。这种结构背后的理念类似于我们前面所描述的面向职责(responsibility-oriented)的问题分解：事业部门的职责如果没有适当地分离，那么部门职员在处理他们的工作时，很可能不断地踩到彼此的脚(越界)。

如果你在这样的组织架构中工作，可以提前思考下一章中将要考虑的事情：失败处理。如果层级结构中的某个成员无法完成其工作，那么其上一级成员则必须要处理这种情况。责任需要向上流转给负责人，而不是在同事之间懒洋洋地兜圈子。

如果你现在认为：“好吧，这在理论上听起来不错，但是就我个人的经验而言，这就是为何大公司效率低(do not work)的原因”，好消息是，当把这些技巧应用到解决编程问题时，你得选择你所创建的层级结构中各个部分的结构，并定义它们之间的关系——就像你现在要创建自己的大公司(BigCorp)，并为它做出正确的选择！你有机会不去重复过去的管理上的错误[3]。“矩阵管理(Matrix management)”模式在20世纪70年代末到80年代初曾经很受欢迎，不过管理效果并不显著。在这阵流行风刮过之后，有一篇文章提供了一些见解：Matrix Management: Not a Structure, a Frame of Mind[4]。

图6-4以我们熟知的Gmail应用程序为例，展示了一个按职责分解的公司层级结构。根据模块在应用程序的整体结构中所扮演的角色来命名，有助于在开发过程中，在开发团队和利益相关者之间建立起一套易于理解的、互通的词汇。

---

3 你也会发现，事情并非一帆风顺，这也算是一种经验。

4 参见Christopher A. Bartlett和Sumantra Ghoshal发表于《哈弗商业评论》(1990年7月-8月版)标题为“Matrix Management: Not a Structure, a Frame of Mind”的文章。

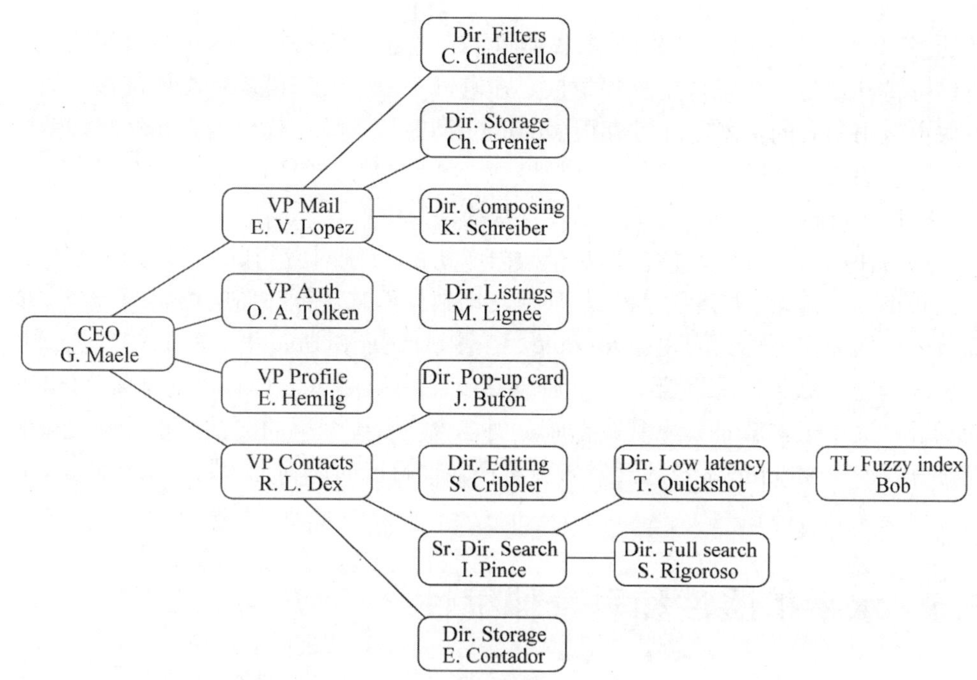

图 6-4　我们假设的 Gmail 应用程序的大公司视图(所有人名均为虚构，如有雷同，纯属意外)

6.4　规范和测试的优点

如前所述，分解复杂任务的过程是迭代的，无论是从层级结构的根衍生到叶，还是逐步提高预测决策过程的能力都是如此。如果你发现某个组件难以详细说明，这意味着它的功能要么需要一个复杂的描述，要么过于含糊，因此你需要后退一步甚至几步，以改正那些早期遗留的错误。这里我们提倡的指导原则是：每个模块的职责应该是明确的。这种明确性的一个简单衡量标准是：每个模块的完整规范(specification)是否简明。

明确的范围以及较小的规则集也会使验证模块的实现更加容易：属性只有能被明确定义且描述清晰，才能为其编写有意义的测试。从这个意义上说，TDD 这个简写应该是指可测试性驱动设计(testability-driven design)，而不是测试驱动开发(test-driven development)。关注测试应可间接地引领更好的设计，而遵循分而治之(divide et regna)原则进行问题分解的设计过程也应直接关注于产生便于测试的模块。

除了有助于设计过程，递归地划分职责还有助于将应用程序的不同部件之间的通信集中到为了测试目的可被整体替换的区块中。当测试这个假想的 Gmail 服务的“邮件”组件(的一部分)时，我们将不会关心“联系人”模块的内部结构，所以可将其作为一个整体用存根替换。在测试“联系人”模块时，你可在它的子模块中应用相同的技术，通过存根(stubbing)同时排除掉低延迟搜索和精细搜索模块。该层级结构使得测试可只关注粒度或者抽象的特定级别，用测试存根代码来替换掉层级结构中的同级、子代以及上级模块。

这与在应用程序中硬性捆绑几个数据库句柄(分别对应测试、预发和生产模式)的方式不同；数据库句柄本身只是任何使用数据库来进行存储的模块的一个实现细节——例如，可称其为 UserModule。在测试 UserModule 时，你只需要从试验台上选择一个数据库服务器即可。而对于其他所有测试，你将创建 UserModule 的实现，其中根本就不会用到数据库，而包含所有硬编码的测试数据。这使得所有不开发 UserModule 本身的开发人员可在他们自己的电脑上编写和执行测试，而没必要安装完整的试验台。

6.5 水平扩展性和垂直伸缩性

到目前为止你收获了什么呢？如果你能应用在这一章中所学习到的内容，那么你将获得一系列模块，它们具有清晰分离的职责，以及简单明确的交互协议。这些协议适于通过纯粹的消息传递来进行通信，从而不用关心相互协作的模块是在同一个(虚拟)机器中，还是在不同的网络主机上运行。可进行独立测试的能力同时也证明了组件的分布式能力。

该 Gmail 示例以某种方式封装了低延迟搜索模块，使你可运行其任意数量的实例副本，因此，你可随意地根据用户产生的负载进行缩放。当需要更多模块实例时，可将它们被部署到任何可用的计算资源基础设施中，并开始填充专用缓存。当准备就绪时，将调用它们来完成来自用户输入框的自动补全(autocomplete)请求。这里的工作原理是将请求路由器设置为整个低延迟搜索服务的一部分。每当一个新模块实例上线时，它将在这个路由器中注册自己。因为所有来自用户的请求都是相互独立的，所以，只要在指定的时间范围内返回结果，具体是哪个实例执行了该任务也就无关紧要了。

在这个例子中，如图 6-5 所示，部署规模将直接转换为最终用户可观测到的延迟。考虑到网络传输的时间和搜索算法，为每个用户部署运行一个搜索模块实例将最大限度地减少延迟。而减少实例的部署数量则最终会导致拥塞，导致由于搜索请求在路由器(或者在工作者实例)上排队而增加延迟时间。这反过来又会降低每个用户产生搜索请求的频率(假设客户端代码在旧请求尚未得到响应，或者没有超时之前不发送新请求)。

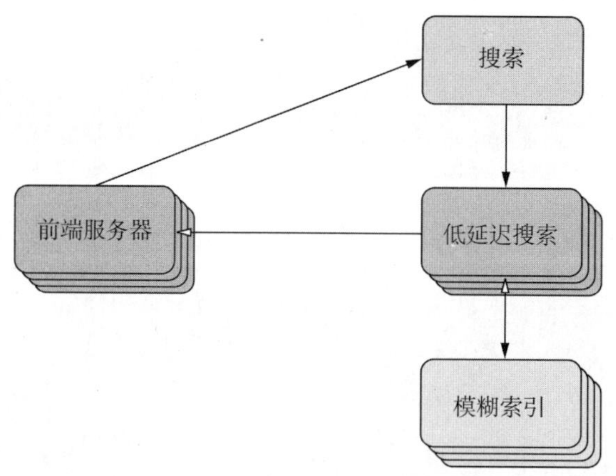

图 6-5 低延迟搜索服务的可伸缩部署将由搜索监督者服务监督和缩放

因此，你选择部署的规模应该使搜索的延迟刚好满足需要即可[5]。这一点很重要，因为为每个用户都运行一个实例显然是荒唐的浪费。你应该在符合商业利益的前提下尽可能减少实例数量。

6.6 小结

借鉴于古罗马君主提供的灵感，我们衍生出了一套方法论，将一个庞大的任务分解为多个较小任务，并在每个子任务上重复这个过程，直至我们得到可以相互协作的模块，这些模块间的协作支撑起整个应用程序。专注于职责边界使得我们够清晰地区分谁是组件的使用者，谁是拥有者。我们还列举一个大公司如何组织自身组织架构的例子，描绘了这个过程。

在这段学习旅程中，你已经看到，这样一种层级式组件结构将有助于模块的规则定义，进而有助于对组件进行测试。我们还注意到，具有职责分离的组件自然形成可垂直伸缩和水平扩展的应用程序部署单元。下一章将讨论故障处理，分析这种结构的另一种好处。

5 请记住，如第 2 章所述，搜索延迟需要以 99%的比例来衡量，而不是平均值。

第7章

原则性失败处理

你已经知道回弹性要求对系统进行分布和划分。分布式是唯一可以避免因单点故障(无论是硬件、软件或者人为失误)而导致全局失败的方式；划分可以隔离不同的分布式单元，使得任意单元的失败都不会扩散到其他单元上。总而言之，为在失败后恢复正常功能，你需要将“对失败作出反应”的职责委托给一个监督者(supervisor)。

所有权的重要性在按照“分而治之”原则来分解系统的过程中已经显现，当时是以子模块和依赖之间的差异表示的。子模块拥有其父模块的一部分功能，而外部功能则只通过引用的方式引入。由此而来的层级结构给出了模块之间的监督结构。

7.1 所有权意味着承诺

在上一章中，你看到了系统层级结构与企业组织架构之间的类比。想象一下，你作为一名顾客到某企业下属的商店消费。当你跟售货员说你想买件衬衫时，售货员却回复你说他不喜欢他的工作，然后甩手就走了。处理这种突发事件不是你的责任，而应该交给商店经理。这个例子中的责任归属很明显，看起来也许还有些幽默。但假如相同的状况发生在软件领域呢？它绝不罕见，因为软件经常会通过抛出异常的方式告知调用者它们内部发生的问题，并让调用者决定如何进行处理。

这并不合理。

调用者很少处于可对失败做出有效处理的位置。如果失败的模块封装良好，那么它的实现细节就应该与调用者完全隔离，但是这些细节却偏偏经常暴露在各种异常里。举个例子，设想有一个简单地使用数据库查询语句实现的查找函数。调用者也许不得不实现部分针对 SQLException 的代码以处理常见的数据库失败。现在，假设基于数据库的查询函数被使用 HTTP 调用的微服务所替代：取决于之前的异常声明的合理性，此时这个系统不一定能编译成功。这样做必然破坏了针对现有调用者的向后兼容性。如果新的实现方式可以正确运行，那么系统也许能够正常工作，但这些用来处理数据库异常的代码很可能会对由于 HTTP 失败而产生的异常全无准备。

值得牢记的是，“检验错误”是模块之间正常操作协议的一部分，而“失败”则是正常协议无法被继续贯彻，并需要监督渠道的场景。检验面向的是使用服务的用户(user)，而失败应该被服务的拥有者(owner)处理。售货员问你想要多大码、什么风格的衬衫是一个检验，售货员在售卖过程中拂袖而去则是一种失败状态。

如果问题的特定部分由某个模块所拥有，就意味着这个模块必须为此部分提供对应的解决方案与机制。任何其他模块都不能代劳。基于此事实，如果本应提供这些功能的模块不运转，那么依赖它的其余各模块就无法正确操作或者运行完整功能。换言之，局部问题的所有权隐含着一项承诺，即“能提供解决方案”，因为系统的其余部分将依赖于此。

应用系统中的每个功能都由其所属模块来提供；并且，根据前面章节展现的层级结构拆分，这个模块拥有一连串的祖先模块，由下而上直达最顶层。最顶层高度概括整个系统设计的核心宗旨，也是实现这个宗旨的顶端模块，通常来说是一个应用系统集成套件，或者是一个大型分布式系统的部署配置管理中心。

我们知道失败会发生，所以这个祖先链(ancestor chain)非常必要。“失败”意味着模块发生了无法继续执行其功能的事故(比如说，由于模块所在的硬件停止工作)。在 Gmail 的**联系人**服务例子中，低延迟搜索模块可以被部署在多个网络节点上。如果其中一个失败了，那么系统的负载能力也会因此不如人意地降低。**搜索**服务是其祖先链中的上一级拥有者，也就是“监督者”。它负责监控其子模块的健康状况，以及在万一发生失败时初始化新节点。只有当启动新节点也无法解决问题时，它[1]才会将问题通知给自己的监督者。图 7-1 展示了这个过程。

1 指搜索服务。——译者注

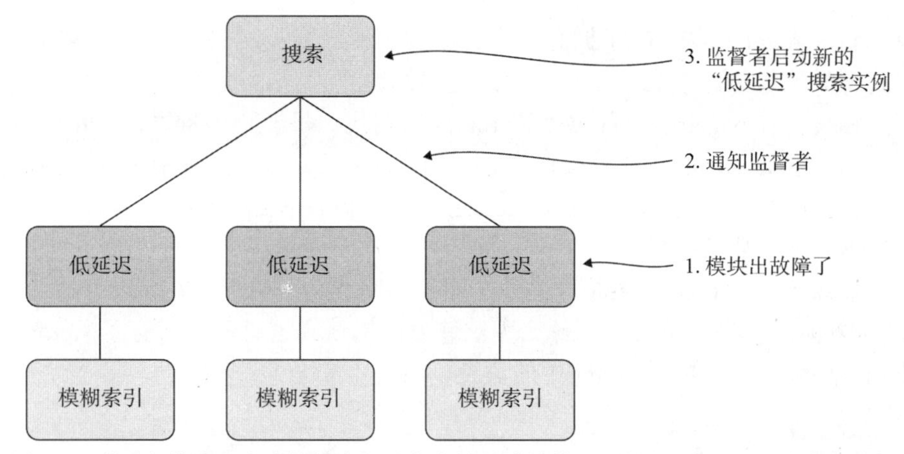

图 7-1　联系人模块层次内的搜索部分发生的故障被检测到并得到处理。“搜索”监督者创建了一个新的低延迟搜索实例，不管之前延迟搜索由于什么原因而发生了故障

这种设置的论据是：系统的其他部分将依赖于“搜索”模块以及该模块提供的供开放使用的所有服务；因此，搜索模块需要确保它的所有子模块都能一直正常运转。这个职责沿着层级结构向下委派，直到最靠近每个业务功能的实现位置。失败固有的不可预见性，使得当下级模块发生无法处理的状况时，向上委托失败处理变得十分必要。假设失败被当成生活中的预期事件，不会被刻意隐瞒，而且不会像传统方法一样将异常抛回给发起调用的模块，那么这种方式运转得正如一个理想化的(正常工作的)企业结构。即使在小型系统中，寄望于调用者来处理错误也会造成系统聚合问题。在分布式系统中，调用者也许并不知道失败模块的位置，类似的影响会被严重放大。

7.2　所有权隐含生命周期控制

前一节中探讨的失败处理模式意味着模块需要创建它拥有的所有子模块。理由是发生失败时可以重新创建子模块的能力依靠的不仅是对于问题的名义所有权，监督者还必须真正拥有其子模块的生命周期的控制权；这是它的职责。假设其他某些模块创建了低延迟搜索模块，然后以引用方式将其作为一个依赖递交给联系人模块。这样，联系人模块在它需要新实例时，就不得不去请求其他模块进行创建，因为其他模块也许无法意识到老的实例已经失败了。替换失败实例的工作包括清理所有相关状态，例如从路由表中移除实例并丢弃对该实例的所有引用，如此运行时(runtime)才能回收内存和失败模块所占用的其他资源。

如果子模块的生命周期完全被其监督者的生命周期所约束，将产生一个有趣的结果：监督者创建它；如果没有监督者，它就无法继续存在。图 7-2 展现了这种约束。要求 Actor 系统 BBC1 拥有一个可用的 Actor 来扮演特定角色。像我们前面所提到过的销售员，不会只由一个人永远扮演这个角色。当 Hartnell 离开后，他的位置相继被 Troughton、Pertwee 和 Baker 所替代。每一个场景里，Actor 也许会创建更深一层的 Actor 去完成额外任务。当 Actor 被终止时，它所创建的 Actor 也同样终止。不存在任何机制可以将 Actor 从一个监督者递交给另一个监督者。试图这样做需要一定程度的协调工作，而这些工作即使是在最好的情况下，也会对 Actor 系统产生设计上的限制。另外，即使递交成功了也会存在风险，因为父 Actor 之所以关闭，肯定是发生了什么无法修复的错误。这时做出所有子 Actor 都是健康的、问题只局限在父 Actor 中的假设，将是不安全的。

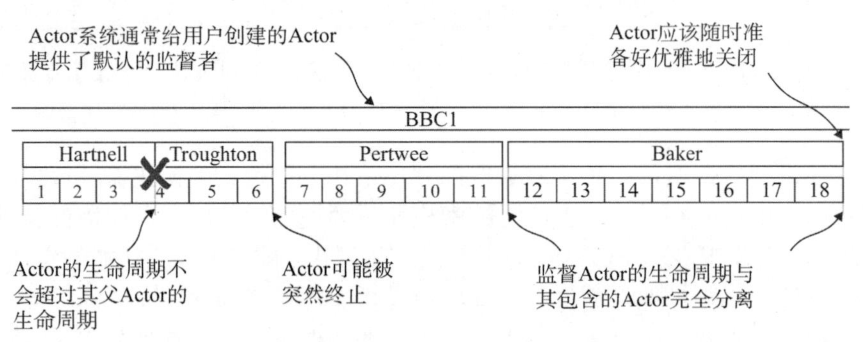

图 7-2 每个 Actor 的生命周期都被其监督者的生命周期所约束。监督者因此要负责创建被监督的 Actor 并在必要时终止它们

依赖则不受这种方式的限制。在传统的依赖注入中，通常是先创建相关依赖，这样在相关的模块启动时，它们便可获取这些依赖。类似地，只有在所有相关模块停止使用它们以后，这些依赖才能被终止。如果顾客依赖于售货员，那么在顾客的活动完成之前，售货员都不应该被替换。这种想法在理论上很方便，但是如果售货员在与顾客交互的过程中产生了异常行为，则会将系统置于一种不稳定的状态。使用动态组合方式(就像讲述位置透明性的第 5 章里面描述的那样)，这种耦合就会变成可选的。依赖可在任意地点及时地进入或退出，在运行时改变模块之间的编织关联。

对模块之间的生命周期关系进行考虑，对于开发和验证应用系统的层级拆分工作也大有裨益。所有权隐含着生命周期的界限，而通过引用来包含则允许独立的生命周期。后者要求位置透明性，以使动态获取依赖的引用成为可能。

7.3 所有级别上的回弹性

处理失败的方式天然就是层级化的；这个道理不仅在人类社会中成立，在编程中也成立。计算机程序中最常见的失败描述方式就是抛出异常。这些异常此后沿着运行时的调用栈传播出去，并被隐蔽在系统深处的某个异常处理模块所处理。在纯函数式编程里，相同的处理思路则通过被调用的函数的返回类型所表达。这个返回类型刻画的要么是一个成功结果，要么是一个错误条件(或者是一个列表返回值，尤其是函数用来检验程序输入时)。这两种情形下，处理失败的职责都自下而上地进行委托。但相对于这一章所描述的反应式方式，这些技术合并了监督行为和使用层级——服务的使用者还需要处理服务所产生的失败。[2]

这一章所描述原则性失败处理方式给模块层级结构添加了一个角度：每个模块都是回弹性的一个单元。这个特性来源于消息传递提供的封装性和位置透明性中固有的灵活性。一个模块可以失败和被恢复到正常运转，而不需要依赖关联模块执行任何操作。监督者一人出力，余者受益。

这个结论在应用结构的所有层级上都成立，尽管重启过程中需要完成的工作量依赖于应用发生失败的比例。因此，尽早隔离失败、保持模块单元较小和恢复代价较低十分重要，而这些内容将在 12.2 节的错误内核模式(Error Kernel Pattern)中详细讨论。这样，即使在需要更激进措施的情况下，重启整个联系人服务也不会影响**邮件模块**的大部分功能(搜索、查看以及整理邮件并不严重依赖它；只是便捷性会受到损害)。所以，回弹性可在所有层级的粒度上获得，而反应式设计则天然地适于实现这个目标。

7.4　小结

在这一章中，我们使用层级化组件结构来建立原则性失败处理方式。父组件负责保障其子组件的功能，所以，将组件本身不能处理的失败委托给其父组件处理是符合逻辑的。该模式使得软件的构建即使在无法预见的场景里也将是健壮的，同时它也是实现回弹性的基础。

下一章将探讨构建分布式组件的另一个方面：一致性的实现是有代价的。那里，我们会再次将问题分解成一套层级化的独立组件。

2 一个例子是，如果抛出异常或者返回一个值指出可能发生成功或者失败的情况，都需要调用者对异常进行捕获或对返回值进行细致处理；相对于反应式的方式，处理这些失败不再是调用者的责任，因为这些失败的处理被委托给监督者，由监督者来决定如何处理。当然，也可能出现调用者即监督者的情况。——译者注

第 8 章 有界一致性

"分布式系统(distributed system)"的某种定义是：一个各部分允许独立失败的系统[1]。反应式设计的本质是分布式的：你想对相互隔离的组件进行建模，并且只通过位置透明的消息传递进行交互，从而建立具有回弹性的监督层级结构。这意味着，最终产生的应用程序结构也将要面对分布式所带来的各种后果。在无状态系统中，这类后果主要与失败处理有关，恢复处理手段则如前一章所述。但是当系统需要维护状态时，就没那么简单了。即使系统的每个部分都完美地工作，"时间"也是一个可能导致失败的因素。正如你在第 2 章中所学习到的，分布式会导致的一个后果就是无法保证强一致性(strong consistency)。在这一章中，你将学到有界一致性(delimited consistency)，这是退而求其次的次优选择。

这可以通过我们的示例"Gmail 应用程序"的"邮件"模块功能来说明。由于预期的用户数量庞大，你不得不将所有邮件的存储分散到遍布世界各地的多个数据中心内的许多不同计算机上。假设一个人的文件夹可分散在多台计算机上，那么要将一封电子邮件从一个文件夹移动到另一个文件夹，可能意味着它将在不同的计算机之间移动。你要么先将电子邮件复制到目的地，然后删除原来位置的邮件；要么将它放置在临时存储区，并将原来位置的删除，然后将临时存储区中

---

1 Leslie Lamport 更幽默的描述如下："分布式系统是这样一个系统，你甚至没有注意到其中存在的计算机故障，就可以导致你自己的计算机无法使用。"(1987 年 5 月 28 日，http://research.microsoft.com/en-us/um/people/lamport/pubs/distributed-system.txt)

的电子邮件复制到目的地。

无论哪种情况，在整个过程中，此人的电子邮件总数应该保持不变；但如果你询问计算机它们的存储中有多少电子邮件，你可能会看到那封被移动的电子邮件正在传输中，并将其计数为两次或根本不计数。确保数量一致就要排除在转移过程中进行计数这种行为。强一致性的代价是，分布式系统中的独立组件需要通过额外的通信来协调它们的动作，这意味着需要花费着更多时间和使用更多的网络带宽。这个观察并不是特定于 Gmail 这个例子，而是适用于有着多个分布的部分，并需要对某些事项达成一致的问题。这也称为分布式共识(distributed consensus)。

8.1 封装模块纠正方案

幸运的是，这些后果并不像起初看起来那么严重。Pat Helland[2] 是研究强一致性的先驱和长期贡献者，他认为，一旦系统规模增长到一个临界点，它就不可能保持强一致性了。协调系统中发生的改变的单一全局顺序，这个成本将会非常高。这时增加更多分布式资源只会降低(而非增加)系统的处理能力。相反，我们将用小的构建块(实体[3])来构建系统，这些构建块内部是(强)一致的，但它们之间的交互以最终一致的方式进行。

这种实体内部含有的数据集能以完全一致的方式进行处理，数据的变化以一种特定(或至少看起来如此)的顺序发生。这种假设是有可能的，因为每个实体都存在于不同的可串行化范围之内，这意味着实体本身并不是分布式的，并且不同实体的数据集不能重叠。这样一个系统的行为是强一致性且事务性(transactional)的(只对不跨越多个实体的操作来说)。

Helland 接着假设我们将开发平台来管理这些独立实体的分布及交互复杂性，允许业务逻辑的表达以一种不必关注部署细节的方式进行(只要业务逻辑遵循事务边界)。他所谈到的实体设计与本书呈现的封装模块设计非常相似。主要区别在于他专注于管理存储在系统中的数据，而我们首先关注的是分解由复杂应用程序所提供的功能。最终，殊途同归：从用户的视角看，唯一重要的是获得的响应反映了请求时服务的正确状态，其中状态(state)不过是服务内部维护的数据集。因此，支持反应式应用程序设计的系统可以成为实现 Pat Helland 预测的天然培养基。

2 参见他的论文 Life Beyond Distributed Transactions，CIDR(2007)，http://www.ics.uci.edu/~cs223/papers/cidr07p15.pdf。

3 在领域驱动设计的上下文中，这些将称为聚合根；实体(entity)一词能用于不同场景应归功于其内在的一般性。

8.2 根据事务边界对数据和行为进行分组

以分布式方式存储个人电子邮件文件夹的示例问题，可通过应用上一节所述的策略来解决。如果你想确保电子邮件可以移动并且不会导致不一致的数量，那么每个人的完整电子邮件数据集都必须由一个实体管理。示例应用程序分解将需要一个模块用于此目的，并将为每个使用该系统的用户实例化一次。这并不意味着所有邮件真正存储在该实例中。这只意味着所有对某个人电子邮件内容的访问都将通过这个专用实例进行。

实际上，这就像锁机制限定了访问的串行化，很明显，个人电子邮件不能扩展给多个管理者以支持更高的事务处理率。这种方式可以接受，因为在处理电子邮件这件事上，人比计算机慢多个数量级，所以限制这个方向的伸缩性不会使你遇到性能问题。更重要的是，这使得你可将对所有用户邮箱的管理分布到任意数量的机器上，因为每个实例都独立于其他所有实例。这样做的结果是，在维护电子邮件的总数量时，不可能在不同人的账户之间移动电子邮件，不过反正这不是必须要支持的功能。

概括一下刚才讨论的内容，我们学到的诀窍是将行为及其附带的数据集分片，使每个分片都能独立提供所需的功能，并且不需要处理跨多个分片的事务。这个技术在关于领域驱动设计(DDD)[4]的文献中有着很好的应用和详细的讨论。

8.3 跨事务边界建模工作流

数据集分片的方式为以强一致性方式执行某组特定的操作提供了便利，但是对于其他所有可想象到的操作场景，都可以排除这种特质(强一致性)。因为在大多数情况下，总会有一些操作值得拥有却得不到支持。以另一种方式分割数据并不是个好的选择，因为这会影响更重要的用例。这种情况下，系统设计必须回退到以最终一致的方式去执行其他操作，这意味着虽然它能保持事务的原子性，却要放弃完整的一致性和隔离性。

为说明这一点，我们来考虑这样一种情况：将 Alice 邮箱中的一封电子邮件移动到另一个名为 Bob 的邮箱中，这封邮件可能存储在另一个大陆的数据中心。尽管这个操作不能同时在源邮箱和目的邮箱同时执行，但可以确保电子邮件最终只会出现在 Bob 的邮箱中。你可以通过创建一个代表传输过程的模块实例来实现这一点。这个模块将与 Alice 和 Bob 的邮箱实例进行通信，从其中一个邮箱中

4 例如，参见 Eric Evans 的《领域驱动设计》，Addison-Wesley(2003)。或参见 Vaughn Vernon 的《实现领域驱动设计》，Addison-Wesley(2013)。

删除电子邮件并将其存储到另一个邮箱中。这种所谓的 Saga 模式(Saga pattern)在事务型数据库领域被称为长时(long-running)事务的缓解策略。如图 8-1 所示，我们将在第 14 章中对它进行详细讨论。

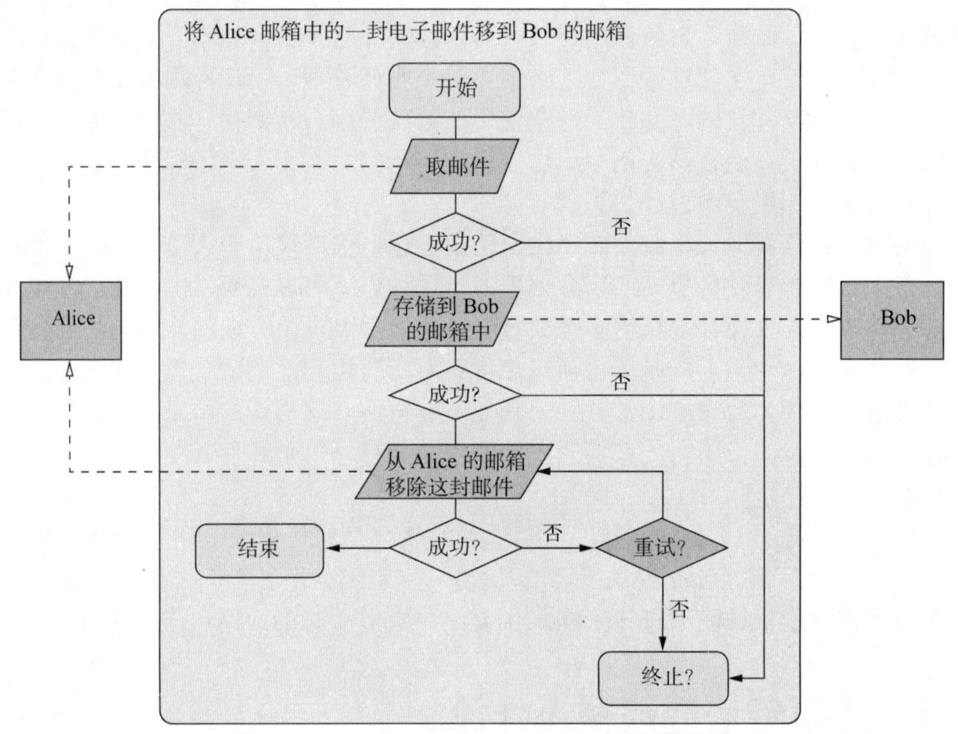

图 8-1 将电子邮件从 Alice 账户移到 Bob 账户的 Saga 模式草图，省略了与两个账户通信时处理超时的情况

正如邮箱模块会持久化它们的状态以免遭遇失败情况，Saga 模块也可以持久化。这确保了即使传输由于服务中断而中断，但当 Alice 和 Bob 的邮箱重新联机时，它也将最终完成。

8.4 失败单元即一致性单元

回顾这一章开头对分布式系统的初始定义，分布式实体的特点是：它们能够独立地失败。因此，根据事务边界对数据进行分组的主要关注点是：确保所有必须保持一致的东西都不能是分布式的。一个一致性单元不能出现部分失败的情况，如果其中一部分失败，那么整个单元就必须失败。

在 Alice 和 Bob 的邮箱之间传送电子邮件的例子中，执行这个任务的 Saga 就是这样一个单元。如果它的一部分失败，那么整个传输过程就必须失败；否则，电子邮件可能会重复或完全消失。这并不能排除不同的子任务可能由 Saga 的不同子模块执行这种可能，但是要求一旦其中一个子模块失败，则 Saga 必须作为一个整体失败。

因此，一致性单元和 Pat Helland 提倡的实体，与本章前面提出的监督者的层级化模块结构相匹配。这是另一个有用的属性，便于指导和验证系统的层级分解。

8.5　分离职责

我们已经假定将问题分解成小部分的过程不断反复迭代，直到剩下的部分足够小，可以高效地指定、实现和测试。但是，究竟多大是合适的？目前的标准如下：

- 一个模块只做一项工作并把它做好。
- 模块的(职责)范围由其父模块的职责界定。
- 模块边界定义了通过复制实现的水平扩展性的可能粒度。
- 模块内封装失败状态，而它们的层级定义监督关系。
- 模块的生命周期由其父模块的生命周期界定。
- 模块边界与事务边界一致。

一路下来，你应该看出这些标准实际上是相辅相成、相互关联的。遵循其中一条也可能会满足其他标准。你可以选择你的模块大小。在实现和测试的过程中——或者，如果有经验的话，甚至在设计过程中——你可能会发现你并没有进行明智选择。

在精细划分的情况下，你将频繁注意到需要使用像 Saga 这样的消息传递模式，否则很难达到你想要的一致性保证。解决方案相对简单。将两个模块的职责结合在一起意味着你组合了它们的实现，这不太可能导致新的冲突，因为模块在之前是完全独立且彼此隔离的。

如果划分粒度太粗，那么模块内部的不同关注点之间复杂的相互作用将使你变得无所适从。监督策略将难以确定，或将抵制必要的可扩展性。这种缺陷并不容易修复，因为分离出行为的不同部分需要在它们之间引入新的事务边界。如果不同的部分成为子模块，那么这样做可能并不会有严重后果，因为父模块仍然可以作为串行化操作的入口。如果促使划分的原因是可扩展性不足，那么这样就行不通了，因为所有更改通过一个单点所带来的隐含同步成本正是问题所在。

分离这样一个对象的职责必然需要把一些操作降级到最终一致的行为。经常应用的一种可能性是将“修改操作”(命令(commands))从“读取操作”(查询(queries))中分离出来。Greg Young 创造了术语“命令和查询职责分离”(Command and Query

Responsibility Segregation，缩写 CQRS)来描述这种拆分，它允许数据集的写入侧和读取侧可以独立地进行伸缩和优化。写入侧是唯一允许修改数据的地方，而作为代理，读取侧只能被动地缓存可查询的信息。

变化以事件的形式在模块之间传播，事件本身则是描述状态变化已经发生的不变事实。对比之下，写入端接受的命令仅表达了“变化应当发生”这个意图。

CQRS 与数据库视图的对比

关系型数据库具有“视图(view)”的概念，它与 CQRS 的查询侧相似。不同之处在于查询执行的时机。数据库实现通常会迫使管理员提前做决定。而传统、纯粹的 CQRS 实现总是延迟执行，直到数据被请求，这会对数据读取产生显著的性能影响。针对这一点，一些实现允许将查询的结果物理存储在快照(snapshot)中。这通常会将更新查询结果的成本转移到数据写入时，因此写入操作将被延迟，直到所有快照也被更新。CQRS 牺牲了一致性保证，以换取更新出现在查询结果的时机上更大的灵活性。

在 Gmail 在例子中，你可以实现生成所有文件夹及其未读电子邮件数量概览的模块，以便请求展示于用户浏览器的摘要时访问已存储的文件夹数据。这样一来，存储模块将必须执行以下几个功能：

- 接收来自过滤模块的新电子邮件
- 列出文件夹中的所有电子邮件
- 提供访问用户个人电子邮件的原始数据和元数据的能力

电子邮件的状态(例如是否已被阅读)，将和消息本身很自然地驻留在原生电子邮件对象存储介质中[5]。一个初步设计可以是将每条消息与其所属的文件夹一起存储；这样一来你就可以为每个用户获取一个完全一致的数据集，其中存储了所有电子邮件。然后查询该数据集以获得每个文件夹的读取和未读消息数量的概况。相应的查询必须遍历所有已存储的电子邮件的元数据，并根据文件夹名称和状态对其进行计数。

但这样做代价巨大，因为最频繁的操作——检查新电子邮件——将需要触及所有元数据，甚至包括很久以前阅读过的旧电子邮件。另一个缺点是：获取新电子邮件将受到这种仅仅是观察者功能的影响，因为这两种活动通常将由存储模块一个接一个地执行，从而避免由内部并发所导致的不确定性。

这个设计可通过分离更新和查询邮件存储的职责来改进，如图 8-2 所示。写入端执行对存储内容的更改(如新电子邮件的到达、添加和删除文件夹成员以及移除“未读”标记)，这些更改会被写入端持久化到二进制对象存储中。此外，写入端向阅读视图通报元数据更改，使视图能自行维持在各文件夹中已读和未读邮件

---

5 即电子邮件作为一个对象存储在统一对象存储中。——译者注

数的最新状态。这样可以高效地响应概览查询，而又不必遍历元数据存储。在出现失败的情况下，读视图总是可以通过执行一次遍历来重新生成[6]。视图本身不需要持久化。

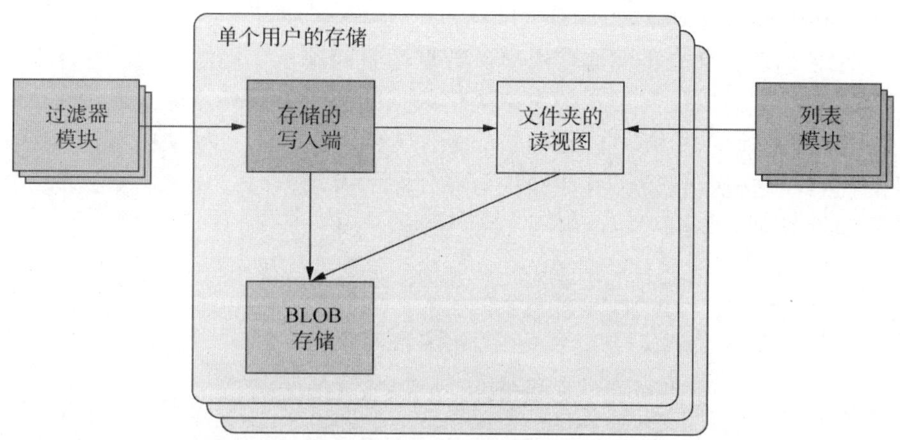

图 8-2　每个用户的存储按命令和查询职责进行隔离。新电子邮件被写入存储中，并通知读视图有关元数据的改变。摘要查询可由读视图来应答，而原始电子邮件内容则直接从共享的二进制存储中检索

8.6　坚持一致性的隔离范围

第 17 章将详细讨论为扩展性设计的系统如何实现持久化，但本章中描述的应用程序设计对存储层也有影响，因此值得进一步详细阐述。在传统的以数据库为中心的应用程序中，所有数据都以全局一致的方式保存在事务性数据存储中。这是有必要的，因为应用程序的所有部分都可以访问整个数据集，而事务则可以跨越数据集中的各个部分。定义和优化应用级别的事务，以及令数据库引擎在执行复杂的任务时能够更高效，都需要付出心血。

对于每个完全拥有其数据集的封装模块，这些约束在设计阶段就被解决了。每个模块实例都需要一个数据库，而且每个数据库只支持来自单个客户端的修改。这种情况下，传统数据库的所有复杂性几乎都不复存在，因为再没有需要调度的事务或需要解决的冲突。

再回过头来看 CQRS。我们注意到，逻辑上只有一个从活动实例到存储引擎的数据流，应用程序模块发送有关其状态更改的信息以便保存它们。它需要从存储方获取的唯一信息是：对这次持久化任务成功执行的确认；在得到确认之后该

6 在某些具备快照能力的 CQRS 实现中，例如 Akka，并不需要进行完整遍历，而只需要以最新的快照作为起点开始遍历即可。——译者注

模块可以向客户端确认接收到数据，并继续处理其任务。这降低了对存储引擎的要求，使其仅充当只能追加变更(应用程序模块所生成的事件)的日志。这个方案被称为事件溯源(Event Sourcing)，因为持久化的事件是事实的来源，应用程序的状态可以从中按需恢复。

具有这个关注点的实现比使用事务数据库更简单、更高效，因为它不需要支持互斥的并发更新或任何形式的对持久化数据的修改。另外，流式连续写入是当前所有存储技术达到最高可能吞吐量的操作方式。记录每个模块的事件流还具有额外的优点，这些流包含了其他模块可以使用的有用信息：如更新数据的专用读视图或提供监视和警报功能，如第 17 章所述。

8.7 小结

在这一章中，你看到在分布式系统中强一致性是无法实现的。它被限制在更小的范围内并且以单元作为一个失败整体。这导致了添加组件结构的新方面；建议你考虑应用程序的业务领域，以确保限界上下文(Bounded Contexts)之间是完全相互解耦的。这里的术语取自领域驱动设计(Domain-Driven Design)。

寻求替代传统事务和可串行化的驱动力来自于分布式系统固有的不确定性。下一章将把这个发现放到更大的上下文中，从逻辑编程和确定性数据流，到基于线程和锁的完全不确定性。

第 9 章

按需使用非确定性

这一章为全书最抽象的部分，对于初步理解后续章节来说，这一章的内容并非必需。你可以先直接跳到第 10 章看看，只要你保证之后还会回来。

在第 3 章中，我们已经提及函数式编程是反应式系统的专业工具之一。到目前为止，本书第 II 部分都着重于将问题拆分为各自封装的模块，而模块之间仅以异步的消息传递进行交互。从本质上说，这种方式是不纯粹(impure)的：发送消息给一个外部对象，意味着无法在发送者内部建模该外部对象的状态变化。这必然会产生副作用。但这并非无意为之，而是进行划分的唯一理由[1]。

乍一看，这里所选择的设计，与我们所宣扬的核心范式之间似乎有着不可调和的矛盾。然而，在接下来的一段可谓“始于天堂的自我放逐”的旅程上，[2]你会看到这个矛盾并非真实存在。

9.1 逻辑编程和声明式数据流

理想情况下，我们希望只需要指定输入的数据以及解的特征[3]，编程语言就能为我们完成余下的工作。举例来说，有如下定义：给定一个含值列表，我们要求

---

1 当然，我们可以把跟踪消息的发送过程当作一种作用，不过收益会很小。必须在接近产生它的源头进行，而我们的层级结构分解中的模块则倾向于更小(细分)。

2 其中一层含义是，下面各节的内容从最理想、强确定性的编程范式开始，逐渐过渡到复杂、确定性缺失的形式。译者将这个过程比作“始于天堂的自我放逐”。——译者注

3 这里特指数学特征，参见 https://en.wikipedia.org/wiki/Characteristic_(algebra)。——译者注

返回一个包含相同元素的列表，但其元素按升序排列。对于这样的列表，我们会说，它的第 n 个[4]元素应该始终大于第(n-1)个元素。然后程序解释器将能摸索出一种排序算法，并能在结果程序中将该算法应用到我们提供的任意输入上——但是，程序很可能会先告诉我们，输入列表不能包含重复元素[5]。这样的一种编程语言，让我们不需要考虑输入的组合和处理，计算机会自动生成正确的算法并执行。以公式化的预期特征看来，这一过程将是完全确定性的。

在这个方向上的研究，催生了逻辑编程(logic programming)学科，以及相关编程语言的创立(如 20 世纪 80 年代创造的 Prolog 和 Datalog)。虽然先进程度不及如前所述那样理想——那种可以“随心所欲”的方式听起来过于梦幻——但是这些编程语言使我们可以陈述一个领域的各类规则，并要求编译器证明附加的定理，而这些定理之后能与给定问题的解相呼应。到目前为止，逻辑编程并没有对主流的软件开发产生显著影响，主要是由于它在运行时性能上的劣势，尤其是和命令式语言相比。而命令式语言，离理想天堂则更遥远。

向主流靠近一步的路上，我们找到了纯函数式编程，它使用函数和不可变值(甚至函数也可以是这类值)来表达程序和算法。这种编程方法更接近于数学表达形式，函数描述了数据变换，而本身又可以与其他函数进行组合，并且不必预先指定输入值——程序可以先确定计算函数的应用顺序，然后传进输入值。与逻辑编程相比，我们用自己寻找正确算法的代价，交换得来相对可观的运行时性能。编译器可以着力于验证我们所提供的算法是否具备所需的属性，而不用为我们生成算法。这个验证的过程需要使用一个足够强大的类型系统来编码我们想要的特征。在这个阵营中，我们发现了大量可供选择的编程语言，包括 Haskell、Coq、Agda 以及最近的 Idris。本书中的许多代码示例都使用 Scala 语言编写，其既可以表达纯函数式应用程序，但是同时也对可变性以及面向对象提供了支持。

使用纯函数式风格进行编程，意味着当给予相同的输入时，每次对表达式求值总会产生相同的结果。这个过程没有副作用，从而使得编译器可以在按需(as-needed)的基础上安排求值计算，而不用严格地按照源代码中给定的顺序，这意味着并行执行的可能性。这种执行模式的必要前提是：所有的值都是不可变的——值在被创建之后，不会再有任何变化。如此带来了非常有利的结果，即，值可以在并发执行的线程之间自由(安全)地共享，而不必进行任何同步。

函数式编程范式的另一个近亲是数据流编程(dataflow programming)。不同之处在于，前者侧重于函数及其组合，后者则更关注数据在连接着计算节点的网络

4 这里隐含的要求是 n >= 1。——译者注

5 因为前面要求元素 n 始终大于元素 n-1，所以就可以智能地推断出这个定义只有在不具有相等元素时才成立，所以就要求不能有重复的元素，以此展现这个理想的编程语言的优越和智能。——译者注

(更确切地说是，有向无环图)中的流动。这个网络(或者图)中的每个节点都是单一的赋值变量(步骤)，一旦确定了它所定义的表达式的所有输入，它就会被计算求值。因此，将数据注入这样的处理网络中所得到的结果将始终是完全确定的，即使其中的所有计算在概念上都是并行执行的。数据流编程是某些编程语言(例如 Oz 语言[6])中的一部分，而如第 3 章所述，也可通过使用可组合的 Future，将其嵌入诸如 Scala 的编程语言中。

9.2　函数式反应式编程

函数式反应式编程(Functional Reactive Programming，FRP)融合了纯函数的应用场景以及数据处理网络的描述，它侧重于变化的传播与转换；例如，从来自传感器的测量数据到人类运维人员屏幕上所展现的 GUI 元素。在其纯粹形式下，FRP 更接近于数据流编程，在确定了给定转换的所有输入信号的变化之后，再计算数据转换。这种设计要求相关实现必须在单线程中高效运行，从而规避更新沿着网络传播时出现毛刺(glitch)问题。注意，毛刺指元素的输出发生波动的现象。

最近，FRP 这个概念也被用在一些并非无瑕(glitch free)的实现中，如 Rx.NET、RxJava 以及各种 JavaScript 框架(如 React、Knockout、Backbone 等)。这些框架致力于事件的高效传播和便利地编织处理网络，而在数学意义的纯粹性上有所妥协。例如，考虑下面的函数：

```
f(x) = x + 1
g(x) = x - 1
h(x) = f(x) - g(x)
```

数学形式上，h(x)将恒等于 2，因为我们可将其他两个函数的定义代换入 h(x)的函数体，并且看到其唯一的输入变量是可以被化简掉的。而使用上述框架编写代码，结果只有大部分时间是 2，但时不时也会发生值为 1 和 3 的情况(除非你小心翼翼地手动同步了 f 和 g 的两个上游)。

这种偏离了完全确定性的行为并非随机的巧合，也不能归咎于这些框架的缺陷。它是并发执行作用性代码(指对程序各类全局状态进行更改的代码)的后果。要在当今硬件获得良好性能，并发(concurrency)和作用(effects)两个角度都需要处理得当[7]，这也使不确定性成了必要之恶。另一个表达此困局的角度在类似 Bloom[8]

6 参见 http://mozart.github.io/mozart-v1/doc-1.4.0/tutorial/node8.html，以获取关于数据流并发的更多信息。

7 这里实际上是指代在第 2 章中所介绍的通用伸缩性法则。——译者注

8 参见 www.bloom-lang.net/features 以获取相应的概览。

这样的语言中呈现。它们采用了CALM[9]相关性来标志程序需要显式协调的部分，其他部分则按所谓的无序编程(disorderly programming)来表达。

可以使用并非无毛刺的框架来编写无毛刺的应用程序。只有类似于合并来自同一数据源的多个更新流，并期望合并后还能展示出特定相关性的操作才会发生问题。不包含这类操作的处理网络不会受到不确定性的影响。

9.3 不共享简化并发

如果同时需要并发和有状态的行为，不确定性就无法避免。在考虑通过异步消息传递进行通信的组件的分布式执行时，这一点显而易见：发自Alice和Bob的消息到达Charlie的顺序是不确定的，除非Alice和Bob花费巨大的精力在互相之间同步他们与Charlie的通信状态[10]。所以，如果Bob问Charlie“你收到了Alice的消息了吗？”在不同的执行场景下，回答会无法预测地变化。

分布式需要并发，反之亦然。并发意味着两个线程的执行可以同时相互独立地进行。在非理想的世界中，这意味着两个线程也可以独立地失败，这使得它们从定义上说就是分布式的。

因此，每当系统包含并发或者分布式组件时，组件之间的交互就会存在不确定性。就推导应用程序行为的能力而言，不确定性会显著增加成本。为此，我们付出了巨大努力，以确保所有的可能结果都被考虑过。为将这一开销限制在必要的范围内，我们希望将程序中我们所允许的不确定性，限制在由组件自身的分布式特质所引发的范围内。换言之，我们只考虑封装模块之间的消息队列的不确定性，并且禁止模块之间的任何直接耦合。

从这个意义上说，术语“无共享并发(shared-nothing concurrency)”意味着：每个模块内部的可变状态可以被安全地存放在其内部，而不是直接与其他模块共享。举一个什么是被禁止的例子：在持有一个可变对象的引用的同时，将该引用发送给另一个模块。如果两个模块随后都在它们的事务边界内部修改了这个对象，那么它们的逻辑将被和消息传递无关的额外耦合所混淆。

用于处理不确定性的策略可以分为以下两类：

- 我们可以拒绝那些会引发问题的事件序列集，通过引入显式的同步，来将不确定性的影响降低到其不再改变程序的特性为止。
- 或者，我们可以限制程序仅使用可交换(commutative)的操作。这意味着它

9 一致性和逻辑单调性。对于通常理解，请参见Ameloot等人的Relational Transducers for Declarative Networking，ACM杂志，2010年第2期。

10 例如，Alice可以等待，直到Bob得到了Charlie的回复并告诉她这个事实之后，再发送她的消息给Charlie。

们的执行顺序对分布式计算的最终结果没有影响[11]。

前者涉及用于协调的运行时成本，而后者则涉及用于限制可交换数据集以无冲突的形式高效表达的开发成本。

9.4 共享状态的并发

放逐之旅的最后一站，将我们带到了线程、锁和 CPU 原子指令的世界。这里到底是对应着必经之恶(亦即，此时此地)，还是地狱本身，还有待讨论。这个情景的背后原因在于当前的计算机基于冯 • 诺依曼体系结构设计，并带有多个独立的执行单元共享相同内存的扩展。因此，数据在 CPU 核心之间的转移是通过读取和写入这个共享的存储，而非直接地发送消息。由之而来的后果，则是所有核心都需要仔细协调它们对共享内存的访问。

使用线程和同步原语来编程，直接映射这个体系结构[12]。而在程序中嵌入正确级别的协调也成为你的职责，因为不如此的话，CPU 将以最快速、最激进的方式运行。因为内存访问无所不在，所以最终得到的代码中，业务逻辑与低级别同步紧密交织，无法分离。

这种代码的问题在于，同步协议并不能很好地组合：假设 Alice 知道如何与 Bob 进行无混淆的对话，Bob 也知道如何与 Charlie 交流，但是这并不意味两两之间交流方式相同就能推导出三个人可以进行共同讨论。日常社会经验也告诉我们，让更多的人在某件事情上达成一致，远比让仅仅两个人达成一致难[13]。

9.5 如何窘境突围？

在从天堂到地狱的旅途中，我们逐渐失去了预测程序行为的能力。越靠近终点，越难通过逻辑确认系统是用简单部件一路构建起来的设计，因为构件块之间的相互作用夹杂着它们的内部行为。这导致对于直接构建于线程和锁上的程序，需要执行广泛的测试，并希望借此穷尽各种验证场景。

对于某些场景——如对性能有要求，或者问题本身(如编写底层的设备驱动)迫使我们对 CPU 指令的执行进行精确控制，线程和低级别的同步原语是重要的工具。大多数程序员很少能够遇到这样的场景。在几乎所有情况下，我们都可以相

11 这些称为无冲突的复制数据类型(CRDT)，参见 Shapiro 等人于 2011 年发表于 INRIA 的论文，http://citeseerx.ist .psu.edu/viewdoc/download?doi=10.1.1.231.4257&rep=rep1&type=pdf。

12 这里掩盖了一个事实：线程实际上是由操作系统提供的一种假象，以允许多于 CPU 可用核心数的并发执行。

13 比如说，一个寝室 4 个人，却可以有 9 个微信群。——译者注

信别人已经为我们解决了该级别上的问题。一个例子就是：使用低级别特性为用户提供更高抽象级别的 Actor 框架的实现。

长路漫漫，回溯我们的旅程，我们看到从共享状态的并发转换到无共享的并发，可以从应用程序领域中消除一整堆的问题。我们不再需要忧虑 CPU 核心如何同步它们的操作，因为我们编写的封装组件只发送可以被安全共享的不可变消息。没有了这个忧虑，我们就可以专注于分布式编程的本质，来解决我们的业务问题。而这才是在不得不采用分布式的情况下，我们想要达到的状态。

接下来我们移除对并发和分布式的需要，从而使得最终程序能够移除所有的不确定性，并极大地增强从简单小部件组合起较大应用的推导能力。这是我们所渴求的，因为这消除了应用程序领域中的另一类缺陷。我们不需要再担心必须要人工地确保事情按照正确的顺序运行。有了 FRP 或者数据流，我们只需要推导出如何转换数据，而不是机器应该如何执行这类转换。纯函数式编程使得我们能组合对于计算的应用，如同我们以数学的方式写出来一样——而时间则不再扮演举足轻重的角色[14]。

虽然还缺少一个高效且经受检验的逻辑编程实现，但是这最后一站还是带领我们到达了想去的地方：一个具有完全确定性的、可推导的编程模型。以这种方式编程的工具广泛存在，所以只要有合适的场景，我们就应该使用。

并发的不确定性以及可推导的确定性之间的分界线，由对于分布式的需求确立。由于系统存在非完全失败的可能性，分布式系统永远不可能具备完全的确定性。在使用分布式解决方案时，始终要权衡相关的成本；在程序的分布式部分之外，只要适用，我们就应该尽量使用不可变值的函数式和声明式编程。

在第 4～8 章中，我们详细列出了分布式在什么时候和什么前提下将是必要而且有用的论据；即使有着尽可能地停留在使用非分布式设计的渴求，也不会改变这些论据。而这一章的贡献在于，在放置了回弹性、可伸缩性以及职责分离的天平上，拿起不一样的砝码落在另一端。对于你所开发的每个设计，你将不得不在这个天平上对它们进行平衡。对于这一主题的进一步阅读，我们推荐参考详解了 Oz 编程语言的设计的相关文献，尤其是 Peter van Roy 的论文 Convergence in Language Design[15]。

---

14 本书的主要作者 Roland 最喜欢的一个比喻就是烹饪：“原则上，我对所有饭菜的制作过程都了如指掌，然而在实践中，我也可以按部就班(例如，专注于肉类，直到烹饪完成)，但是只要我一尝试同时烹饪几道菜，我就会开始犯错。如果这个时候可以把时间从这个过程中消除掉，那简直就妙极了，因为这样，我就可以一道菜一道菜地烹饪，而不需要反复切换我的焦点。这非常类似于显式的并发编程和声明式编程之间的区别。”

15 参见 Peter van Roy 的论文“Convergence in Language Design:A Case of Lightning Striking Four Times in the Same Place”，收录于 2006 年出版的第八届国际函数式逻辑编程会议论文集，第 2～12 页，https://mozart.github.io/publications。

9.6　小结

本章带你一路领略了从纯粹的、确定性的编程方式开始，经由无共享的并发，直到线程和锁的讨论。你已经看到，所有这些工具在你的工具箱中都有一席之地，并且你应该尽可能小心翼翼地让自己选用最初提到的编程范式。只有在需要时才使用非确定性机制，无论是为了可伸缩性，还是为了回弹性。在下一章中，我们将结束本书的第 II 部分，并回到第 1 章中所列出的主题：思考消息是如何流经应用程序的。

第10章

消 息 流

现在你已经建立了一套层级分明、封装明确的模块。这些模块可以呈现一个应用系统，你需要合理编排它们之间的互动以交付需求。前面章节贯穿而成的关键点是：模块之间只通过消息传递机制异步地进行通信。它们并不直接共享可变状态。一路上，你已经看到这种方式的诸多优点。它使得伸缩性和回弹性成为可能，尤其是在与位置透明性相呼应时。而其对比方案“共享状态的并发”则比较难以正确实现。

还有一个更深层次的优点：基于一个只使用消息的分布式设计，使你可在应用内部，将业务处理过程模型化和视觉化成消息流。这有助于避免在早期规划过程中产生对于伸缩性或回弹性的限制。

10.1 推动数据向前流动

一条消息，从 Alice 经过 Bob 抵达 Charlie，最快的方式是：途经的每个站点在接收到消息之后，都尽快地把它向前推送给下一站。这个过程中唯一的延迟由消息在站点之间的传输过程以及站点内的处理过程产生。

这个结论显而易见，于是考量一下其他方案所产生的额外开销将会具有启发性。举个例子，Alice 可以把消息放到共享存储中，然后通知 Bob。Bob 之后会去该存储中取出消息，然后有可能在写回存储时，又向消息添加了一些额外信息，再告知 Charlie。而 Charlie 同样会查看这个共享存储。除了两条消息的发送之外，你还不得不进行三到四次与共享存储设施的交互。看来，在分布式实体之间共享可变状态并非通向幸福的坦途。

Alice 也许会担心 Bob 现在是否有时间处理消息，所以可能会向他询问发送消息的许可。当 Bob 就绪时就会回复这个询问，Alice 随之发送待处理的消息。之后，同样的过程会在 Bob 和 Charlie 之间重复。两条初始消息中的每一个现在都会伴随着两条额外的(询问)消息来表达准备就绪的状态：首先，发送者(要告知接收者它想要)发送更多内容；然后，接收者(要告诉发送者它)可以进行接收。

像这样一些模式是为了消息存留(如持久化的消息队列)或流量控制(将在第 16 章讨论)而精心建立起来的，它们有它们的应用场景；但如果是在反应式应用里面设计消息流，重要的是保持较短的流通路径，以及消息尽可能保持向数据的逻辑目的地单向流动。你将需要频繁地向发送者反馈消息已经被成功接收，但是可以通过使用批量发送累积的确认信息来保持数据流的精简。

前面的例子相对简单，但是相同的原理应用广泛。回到我们的 Gmail 实现，发送给该系统各用户的流入邮件，需要从应用邮件模块部分的 SMTP 模块，传输进对应用户的存储里。在邮件传输途中，它们需要经过执行用户自定义的过滤器的模块，将每封邮件整理到其所属文件夹中。

一旦邮件被持久化到每个用户独占的存储中，用户就可以在邮件列表模块里看到这些邮件；但是为了支持对用户所拥有的整个数据集进行搜索的功能，还需要有一个一直保有所有数据的索引。这个索引可定期同步邮箱存储的当前状态并对新邮件进行增量索引，但是这样做就如同 Bob 定期询问 Alice“自上一封后是否有新邮件到来”一样低效。保持数据向前流动意味着，在这种场景下，在通过过滤模块归类后，邮件的一份拷贝将被发送到索引服务，以进行实时的增量索引更新。整个流程在图 10-1 中展现。

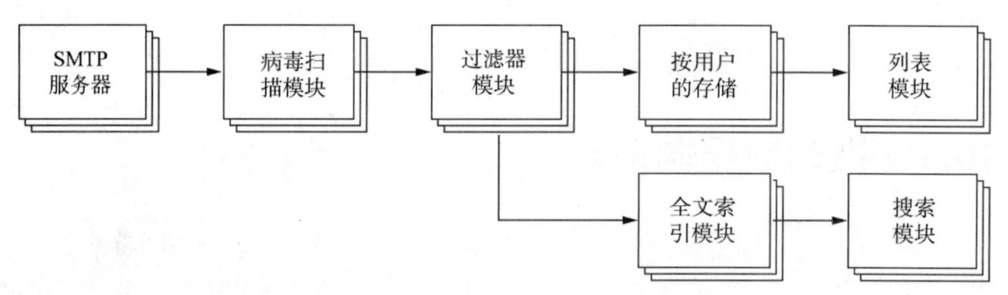

图 10-1 数据从源头(SMTP 服务器模块)向终点流动，同时并行地向索引服务输送原生数据

采用这种方式时，系统中发生交换的消息数量保持在最低，并且数据在“火热”时便得到处理。“火热”意指数据与用户的相关性以及它们自身的存在都处于

所涉及的计算机的活跃内存区内。另一种每隔几分钟轮询的方式会使得索引服务不得不向存储服务请求数据的概览，从而强制其将数据保持在内存里，或者在资源短缺或宕机之后重新读回数据。

10.2 模型化领域流程

在自动化模块之间使用消息交换的模式进行编程，也很好地诠释了领域驱动设计中通用语言(ubiquitous language)的实践。软件开发过程的客户(可能是用户或产品负责人)，按照他们理解的方式描述想要的产品才会最舒适。此时，可通过将问题领域的通用语言，以给出具体、严格的定义的方式，转变为应用架构中的模块与消息，来充分利用这种状态，从而增进共同利益。这样生成的模型对于客户和开发者都同样易于理解，也可以作为开发过程中对正在研发的产品进行沟通用的支点。

我们在2.6.2节中提示过使用这种方式的原因：拟人化的比喻便于人们形象化呈现和编排处理过程。我们享受这种方式，植根于这样的沃土，才能使我们在各种抽象的业务需求里找到进入直观处理王国的道路。这就是为什么我们会谈论Alice、Bob还有Charlie，而不是说节点A、B、C的原因。后一种形式，我们将竭力保持推论的技术性，而以前的形式却允许我们自由运用丰富的社会经验。在人类社会中找到与分布式计算良好的类比并不惊奇，我们自己就是典型的分布式系统！

直觉在这个类比过程中有着广泛的应用：当两个客观事实需要被结合到一起以执行一项特定任务时，你知道必须要有一个人熟悉这两个事务并组合它们。这与有界一致性原则相对应。失败的层级化处理借鉴于我们社会的运作机制；消息传递表现的也正是我们日常交流的方式。你应该尽量在可行的地方利用你的直觉。

10.3 认清回弹性的局限性

当根据你想要建模的业务流程在应用中布局消息流时，你将明确地看到谁需要和谁通信，或者哪一个模块需要与另一个其他模块交换消息。你也创建了整个问题的层级拆分，并因此获得了对应的监督层级，而监督层级继而将告诉你哪些消息流或多或少地会被失败中断。

当向层级结构中靠近底层的模块发送消息，或者执行本质上就风险很高的任务时(例如使用外部资源)，你必须预设一套通信机制，以便在监督者重启模块后，重建消息流。如图 10-2 所示，在某些场景中，最好从一开始就通过监督者发送消息，这样一来，作为消息发送者的客户端就不需要经常重新获取对于刚启动的目标模块的引用。虽然它们仍然需要准备恢复过程来实现正确的划分和隔离，但较少调用这些过程将极大地减小失败所造成的影响。

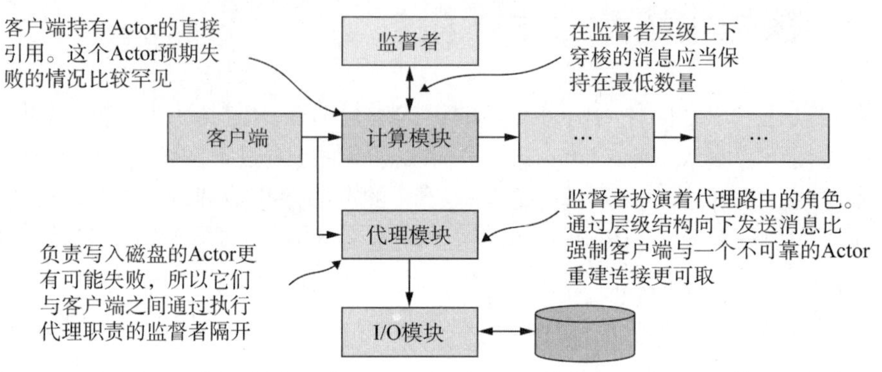

图 10-2 消息可以被直接发送给 Actor。如果 Actor 执行的是诸如 I/O 的危险操作，也可以通过执行路由功能的监督者发送过去

为此，你将见到一些消息流是从模块直连其子模块的；但是在大部分的场景里，监督者只是作为代理被涉及，而真正的客户端并不是同一监督层级子树的一部分。通常来说，大部分消息流都是水平的，而监督职责则在竖轴上执行，如前所述，服务的用户(user)和拥有者(owner)并非是同一个概念。

10.4 估计速率和部署规模

聚焦消息流，并在应用布局里将各个流向描绘出来，使你得以对输入速率做有根据的猜测，或者直接复用以前的经验或者测试结果。随着不同的消息流经整个系统，并被复制、合并、拆分以及传播，你可以追踪其对应的速率信息，以获得对于应用模块可能会经受的负载的大致印象。

当最重要的模块的第一个原型可以测试时，你便可以着手评估它们的性能，并使用 2.1.2 节中仔细讨论过的利特尔法则来估算必要的部署规模。之后你可以根据哪些模块因为性能原因需要向外扩展，哪些地方由于被错误地拆分而又需要归并回来等实际需求来验证你的假设。

执行这些预测和评估的能力，实际上来源于你已经将消息定义为具体的任务单元，可以对这些任务单元进行计量、缓存和展开等等。你受益于在设计中显式地进行消息传递。如果你打算把程序的分布式本质隐藏在同步的 RPC 背后，那么这个计划工具就无从谈起，你将不得不花费更多时间去考虑如何估计你的进程所需的线程池的大小。而这一步相对来说困难得多，因为它要求必须对系统所处理的领域以及应用部署所处的系统特性都有领悟，因为系统开发周期中研发、测试和生产各种环境的资源配置都不一样[1]。

10.5 为流量控制进行规划

与评估过程紧密相关的一件事情是：你需要在应用的不同部分之间预置全面的隔离措施。当消息的输入速率超过了你所规划的阈值时[2]，或者应用的动态伸缩能力无法迅速地处理突如其来的流量激增时，你必须就地采取措施来容纳突发的过载[3]，并保护好系统的其他部分。

当对增长的消息速率如何在应用内部传播有着清晰的认知时，你便可以决定在哪些点上应该丢弃请求(假设是在靠近应用入口的地方)，以及在哪里需要将消息暂存到硬盘，以便在流量激增结束或者获得更多资源后再处理这些消息。这些机制需要在系统运行时在合适的时刻激活[4]，而且这个过程应该是完全自动化的。人类对消息的反馈速度典型地过于缓慢，尤其是在星期天凌晨三点时。你需要向上游传播压力信号，使得消息流的发送者可以基于此数据对消息进行处理，并克制住自己淹死接收者的冲动。我们将在第 15 章中对实现这项功能的模式进行讨论；如果对这个主题特别感兴趣的话，可以先去看一下反应式流(www.reactive-streams.org)—— 一种用来在分布式场景下调节回压的通用机制。

10.6 小结

在这一章和本书第II部分的章节里，我们讨论了反应式应用设计背后的指导原则。核心概念是依托“分而治之”的策略，以层级化的方式，将整体的业务问题拆分成各个封装完整的模块。这些模块之间仅以异步、非阻塞和位置透明的消息传递机制进行通信。模块化的过程遵守下述原则进行指导和验证。

---

1 因此在进行压测时，一定是在生产环境或者灰度环境中进行，而对于最终调优参数的选择，也至少是在灰度隔离环境中进行。——译者注

2 如果应用反应式流(Reactive-Stream)，消息的输入速率将不能压垮消息的消费端，消息的生产端的速率将由消费端的一个上行信号决定。但此时可能发生诸如消息丢失、限流等情形。具体可查看第 16 章中描述的流量控制模式。——译者注

3 当配合反应式的基础设施时，即便我们的部署调度器快速伸缩的能力偏弱(可以通过缩短应用程序的部署时间来改善)，也不至于压垮系统，整个服务的体验一定是平滑的；只是这样全面的架构还未成为常态，所以我们依然需要在当下采取各种保护措施；而在真实生产中，则通常会基于经验和预测进行提前扩容等准备。——译者注

4 如果时机不当，那么系统极可能又因为着手处理这些暂存的消息而被压垮。——译者注

- 一个模块只做一项工作并把它做好。
- 模块的(职责)范围由其父模块的职责界定。
- 模块边界定义了通过复制实现的水平扩展性的可能粒度。
- 模块内封装失败状态，而它们的层级结构定义监督关系。
- 模块的生命周期由其父模块的生命周期界定。
- 模块边界与事务边界一致。

我们阐述了从逻辑编程到共享状态的并发等不同的范式，建议你在这些模块里优先选择函数式、声明式风格，并在选择模块粒度时考量分布式和并发性成本。你也学习到以下做法的好处：在系统内显式建模消息流以保持通信路径最短和延迟最小，使用通用语言来建模业务流程，估计流量，认清回弹性的局限性，以及规划如何进行流量控制。

第Ⅲ部分

设计模式

到目前为止，我们在讨论什么是“反应式”，以及为什么要应用“反应式”上已经花费了不少时间。现在是时候关注如何应用“反应式”了。第III部分将介绍一些可以帮助你实现反应式应用程序的设计模式。我们将首先讨论如何进行测试，以确保你的应用程序是反应式的，这样你就可以有信心确保接下来的应用构建是满足反应式契约的：无论最小的功能组件，还是跨整个数据中心部署的结构。然后，我们将深入探讨一些在反应式概念的各个维度上构建反应式系统的特定模式。

在这一部分中，你将学习到以下内容：

- 测试反应式系统，并特别强调异步测试
- 将内部和外部容错应用到应用程序中
- 管理反应式应用程序的资源
- 管理应用程序内部及应用程序之间的消息和数据流通
- 管理反应式系统的状态，以及持久化数据的过程

对于每一个模式，我们将先以一个简短的段落介绍它的本质(以便你回顾时参考)，接着介绍模式会出现在哪些场景中，并给出一个将模式应用到具体问题的详细示例。然后总结出每个模式所能解决的问题、典型特征和适用范围。

第II部分讨论了搭建反应式系统的基础构建块，在你阅读后续章节时，值得经常回顾第II部分中的相关背景——据我们的经验，通常对一个主题进行二次攻关才会发现灵光乍现的瞬间。

第11章 测试反应式应用程序

我们已经介绍了反应式的相关哲学，现在需要讨论如何验证构建的反应式应用程序是否具有弹性、回弹性和即时响应性。由于验证反应式能力十分重要，因此，代码未动，测试先行。正如测试驱动设计(Test-Driven Design，TDD)使你确保从一开始就编写能满足需求的逻辑一样，你必须专注于将用于验证弹性、回弹性和即时响应性所需的基础设施落实到位。

我们不会涵盖如何测试业务逻辑这个话题——毕竟在这个话题上有着无数优秀的资源可用。我们将假设你已经采用了一套用来验证应用程序的本地和同步部分的方法论及其配套工具，从而将关注点放在反应式系统中固有的分布式部分。

11.1 如何测试

要确保编写的代码能够无缺陷地满足所有需求，开发人员首先应当贯彻的事情是测试应用程序。这里，一个真正的反应式应用程序，除了满足要实现的逻辑规范外，还具有多个以即时响应性、弹性和回弹性等原则为指导的维度。本书将通过勾勒各种模式来构建反应式应用程序，而测试对于所描述的每一个模式都是不可或缺的，这样才能验证你的应用程序是不是反应式的。本章将通过涵盖一些常用的技术和原则，为接下来的章节奠定基础。

在深入探讨测试模式前，必须首先定义一套词汇。对于任何一个曾经在成熟的开发组织工作过的人来说，测试作为一种降低风险的手段在他们脑海里根深蒂固。咨询公司也以拥有严格的测试方法论而著称，以便降低因软件交付质量水平未达到客户预期而产生的法律诉讼风险。每个测试计划都会由项目领导班子的各个级别(从小组长到架构师和项目管理人员)进行审查和批准，最终责任由合作伙伴或公司负责人承担，以确保能对任何可能发生的不当行为进行问责。这样做的结果是，最终确认并编码了各种级别的功能测试，并将它们作为评定交付成功的标准。

错误与失败 在本章中，特别是当我们谈到回弹性时，回顾一下“错误(errors)”和“失败(failures)”之间的区别将会有所裨益，正如《反应式宣言》词汇表[1]中所定义的：

失败是在服务内部发生的意料之外的(unexpected)事件，并会阻碍服务继续正常工作。失败通常会阻碍服务对于当前(也可能包括所有后续的)客户端请求的响应。这与错误刚好相反，错误是意料之中(expected)的、已经编码处理的情况(例如在输入验证期间发现的错误)，它将作为消息正常处理的一部分传送给客户端。虽然失败是意想不到的，并需要干预才能使系统恢复到原来的运行水平，但这并不意味着失败总是全面致命的，而更多的情形是失败产生后系统的某些处理能力会下降。错误是正常运行预期的部分，它们会被立即处理，并且系统将在错误发生之后继续以相同的能力运行。

注意：这里所指的“失败”包括：硬件故障、由于致命的资源耗尽而导致的进程终止，以及导致内部状态受损的程序缺陷。

11.1.1 单元测试

单元测试是所有类型的测试中最广为人知的：为确保逻辑中的每一行和判断条件均符合设计或产品所有者的规范，源代码的每个独立单元(如类或函数)都应该被严格地测试。取决于代码的结构组织方式，这种测试可能很容易也可能很难——源码单元中的单一庞大的函数或方法可能难以测试，因为这样的单元内可能存在各种各样的待测条件。

最好将代码结构组织为一个个只执行单一动作的、独立的原子工作单元。这样做之后，再为这些单元编写单元测试将会简单许多——对于能成功地产生一个使其断言确立的值，它对应的预期输入应该是哪些？对于不应该成功并导致异常或错误，它对应的预期输入又应该是哪些？

单元测试关注的是：对于给定的一组输入能否产生正确的响应。因此，这个

---

1 www.reactivemanifesto.org/glossary#Failure。

级别的测试通常不涉及对反应式属性的测试。

11.1.2　组件测试

组件测试对编写测试的任何开发人员来说并不陌生：它们测试某个服务的应用编程接口(API)。我们给 API 公开的每个公有接口传入一些输入，以及正确输入数据的多个变体，以验证对应的服务可以返回有效的响应。

通过为每个 API 传入无效数据并检查服务是否返回适当的验证错误信息，我们也可对错误条件进行测试。验证错误应该作为每个公有 API 重要的设计考虑项，以便对于任何无法被服务适当处理而被认为无效的输入，都能给出明确的错误信息。

并发性也应该在这个级别上进行测试，一个能够同时处理多个请求的服务应为每个客户端返回正确的值。对于本质上是同步的系统来说，这很难测试，因为在这种情况下并发性会涉及锁操作模式；对于编写测试的人员而言，会很难搭建测试环境来证明多个请求被同时处理了。

在这个级别上，你也可以开始着手测试服务的即时响应能力，看它能否可靠地维持服务级别协议(Service Level Agreement，SLA)中的额定状况。而且，如果一个组件是作为另一个组件的监督者，你还需要做回弹性方面的测试：这个监督者能够对下级的非预期失败作出正确的反应吗？

11.1.3　联动测试

现在先偏离一下日常的测试实践；其中你需要验证当把请求传入一个服务或微服务(这个服务还依赖于其他服务或微服务)之后，能否返回适当的结果。重要的是，要避免陷入已经在单元测试和组件测试级别中测试过的低级别功能细节。

在这个层面上，除了标称(nominal)和错误情况外，你也要开始考虑失败场景：服务在其各依赖方无法提供应有的功能时应该如何作出反应？此外，重要的一点是去验证当依赖的服务响应耗时比平常更长时，是否还能保证 SLA，这包括它们何时满足及何时不满足各自的 SLA。

11.1.4　集成测试

通常情况下，你建立的系统并不存在于真空中；在这个级别的测试[2]之前，对

2 指集成测试。——译者注

外部组件的依赖会被存根化(stub out)[3]或模拟掉，这样你就不需要在测试时访问这些系统来证明系统中的其他任何东西都能满足你的要求。但是当你达到集成测试这一级别时，就应该确保这样的交互已经被证明是能够正常工作的，并且标称和错误的输入都能得到预期的处理。

在这个级别上，你也要通过注入失败来测试系统的回弹性：例如通过关闭服务，来看一看它们的通信伙伴和监督者会如何反应[4]。你还需要验证在标称情况、失败情况以及不同程度的外部负载下，是否还能保持系统的 SLA。

11.1.5 用户验收测试

这一最终级别的测试并不总是能明确地执行，最显著的例外包括一些在未能达到要求时后果严重的情况(例如太空任务、大宗金融处理和军事应用)。这个测试旨在证明项目的整体实现情况满足金主设定的项目目标。但是这样的测试也适用于将产品所有者作为客户，而交付团队作为咨询公司的组织。用户验收测试这一级别的测试是指在不考虑咨询公司所完成的各级测试的情况下，由金主负责定义系统验收满足其需求的条款。这提供了独立的验证：应用程序及其各种组件和服务满足了项目的最终目标。

对于那些聘请外部承包商或公司进行实施的项目来说，这样的测试听起来似乎没有必要，但是我们认为不然。诸如行为驱动开发(Behavior-Driven Development，BDD)[5]之类的测试工具的巨大优势之一是为测试提供领域专用语言(DSL)[6]，即使非技术团队成员也可以读懂甚至实现。使 Cuke4Duke(https://github.com/cucumber/cuke4duke)、Specs2(http://etorreborre.github.io/specs2)及 ScalaTest(www.scalatest.org)等知名的 Cucumber(https://cucumber.io)实现和变体为团队中的业务流程领导们提供了编写和验证测试的能力。

11.1.6 黑盒测试与白盒测试

当测试一个组件时，必须决定测试能否访问该组件的内部细节。这些细节包括能够发送不属于公有接口的命令，或查询通常被封装和隐藏的内部状态。没有这些访问权限的测试被称为“黑盒测试(black-box testing)”，因为组件被看成

---

3 以 Java 中为例，这里通常是指提供了一个空实现，以使得编译通过。或者提供一组类，这些类具有相同的类名和方法签名，并将它们在编译时的 scope 设置为 provided，以使得依赖它们的接口或者类编译通过。不过实际运行时，具体的类却会由应用运行的容器提供。——译者注

4 除了关闭服务之外，还会对服务所在的网络进行网络分区，从而测试服务在网络分区下的回弹性。——译者注

5 http://en.wikipedia.org/wiki/Behavior-driven_development。

6 http://en.wikipedia.org/wiki/Domain-specific_language。

一个将内部工作都隐藏于黑暗中的盒子。与其相对的是“白盒测试(white-box testing)”，因为所有细节都是暴露的，就像是在一个无菌实验室里，所有内部事物都可以被检查到。

反应式系统是通过其对外部刺激的响应来定义的，这意味着即使你更倾向于在业务逻辑的单元测试中使用白盒测试，但是测试应用程序或组件的反应式属性将主要是黑盒测试。举个例子，你可能有一个非常精确的关于输入数据如何被处理的详细规范，并且算法的实现会一路检查中间结果。应用程序这一部分的单元测试将与应用程序的实现本身紧密耦合；而对于应用程序内部的任何改变，都很可能导致一些测试用例失效。

这段代码将构成应用程序的灵魂，但它不是唯一的部分：数据需要被获取以进行处理，算法必须被执行，结果需要被发送，所有这些方面都需要通信并遵循反应式原则。因此，你将编写其他测试，来验证核心算法是否在适当的时候以及正确的输入下被执行，并且输出也会在给定的时间范围内到达所需的位置，以保证你所实现的服务不违反 SLA。所有这些方面都不依赖于核心算法的内部细节；它们在不考虑其内部运作的情况下工作。这还有一个额外的好处，即在重构核心代码、修正程序错误或添加新功能时，更可能保持即时响应性、弹性和回弹性测试的相关性和正确性。

11.2　测试环境

编写测试的一个重要考虑因素是，它们必须在某种程度上能够代表最终部署环境的硬件上执行，特别是对于必须验证延迟和吞吐量的系统(将在第 11.7 节中讨论)。这可以帮你更深入地了解组件或算法(尤其是 CPU 密集型任务)相对于相同测试平台上的其他实现的执行能力。

开发社区中许多流行的基准测试都是在笔记本电脑上运行的：资源(CPU 核心数量、缓存和内存大小)有限的机器，不执行数据复制的磁盘子系统，以及与预期生产部署不匹配的操作系统。笔记本电脑通常采用与服务器级机器不同的设计目标构建，因此它们存在不同的性能特点，比起最终部署的硬件，笔记本电脑上有的活动可能执行得更快，有的可能更慢。尽管笔记本电脑可能具有一些超过特定服务器级别机器的能力(例如，使用固态硬盘而不是机械硬盘来存储数据)，并且使其在某些情况下性能更好，但它可能无法代表应用程序投入生产时期望表现出来的性能。依据这样的环境中执行的测试结果可能导致做出一些关于如何提高应用程序性能的糟糕决定。

如果要求所有公司，尤其是那些财力有限的公司(如创业公司)，考虑将他们的生产环境完全复制一份用于测试目的，这将是一份昂贵的提议。但是如果不这么做，根据从开发环境中得出的无意义结果而做出糟糕的选择，那么相应的代价可能是巨大的。

注意，云部署也会使测试更加困难。在多租户环境中，虚拟机管理程序不一定准确地报告它们的可用资源，特别是任意时间点可用于应用程序的内核数量。这在生产环境中可能会出现高度动态和不可预测的性能表现。想象一下，你想以特定方式为云中的小型实例调整线程池的大小，限定不能多于 4 个虚拟 CPU，但是无法保证在任何时刻都能获得你需要的资源。如果你必须通过吞吐量和/或延迟来验证特定的性能，那么专用硬件是更好的选择。

11.3 异步测试

测试反应式系统时最突出的困难是，由于异步消息传递的普遍使用，需要用不同的方式来制定测试用例。考虑一个可将瑞典文翻成英文的翻译函数的测试案例。

代码清单 11-1 测试一个完全同步的翻译函数

```
val input = "Hur mår du?"
val output = "How are you?"
translate(input) should be(output)
```

这个例子使用了 ScalaTest 语法。前两行定义了期望的输入和输出字符串，第三行用输入调用翻译函数，并断言会得到期望的输出。这里的潜在假设是 translate() 函数的返回值是同步计算得出的，并在函数调用返回时完成。

一个可以复制和扩展的翻译服务将不可能直接返回结果：它必须能异步地将输入字符串发送给处理资源。这可以通过为字符串结果返回 Future[7]来建模，该 Future 最终将包含期望的结果：

```
val input = "Hur mår du?"
val output = "How are you?"
val future = translate(input)
// what now?
```

这时你唯一可以断言的是：该函数确实返回一个 Future，但目前可能里面还没有一个可用的值，所以不能继续测试过程。

翻译服务的另一种表现形式可以使用 Actor 消息传递，这意味着请求将作为

7 回顾一下，Future 是一个值的句柄，它可能会在未来某个时刻异步地交付结果。提供该值的代码将填充与之对应的 Promise，从而使得拥有 Future 引用的代码能使用回调或变换对该值作出反应。如有必要，可温习第 2 章回顾具体细节。

单向消息发送，并且预期回复会在稍后的某个时间点以另一个单向消息的形式发送回来。为得到这个回复，需要有一个合适的接收者：

```
val input = "Hur mår du?"
val output = "How are you?"
val probe = TestProbe()           ← 一个 Akka 实用程序
translationService ! Translate(input, probe.ref)
// when can we continue?
```

TestProbe 是一个包含消息队列的对象，消息可通过相应的 ActorRef 发送到该消息队列。你将其作为返回地址放在发送给翻译服务 Actor 的消息中。最终翻译服务会回复，并且具有预期输出字符串的消息应该到达 probe 内；但是，这时你还是不能继续执行测试程序，因为你不知道什么时候会发生这种情况(指回复的消息到达 probe 内)。

11.3.1　提供阻塞的消息接收者

注意：由于其线程阻塞特性，以下解决方案的实现方法一般不建议在日常生产中使用，但是，可以耐心等待一下：即使对于测试，我们稍后也会提供很好的非阻塞解决方案。使用经典的测试框架可能需要你回退到这里，使用我们所建议的方案，而且，这一节内容的展开过程本身也有教育意义。

解决这个两难问题的其中一个办法是挂起测试程序，直到翻译服务完成了它的工作，然后检查所得到的值。对于 Future，你可以轮询它的状态：

```
while (!future.isCompleted) Thread.sleep(50)
```

这段代码将每隔 50 毫秒检查一次 Future 是否已收到值或以一个错误告终，在其中任何一种情况没有发生之前，测试都不会继续。这里使用的语法来自 scala.concurrent.Future；在其他实现中，状态查询方法的名称可以是 isDone()(java.util.concurrent.Future)、isPending()(JavaScript Q)或 inspect()(JavaScript when)，以上仅举几个例子。在实际测试过程中，必须限定循环迭代次数：

```
var i = 20
while (!future.isCompleted && i > 0) {
  i -= 1
  Thread.sleep(50)
}
if (i == 0) fail("translation was not received in time")
```

这段代码会最多等待大概 1 秒左右，如果 Future 没有在这个时间窗口内完成，测试就不会通过。否则，消息丢失或者编程错误都可能导致 Future 永远接收不到值，测试过程会挂起，永远得不到结果。

大多数 Future 的实现都包含支持同步地等待结果的方法，表 11-1 列举了其中一部分。

表 11-1 用于同步等待 Future 结果的方法

语言	同步实现
Java	`future.get(1, TimeUnit.SECONDS);`
Scala	`Await.result(future, 1.second)`
C++	`std::chrono::milliseconds span(1000);` `future.wait_for(span);`

可在测试中使用这些方法来保留与验证同步翻译服务相同的测试程序。

代码清单 11-2 等待结果的动作在翻译过程中同步阻塞

```
val input = "Hur mår du?"
val output = "How are you?"
val result = Await.result(translate(input), 1.second)
result should be(output)
```

有了这种构想，你可以拿一套现成的测试套件供翻译服务使用，并机械地替换掉所有用于返回严格值的调用，以便使用返回的 Future 同步等待结果。因为测试过程通常是在自己的专用线程上执行，因此它不应该干扰到服务自身实现中的线程。

必须强调的是，如果在测试之外和生产代码里使用这种技术，这种技术很可能失败。原因是翻译服务的调用者将不再是一个独立的外部测试程序；它很可能是另一个使用相同异步执行资源的服务。如果以这种阻塞线程的方式同时进行足够多的调用，那么将消耗完底层线程池的所有线程，空闲地等待响应，而且所期望的计算将不会被执行，因为没有线程可用来处理这个任务。超时或死锁将随之出现。

回到这些测试程序，我们仍然有一个悬而未决的问题：在 Actor 示例中，这个方案对于单向消息传递的情况如何起作用？你使用了 TestProbe 作为回复的返回地址。这样的 probe 相当于没有自身处理能力的 Actor，它提供了用于同步等待消息的工具。这种情况下，测试过程如下所示。

代码清单 11-3 使用 TestProbe 预期答复

```
val input = "Hur mår du?"
val output = "How are you?"
val probe = TestProbe()
translationService ! Translate(input, probe.ref)
probe.expectMsg(1.second, output)
```

expectMsg()方法将为新消息的到来等待最多 1 秒钟，在此期间如果收到新消息，就会与期望的对象(这个例子中是 output 字符串)进行比较。如果没有收到任何消息，或者收到了错误消息，则测试过程以断言错误的方式失败。

11.3.2　选择超时时间的难题

大多数同步测试程序都会验证一个特定的动作序列是否会导致给定的结果序列：设置好翻译服务，调用它，并将返回值与期望值进行比较。这意味着时间维度在这些测试中并不起作用：测试结果不取决于这个测试是运行了几毫秒还是几小时。基本的假设是，所有的处理过程都是在测试程序的上下文中进行的，在其事实上的控制框架之下。因此，对返回值或抛出的异常予以反应就足够了。验证总会得到一个结果——即使意外使用了无限循环，最终也会被人注意到。

在一个异步系统中，这个假设不再成立：被测模块的执行可能远离测试程序，并且回复不仅可能迟到，而且可能丢失。后者可能是由于编程错误(不发送回复消息，在某些边界情况下不完成 Promise 等)，也可能是由于网络上的消息丢失或资源耗尽等失败——如果异步任务不能进入队列以运行，那么其结果将永远不会被计算。

出于这个原因，在测试过程中无限期地等待回复是不明智的，因为你不希望整个测试运行只是因为一个丢失的消息而中途停顿。你需要给等待时间设置一个上限，使违反它的测试失败，然后执行下一个。

这个上限应该长得足以允许执行时间存在自然波动，而不会导致零星的测试失败；这样的不稳定性会在开发过程中浪费很多资源，为的是调查每个失败的测试是合理的还是只是运气不佳。运气不佳的典型来源包括垃圾回收暂停、网络暂时中断和临时性系统过载，所有这些都可能导致通常仅需要几微秒的消息的发送延迟达几秒钟。

另一方面，上限也同样需要尽可能低，因为它定义了放弃等待和继续执行下一步的时间，你不想花上几个小时来等待一个运行一小时就足够的验证。

针对不同测试环境缩放超时时间

因此，选择正确的超时时间是在最糟情况下的测试执行时间和误报错误概率之间的折中。在目前主流的笔记本电脑中，较现实的情况是期望异步调度以几十毫秒的级别发生，通常情况下会更快。但是，例如，如果你是在 JVM 上执行一个包含数千个测试的大型测试集，则需要考虑到垃圾回收器偶尔会运行几毫秒，你不希望这导致测试失败，因为它是开发系统中的预期行为。

如果你以这种方式开发一套测试集，然后让它运行在云上的持续集成服务器上，你将发现它会失败得惨不忍睹。服务器很可能会通过虚拟化与其他服务器共享底层硬件，并且可能同时执行多个测试。这些以及其他因为不具备对硬件资源的独占访问权限而导致的影响会导致执行时间上更大的变数，从而迫使你降低对处理发生时间和应答接收时间的期望。

为此，许多异步测试工具以及测试套件本身都包含使给定超时时间适应不同运行时环境的规定。最简单的形式是：通过伸缩一个常数因子或者加上一个常数来处理预期的方差。

注意： 通过在ScalaTest框架中混入ScaledTimeSpans特质并覆盖spanScaleFactor()方法将超时适配到不同的运行时环境。另一个例子是 Akka 测试套件，它允许在外部配置伸缩因子，这些因子应用于 TestProbe.expectMsg()等方法的持续时间(配置的键是 akka.test.timefactor)。

测试服务响应时间

在测试异步服务时可能出现另一个问题：由于回复请求的固有时间自由度，我们可以想象一些只有经过一定时间后才会回复的服务，或者触发某个动作周期性执行的服务。所有这些用例都可以建模为外部服务，这些外部服务会在正确的时间点发送消息，以便其他服务的调度需求可以依赖于它们。

测试服务的响应时间行为与使用超时验证其正确性这两者之间的区别如图11-1所示。如果想要断言接收到了正确答案，你可以选择一个超时值作为测试规限的最大等待时间，以便在通常情况下测试都能成功(即使执行延迟的时间比生产使用期间的延迟时间长得多)。测试一个服务的响应时间，则将时间从一个很大程度上被忽视的旁观者角色转移到焦点：现在你需要对判定将什么样的行为视为有效施加更严格的限制，而且你可能还需要建立时间下限。

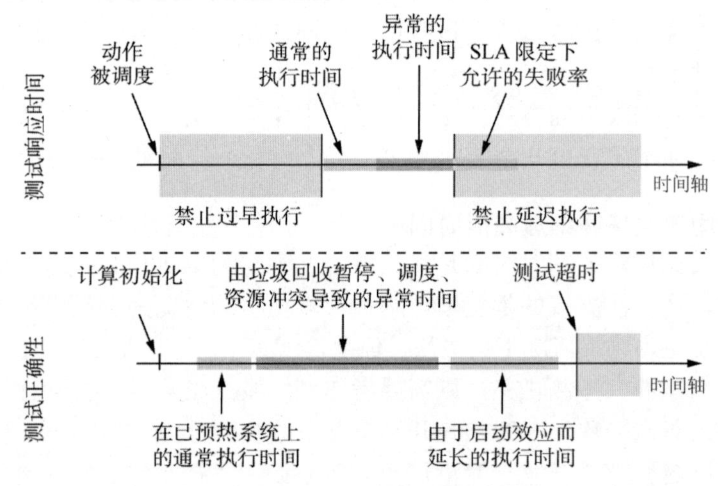

图 11-1 测试系统的正确性和测试其响应时间属性是存在明显区别的行为

如何为调度器实现一个测试套件？举个例子，接下来的代码清单为一个以

Actor 实现的调度器服务制定了一个测试用例，并再次使用 TestProbe 作为由测试程序控制的通信伙伴。

代码清单 11-4　使用 TestProbe 接收调度程序的响应

```
val probe = TestProbe()

val start = Timestamp.now
scheduler ! Schedule(probe.ref, "tick", 1.second)
probe.expectMsg(2.seconds, "tick")        <—— 检查消息的到达

val stop = Timestamp.now

val duration = stop - start
assert(duration > 950.millis, "tick came in early")
assert(duration < 1050.millis, "tick came in late")
// when can we continue?
```

这里验证分两步进行。首先，你使用一个相对宽松的时间约束来验证调度的消息确实到达了，原因类似于前面讨论的与时间无关的测试。其次，你记录发送请求和接收被调度消息之间所经历的时间，并断言此时间间隔与所请求的调度时间相符[8]。

所有因前述的外部因素而导致的时间变化会对第二部分产生影响，那么问题来了。这一次，你不能通过放宽验证的时间约束来回避问题，因为那样就失去了测试的意义。这样就只剩下一种解决办法：你需要在不会受到额外差异的环境中运行这些对时间敏感的测试。从更有利于这个方案的角度看，你可以选择只在可靠和快速的开发机器上执行这些测试，而不是将这些测试与在持续集成服务器上运行的其他测试套件混在一起。

但即使是在理想情况下通过了这些本地测试的调度器，当部署到生产环境时也可能无法满足其要求，这也是一个问题。因此，这种服务需要在和预期的生产环境几乎一致的环境中被测试，包括所使用的硬件平台、同时运行的进程的种类，以及它们的资源配置。对时间敏感的服务而言，是否掌控独立的资源，还是与其他计算共享一个线程池，将产生明确的区别。

测试服务级别协议

在第 1 章中，我们讨论了建立服务响应时间的可靠上限的重要性，以推断服务是否正在工作。换句话说，除了执行正确的功能之外，每个服务都需要遵守其 SLA。到目前为止，你所看到的测试程序都只专注于验证给定的一系列动作是否产生正确序列的结果，而在某些情况下，结果的时长也需要受到约束。要验证 SLA，有必要测试诸如请求延迟的第 95 百分位数：例如，断言它必须小于 1 毫秒。这些测试本质上是统计学上的，这就使你的测试套件中有必要再添加一套工具了。

---

8 duration 的理论值应该是 1 秒，但实际过程中会在程序其他地方有一些时间开销，因此断言里用 duration > 950 ms 和 duration < 1050 ms 来表示 duration 是预期的值。——译者注

为给定的请求类型制定与延迟百分比相关的测试用例，意味着你需要重复执行这些请求，并跟踪每个匹配的请求-响应对之间的耗时。最简单的方法是逐个执行请求，如下例所示，它将测试 200 个样本并去掉其中最慢的 5%。

代码清单 11-5 确定第 95 百分位的延迟

```
val probe = TestProbe()
val echo = echoService("keepSLA")
val N = 200
val timings = for (i ← 1 to N) yield {
  val string = s"test$i"
  val start = Timestamp.now
  echo ! Request(string, probe.ref)
  probe.expectMsg(100.millis, s"test run $i", Response(string))
  val stop = Timestamp.now
  stop - start
}
// discard top 5%
val sorted = timings.sorted
val ninetyfifthPercentile = sorted.dropRight(N * 5 / 100).last
info(s"SLA min=${sorted.head} max=${sorted.last} 95th=$ninetyfifthPercentile")
val SLA = if (Helpers.isCiTest) 25.milliseconds else 1.millisecond
```

获得一个服务的 ActorRef

生成字符串 test1, test2, …, testN

包含关于一步失败的提示，以防超时导致失败

返回这次运行的执行时间

丢弃耗时最长的前 5%

这个测试程序在一个正常集合中记录了每个请求的响应延迟，为了提取第 95 百分位数(通过丢弃延时最高的 5%，然后查看最大的元素)，对这些请求进行了排序。这表明直方图包或者统计软件对这种测试来说并不是必需的，因此没有理由不去使用这些测试。要了解编写的软件在性能特征和动态行为方面的更多信息，建议你将请求延迟的分布可视化；这可以在定期测试或专门的实验中去做，统计工具将在这方面提供帮助。

在前面的代码清单中，请求被逐个触发，所以在这个过程中服务将不会经历任何负载压力。因此，所获得的延迟值将反映理想条件下的性能；在标称生产条件下，延迟时间可能会更糟。为了模拟更高的传入请求速率(对应于同一个服务实例的多个同时使用)，你需要并行化测试过程，如图 11-2 所示。最简单的方法是使用多个 Future。

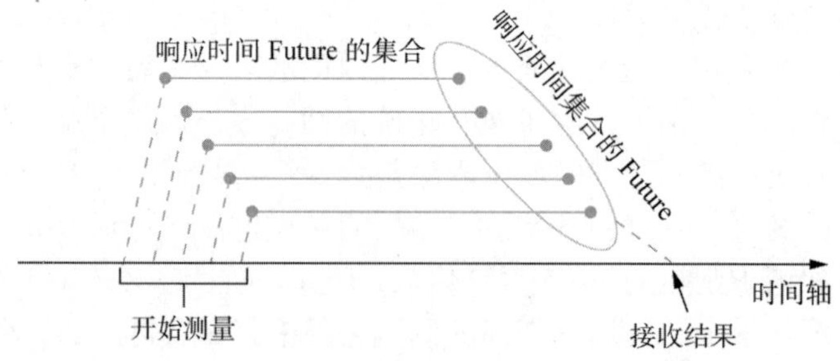

图 11-2 测试程序启动了对被测服务的多个调用，这些调用可能会并行执行，汇总响应时间，并验证是否达到 SLA

代码清单 11-6　用 Ask 模式并行地生成测试样本

```
val echo = echoService("keepSLAWithfuture")

val N = 10000
val timingFutures = for (i ← 1 to N) yield {
  val string = s"test$i"
  val start = Timestamp.now
  (echo ? (Request(string, _))) collect {          ⇐— 使用Ask模式
    case Response(`string`) ⇒ Timestamp.now - start
  }
}

val futureOfTimings = Future.sequence(timingFutures)
val timings = Await.result(futureOfTimings, 5.seconds)
// discard top 5%
val sorted = timings.sorted
val ninetyfifthPercentile = sorted.dropRight(N * 5 / 100).last ⇐— 丢弃延迟最高的 5%
info(s"SLA min=${sorted.head} max=${sorted.last}
95th=$ninetyfifthPercentile")

val SLA = if (Helpers.isCiTest) 500.milliseconds else
100.milliseconds

ninetyfifthPercentile.toFiniteDuration should be < SLA
```

这一次你使用“?”操作符将单向 Actor 消息发送变成请求-响应操作：这个方法内部创建了一个耦合到 Promise 的 ActorRef，并使用传入的函数构造要发送的消息。Scala 的函数字面量语法(function-literal syntax)使用下划线缩写使其更加方便，你可以将这个“洞”标记为放置 ActorRef 的地方。发送给这个 ActorRef 的第一个消息将完成对应的 Promise，并且相应的 Future 将从？(读作“ask”)方法返回。

然后使用.collect 组合子变换这个 Future：如果这是预期的响应，则用花费的时间替换它。有必要记住的是，Future 组合子在未来当 Future 完成时被执行。因此，在 collect 变换中取一下时间戳相当于第二次看表，而第一次查看的结果是从测试过程的上下文中获得，并存储在 start 变量中，之后会在 Future 变换中引用它。

for 推导式(for-comprehension)返回包含所有 Future 的一个序列，可以通过使用 Future.sequence()操作将其转化为包含时间测量值序列的单个 Future。同步地等待这个合并的 Future 值让你能够像前面的顺序请求测试程序一样继续测试。

如果你执行这个并行测试，会注意到服务响应时间显著恶化了。这是因为你非常迅速地触发了一连串请求，这些请求堆积在 echoService 的请求队列中，被一个接一个地处理。在我的机器上，我不得不把第 95 百分位的阈值提高到 100 毫秒。否则，我会得到假的测试失败。

正如完全顺序化的版本其实是测试了不切合实际的场景一样，完全并行的版本也测试了一个相当特殊的情况。更现实点的测试是始终将未完成请求的数量限

制在给定的数量内，例如，最多允许有 500 个正在进行中的请求。用 Future 来阐述这种方法将是单调乏味和复杂的[9]，这种情况下，最好调用另一个消息传递组件来辅助。下例使用一个 Actor 来控制测试序列。

代码清单 11-7　使用自定义 Actor 来限制并行测试样本的数量

```
val echo = echoService("keepSLAInParallel")
val probe = TestProbe()

val N = 10000
val maxParallelism = 500
val controller = system.actorOf(
  Props[ParallelSLATester],
  "keepSLAInParallelController")
controller ! TestSLA(echo, N, maxParallelism, probe.ref)

val result = Try(probe.expectMsgType[SLAResponse]).recover {
  case ae: AssertionError ⇒
    controller ! AbortSLATest
    val result = probe.expectMsgType[SLAResponse]
    info(s"controller timed out, state so far is $result")
    throw ae
}.get

// discard top 5%
val sorted = result.timings.sorted
val ninetyfifthPercentile = sorted.dropRight(N * 5 / 100).last  ◁— 丢弃延迟最高的5%
info(s"SLA min=${sorted.head} max=${sorted.last}
 95th=$ninetyfifthPercentile")
val SLA = if (Helpers.isCiTest) 25.milliseconds else 2.milliseconds

ninetyfifthPercentile should be < SLA
```

可在本书随附的源代码归档中找到该 Actor[10]的代码。这个思路是在开始测试时一次性发送 maxParallelism 个请求，然后每收到一个响应则再发送一个请求，直到发送完所有请求为止。对于发送的每个请求，开始时间戳与唯一请求字符串一起存储[11]；当接收到相应的响应时，使用当前时间戳减去存储的开始时间戳来计算该请求的响应延迟。当接收到所有响应时，所有延迟时间的列表存储在 SLAResponse 消息中，并发送回测试程序。之后，第 95 百分位的计算如前面的例子一样进行。

改进并行测量　在查看源代码归档中的代码时，你将注意到代码清单 11-7 略有简化：不是将响应直接发送给 ParallelSLATester，而是使用了一个专用的 Actor，

9 假设响应可按不同于发送相应请求的顺序到达。这个假设对于可通过复制来扩展的服务是必要的。

10 指 ParallelSLATester Actor。——译者注

11 存储在一个类型为 Map[String, Timestamp]的 Map 中。——译者注

在将响应发送到 ParallelSLATester 之前对响应取一个时间戳，否则响应时间可能会失真，因为 ParallelSLATester 在响应到达时可能仍然忙于发送请求，从而导致测量出的延迟被虚假地延长。

另一个有趣的方面是线程池配置。欢迎使用 parallelism-max 设置来找出在多次测试运行中何时结果稳定，何时达到最优；相关讨论请参阅源代码归档中的注释。

11.3.3　断言消息的缺失

迄今为止，你做的所有验证都是关于预期一定会到达的消息，但验证某些消息未被发送也同样重要。当组件使用不是纯粹的请求-响应对的协议交互时，这种需求经常出现：

- 当取消重复的调度任务之后
- 当取消订阅“发布-订阅”主题后
- 当收到通过多个消息传输的数据集之后

根据消息传递基础设施是否保留了从发送者到接收者的消息的顺序判断，你可以预期的是：要么在确认另一端停止后传入的消息流立即停止，要么再给一些额外的时间，此间一些零散的消息可能还会到达。消息的缺失只能通过验证在一段特定的时间内确实没有收到任何消息来断言。

代码清单 11-8　验证没有收到额外的消息

```
import scala.concurrent.duration._
val scheduler = system.actorOf(Scheduler.props)

val probe = TestProbe()
scheduler ! ScheduleRepeatedly(probe.ref, 1.second, "tick")
val token = probe.expectMsgType[SchedulerToken]
probe.expectMsg(1500.millis, "tick")
scheduler ! CancelSchedule(token, probe.ref)
probe.expectMsg(100.millis, ScheduleCanceled)
probe.expectNoMessage(2.seconds)
```

现在你期望应该没有更多的“tick”到来

观察一下这些期望消息所花的时间，并将它们累加起来，这个测试程序应该总共花费 3 秒钟多一点：1 秒用来等待第一个 tick 的到来，然后几毫秒与调度服务进行通信，另外 2 秒什么也没做。像这样的验证增加了运行整个测试集的时间，通常甚至比大多数在测试时间内更活跃的测试还要耗时。因此，你应该尽可能减少这种模式的出现。

实现这一点的其中一个方法是，在可行的情况下依靠“消息顺序的保证”。想象一下，一个实现数据提取和解析的服务：你发送一个请求，将其指向一个可访问的位置(一个文件或一个 Web 资源)，你会得到一系列数据记录，随后是一个文件结束(EOF)标记。这个服务的每个实例都以纯粹的顺序方式处理请求，完成一个响应数据后才开始处理下一个工作项。这使得服务更容易编写，并且你可以通过并行地运行多个实例，让这个服务简单方便地扩展；唯一外部可见的影响是请求需要包含一个关联ID，因为多个序列可能同时在运行。以下测试程序演示了这一接口。

代码清单 11-9　对具有关联 ID 的请求匹配响应

```
val ingestService = system.actorOf(DataIngester.props)
val probe = TestProbe()
ingestService ! Retrieve(url, "myID", probe.ref)
val replies = probe.receiveWhile(1.second) {
  case r @ Record("myID", _) => r
}
probe.expectMsg(0.seconds, EOF)
```

在消息中包含一个关联ID

只匹配拥有正确关联ID的响应

不处理EOF消息，它将结束循环

可在后面追加其他查询，而不是调用expectNoMsg()方法来验证EOF消息之后没有其他消息到达。在测试中，你可以确保该服务只有一个实例处于活跃状态，这意味着只要你收到第二个响应系列的元素，就可以确保第一个响应已经正确终止了。

11.3.4　提供同步执行引擎

在对时间不敏感的测试中设置超时的作用只是限定预期响应的等待时间。如果你可以安排被测服务同步地执行而不是异步地执行，那么这个等待时间将为零：如果方法返回时响应还没有准备好，那么以后它也不会变得可用，因为没有异步处理工具来使其做到这一点。

执行机制的这种可配置性并不总是随时可用的：只有当计算不需要内在的并行性时，同步执行才能成功。如第9章所述，它对确定性过程最有效。如果计算是由Future以完全非阻塞的方式组成，那么这个标准是满足的。根据使用平台的不同，可能有几种方法可在测试期间去除异步。像Scala的Future这样的一些实现建立在ExecutionContext概念上，它描述了在Future的处理和任务链中所涉及的所有任务的执行情况。这种情况下，唯一必要的准备就是允许从外部配置ExecutionContext，要么在构建服务时配置，要么为每个请求配置。然后测试过程可以传递实现了同步事件循环的上下文。回顾翻译服务例子，这可能如下所示。

代码清单 11-10　强制同步执行：仅对非阻塞处理安全

```
val tr = new TranslationService
val input = "Hur mår du?"
val output = "How are you?"
val ec = SynchronousEventLoop
```

```
val future = tr.translate(input, ec)
future.value.get should be(Success(output))
```

对于不允许以这种方式配置执行机制的实现，你可以通过使结果容器可配置来达到相同的效果(即使用高阶类型，对结果类型进行抽象，这时最终的结果类型是 Future、IO 或 Id，可自由选择)。你可从这个方面归纳，并允许任何可组合的容器传入，而不是将翻译方法的返回类型固定为一个 Future[12]。Future 组合使用 map/flatMap/filter(Scala Future)、then(JavaScript)、thenAccept(Java CompletionStage)等方法。所需的唯一源代码更改是将服务配置为使用特定工厂方法来创建 Futures，以便可以注入一个同步执行计算的服务。

当谈到其他基于消息的组件时，可在测试过程中找到一种方法来使异步实现变成同步的机会就少多了。一个例子是 Actor 模型的 Akka 实现，它允许通过选择合适的 Dispatcher 来配置每个 Actor 的执行行为。出于测试目的，有一个 calling-thread-dispatcher，它在使用 tell 操作符[13]的上下文中直接处理每个消息。如果所有参与给定服务功能的 Actor 都只使用这个 Dispatcher，那么发送一个请求将同步执行整个处理链，以便当 tell 操作符调用返回时，已经传递了可能的回复。你可以像下面那样使用它。

代码清单 11-11　使用 calling-thread-dispatcher 来处理调用线程上的消息

```
val translationService = system.actorOf(
  TranslationService.props.withDispatcher("akka.test.
calling-thread-dispatcher"))
val input = "Hur mår du?"
val output = "How are you?"
val probe = TestProbe()
translationService ! Translate(input, probe.ref)
probe.expectMsg(0.seconds, output)                    <—— 立即断言结果
```

一个重要的变化是描述翻译服务 Actor 的 Props 使用了(自定义的)Dispatcher 设置进行配置，而不是将决定权留给 ActorSystem。而且需要对参与这个测试用例的每个 Actor 都这样做，这意味着如果翻译服务在内部创建了更多的 Actor，那么它必须被设置为能够将 Dispatcher 配置传播给它们(并且它们也能传播到它们的子 Actor，依此类推；详情请参阅源代码档案)。请注意，这里还基于其他几个假设：

- 翻译服务不能使用 ActorSystem 的调度器，因为它会异步调用 Actor，可能导致输出并没有如期传输到 probe。

12 换句话说，你可以抽象出用于排序和组合计算的特定单子，从而允许测试过程用 Future 单子替换这个 identity 单子。在动态类型语言中，创建单子的 unit()和 bind()函数就足够了，而在静态类型语言中，还需要特别注意表示 translate()方法的高阶类型签名。

13 即!。Scala 可以用符号命名方法或函数，并且在方法只有一个参数时，可以去掉调用符号 . 和括号，这对实现 DSL 大有帮助。例如，在 Akka 中给一个 Actor 发消息：actor ! message。——译者注

- 对于与远程系统之间的交互也是如此，因为它们本质上是异步的。
- 这种情况下，故障和重启也会导致异步行为，因为翻译服务的监管者是系统级的监管者(system guardian)，不能配置为在 calling-thread-dispatcher 上运行。
- 所有涉及的 Actor 均不允许执行可能依赖于在 calling-thread-dispatcher 上运行的其他 Actor 的阻塞操作，因为这可能导致死锁。

这个假设的列表可以继续补充一些小细节，但是应该清楚的是，Actor 模型的本质与同步通信是不一致的：它依赖于异步和无界[14]的并发。对于简单的测试(尤其是那些验证单个 Actor 的测试)，使用这种方式(指使用同步通信)可能有所裨益，而涉及多个 Actor 间相互作用的更高级别的集成测试则通常都需要异步执行。

到目前为止，我们已经讨论了两个广泛使用的消息传递抽象，Future 和 Actor，并且需要的话，它们提供了必要的工具来进行同步测试。由于这种形式的验证无处不在，你可能会继续在各种各样广泛的异步消息传递抽象中看到这一类支持，尽管已经存在对同步等待有严重偏见的环境(例如基于事件的系统，如 JavaScript)，这将推动着向完全异步测试的方向转变。下面开始讨论这个问题。

11.3.5　异步断言

向异步测试迈出的第一步是：能够确定一个在未来某个时间点依然合理的断言。从某种意义上说，你已经看到过这种形式的一个特例：TestProbe.expectMsg()方法。这种方法断言从现在开始的一段时间内，将接收到具有给定特征的消息。这种机制的泛化是允许使用任意断言。ScalaTest 通过 eventually 构造来提供这个功能。使用这个功能，你可以像下面这样重写翻译服务测试用例：

代码清单 11-12　将超时参数移到外部配置

```
val tr = new TranslationService
val input = "Hur mår du?"
val output = "How are you?"
val future = tr.translate(input)
eventually {
  future.value.get should be(Success(output))
}
```

这使用了一个隐式提供的 PatienceConfiguration，它描述了在发送测试失败之前，闭包内部进行的验证尝试的频率和时间参数。有了这个帮手，测试过程仍然是完全同步的，但你有更大的自由度来设置使测试继续进行的条件。

---

14 无界(unbounded)指 Actor 默认的邮箱大小是没有上界的，即 Actor 可以接收消息的数量没有上界限制。——译者注

11.3.6　完全异步的测试

我们已经找到了在传统的同步验证程序框架内表达反应式系统测试用例的方法，目前大多数系统都以这种方式进行测试。但是，在生产和验证代码库中应用不同的工具和原则是不对的：这两者之间存在阻抗失谐，应该避免。

当你设计一个 Actor 来验证 echoService 的响应延迟特征时，就相当于采取了解决这个问题的第一步。ParallelSLATester 是一个完全反应式的组件，你开发它来测试另一个反应式组件的特性。测试中唯一不协调的部分是用于开始测试并等待结果的同步过程。你实际想写的如下所示。

代码清单 11-13　异步地处理响应，从而创建完全反应式的测试

```
val echo = echoService()
val N = 10000
val maxParallelism = 500
val controller = system.actorOf(
  Props[ParallelSLATester],
  "keepSLAInParallelAndAsyncController")

val future = controller ? (TestSLA(echo, N, maxParallelism, _))
for (SLAResponse(timings, outstanding) ← future) yield {

  val sorted = timings.sorted
  val ninetyfifthPercentile = sorted.dropRight(N * 5 / 100).last
  info(s"SLA min=${sorted.head} max=${sorted.last}
  95th=$ninetyfifthPercentile")
  val SLA = if (Helpers.isCiTest) 25.milliseconds else 2.milliseconds

  ninetyfifthPercentile should be > SLA
}
```

去掉响应延迟最高的5%

这里，你通过发送 TestSLA 命令给 Actor 来启动测试，并使用 Ask 模式返回一个 Future 用于稍后的回复。然后，你变换这个 Future 从而计算并且验证延迟情况，得到一个要么成功要么失败的 Future，这个具体取决于倒数第二行中断言的结果。在传统的测试框架中，这个 Future 将不会被检查，使这种方法变得徒劳无功。而另一方面，异步测试框架则将对这个 Future 的完成做出反应，以确定测试是否成功。

将这样的测试框架与.NET 语言或者 Scala 的 async/await 扩展相结合，可以简单直观且通俗易懂地编写完全异步的测试用例。翻译服务的运行示例将如下所示。

代码清单 11-14　使用 async 和 await 提高异步测试的可读性

```
async {
  val input = "Hur mår du?"
  val output = "How are you?"
  await(translate(input).withTimeout(5.seconds)) should be(output)
}
```

这与代码清单 11-1 中的初始同步版本具有完全相同的结构，用 await()方法标记异步片段，并将整个测试用例放在 async {}块中。这种方法相对于代码清单 11-2 中使用阻塞 Await.result()构造的中间版本的优点是，测试框架可并发执行许多这样的测试用例，从而减少运行整个测试集所需的总时间。这也意味着你可放宽时间限制，因为丢失一次回复再不会像进行同步测试时那样绑定尽可能多的资源。用于测试程序下一步的 Future 将不会被启动；在这个例子中的 5 秒钟也不会显得过于漫长，因为其他测试用例可在这个测试用例等待期间同时运行。

如前所述，JavaScript 是一个非常偏向异步处理的环境，其他语言中常见的阻塞测试程序在这个模型中是不可行的。作为一个例子，你可以使用 Mocha 和 Chai 的 Promises 断言来实现翻译服务测试。

代码清单 11-15 在 JavaScript 中测试翻译服务

```
describe('Translator', function () {
   describe('#translate()', function () {
      it('should yield the correct result', function () {
         return tr.translate('Hur mår du?')
            .should.eventually.equal('How are you?');
      })
   })
});
```

Mocha 测试运行器并行执行多个测试用例，在这个例子中，每个测试用例都将返回一个 Promise。可以在各个测试级别(全局、独立测试集或独立测试用例)配置超时，如果超过这个时间仍未收到回复则认为测试失败。

测试服务级别协议

以异步方式编写的测试用例，可从另一个角度重新来看延迟百分比验证。该框架允许用户除测试代码之外还附带描述所需的响应特性，然后通过并行运行代码多次自动验证这些特性。许多情况下，顺序执行这样的操作是非常昂贵的——你不会主动以代码清单 11-5 中的顺序执行版本测试 echoService 10 000 次——并且如上所述，这也不是一个符合现实的测量方式。回到代码清单 11-7 中针对 echo 服务的 SLA 测试，测试框架将取代自定义的 ParallelSLATester Actor(该 Actor 用于与被测服务通信)。

代码清单 11-16 使用请求-响应工厂来生成测试流量

```
async {
  val echo = echoService("keepSLAwithSupport")
  val latencySupport = new LatencyTestSupport(system)
  val latenciesFuture = latencySupport.measure(
    count = 10000,
```

```
    maxParallelism = 500) { i ⇒
      val message = s"test$i"
      SingleResult(echo ? (Request(message, _)), Response(message))
    }
    val latencies = await(akka.pattern.after(
      20.seconds,
      system.scheduler)(latenciesFuture))

    info(s"latency info: $latencies")
    latencies.failureCount should be(0)
    val SLA = if (Helpers.isCiTest) 50.milliseconds else 10.milliseconds
    latencies.quantile(0.99) should be < SLA
  }
```

这是可能的，因为测试和服务之间的交互是一种特定类型：你正在执行请求——响应协议的负载测试。这种情况下，你只需要一个生成请求-响应对的工厂，你便可以根据需要使用它来生成流量，流量的分布由 measure()方法的参数控制。这种测量的异步结果是一个对象，其中包含 10 000 个单独测试实际产生的结果和错误的集合。然后我们可以很方便地分析这些数据，以便断言延迟情况满足服务级别的要求。

11.3.7　断言没有发生异步错误

测试异步组件的最后一个考虑因素是，并不是与它们的所有交互都会发生在测试过程中。设想一下在两个组件之间进行协调的协议适配器，由于两个组件并非在一起开发，因此它们不理解相同的消息格式。在翻译服务的运行示例中，你可能首先会写一个基于文本字符串序列化的 API 版本(版本 1)。

代码清单 11-17　简单的翻译 API

```
case class TranslateV1(query: String, replyTo: ActorRef)
```

用于输入和输出的语言在查询字符串中进行编码，而且返回给 replyTo 地址的回复将只是一个 String。这适用于概念验证，但稍后你可能想要用具有更严格类型的直观版本(版本 2)来替换目前这个协议。

代码清单 11-18　将更严格的类型添加到翻译 API

```
final case class TranslateV2(
  phrase:         String,
  inputLanguage:  String,
  outputLanguage: String,
  replyTo:        ActorRef)

sealed trait TranslationResponseV2

final case class TranslationV2(
```

```
  inputPhrase:    String,
  outputPhrase:   String,
  inputLanguage:  String,
  outputLanguage: String)

final case class TranslationErrorV2(
  inputPhrase:    String,
  inputLanguage:  String,
  outputLanguage: String,
  errorMessage:   String)
```

这种新设计可以实现更高级的功能，如自动检测要实现的输入语言。遗憾的是，其他团队使用了版本 1 协议来实现翻译服务。假设我们已经决定通过添加一个适配器来桥接这个已实现的翻译服务和新客户端，该适配器接受使用版本 2 协议所构造的请求并返回应答，而应答则由在后台使用版本 1 协议的翻译服务所提供。

对于这个适配器，你通常会编写集成测试，确保对应一个给定的、正常工作的版本 1 后端，适配器可以正确地实现版本协议。为降低维护成本，你还将编写专门的测试，专注于请求和回复的转换；这将节省失败时的调试时间，因为你可以更容易地将错误定位到适配器或后端服务。测试过程可能如下所示。

代码清单 11-19 测试翻译版本适配器

```
val v1 = TestProbe()
val v2 = system.actorOf(propsV2(v1.ref))
val client = TestProbe()

// initiate a request to the adapter
v2 ! TranslateV2("Hur mår du?", "sv", "en", client.ref)   ← 向适配器发起一个请求

// verify that the adapter asks the V1 service back-end
val req1 = v1.expectMsgType[TranslateV1]   ← 验证适配器是否向 V1 版本服务后端请求回复
req1.query should be("sv:en:Hur mår du?")

// initiate a reply
req1.replyTo ! "How are you?"   ← 发起一个回复

// verify that the adapter transforms it correctly
client.expectMsg(TranslationV2("Hur mår du?", "How are you?", "sv", "en"))   ← 验证适配器是否正确地对回复进行转换

// now verify translation errors
v2 ! TranslateV2("Hur är läget?", "sv", "en", client.ref)   ← 重复测试过程，验证包含错误输入的用例
val req2 = v1.expectMsgType[TranslateV1]
// this implicitly verifies that no other communication happened with V1
req2.query should be("sv:en:Hur är läget?")   ← 隐式地证明没有发生其他通信
req2.replyTo ! "error:cannot parse input 'sv:en:Hur är läget?'"
client.expectMsg(TranslationErrorV2("Hur är läget?", "sv", "en",
  "cannot parse input 'sv:en:Hur är läget?'"))

v1.expectNoMessage(3.second)
```

这里测试过程一并操控了客户端和后端，将它们中的每一个都模拟为一个 TestProbe。唯一正常执行的活动组件是协议适配器。这使你不仅可以制定关于客户端协议实现方式的断言，而且可以控制内部交互。最后一行显示了一个这样的断言，你希望适配器不要对它所包装的服务发出不必要的多余请求。另一个好处是，你可以检查发送的查询(参考例子中 TranslateV1 类型出现的两处地方)，如果输入有误，可以尽早使测试失败，并给出清晰的错误信息。在集成测试中，这种情况下只会看到整体失败。

这种方法对于这种一对一的适配器十分合适，但对于会与不同的后端进行更频繁、多样的通信的组件来说，这种测试方法就会变得冗长和易错。在集成测试和完全受控的交互之间存在一个中间地带：你可以把后端服务模拟掉，使它们仍然是自主执行的，但是除了相对应的正常功能之外，它们还需要测试过程能够了解被测组件的任何意外行为。为简单起见，我们将再次在翻译服务适配器上演示这一点。

代码清单 11-20 模拟错误过程

```
case object ExpectNominal

case object ExpectError

final case class Unexpected(msg: Any)

class MockV1(reporter: ActorRef) extends Actor {
  def receive: Receive = initial

  override def unhandled(msg: Any): Unit = {
    reporter ! Unexpected(msg)
  }

  private val initial: Receive = {
    case ExpectNominal ⇒ context.become(expectingNominal)
    case ExpectError   ⇒ context.become(expectingError)
  }

  def expectingNominal: Receive = {
    case TranslateV1("sv:en:Hur mår du?", replyTo) ⇒
      replyTo ! "How are you?"
      context.become(initial)
  }

  def expectingError: Receive = {
    case TranslateV1(other, replyTo) ⇒
      replyTo ! s"error:cannot parse input '$other'"
      context.become(initial)
  }
}
```

这个模拟的版本 1 后端将在测试期间提供期望的响应，但是它只会在适当的时间点这样做：测试过程必须通过发送 ExpectNominal 或 ExpectError 消息来明确地解锁每个步骤(使模拟的 Actor 明确地处于 expectingNominal 或 expectingError 状态)。基于此，测试程序改变成如下所示的形式。

代码清单 11-21 测试正确的错误处理

```
val asyncErrors = TestProbe()
val v1 = system.actorOf(mockV1props(asyncErrors.ref))
val v2 = system.actorOf(propsV2(v1))
val client = TestProbe()

// initiate a request to the adapter
v1 ! ExpectNominal
v2 ! TranslateV2("Hur mår du?", "sv", "en", client.ref)

// verify that the adapter transforms it correctly
client.expectMsg(TranslationV2("Hur mår du?",
"How are you?", "sv", "en"))

// non-blocking check for async errors
asyncErrors.expectNoMessage(0.seconds)

// now verify translation errors
v1 ! ExpectError
v2 ! TranslateV2("Hur är läget?", "sv", "en", client.ref)
client.expectMsg(TranslationErrorV2("Hur är läget?", "sv", "en",
  "cannot parse input 'sv:en:Hur är läget?'"))

// final check for async errors
asyncErrors.expectNoMessage(1.second)
```

向适配器发起一个请求

验证适配器正确地转换了请求

非阻塞地检查异步错误

验证翻译错误

对异步错误进行最后检查

在这个例子中，测试程序仍然驱动着客户端和后端，但是后端有了更高的自主度，编写的测试也可以更简洁。第一次无异步错误的校验是为了验证这没有引入额外的延迟；这里的目的只是帮助调试测试失败条件，以防标称测试步骤中的异步错误没有导致直接可见的测试失败，而是仅在测试的最后一行才体现出来。

11.4 测试非确定性系统

上一节介绍了由反应式系统的异步特性而产生的一些难题。这些难题会带来一些有趣的后果(即使你正在测试的过程是完全确定的)：对于一些固定的刺激，组件最终将以正确答案作出响应(比如：对应给定短语的翻译应始终产生相同的结果)。从第 8 章讨论的分布式系统可了解到，确定性不总能实现；主要原因是不可靠的通信手段以及固有的并发性。由于分布式对于反应式系统设计是不可或缺的，因此你仍然需要能够测试具有真正不确定性的组件。这类测试写起来很难，因为执行的顺序没有被指定为按逻辑顺序进行，并且对于单个测试过程，不同的结果或状态转换是可能的，而且也是被允许的。

11.4.1　执行计划的麻烦

基于在特定时间内发生特定事件的测试可能会遇到虚假的测试失败，大部分时间测试成功，但偶尔会失败。如果执行是正确的，但是由于插入队列的顺序不同而导致时序不同，或者基于请求内容及请求顺序的不同而导致返回不同的值，将会怎样？

应用程序开发人员必须根据不同的执行计划定义所有可能发生的正确行为。这会比较难做好，因为这意味着这些可能发生的情况是有限的和可知的；而系统越大，交互次数越多，准确率就越难达到。支持这种功能的一个工具的是 Apache JMeter(http://jmeter.apache.org)，你可以使用逻辑控制器以不同的顺序和时机触发请求，以查看收到的响应是否符合期望的系统行为。逻辑控制器还有其他有用的功能，包括请求修改，重复发送请求等。通过使用诸如 JMeter 之类的工具执行测试，比起依赖于以单一顺序和单一时序执行的测试，你可以在反应式应用程序中发现更多逻辑不一致的情况。

11.4.2　测试分布式组件

反应式应用程序本身就是分布式系统，因此必须考虑一些更困难的问题。最重要的思路是：分布式交互可在一个维度取得成功，而在另一个维度失败。例如，设想一个分布式系统，其中数据必须跨四个节点更新，但假设其中一个服务器出现了问题，并且在发生超时之前，它没有返回成功的更新响应。这些被称为部分失败(partial failures)[15]，由于构成应用程序的诸多服务之间的交互无法完成所有任务(见图 11-3)，因此延迟可能增加，吞吐量可能下降。

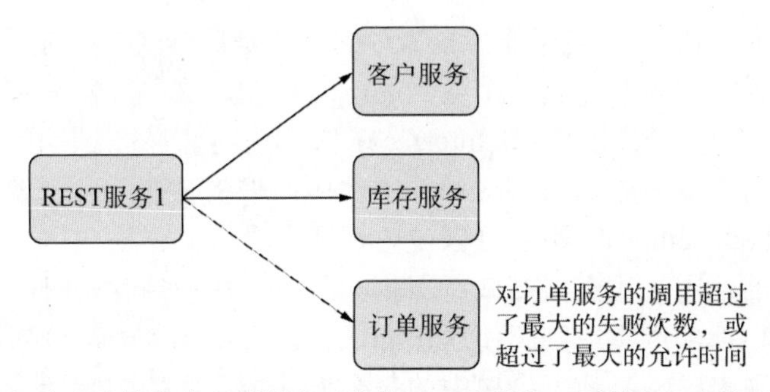

图 11-3　图解部分失败的发生，假设交互依赖于三个服务，而其中一个交互不能成功完成

15 http://en.wikipedia.org/wiki/Fault_tolerance。

这类失败的特别棘手之处在于，你不可能考虑到一个反应式应用程序可能发生部分失败的所有方式，并为每种失败方式指定适当的处理行为。相反，你应该考虑在你没有想到的事情发生时，应用程序应该做什么。我们将在第 12 章中详细讨论这个问题。

11.4.3 模拟 Actor

对于基于外部交互的测试，如果要验证它是通过还是失败，较流行的测试方法是模拟(mock)或存根化(stub)外部依赖。这意味着当构造一个需要测试的类时，这些方法将把该类所依赖的外部服务传递到类的构造函数中，以供需要时使用。但是模拟和存根化一个依赖类是两种不同的方法，各有取舍。

模拟

模拟是一个使用外部库或框架来表示类的假实例的概念，方便开发者断言一个有效的响应能否被系统恰当地处理。举例来说，假设有一个类，它试图将类实例中的数据保存到数据库中，并且需要进行相关的测试。而对应的单元测试，并不想测试这个类与数据库之间的交互，只是想根据执行交互的成败，来测试这个类是否给出了适当的结果。

过去十年间，为创建此类测试，涌现出了许多模拟框架，用来生成类的“模拟”实例。对模拟框架实例进行预先配置，可使其为测试调用返回特定的值。在 Java 平台上，这类框架有 EasyMock、JMock、Mockito 和 ScalaMock 等。对于每个测试，这些模拟框架都会创建一个模拟实例，并为特定的接口设置期望的返回结果；当被调用时，模拟实例将返回相应的值，并允许你断言这样的行为是否产生了适当的结果。

存根

许多开发人员认为，“使用模拟框架”的想法是反模式的，对于测试交互如何发生的需求来说，模拟并非是一个适当的响应机制。这些开发人员更倾向于使用*存根(stub)*，或仅供测试用的接口(Interface)[16]实现；存根依据预期的响应类型为每个接口提供正向或负向的响应。这种方法在接口重构时被认为更健壮，因为调用存根方法(stubbed method)的响应可以被更好地定义。

对于存根的使用，我们需要做更深刻的思考。在使用存根时，开发人员必须为每个公共接口都提供实现，即使这次测试并不会用到其中部分接口。对于针对测试的接口实现来说，必须为接口中的每个方法定义明确的行为，即使这种行为是“什么都不做”；因此，许多开发人员都有过抱怨：为 Interface 创建存根代码极

---

16 Interface 指包含抽象方法集合的抽象类型，在 Java 中用 interface 关键字声明。——译者注

其痛苦。但 Robert Martin 等开发人员则认为，对于已经开始超出单一职责原则[17]的 API 来说，使用模拟框架是一种“异味测试”(smell test)：如果因为需要实现的接口太多，造成难以为接口实现测试存根，这就说明类接口试图承担太多的职责，并不符合“根据所承担的职责多少来定义类”的最佳实践原则。

这类争论最好留给开发团队去处理，因为我们很容易就能找到超出这种经验法则的边缘案例。举一个极端的例子，如果有一个 Interface 包含 100 个公共接口，那么为单个测试构建存根代码时，你不得不提供一个所有公共接口的实现，这绝非易事。而在开发过程中更改 API，则会加大维护难度。如果你的 Interface 很小，仅代表了原子性的细粒度职责，那么实现其存根代码也就简单得多，并能更好地解释这些依赖如何响应输入(特别是当被测试的调用类与其依赖之间的交互复杂度增加时)。

逆向洋葱测试模式

如果要为所有应用程序构建有效测试，那么其中一个关键概念是：由内而外地为整个应用程序创建测试。这种测试被称为逆向洋葱(Reverse Onion)模式，其方法就像剥离洋葱的逆向操作：由内至外地放回每一层。这就直接融入了在本章开头所讨论的测试策略。采用这种方法时，首先测试粒度最小的表达式和函数，随之逐级向外，先分别测试各个特定服务的自身功能，然后做服务之间的交互测试。

11.4.4　分布式组件

使用与(运行)上下文相关的句柄(如 AkkaTestKit 的 TestProbe)，可以极其方便地编写逆向洋葱测试。这类结构成分能区分每个请求的响应。每个测试必须能够提供它们所依赖的 Actor 或类的实现(无论是采用模拟还是存根)，以便根据相关响应结果来强制执行和验证期望的行为。一旦利用这些特性构建了测试，那么基于与 Actor 或类的每个依赖项的每次失败交互，我们就可以从响应中有效地测试部分失败。假如需要测试向三个服务发出请求的场景，我们希望测试相关类如何应对其中两个服务成功，而第三个服务失败的情况；此时，你可使用存根方法，使两个成功的存根返回期望值，而第三个服务返回错误(或永远不返回)。

11.5　测试弹性

广大开发人员都熟悉测试负载或容量的概念。但与传统方法相比，反应式应用程序测试的侧重点转变为：验证在可用基础设施支撑能力范围之内，应用程序

17 http://en.wikipedia.org/wiki/Single_responsibility_principle。

部署结构是否具有弹性。正如同应用程序在开发过程中有着各方面的规定和限制，应用程序在运行时也有着时间和空间上的限制，其中空间限制指：在系统开始施加回压前，可运行的最大节点数量。有时，应用程序可能在 PaaS(Platform as a Service，平台即服务)上运行，此时，公共基础设施(如 AWS 或 Rackspace 镜像)将惠及你的系统，舒缓这些空间扩张压力。但对许多公司而言，这个可能性并不存在。

要测试和验证弹性，首先必须了解每个节点吞吐量的上限和下限，了解用于部署应用的基础设施数量。在理想情况下，我们应该在项目启动之初，就根据应用程序的非功能性需求得到这些数据；不过，如果你对现有应用程序的吞吐量情况有清晰的了解，也可以从那里切入。

假设你有 10 个可部署的节点，其中每个节点每秒可以处理 1000 个请求，你希望测试当流量低于某个阈值时，只有指定的最少数量的服务器在运行。诸如“基于 Mesos 的 Marathon 之类”的工具通过 Docker 实例运行，你可通过查询 API 来确认节点是否启动；Marathon 有一个 REST API，通过它可对集群状态执行其他验证。有一些免费工具能够相当出色地在测试时对系统持续施加负载压力，例如 Bees With Machine Guns(https://github.com/newsapps/beeswithmachineguns)和 Gatling(http://gatling.io)。

11.6 测试回弹性

“应用程序的回弹性(Application resilience)”是一个需要解构的术语。失败可能发生在多个层面，且需要对每个层面都进行测试，以确保应用程序能对可能发生的一切都能作出反应。《反应式宣言》指出：“回弹性是通过复制、遏制、隔离以及委托来实现的”。这意味着你需要为应用程序分解出各种不同的出错情景(从微观到宏观)，并测试它可以承受的所有出错的可能。在任何情况下，应用程序都必须能处理并回复请求，不论在接收了请求之后发生了什么事。

11.6.1 应用程序回弹性

首先是应用程序自身的问题，重点在于应用程序代码的相关行为上。这些是大多数开发人员已经熟悉的领域，通常涉及测试是否会收到异常，或者测试应用程序在某些将导致失败的数据或功能注入时，会进行哪些操作。在一个反应式应用程序中，你应该期望异常或失败(如 2.4.3 节所述)不会被消息的发送者看到，而是通过其他消息来传递，这些消息会把失败提升为领域事件。

这一点[18]很重要。传统上失败被认为是与应用程序领域相互分离的，而且通常被作为必须阻止出现的一个策略问题来处理，或者在应用所构建的相关领域之外进行沟通处理。通过将失败消息作为应用程序领域的一等公民，你将能以更具战略性的方式处理失败。你可以设立关于应用程序的两个领域：一个成功领域和一个失败领域，并合理地以阶段式纠错方式处理它们。

例如，假设应用程序在从外部资源(如数据库)中检索有效数据时出错，即检索数据的调用成功但返回的数据无效。这可以在特定于该请求的应用程序的同一层面上进行处理，无论是将检索得到的任何有效数据返回给消息发送者，还是返回一个表示数据无效的消息。但是，如果与外部数据源的连接丢失，那么这将是比单独的数据请求更广泛的一类领域事件，应该由更高层级的组件处理，比如最开始提供连接的那个组件，这样它就可以开始重建丢失的连接。

应用程序的回弹性有两种形式：外部的和内部的。外部回弹性(External resilience)通过校验来处理，检查传递到应用程序中的数据，从而确保它符合 API 的要求；如果不符合，则传回给发送者一个通知(例如，电话号码中的国家代码不在检索的已知号码数据库中)。内部回弹性(Internal resilience)指应用程序在校验请求之后，处理请求过程中所发生的内部错误。

执行回弹性

正如在前面章节中所讨论过的一样，执行回弹性最重要的方面是对可能发生失败的线程或进程进行监督。如果没有监督，你就无法辨别出失败的线程或进程到底发生了什么事情，或者你可能根本无法获知发生了失败。一旦监督到位，你就有能力处理失败，但你不一定有能力测试你是否做了正确的事情。

为解决这个问题，开发人员有时会将受监督的功能的内部状态暴露出来，以便他们可以有效地测试该状态是否完好无损，或者是否受到监督者对其管理的影响。例如，一个被恢复的 Actor 将观察到其内部状态没有发生变化，但是一个被重新启动的 Actor 将会在重启后把它的内部状态恢复到应有的初始值。但是这存在几个问题：

- 你如何测试一个因为特定类型的失败而应该被停止的 Actor？
- 仅为了验证目的而暴露状态是不是一个好主意？顺便说一下，这将变成一个白盒测试。

为克服这些问题，可实现一些模式，使你能确定发生了哪些类型的失败，或者与具有特定于测试监督实现的子 Actor 进行交互。这些模式听起来相似，但有着不同的语义。

在测试中，通常很难避免实现非特定于测试的细节。例如，如果一个测试类

18 指将失败视为领域事件。——译者注

试图直接从 ActorSystem 创建一个 Actor 作为 user 监护 Actor[19]的子 Actor，那么你将无法控制这个 Actor 内部错误的监督处理方式。这也可能与应用程序的预期行为不同，并会导致无效的单元测试行为。相反，StepParent 则可以只作为用于测试的监督者，它创建一个被测 Actor 实例，并将其交回给测试客户端，测试客户端可以用任何喜欢的方式与实例进行交互。StepParent 仅是为了在测试类外部提供监督，以便将测试类以及被测 Actor 的父 Actor 区分开来。假设你有一个想要测试的基本 Actor，它无论接收到任何消息，都会抛出一个异常，那么可以简单地将其编写为：

代码清单 11-22 要测试的基本 Actor

```
class MyActor extends Actor {
  def receive: Receive = {
    case _ ⇒ throw new NullPointerException
  }
}
```

通过这个基本的实现，现在可为测试目的严格地创建一个 StepParent，它将从自己的上下文中创建该 Actor 的一个实例，从而使测试类不需要尝试完成这个职责。

代码清单 11-23 为被测 Actor 提供测试上下文

```
class StepParent extends Actor {
  override val supervisorStrategy: OneForOneStrategy = OneForOneStrategy() {
    case ex ⇒ Restart
  }

  def receive: Receive = {
    case p: Props ⇒
      sender ! context.actorOf(p, "child")
  }
}
```

现在你可以创建一个测试，使用 StepParent 创建一个要测试的 Actor，并开始测试你想要的任何行为，而不必在测试中使用监督语义。

代码清单 11-24 在 StepParent 的上下文中测试 Actor

```
class StepParentSpec extends WordSpec with Matchers with BeforeAndAfterAll {
  implicit val system: ActorSystem = ActorSystem()

  "An actor that throws an exception" must {
    "Result in the supervisor returning a reference to that actor" in {
      val testProbe = TestProbe()
```

19 通过 ActorSystem 创建的 Actor 都是这个监护 Actor 的子 Actor，在/user 路径下。——译者注

```
      val parent = system.actorOf(Props[StepParent], "stepParent")
      parent.tell(Props[MyActor], testProbe.ref)
      val child = testProbe.expectMsgType[ActorRef]
      // ...
      // Test whatever we want in the actor
    }
  }

  override def afterAll(): Unit = {
    val terminated = system.terminate()
    Await.ready(terminated, Duration.Inf)
  }
}
```

FailureParent 看起来很相似，只是它还会将所接收到的任何失败都报告给测试类。假设你要测试同一个 MyActor，那么 FailureParent 将把它需要向其报告失败的实例作为构造函数参数，并在收到失败之后以及在执行任何监督操作之前，将这个失败报告给这个实例。

代码清单 11-25　将失败报告给指定的 Actor

```
class FailureParent(failures: ActorRef) extends Actor {
  private val props: Props = Props[MyFailureParentActor]
  private val child: ActorRef = context.actorOf(props, "child")

  override val supervisorStrategy: OneForOneStrategy = OneForOneStrategy() {
    case f ⇒ failures ! f; Stop
  }

  def receive: Receive = {
    case msg ⇒ child forward msg
  }
}
```

现在，你可创建一个测试，并使用 FailureParent 来创建被测 Actor，并开始测试你想要的任何行为，而不必在测试中使用监督语义。

代码清单 11-26　在测试中移除监督

```
case object TestFailureParentMessage

class FailureParentSpec extends WordSpec
  with Matchers with BeforeAndAfterAll {
  implicit val system: ActorSystem = ActorSystem()

  "Using a FailureParent" must {
    "Result in failures being collected and returned" in {
      val failures = TestProbe()
      val failureParent = system.actorOf(Props(new FailureParent(failures.ref)))
      failureParent ! TestFailureParentMessage
```

```
      failures.expectMsgType[NullPointerException]
    }
  }

  override def afterAll(): Unit = {
    val terminated = system.terminate()
    Await.ready(terminated, Duration.Inf)
  }
}
```

API 回弹性

前面使用 StepParent 和 FailureParent 的例子也是 API 回弹性的一种形式，其中 Actor 之间发送的消息就是 API。这样，你可将 Actor 视为微服务的原子示例。当通过 API 请求服务时，必须验证传入的任何数据，确保它符合服务的预期合约。一旦证明数据是有效的，服务就可以执行完成请求所需的工作。

在构建自己的 API 时，你还需要考虑引入失败机制的影响，以便可以通过测试来验证服务行为的正确性。这些可以称为领域特定失败注入(domain-specific failure injectors)[20]。这可以通过提供一个构造函数依赖来完成，它将模拟或产生失败，或者将它作为单个请求的一部分传递。创建一个能随机产生各种失败的类，以便能在不同的时间或不同的执行顺序上进行测试，从而更彻底地证明失败能得到适当处理，这可能非常有用。事实上，Akka 的开发团队在内部测试中，已经使用了 FailureInjectorTransportAdapter 类来完成这项工作。

11.6.2 基础设施的回弹性

证明你的应用程序具备回弹性是一个良好开端，但这远还不够。应用程序依赖于它们所运行的基础设施，而且它们也无法控制可能发生在自身之外的失败。因此，认真严肃地实现反应式应用程序的开发人员还会构建或使用另外的框架，从而来帮助他们测试应用程序在应对周遭基础设施发生的失败时的回弹能力。

有些人可能会使用术语“分区”，并且只是从网络角度来看待分区问题，但这有失偏颇。因为，任何时候系统因为任何原因(包括 Stop-The-World 的垃圾回收、数据库延迟以及无限循环等)而导致的延时增加都可能使其发生分区。

网络回弹性(局域网和广域网)

最臭名昭著的基础设施失败类型之一就是网络分区[21]，由于各种原因，网络无法在两个或更多的子网之间进行路由。网络迟早会失败，这是肯定的。路由器也会像任何其他计算机一样坏掉，并且有时在定期修改和优化路由表时，运维人

---

20 http://en.wikipedia.org/wiki/Fault_injection。

21 http://en.wikipedia.org/wiki/Network_partition。

员所提供的路径也许实际上无法被解析。所以，最好假定这肯定会发生在你的应用程序上，并对这样的事件预先制定一个应用程序级别的管理协议。

集群回弹性

在发生网络分区的情况下，集群应用程序中的两个或更多节点之间将无法互相访问，这是完全合理的，并且每个节点将可能承担新子集群(无法重新加入或合并到原集群)的领导职责。这被称为脑裂问题(split-brain problem)[22]。乐观的做法是允许两个或更多子集群继续正常运行，但若它们之间存在任何共享状态，并且每个子集群的更新在它们合并时要被处理为最终的正确结果，那么这时共享状态就会变得难以维护。悲观的做法是假设共享状态全部丢失，并将两个子集群都关闭，并试图完全重启应用程序从而保持一致性。

一些集群管理工具试图采取一种折中的方法，任何具有大多数节点(大于已知节点数量的50%)的子集群将自动尝试成为保持运行的集群的领导者。任何小于50%的已知节点的子集群将自动关闭。从理论上讲，这听起来很合理，但是集群分裂仍可能是不合理事件。在集群发生脑裂之后，很可能导致所有子集群中的节点数量都少于 50%，并导致它们全部关闭。管理生产环境中的分布式系统的运维团队必须始终监控此类事件，并且相应地制定处理这些事件的预案和协议。

节点和机器回弹性

节点或实例是在机器上运行的进程，表征当前能够执行工作的应用程序的一个实例。如果整个应用程序中只有一个节点，那么它不是一个分布式应用程序，并会引发单点故障(Single Point Of Failure，SPOF)。如果整个部署结构中包含多个节点，那么它们可能运行在同一个物理机器上，或者跨越多台机器，这样的确是一个分布式应用程序。可是，如果所有节点都只在一台机器上运行，那么可能引发另一种 SPOF，因为任何机器故障都会使整个应用程序失效。如果要构建反应式应用程序，那么你必须测试在运行时删除任何节点或机器是否影响应用程序承受预期流量的能力。

数据中心回弹性

与其他基础设施概念类似，将应用程序部署到单个数据中心也是 SPOF，而不是反应式方式。相反，通过将应用程序部署到多个数据中心，能够确保在发生任何重大中断时，应用程序都能在其他数据中心处理所有请求。

在生产环境中测试回弹性

Netflix 已经创建了一套工具来帮助它在生产环境中测试应用程序的健壮性，

22 http://en.wikipedia.org/wiki/Split-brain_(computing)。

称为 Simian Army[23]。Netflix 曾在生产环境中发生过重大中断，并且倾向于在生产环境中继续在节点和机器级别测试其应用程序的回弹性。这给了公司巨大的信心，即使面对严重的失败，它也能继续为客户服务。

为测试节点的回弹性，Netflix 使用 Chaos Monkey，它在执行时随机地禁用生产实例。请注意，该工具只能由在场的运维工程师执行，他们密切监视由于工具的中断而可能引发的任何中断。作为这个工具成功的结果，Netflix 创建了一大批其他工具来检查延迟、安全凭证过期、未使用的资源等。

为检查作为部署区域内隔离屏障的整个 AWS 可用区的回弹性，Netflix 使用 Chaos Gorilla。它模拟了整个可用区的故障，并检查应用程序能否将工作转换到其他可用区域中的实例，而不必停机。为了测试数据中心的回弹性，Netflix 使用 Chaos Kong 工具，因为该公司目前仅为美国使用了多个 AWS 可用区。

无论你使用的是现有的工具(例如 Netflix 开源)，还是自行构建，测试应用程序的回弹性都是非常关键的，以便在遇到无尽的基础设施失败时，依然能够确保用户继续获得所需的响应。你需要专注于将这些工具应用于对业务成功至关重要的任何应用程序。

11.7 测试即时响应性

在测试弹性和回弹性时，重点主要放在应用程序在任何给定时间和任何给定条件下能够处理的请求数量。但即时响应性则主要是关于延迟的，或者处理每个请求所花费的时间。正如前面章节中所讨论的那样，开发人员犯的最大的错误之一就是通过定性定义出来的度量来跟踪延迟，这通常是平均值。但对于延迟跟踪，使用平均值是很糟的选择，因为它并不能准确地反映出应用程序可能遭受的延迟差异。

相反，你必须为应用程序创建延迟的目标配置，以便设计人员了解如何组装系统。对于不同的吞吐量，在特定的百分位上，期望值应该由“可接受什么级别的延迟”来定义。这样的目标配置可能看起来像表 11-2 中给出的例子一样。

表 11-2 与外部负载相关的预期延迟百分位的例子

每秒请求数量	99%	99.9%	99.99%	99.999%
1000	10 ms	10 ms	20 ms	50 ms
5000	20 ms	20 ms	50 ms	100 ms
20 000	50 ms	50 ms	100 ms	250 ms

23 http://techblog.netflix.com/2011/07/netflix-simian-army.html。

这个标准的关键是：它清楚地显示了在负载增加时，应用程序应该如何响应而不失败。你需要创建测试来验证响应时间是否匹配每个吞吐量级别及其对应的百分位，并且这必须是持续集成过程的一部分，从而确保代码提交不会对延迟产生太大的负面影响。有一些免费工具可用，如 HdrHistogram(https://github.com/HdrHistogram/HdrHistogram)，它可以帮助收集这些数据并以有意义的方式对数据进行展示。

11.8　小结

通过测试来证明应用程序响应不同负载、事件和失败的能力是构建反应式应用程序的关键过程。根据所看到的测试结果进行设计决策，从而让测试指导设计。在本章中，你应该清楚地了解以下内容：

- 测试必须在项目启动时就已经开始，并在项目生命周期的每个阶段都持续进行。
- 测试必须包含功能性和非功能性的，以证明应用程序是反应式的。
- 必须由应用程序内部向外编写测试，以涵盖所有交互可能并验证正确性。
- 需要在外部进行应用程序的弹性测试，而回弹性测试则需要在应用程序的基础设施和内部组件中进行。

第12章 容错及恢复模式

在本章中，你将学习如何设计应用程序以应对失败出现的可能性。通过具体地构建一个具有回弹性的计算引擎，我们将演示几个相应的模式，这个系统允许提交批量处理作业，并在具有弹性调度的硬件资源上执行。我们将基于你在第 6 章和第 7 章中所学到的知识进行展开，因此，你可能想要回顾一下之前学过的内容。

我们将先考虑单个组件的机器故障和恢复策略，然后通过说明层级结构以及客户端-服务器关系，进而构建更复杂的系统。我们将着重讨论下面这些模式：

- 简单组件(Simple Component)模式(又称为单一职责原则)
- 错误内核(Error Kernel)模式
- 放任崩溃(Let-It-Crash)模式
- 断路器(Circuit Breaker)模式

12.1 简单组件模式

一个组件应该只做一件事情，并且完整做完。

这个模式适用于这样的系统：系统需要执行多项功能，或者功能不多却非常复杂，因此需要分解为不同的组件。举个例子：一个包含了拼写检查功能的文本编辑器。这里有两个独立的功能(编辑可以在没有拼写检查的功能下完成，而拼写检查也可以仅在最终的文本上进行，而不需要编辑功能)，但是从另一方面来说，这两个功能都不简单。

简单组件模式源自 Tom DeMarco 于 1979 年出版的书籍 Structured Analysis and System Specification(Prentice Hall)一书中所定义的单一职责原则(single responsibility principle)。在它的抽象形式中，它要求“高内聚、低耦合”。应用到面向对象的软件设计时，通常按如下方式表述：“一个类应该只会为一个原因而改变。”[1]

由第 6 章中分而治之(divide et regna)中的讨论得知，将一个大问题分解为一组较小问题时，可根据分解后各组件将承担的职责，找到帮助和指引。递归地应用这种职责划分过程，可使你获得所需的任意粒度，以及一个可随之实现的组件层级结构。

12.1.1 问题设定

举个例子，让我们来考虑如何设计一个提供计算能力的服务，它会以批量处理的形式运作：用户可提交一个待处理的作业；为作业的资源列明需求，还包括一个关于数据源的可执行描述，以及所要执行的相关计算。该服务必须监察它所管理的资源，实现对客户端资源消耗的配额机制，并公平地安排作业。它还必须能够持续地对其所接受的作业进行排队，这样客户端才能信赖这些作业最终得以执行[2]。

任务：你的任务是能形成整套批量处理作业服务组件的草案，并为每个组件提供确切的职责描述。从顶层开始，一路往下细分，直到获得具体的、足够小的组件，以便安排团队进行实现。

12.1.2 模式应用

其中有一个分离点你可以立即得出结论。该服务的实现将由两部分组成：一部分负责协调，同时也是客户端与之沟通的部分；而另一部分则负责作业的执行。如图 12-1 所示，为使整个服务器具备弹性，负责协调的部分将利用外部资源池，动态地增减执行器实例的数量。你会看到，协调将是一项复杂的任务，因此你想要进一步地对其进行拆分。

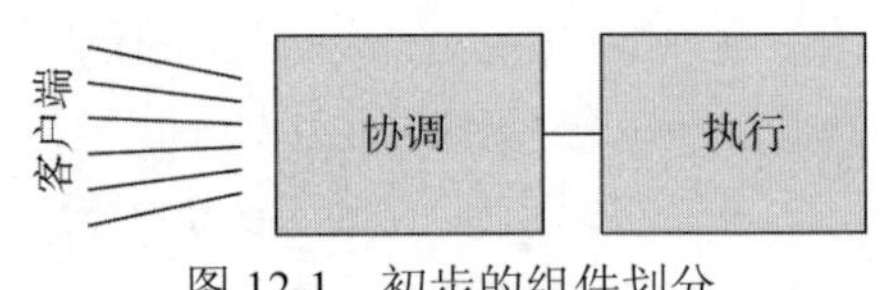

图 12-1 初步的组件划分

顺着一个单独的作业请求流程游历该系统的路线来看，你将先考虑提供给

1 参见 Robert Martin 的 *Principles of OOD*，发表于 2005 年 5 月 11 日

2 这里指客户依赖于这些作业的最终执行结果，来实现自己的商业价值。——译者注

客户端的作业提交接口。系统的这部分需要提供一个可供客户连接的网络端点(这里需要实现一种网络协议)，而且，这个部分将代表客户端，与系统的其余部分进行交互。你可以更细致地划分相关职责，是就目前而言，让我们先将“代表客户端”的功能作为客户端内部的统一职责；这时，客户端接口将成为第二个单独的组件。

一旦系统接受了作业递交，而客户端也收到以确认消息形式传达的通知，系统就必须确保最终将执行该作业。这个保证只能通过将传入的作业存储到某些持久化介质上来实现，而且你可能会有些心动，想要将该存储能力放在客户端接口组件中。但是，你已经可以预见到的状况是：系统的其他部分也将不得不访问这些作业——例如，在系统要开始执行这些作业时。因此，除了代表客户端之外，如果该组件还将负责为系统的其余部分提供可访问的作业说明，就违反了单一职责原则。

正如你可能会猜测到的，另一种尝试可能是：将处理作业描述的职责分担到对此感兴趣的各方，至少是客户端接口和作业执行器——但这也将极大地增加每个组件的复杂性，因为它们之间必须协调各自的动作，这也和简单组件模式的目标背道而驰。将一个职责只封装在一个组件中则简单许多，而且避免了在多个组件中分散责任时所带来的通信和协调上的开销。除了这些运行时需要关注的点之外，我们还需要考虑实现：职责分担意味着一个组件需要了解其他组件的内部工作机制，还需要紧密协调它们的开发过程。这也是“只做一件事情，并完整做完(do only one thing, but do it in full)”这句话后半部分背后的缘由。

这将指引你把工作描述的存储确立为该系统的另一个可划分出的职责，并成为第三个专用组件。在这里值得插一句的是：将所传入的作业持久化作为它自己职责的一部分，也可能会让客户端接口组件从中受益。这可以使得作业提交的通知反馈时间更短，并且在存储组件临时变得不可用时，客户端接口组件也可独立提供服务。但是这种持久队列的存在目的，应该只服务于最终把已经接收到的作业递交给存储组件进行处理。因此，这些概念(独立储存和临时存储)彼此之间并不存在冲突，如果系统有这样的需求，你可以同时实现这两种方案。

先回顾一下，现在你已经将客户端接口、存储以及执行确立为三个单独的、不具备任何职责重叠的组件。剩下的工作便是确定需要执行的作业及作业的执行顺序：这部分内容可称为作业调度(job scheduling)。当前的系统分解状态如图 12-2 所示，现在你将继续递归地应用这个模式，直到将问题分解为足够简单的组件。

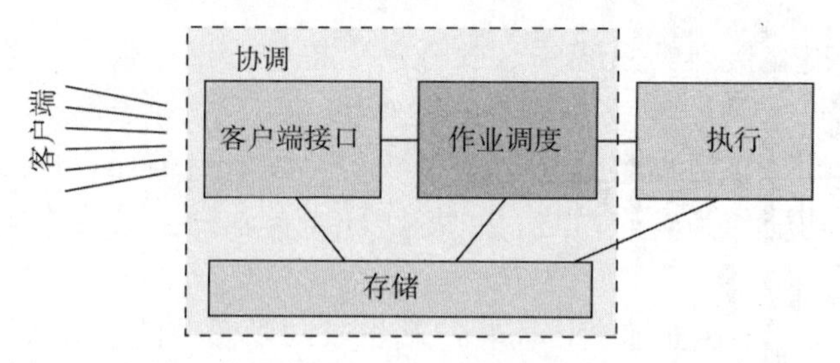

图 12-2 组件分离的中间态，协调组件被拆分成三个独立职责

在整个服务中，最复杂的任务可能是如何制定系统中已接受作业的执行计划，特别是，需要在共用了一个资源池的不同客户端之间实现带有优先级的或者公平性的调度——争夺计算资源的相应分配常是各需求方之间激烈争辩的问题[3]。调度算法需要能够访问作业描述，从而提取调度需求(最大运行时间、可能的过期时间以及所需资源的类型等)，因此对于存储组件而言，执行组件是另一个客户端。

对于那些已由系统接受，准备执行的作业，规划执行顺序需要耗费大量的精力——实现过程和运行时需求皆是如此，而且这项任务还独立于决定“接受哪些作业”的模块。因此，将作业验证的职责划分为单独的组件也将有所裨益。这样做还有一个优点：在变成调度算法的负担之前，已经删除掉应该被拒绝的作业。现在作业调度的职责由两个子组件组成；然而对于该系统的其余部分来说，依然应该一致地把它看成单个组件。例如，执行器需要能够在任意给定的时间点检索下一个需要运行的作业，而不必依赖于任务调度模块是否正在运行。为此，你将外部交互放置在作业调度组件中，而把它的验证和计划职责委托给子组件。最终生成的整个系统的职责划分图如图 12-3 所示。

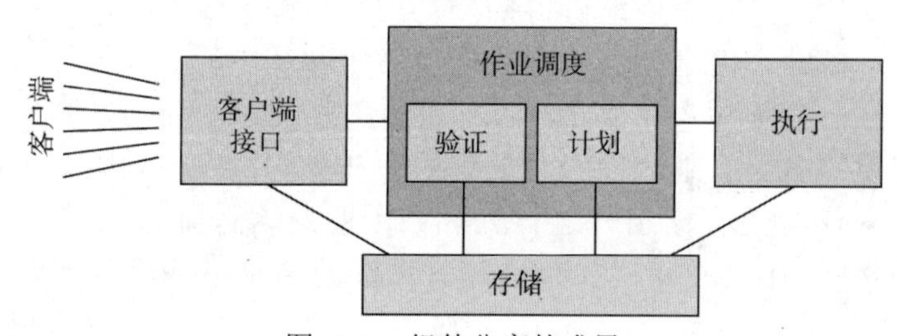

图 12-3 组件分离的成果

12.1.3 模式回顾

简单组件模式的目标是应用单一职责原则。通过先在最高抽象级别上考虑整个系统的职责——客户端接口、存储、调度以及执行，再将它们分离到专门的组

3 本书的作者们曾亲历过：不同的科研组为从数据中抽取学术论文所需的一些分析和读解，会激烈争夺数据分析资源。

件中，并关注它们预期的通信需求，而这一点你已经做到了。然后，你深入探索了作业调度组件，并重复这个分解过程，发现了大小适中、没有重叠的子职责，同时把子职责划分到它们各自对应的子组件中。这将整体的作业调度职责留在父组件中，因为你预计其他组件对任务协调也会存在需求，并且会独立于其子组件的功能。

通过这一过程，你得到了划分好的组件，在系统接下来的开发过程中，开发人员可以独立地处理它们。其中每个组件都具有唯一明确的目的，而系统中每个独立的核心职责都完全依赖于唯一的对应组件。虽然整个系统以及在每个组件内部都可能是复杂的，但单一职责原则产生了进一步定义组件的最简划分机制——你可在处理较小的任务时，不必考虑整个系统的全貌。它特征的精髓是：它解决了对系统复杂性的关注。此外，采用简单组件模式也简化了对失败的处理，你将在接下来的两种模式中用到。

12.1.4　适用性

简单组件模式是最基本的且普遍适用的模式。采用它你将得到一个精细粒度的职责划分，或者认识到你正在处理的只是单个组件——但是，最重要的部分是：在事后，你知道你为什么(why)选择了当下的系统结构。如果你能在文档以及脑海中记下相关缘由，那么这对于所有后期的设计和实现来说都是一笔财富，当后面对在何处放置某些功能的细节有疑问时，你可以让自己基于一个简单的问题去思考——“这里的目的是什么？”这个问题的答案将直接指引你找到确立过的某个职责；如果你在设计之初忘了梳理，那么这个问题也会使你重新思考。

重要的是要记住，需要递归地应用这一模式，以杜绝已经确认的职责过于复杂或者过于抽象。不过，这里有个警示：一旦你开始划分组件的层级结构，那么很容易沉迷其中而无法自拔——别忘了我们的目标是获取拥有真正职责的简单(simple)组件[4]，而不是没有合理缘由的零碎(trivial)组件。

12.2　错误内核模式

在监督层级中，将重要的应用程序状态或功能存留在根部附近，而将具有风险的操作委托给叶子节点。

这个模式构建在“简单组件”模式的基础之上，当需要将具有不同的失败概率及可靠性要求的组件结合成一个更大的系统或应用程序时，就可以应用这个模

4 这里作者在原文中特地做了对比，trivial 和 simple 的英文原义都有“简单”的意思，这样的对比进一步地突出应用简单组件模式的组件实际上“简单却不一定平凡”。——译者注

式。因为系统的某些功能必须永不崩溃，而其他一些功能则必然遭受失败。应用了简单组件模式通常会使你处于这种状况，因此，熟悉一下错误内核模式也有裨益。

这一模式在 Erlang 应用程序中已经存在了几十年[5]，受其启发，Jonas Bonér 在 JVM 上实现了 Actor 框架(*Akka*)。Akka 这个名字最初构想为 *Actor Kernel* 的一个回文，而 Akka 本身则参考了这个核心设计模型。

12.2.1 问题设定

从第 7 章中的层级式失败处理讨论中，你已经知道，反应式系统中的每个组件都有另一个组件来负责监督其生命周期。这意味着，如果监督者组件失败，那么它所有的下级组件都将受到后续重启动作的影响，从而将一切重设为某种已知的良好状态，而在这个过程中，中间的更新可能丢失。如果不能及时地恢复重要的状态数据，那么这样的失败将导致大面积的服务停机，这是反应式系统需要尽可能避免的一种状态。

任务：考虑将前面示例中所确定的 6 个组件中的每一个都看成一个单独失败域，并问一下你自己：“哪几个组件应该对自身的失败负责，哪些组件又将受到这几个组件的直接影响呢？”请为最终的系统架构画出监督层级结构图，以此来总结你的收获。

12.2.2 模式应用

从组件的失败中恢复意味着丢失并重建组件状态，所以你寻找新的模式，从而分离可能出现的失败点，以及保存昂贵数据的操作。同样的情况也适用于提供高可用服务的部分：不能因为频繁的失败或者漫长的恢复过程而阻碍系统的正常服务。在这个例子中，你将可以识别以下不同的职责：

- 与客户端通信(接受作业并交付作业结果)
- 持久化存储作业描述及其状态
- 进行全局的作业调度
- 根据配额或者鉴权要求验证作业
- 规划作业调度
- 执行作业

这些职责中的每一个都受益于与其他职责的解耦。举个例子，正如同客户端引发的失败不应该影响当前正在运行的作业一样，与客户端的通信也不应该因为作业调度逻辑的失败而受阻。同样的推理也适用于其他的类似部分。除了单一职

5 Ericsson AXD301 传奇的可靠性部分归因于这种设计模式。它的成功普及了这个模式、Erlang 编程语言以及当时用来运行 Erlang 的运行时实现(即 BEAM 虚拟机)。

责原则，这也是将它们作为各自专用组件来考虑的另一个原因，如图 12-4 所示。

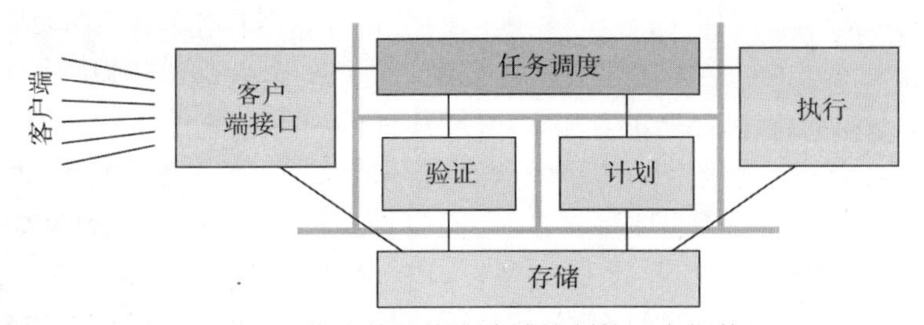

图 12-4　作为单独的失败域绘制的 6 个组件

下一步需要考虑的则是系统中的失败域，思考每个失败域应该如何恢复，并评估恢复过程的代价。为此，你可以顺着作业在系统中游历的路线来分析。

作业通过通信组件提交给服务，通信组件和客户端之间通过合适的协议进行交流、维护协议状态并验证输入。这个过程中所保持的状态是瞬态的，并与当前和客户端所打开的通信会话相绑定。当这个组件失败时，受影响的客户端将不得不重新建立会话，并可能再次发送命令或者查询，但是你的组件不需要对这些活动进行负责。从这个意义上说，其实际上是无状态的——因为组件所保留的状态都是瞬态、局部的。只需要通过终止旧运行时间实例的并启动新的运行时实例，就可以方便地完成这些组件的恢复过程。

一旦从客户端接收了一个作业，系统就需要将其保存下来，这是你指派给存储组件的职责。存储组件必须允许其他所有组件查询作业列表，通过当前的状态或者客户端账户对它们进行选择，并保存所有必要的元数据信息。除了使用缓存来提高操作效率之外，存储组件不具备任何运行时状态：它的功能仅用于操作持久化的存储介质，以便在发生失败时可以轻松地重新启动。还有一点你也必须考虑，即是否需要把提供持久化职责再拆分到一个子组件中(在今天是不是一个合适的选择)？如果持久化存储的内容已经损坏，选择实现(部分地)自动地解决这些问题的机制，还是将其留给运维人员处理，则取决于特定的商业决策；其中自动恢复可能会干扰存储介质上的正常操作，因此应该下沉到存储组件的职责中。

作业批量处理服务旅程的下一站是调度组件，在监督层级的顶层看来，调度组件负责申请配额以及验证资源请求，为执行器组件提供一个供消费的作业队列。后者对整个批量处理服务的运行来说至关重要，如果没有它，执行器将处于闲置状态，系统也将无法履行其核心功能。基于这个原因，你将该功能放置在调度组件的优先级顶部，并相应地放在其子组件层次结构的根上，如图 12-5 所示。

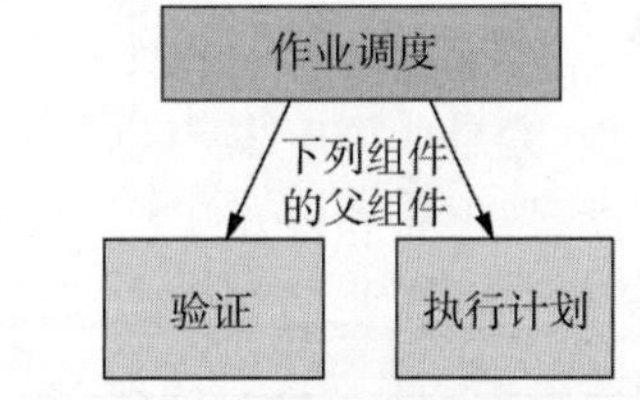

图 12-5　任务调度子模块的层次结构

通过在这里应用简单组件模式，你确定了作业调度组件的两个子职责。第一个是根据策略规则验证作业，策略规则的例子有每个客户端的配额[6]，或者和当前可用的资源集之间的一般兼容性——在当前只有 15 个执行器可以调配时，它将无法接受需要 20 个执行器的作业。通过验证的作业将由系统输入到第二个子组件中，而这个部分的职责是：为所有当前未完成的和已接受的作业规划作业调度。这两项职责都是基于任务的，它们将周期性地启动，然后要么成功地完成，要么失败。失败原因包括硬件故障以及在合理的时间窗口内不能完成任务。为隔离可能发生的失败，这些任务不应该直接修改作业的持久化状态或者计划的调度，而是应该报告给它们的父组件，然后由其父组件确定下一步的操作，无论是通过客户端接口组件通知客户端它们所提交作业不达标(验证失败)，还是更新内部作业队列，从中抽取下一个作业安排执行。

虽然已知重启子组件相对容易，但重启父作业调度组件则复杂得多——在可靠地恢复并履行职责之前，它需要启动一次成功的调度计划的执行。

因此，你需要将重要的数据以及关键的功能保留在根上，并将潜在的风险委派给叶子节点。需要注意的是，错误内核模式证实并强化了简单组件模式的结果：你将发现职责和失败域的边界是一致的，它们的层级结构也相匹配。

当作业到达了调度器的优先级队列头部，而计算资源此时处于可用的状态，那么执行组件将立即处理这一作业。到目前为止，你都认为执行的是一个原子组件，但是在考虑到执行可能出现失败之后，你会得出结论：你必须要对其功能进行再次划分。执行器需要跟踪当前作业运行的位置，而且还必须监视所有工作者节点的健康状况以及进度。工作者节点组件，可以在接收到作业说明时，解释其中所包含的信息、接驳数据源并运行客户端指定的分析代码。显然，每个工作者节点的失败都将包含在该节点内部，而并不会扩散到其他工作节点或者整个执行器中，这意味着执行管理器监督着所有的工作节点，如图 12-6 所示。

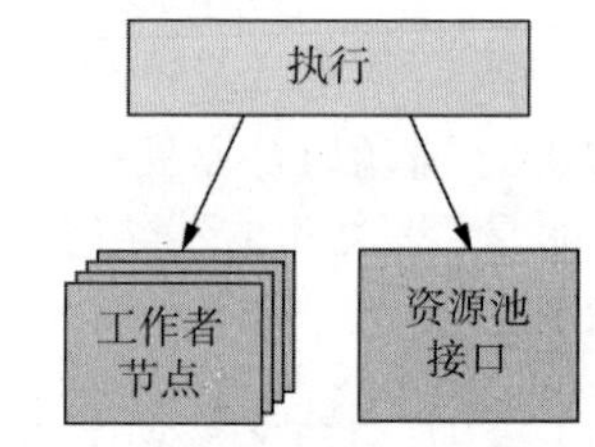

图 12-6 执行子组件的层次结构

如果系统是弹性的，那么执行器也可能会使用外部资源调配机制来创建新的工作者节点，或者关闭未使用的节点。执行管理器还负责决定是否伸缩工作者池，因为它可以很自然地监视作业的吞吐量，并可很容易地获知当前作业队列的长度，另一种方案是让调度器决定所需工作者池的大小。在任何情况下，执行器都需要承担启动、重启和停止工作者节点的职责，因为它是唯一知道在什么时间点可安全地这么做或需要这么做的组件。

6 例如，你可能想要限制一个客户端的最大作业配额：一方面是为了保护调度算法，而另一方面也是为了强制管理限制。

同理，与客户端接口组件类比；执行管理器与外部资源调配机制之间的具体通信机制应该与其他活动分开。因此，作业落实到执行器运行时实例的分配，以及作业处理完成的通知，都不应受到通信失败的影响。

执行作业是整个服务的主要目的，但作业在组件间的流转并没有结束。在指定的工作者节点将相应任务的完成状态通知给执行管理器后，需要将这个结果发送回存储组件，从而进行持久化。如果作业的性质是不能进行重复执行的[7]，那么作业执行即将开始这个事实也必须以同样的方式进行持久化；这种情况下，为重新启动执行管理器，需要检查自身崩溃之前就已经启动但尚未完成的作业，并且必须生成相应的失败结果。作为一个完整过程，系统除了要持久化作业的最终状态之外，还需要告知客户端作业运行的结果。

现在你已经阐明了不同组件的功能以及相互之间的关系，你发现前面的职责列表中漏掉了一项，即服务本身也需要编排任务、组合部件、接受监督以及协调资源。你需要一个顶层组件，用来创建其他组件，并安排作业以及其他消息在组件之间的传递。实质上，这个组件的功能将是：监督消息流以及该服务器的业务流程。由于其他组件随时需要这个组件的集成特性(即使它本身可能完全不拥有状态)，因此将它放置在这个结构的顶层是一个合理的设计。最终完整的层级结构如图 12-7 所示。

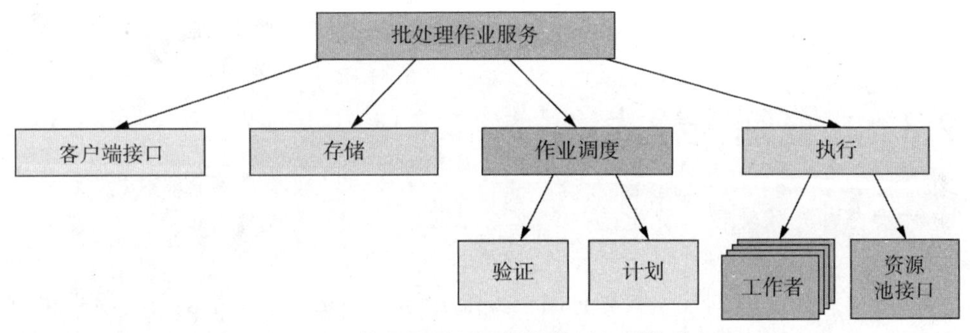

图 12-7 作业批量处理服务的层级结构分解

12.2.3 模式回顾

前面示例中的精髓可以概括为以下策略：在应用了简单组件模式后，将重要的状态或者功能提升到层级结构的顶部，并将具备较高失败风险的活动下沉到叶子节点。可以预见的是：责任边界与失败域保持一致，而更窄范围的子职责将会自然而然地落到层次结构的叶子节点上。这一过程可能导致引入新的监视组件，从而将层级结构中同级别的其他组件功能结合在一起，也可能引领你走向更精细

7 即作业并不满足幂等性。——译者注

粒度的组件结构，从而简化失败处理，或者解耦并且隔离关键功能，防止它们受到伤害。错误内核模式的亮点是：将系统中的操作相关的约束集成到基于职责的问题分解过程中。

12.2.4 适用性

如果下列中任一项成立，则错误内核模式都适用：

- 你的系统由可靠性要求不同的组件组成；
- 你期望不同的组件具备不同的失败概率以及失败严重性；
- 该系统具有重要的、并且必须要尽力可靠提供的功能，同时包含可能失败的组件；
- 在该系统的某个部分保存了重要信息，并且重新创建的成本很高，而其他部分则可能经常性失败。

如果下列情况成立，则错误内核模式不适用：

- 没有采用层级监督模式
- 该系统已经使用了简单组件模式，但它并没有多种失败的可能性。
- 所有的组件要么是无状态的，要么能容忍数据丢失。

当我们在第 13 章中提出主动-主动复制模式(Active-Active Replication Pattern)时，将更深入地讨论第二种场景。

12.3 放任崩溃模式

对于内部失败处理，优先选择完整重启组件。

第 7 章讨论了原则性失败处理(principled failure handling)，指出每个组件内部的恢复机制都是有限的，因为它们并没有与失败的部分进行充分分离——组件内部的所有内容都可能受到失败的影响。这个判断对于因硬件故障而导致的组件整体失败是真理，对于某些因为编程错误(在极罕见的情况下才能察觉)而导致的损坏状态来说同样是事实。因此，必须将失败处理申报给组件对应的监督者，而不是在组件内部尝试解决。

这一原则也可称为仅限崩溃型软件(crash-only software)。其思想是：诊断和修复短暂但罕见的失败通常代价高昂，对于修复一个正在运行的系统来说，恢复它的最好方式就是进行部分重启。基于这种分层级重启的失败处理方式，可极大地简化失败处理模型，同时你还能得到一个更健壮、甚至在完全意外的失败下可能得以幸存的系统。

12.3.1　问题设定

我们在陈述前两种模式时展开了批量处理服务的模块层级结构，而在这一节，我们会以服务中执行批量任务的工作者节点为例，来说明放任崩溃模式(Let-It-Crash)设计理念。预设每一个工作者节点都已经部署到独自的硬件上(无论是否虚拟化)，而其他组件并不会和该节点共享同一个硬件环境；在理想情况下，不同的工作者节点将不会出现相同的失败状态，除非整个计算中心都瘫痪。

你将试图解决的问题是：工作者节点中的代码可能包含在极罕见情况下才会触发的编程错误，但当错误发生时，它们将妨碍批量处理作业的执行。例如，非常缓慢的资源泄露。这种错误的存在，在相当长时间都难以察觉，但最终将导致机器下线。这种泄露可能是由于打开的文件、未释放的内存或者后台线程等引起，而且可能并不会每次都发生，却可能会因为罕见的巧合而引发。另一个例子则是安全漏洞，其执行的批量处理作业会故意损坏工作者节点的状态，从而破坏工作者节点的功能，并在服务的专用网络中执行未经授权的操作——这种破坏通常并非完全不可见，通常会导致虚假的、并不应该忽略的失败。

任务：你的任务是审视已为批量处理服务确立的各个组件，描述崩溃以及重启将如何影响每个组件，描述“放任崩溃”哲学带来了哪些实现上的约束。

12.3.2　模式应用

“放任崩溃”模式本身很简单：当检测到一个组件(例如，一个工作者节点)出现了失败时，根本不尝试进行修复。你不必诊断其内部状态，而是直接完整地重新启动这个组件——释放它管理的所有资源，并从初始状态再次启动。如果你通过请求基础设施服务来获得工作者节点，你甚至可以回退到最基本的状态：你销毁了旧的工作者节点，并提供一个全新的工作者节点。这样，在新实例中，将不会出现状态损坏或者累积的失败等情况，因为你已经从某个已知的良好状态重新开始。

用这个模式处理客户端接口节点意味着：所有当前活动的客户端连接都将从失败节点断开，客户端会出现连接终止错误。当检测到这类连接终止的情况时，你得出第一个结论：客户端应该尝试重新连接。而在考虑到失败节点不应该建立新连接时，第二个结论也会接踵而至。这通常意味着：更改负载均衡器的设置，以删除失败的节点，然后，再上线一个新的节点，并将其添加到负载均衡器中，从而恢复和之前一样的处理能力。有了这些措施，你可以满怀信心地在任何给定的时间点上“崩溃”并重启客户端接口节点。你并不需要考虑内部通信，因为客户端接口只依赖其他组件，但其他组件并不依赖它。这样做的结果是，存储或者作业调度组件将作为新节点收到的客户端请求的可靠数据源——客户端接口节点可以是“无状态的”[8]。

对于存储组件，节点失败意味着存储数据无效或者丢失——任何一种可能性的结果都使得数据不再可靠，因此这些状态基本上是等价的。因为该组件的目的是永久性地存储数据，所以你必须按照 2.4 节中的讨论来分布式地部署存储组件。我们将在第 13 章讨论数据复制；现在，假设数据的副本将会由其他的存储节点保存就够了。因此，在停止失败节点后，你需要启动一个新的、可自主地和其他副本进行同步的节点，以承担失败节点曾经负责的职责部分。如果新节点使用前一个节点的持久化存储设备，那么只需要同步失败发生之后的更新即可，因此也可加快恢复进度。需要注意，失败与关机或者重新启动不一样：在关机期间，存储设备会使数据保持不变，而系统将在之后正常启动——这甚至在许多基础设施中断的情况下也能完成(例如网络或者电力故障)。

对于作业调度组件而言，崩溃和重启意味着：从持久化作业存储中获取数据，并重新生成内部状态，从而恢复正常运作。对于安排执行计划中断，或者验证作业时失败这类情况，这种操作影响不大，顶层的作业调度组件可轻松处理错误：你使用错误内核模式简化了软件的这一部分操作，假设一个重启周期在足够短的时间内发生，则可作为一个可接受的宕机时间，除非特定的需求迫使你在这里也使用复制模式。

执行组件的运作也类似，它的工作者节点可如刚讨论的那样崩溃和重启，而其监督者节点则将确保受影响的批量处理作业在另一个可用的(或者重新调配的)节点上重新启动。对于资源池接口，你可忍受其在重新启动时的短暂宕机，因为系统很少需要用到它的服务；而当需要它们时，反应时间一般也将是几秒钟，甚至是几分钟的时间。

12.3.3 模式回顾

我们审视了系统监督层级结构中的每个组件，并考虑了失败以及随后的重启将带来的后果。某些情况下，你将遇到一些实现上的约束，比如，必须更新请求路由基础设施，以便排除失败节点，以及在替换节点就绪时，添加新节点的信息以便稍后采用。而在其他一些场景下(比如可能接受短时间的停机时)，可通过讨论来拟定服务级别协议；在实际系统中，你可通过使用失败频率(例如，平均的失败间隔时间[MTBF[9]])以及中断的时长(也称为平均修复时长[MTTR[10]])来量化。

这种模式也可倒过来应用，让组件故意周期性“崩溃”，而不是等待失败的发

---

8 这个词已被广泛地(误用)使用，其读解甚至脱离了原有的含义。本书作者们的观点是，不包含任何可变内部状态的真正意义上的无状态服务并不存在(它不会作为一个有意义的组件而存在)；一个更有价值的解读是，将无状态看成是可变状态的持久化功能的缺席。

9 参见 https://en.wikipedia.org/wiki/Mean_time_between_failures。

10 参见 https://en.wikipedia.org/wiki/Mean_time_to_repair。

生——这也可称为起搏器模式(Pacemaker pattern)。在高可用场景中，故意诱导性地失败一直是标准的运维操作，从而验证失败切换机制是否有效并按照规范执行。由于 Netflix 通过 Chaos Monkey 系统为公司基础设施建立并保持了回弹性，这一概念近年来得以广为人知[11]。这种方法的混乱性(chaotic)体现在：将随机性地杀死单个节点，而且并没有进行事先选择或者人为考虑。这样做是为了测试出由人类所能列举的所有可能性以外，有可能出现遗漏的失败条件。再往上一级，以预演的形式关掉整个数据中心或者区域，从而验证全球资源的再分配——这还需要在实际生产系统上完成，因为没有任何模拟环境可实际模拟出这种大规模应用的负载以及客户端的动态性。

另一种方式是考虑可用性的定义：表明系统不处于失败状态的时间段，因此能够处理请求。这在数学上的定义是(MTBF-MTTR)/MTBF。可通过使 MTBF 更大(这对应于较少出现，但是修复时间可能耗时长的失败)，或者通过使 MTTR 更小，从而来提高可用性。在后一种情况下，最大的连续宕机时间更短，而系统运行更顺畅，而这也是放任崩溃模式的目标。

12.3.4　实现上的考虑

虽然这种模式和反应式应用程序设计已经密不可分了，但这里再次记叙一下，以提醒大家了解它对组件的设计以及组件间的相互作用的重要影响：

- 每个组件都必须能容忍崩溃，并且可在任何时间点重新启动，正如有可能在没有任何警告的情况下发生停电。这意味着必须对所有持久性状态进行管理，这样服务才能获得所有必要信息，进而恢复处理请求，而不必担心状态损坏。
- 必须对每个组件进行强封装，从而遏制失败，使失败无法传播。具体实现取决于各层级结构的失败模型；所需考虑的范围包括，从跨 OS 进程的共享内存的消息传递到跨不同地域的硬件。
- 组件之间的所有互动都必须要容忍“对等方”可能崩溃的情形。这意味着需要普遍地使用超时以及断路器(稍后将进行介绍)。
- 组件使用的所有资源都必须能通过重启组件自动回收。在 Actor 系统中，这意味着，资源应在每个 Actor 终止时释放，或者返还给父 Actor；对于一个 OS 进程，则意味着在进程退出时，内核会释放该进程打开的所有文件句柄、网络套接字等。而对于虚拟机来说，则意味着基础的资源管理器会释放对应的已经分配的所有内存(以及持久化文件系统)和 CPU 资源，

11 在本书写作时，Netflix 是美国最大的流媒体提供商。Chaos Monkey 是 Simian Army 开源项目的一部分，参见 https://github.com/Netflix/SimianArmy。http://techblog.netflix.com/2012/07/chaos-monkey-released-intowild.html 详细描述了该方法。

以便由其他虚拟机进程使用。

对于所有发送给某个组件的请求来说，其自身描述性与实用性需要保持一致，以便组件在重启后，能以尽可能小的成本恢复对请求的处理。

12.3.5 推论：心跳模式

放任崩溃模式描述了如何处理失败。但别忘了事情的另一面，在对失败进行处理前，必须先检测到失败存在。特别在灾难性的场景下(如硬件故障)，监督组件只能通过观察是否缺失了预期行为来检测到某些错误。这显然要求某些行为是可预期的，即监督者必须要和监督对象之间进行定期通信。如果没有足够理由进行这种相互交流，那么监督者需要发送探查(dummy)请求，该请求的唯一目的是探查监督对象是否仍然正常工作。由于它们的周期性以及重要性，我们通常称这些请求为心跳消息(heartbeat)。最终模式如图 12-8 所示。

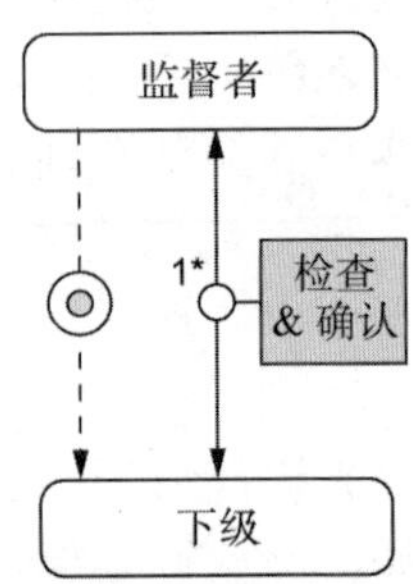

图 12-8 监督者启动了监督的下级对象，并通过和下级交换消息进行周期性健康检查，直到没有得到满意响应为止

使用专门的心跳消息需要注意的一点是：其监督对象可能以既允许处理心跳消息，又对其他请求不能做出正确处理的方式失败。要防止出现这种意外的失败，就应该通过在正常操作过程中监控服务质量(失败率、响应延迟等)来监视健康状况；将这类统计信息发送给监督者，如果它是由监督对象完成的，那么也可同时用作心跳信息(与此相对的是由基础设施完成的检测，如监控断路器的状态，见 12.4 节的描述)。

12.3.6 推论：主动失败信号模式

将心跳模式应用到所有失败模式将带来高度的健壮性，但在某些失败类别中，耐心地等待可疑组件的心跳有点浪费时间，因为组件本身也可以做一些失败诊断。一个突出例子是，从 Actor 实现中抛出的所有异常都被视为失败——在 Actor 内部处理的异常，通常都与使用的库中所定义相关异常的目的和错误情况相关。通过一个代表了失败的消息，所有未捕获的异常都可由基础设施(Akka)发送给监督者，从而监督者可立即地对此采取行动。在任何可能的情况下，都应该将此看成是监督者的响应时间优化。图 12-9 使

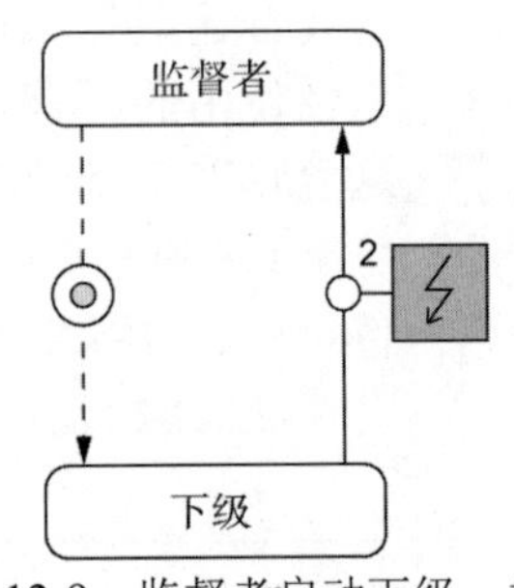

图 12-9 监督者启动下级，并对其发生的失败信号做出反应

用了附录 A 中所建立的约定，描述了监督者和被监督者之间的消息传递模式。

根据失败模型，你也可完全依赖于这些措施。例如，假设 Actor 在其发送信号之前都没有失败。监控一个 Actor 系统中每一个 Actor 的健康状况通常都是非常昂贵的，而依赖这些失败信号，则可在组件层级结构的较低级别上达到足够的健壮性。

这个模式常常结合心跳模式使用，以便涵盖所有场景。当基础设施支持生命周期监测时(例如，Akka Actor 的 DeathWatch 特性)，还有一种额外方法可让监督者了解到被监督者遇到了问题：如果被监督者已经停止了自己，而监督者仍然期待由它来完成某些工作(或者该组件在应用程序运行的时候不应该停止)，那么由此产生的停止通知也可认为是一种失败信号。这种关系的完整通信图如图 12-10 所示。

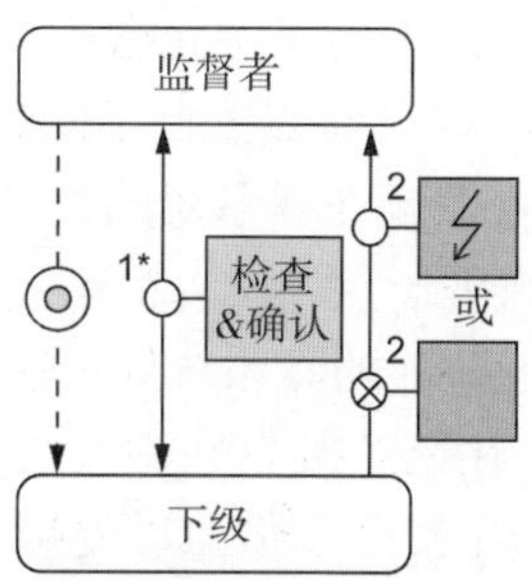

图 12-10　监督者首先启动它的下级，然后通过和下级交换消息(第 1 步)对其下级进行周期性健康检查，直到没有回应返回，或接收到失败信号为止(第 2 步)

要注意这些模式并不是特定于 Akka 或者 Actor 模型的；我们只是使用了它们来提供具体实现的例子。例如，在基于 RxJava 生态的应用程序中，使用 Hystrix 库来进行健康监测，使组件可按需重启。而另一个例子是，在亚马逊的 EC2 实例上将组件作为微服务的部署结构，也可使用 AWS API 来了解某些节点的终止情况，并以刚才描述的 DeathWatch 特性相似的方式作出反应。

12.4　断路器模式

在失败时间延长时，通过断开与用户之间的连接来保护服务。

前面讨论如何将一个系统划分为一个组件和子组件的层级结构，以隔离职责并封装失败域。而断路器模式，则在描述如何安全地连接系统的不同部分，使失败不至于失控地传播。该模式起源于电气工程学：为保护彼此的电路并引入解耦的失败域，建立了一种当传输的功率超过给定的阈值时就断开电路连接的技术。

映射到反应式应用程序中，这意味着当接收者过载或者出现失败时，从一个组件到另一个组件的请求流可能被故意中断。这样做有两个目的：第一，接收者可得到喘息空间，从而从可能由负载所导致的失败中恢复；其次，发送者可确定请求将失败，而不是浪费时间等待失败的回复。

虽然断路器自 20 世纪 20 年代以来就广泛应用于电气工程中，但是这一原则的使用在最近才在软件设计中得到推广。可参阅 Michael Nygard 撰写的书籍

Release It! (Pragmatic Programmers，2007 年出版)。

12.4.1 问题设定

在前面三节中所设计的批量处理作业执行设施将再次与你见面。我们已经提示过，在以下场景中包含一个断路器将是很好的做法：当服务提供给外部客户端使用时，客户端会按自己的速度和进度提交作业，并且作业量本身(天然地)并不应受作业批量处理系统的处理能力所限制。

为直观一点，我们想象一下：与作业批量处理服务相联系的单个客户端提交了单个作业。伴随着系统处理这一提交的作业的过程，客户端将收到多个状态更新：

- 在已经接收并持久化了工作描述时；
- 在接受了作业以便接下来执行，或者因为违反策略而拒绝执行时；
- 在开始执行时；
- 在执行完成时。

这其中的第一步非常重要：它向客户端保证这项作业在接下来将会有多个相关更新，因为作业已经进入系统，并至少将得到检查。提供这类保证成本很高——这涉及将作业描述存储到非易失性和有副本的存储设备——因此，一个客户端每秒可产生的作业数量很容易远多于该系统可安全消费的上限。这种情况下，客户端接口模块将使存储子系统过载：而这又将对作业调度和执行组件产生连锁反应，它们将在履行职责访问作业说明时出现性能下降。这种状态下，该系统可能仍可工作，但它的性能已经与在正常运行时有显著的不同；这时该系统运行在“过载模式”下。

任务：你的任务是在客户端接口组件与存储组件之间使用断路器，从而确保客户端不能恣意地使存储组件过载，并确保客户端接口组件即使在存储组件无法访问或者失效时，也能及时地提供响应。

12.4.2 模式应用

当实现客户端接口模块时，你必须编写一段将请求发送到存储子系统的代码。如果你能确保所有这些请求都将采用单一路线，你将可轻松处理上述问题。你需要追踪所有已发出请求的响应延迟。当你观察到这一延迟持续上升超过预定阈值时，可切换到“紧急状态”：你将立即用否定答复来响应所有的后续请求，而不是尝试接受新请求。你将代表存储子系统作出否定答复，因为在当前状态下，存储子系统连在允许的时间窗口内给出响应都不能做到。

此外，你还应该监视来自存储子系统的回复失败率。当所有存储请求都只将得到负面回应时，继续发送更多的存储请求没有多大意义。你应该再次切换到紧急状态，以向客户端做出否定答复，而不是继续浪费带宽。在 Akka 中，这种方案的一个示例实现如下面的代码清单所示。

代码清单 12-1　利用断路器使失败组件有时间恢复

```
private object StorageFailed extends RuntimeException

import akka.rdpextras.ExecutionContexts.sameThreadExecutionContext

private def sendToStorage(job: Job): Future[StorageStatus] = {
  val f: Future[StorageStatus] = ??? //... ◁— 发出一个到存储子系统的异步请求
  f.map {
    case StorageStatus.Failed => throw StorageFailed   | 将存储子系统的失败
    case other => other                                | 转换为Future的失败，
  }                                                    | 进而通知断路器
}

import scala.concurrent.duration._

private val breaker = CircuitBreaker(
  system.scheduler,   ◁— 用于调度超时
  5,                  ◁— 最大连续失败次数
  300.millis,         ◁— 单次服务调用超时
  30.seconds,         ◁— 断路器开断后，再次尝试接通断路器的时间
)

def persist(job: Job): Future[StorageStatus] = {
  breaker
    .withCircuitBreaker(sendToStorage(job))
    .recover {
      case StorageFailed => StorageStatus.Failed
      case _: TimeoutException => StorageStatus.Unknown
      case _: CircuitBreakerOpenException => StorageStatus.Failed
    }
}
```

客户端接口模块的其他代码都将调用该 persist 方法，并得到一个代表该存储子系统的应答的 Future[StorageStatus]，但只有在该断路器处于关合(close)状态时，才会执行远程服务调用。否定的应答(StorageStatus.Failed 类型)以及超时将由该断路器计数：如果断路器连续看到五次失败，它将立即切换到开断(open)状态，处于这个状态时，它将立即提供由 CircuitBreakerOpenException 构成的响应。30 秒后，将只有一个请求会被放行并传递到存储子系统，如果成功并且及时返回，断路器将再次切换回关合状态。

到目前为止，你所做的工作如图 12-11 所示：客户端接口将在其所分配的时间范围内响应外部客户端，但当存储子系统过载或出现失败时，对于所有客户端来说，客户端接口将一视同仁地自动生成否定的响应。虽然这种方法可保护系统免受攻击，但这并不是你能做到的最优方案。正如同电气工程中，你需要在多个

层级上进行断路——你到目前为止所构建的是用于整个公寓大楼的主断路器，但你缺乏配电板，以限制每个住户所能造成的损害。

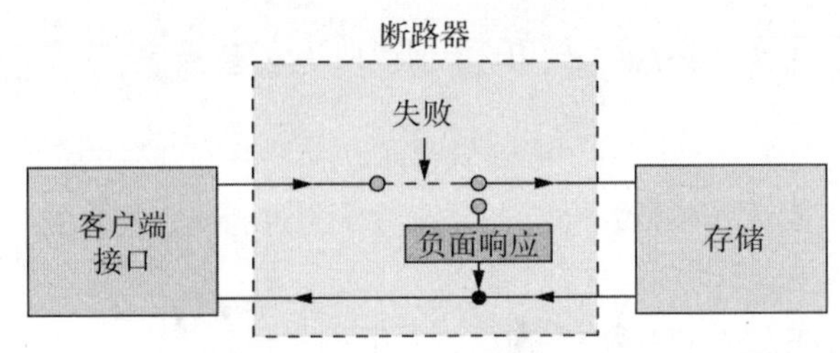

图 12-11 位于客户端接口和存储子系统之间的断路器

这些为每个客户端配备的断路器和主断路器之间有一个区别：它们不会主要对失败下游做出反应，而是强制确保一个可以同时流经它们的最大请求数。这在计算机系统中，称为速率限制(rate limiting)。你必须要记住上一个请求的请求时间(而不是跟踪调用的延迟)，并拒绝那些违反了这些限制(例如，“在任何 2 秒的时间间隔内，不能有超过 100 个请求”)的新请求。使用 Scala 编写这样的工具很简单。

代码清单 12-2 使用速率限制器保护组件

```
import scala.concurrent.Future
import scala.concurrent.duration.{ Deadline, FiniteDuration }

case object RateLimitExceeded extends RuntimeException

class RateLimiter(requests: Int, period: FiniteDuration) {
  private val startTimes = {
    val onePeriodAgo = Deadline.now - period
    Array.fill(requests)(onePeriodAgo)
  }
  private var position = 0          <- 要使用的下一个槽的索引，跟踪最后一个作业插入到队列中的时间，从而强制速率限制

  private def lastTime = startTimes(position)

  private def enqueue(time: Deadline): Unit = {
    startTimes(position) = time
    position += 1
    if (position == requests) position = 0
  }

  def call[T](block: => Future[T]): Future[T] = {
    val now = Deadline.now          <- 获取当前的时间戳
    if ((now - lastTime) < period) {
      Future.failed(RateLimitExceeded)
    } else {
      enqueue(now)
      block
    }
  }
}
```

现在可结合使用这两种断路器，从而获得如图 12-12 所示的全貌图。客户端将由它们的身份验证凭据标识，所以你可为每个用户独立分配一个断路器，独立于他们所使用的网络连接数。而对于每个客户端，你都将维护一个速率限制器，这个速率限制器将用于保护客户端接口模块不会被请求洪峰所淹没。而在出站侧(对于存储组件)你可以使用一个共享的断路器来防止远程子系统的失败。用于每个客户端的代码看起来类似于下面的代码清单。

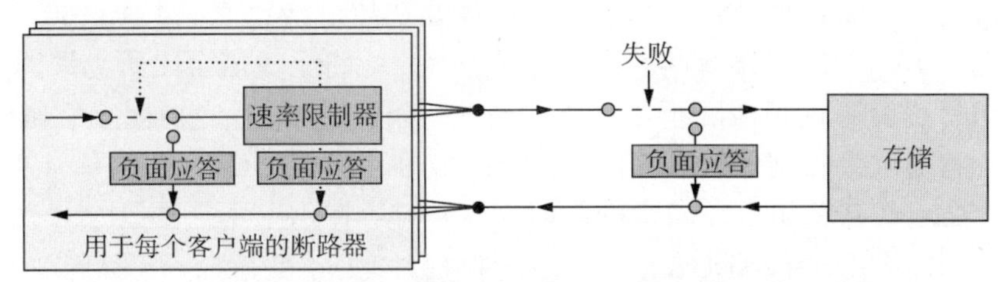

图 12-12　位于客户端接口模块和存储子系统中间的完整断路器设置

代码清单 12-3　断路器：限制来自同一个客户端的请求

```
private val limiter = new RateLimiter(100, 2.seconds)

def persistForThisClient(job: Job): Future[StorageStatus] = {
  import akka.rdpextras.ExecutionContexts.sameThreadExecutionContext
  limiter
    .call(persist(job))
    .recover {
      case RateLimitExceeded => StorageStatus.Failed
    }
}
```

对于单个客户端，假设这段代码不会被并发调用

高级用法

通常的做法是，对多次违反其速率限制的客户端进行门控(gating)：门控信号会通知客户端其已经发出了太多请求，超出了所允许的速率，并将暂时阻止客户端继续发送。这是对于客户端代码编写者的一种鞭策，促使他们可正确地限制服务调用，而不是始终全速地发送请求——这是实现最大吞吐量的一种有效策略。为此，你只需要添加另一个断路器，如下所示。

代码清单 12-4　门控一个客户端

```
private val limiter = new RateLimiter(100, 2.seconds)
private val breaker = CircuitBreaker(
  system.scheduler,
  10, Duration.Zero, 10.seconds)

def persistForThisClient(job: Job): Future[StorageStatus] = {
  import akka.rdpextras.ExecutionContexts.sameThreadExecutionContext
```

```
    breaker
      .withCircuitBreaker(limiter.call(persist(job)))
      .recover {
        case RateLimitExceeded                   ⇒ StorageStatus.Failed
        case _: CircuitBreakerOpenException ⇒ StorageStatus.Gated
      }
  }
```

如果要激发断路器开断，那么客户端需要在超过给定速率上限(100 个请求)的基础上有 10 个请求发送的增量，这意味着客户端将至少需要比所允许的速率高出 10%进行提交。这种情况下，系统才会在接下来的 10 秒之内阻止它继续享受服务，并将通过接收到 Gated 的门控消息的方式得到通知。代码清单 12-4 中的 Duration.Zero 具有关闭单个请求的超时跟踪功能；在这里不需要这个操作，因为超时追踪功能将由对 persist 方法的调用所执行。

12.4.3 模式回顾

通过在从一个组件到另一个组件的路径上引入各种预定义的断开点，你得到了解耦的客户端接口和存储子系统。因此，你既保护了存储子模块免受过载(主断路器)，也保护了客户端接口的功能，使其得以免受单个行为异常的客户端(各客户端都配备了带限速的断路器)所造成的伤害。过载是一个你应该尽可能避免的状况，因为大多数情况下，以 100%的能力运行比留下一点余力的效率更低。原因在于：相对于请求通常能无阻地通过系统的状态，当系统以全功率运作时，更多时间将浪费在争夺可用资源(CPU 时间、内存带宽、缓存和 IO 通道)上。

我们在这里所考虑的第二个问题是：客户端接口在接收到存储子系统的成功应答之前，无法确认所接收到的作业说明。如果来自存储子系统的应答并没有在所分配的时间窗口内到达，那么对客户端的响应延迟将超过 SLA 所允许的最长时长间隔——该服务将违反它的延迟限定。这就意味着：在存储子系统无法及时应答的时间段内，客户端接口将不得不得出自己的结论；如果它不能请求另一个(非本地)组件，它就必须在本地确定对自己的客户端的适当响应。你还使用断路器来保护客户端接口免受存储子系统失败的影响，在没有其他存储子系统就绪可用的情况下，生成负面的响应。

此外，你已经看到，为过载保护而安装的断路器还会处理存储子系统未能成功地或及时地应答的情况——该反应是相互独立的根本原因。这使得系统比单独地处理每种错误情况更具回弹性，这也是隔断(bulkheading)失败域，从而实现划分和封装的意义所在。

12.4.4　适用性

这个模式适用于两个解耦的组件之间需要通信的情况，并在发生(预期的或者非预期的)失败时，失败不会向上游传播，从而感染或者减慢其他组件，或者在过载发生时，请求不会向下游流动从而导致失败。解耦的代价是：所有调用都将通过另一个额外的追踪步骤，并且需要调度超时。因此，它并不适用于太细的粒度水平；断路器模式在系统的不同组件之间最有用。这尤其适用于那些需要通过网络连接(例如身份验证提供者和持久性存储)而触及的服务，这里，通过总结出远程服务当前不可达，断路器还会对网络失败做出适当反应。

使用断路器的另一重要方面是可监察它们的状态，这解释了一个服务的运行时行为与其性能的有趣见解。当断路器开断并保护一个给定的服务时，运维人员通常都会希望得到相应的警报，进而调查断路器开断的具体原因。

注意，断路器是一种快速失败机制——它不能用于延后发送请求的场景。这种方案的问题在于，当断路器关合时，推迟的请求将可能使目标系统过载。这种现象被称为惊群效应(thundering herd)，还会产生反馈回路，从而导致系统在不可用和过载之间来回震荡。

12.5　小结

这一章讨论了具备回弹性的系统设计和实现的多个方面：

- 我们描述了遵循单一职责原则的简单组件模式；
- 在实现错误内核模式时，你看到了分层级的失败处理在实践中的应用；
- 在讨论放任崩溃模式时，你注意到依赖于组件的重启以便从失败中恢复的含义；
- 你学习到如何使用断路器模式来为两侧的解耦组件提供相互保护。

在第 13 章中，我们将深入研究有状态的复制模式，从而使组件的实现能避免由不同的宕机时间和实现复杂度而带来的停机。虽然这些组件也与容错和恢复有关，但它们值得独立成章。

第13章

复制模式

前一章介绍了一些强大的架构和实现模式，用于将大型系统拆解成多个封装了失败并彼此隔离的简单组件。我们尚未涵盖的一点是：如何分布组件的功能，以使其在不损失可用性的同时，也能抵御硬件或基础设施的失败。这是一个值得独立成章来其进行讨论的大话题。本章将介绍下面这些内容：

- 主动-被动复制模式(Active-Passive Replication Pattern)。这种模式适用于显式失败切换可接受的场景。
- 三种不同的多主复制模式(Multiple-Master Replication Pattern)。这些模式使得客户端可与它们所选的任何副本进行通信。
- 主动-主动复制模式(Active-Active Replication Pattern)。对于一组选定的失败情形，这种模式能提供零宕机时间的解决方案。

注意，本章展现了一些关于复制模式及其缺点和局限性的深入探讨。遗憾的是，就这个话题本身而言，细节决定成败，一些令人吃惊的语义源自于底层实现上一些貌不惊人的属性。因此，在第一次阅读本书时，可浏览本章，然后当需要时，或者当你构建反应式系统的经历激励着你需要更深入地学习这些方面的知识时，你可以再来回顾本章。

13.1 主动-被动复制模式

保持服务的多个副本运行在不同的位置，但在任何时刻，只接受对于其中一个位置的状态修改。

这种模式有时也称为失败切换(failover)或主从复制(master–slave replication)。你已经见过失败切换的一种特殊形式(放任崩溃模式)：系统具有重启组件的能力意味着，在失败发生后，系统将创建新实例并接管所有功能，就像接力棒从一个选手传递给下一个选手。对于一个有状态的服务来说，与之前失败的实例一样，新实例会去访问相同的持久化存储地址，从而恢复崩溃之前的状态，并从该处继续运行。然而这种方式只在持久化存储完好的情况下才能成功；如果连同持久层也失效的话，服务将忘记之前的所有状态，并且一切从零开始。想象一下，如果你的电子商务网站遗忘了所有已经注册过的用户——那将是毁灭性的灾难！

我们使用“主动-被动复制(active–passive replication)”这个术语来更精确地命名如下行为：为使服务能在即便实例完全失效的情况下也能恢复——包括持久化存储丢失的情况——你将服务的功能以及完整的数据集分布到多个物理位置。这种方法的必要性已在2.4节讨论过：复制，意味着不将所有鸡蛋都放到一个篮子里。

复制然后分布部分功能需要一定量的协调工作，尤其要考虑会修改持久化状态的操作。主动-被动复制的目标是确保在任何时刻，只有一个副本有权执行修改操作。这就使得单个修改，可在不要求集群的节点之间对其达成共识的情况下发生，只要集群对于当前主动节点是哪一个达成共识就行，这就如同在市级议会推举出市长，并来由他负责协调工作一样。

13.1.1 问题设定

在批量处理服务的例子中，存储模块为所有其他组件所倚重。在失败发生后，重启此模块便可使其从多种意外状况中恢复。但你必须关注如何防止数据丢失。这意味着需要在多个位置存储数据，并允许其他组件从其中任何一个获取数据。

为更形象地描述所要说明的内容，让我们来思考一个由客户端接口接收的传入请求。因为存储组件现在分布在多个位置，所以客户端接口现在也需要知悉它的众多地址，以便进行通信。假设有着一个服务注册中心，所有组件都能通过它获取其需要通信的伙伴的地址。那么当存储组件启动时，可将其所有位置和地址都注册到这个注册中心，如此一来，客户端接口便能获取到相应的服务地址。这样就可在运行时动态添加新(的服务组件)副本，或替换老副本。虽然一个静态地址列表在大部分应用场景下也许能满足了，但是对于动态改变地址的需求仍然普遍存在，尤其是在云计算环境中。

主动副本随时都可能会切换。请求到主动副本的途径有如下几个选项：

- 通过服务注册中心，存储组件可通知它的客户端，把某个特定地址视为当前的主动副本。这简化了客户端的实现，但也导致在失败发生后，选取不同副本的过程带来了额外的滞后。
- 同时，也可将内部选举主动副本的共识机制开放给客户端，使其可通过监听选举协议来追踪主动副本的变更。这种方式更新很及时，但是因为要求客户端分担更大的协议操作，会导致客户端实现与服务端的耦合度上升。
- 再者，所有副本都可提供将请求转发到当前主动副本的服务。这使得客户端不必再紧密追踪副本的变更，同时避免了不可用窗口期或紧耦合。这种方式的可能缺点之一是：通过不同副本转发的请求，可能有很大的消息送达延迟误差，从而使请求的处理顺序更难确定。

任务：你的任务是利用 Akka Cluster 实现一个使用主动-被动复制模式的键值对存储(用内存 Map 来表示)，主动副本的位置可通过集群单例(Cluster Singleton)功能来管理。这个实现的一个重要特点是：一旦服务回复了确认信息，那么表明系统应该已经完成请求的处理，也将结果持久化到硬盘里。这样即使后续发生了失败，新的主动副本也能正确运行。

13.1.2　模式应用

根据 Akka Cluster 的描述，我们可专注于分析复制逻辑，而将主动副本的选举过程委托给类库所提供的集群单例功能。一个集群单例就是一个 Actor，它由集群存活最久的成员创建，拥有给定的角色。Akka 的实现确保在同一个集群内，不会存在关于哪一个成员存活最久的冲突信息，而这意味着不可能有两个集群单例同时运行。这种保证依赖于正确地配置集群：在网络分区期间，每个孤立的部分都必须决定是继续运行还是自我关闭；如果规则设定的是：多个分区可继续运行，那么每个孤立的分区都会再次选举出一个集群单例。如果这种情形并不合意，就必须采用“严格法定多数”规则，也就是说只有超过半数的集群节点参与选举才能产生单例——由此可能造成的结果是：如果发生的是三路(或更多路)分区，那么整个集群都可能会关闭(因为每个分区都没有超过半数的节点)。关于这些话题的更多讨论可在第 17 章找到；目前为止，知悉集群单例机制能够确保在任何时刻只有一个主动副本在运行，就足够了。

第一步，你需要实现控制主动副本的 Actor。这个 Actor 将作为集群范围内的单例被刚才解释过的集群单例机制所初始化。它的角色是接受和应答来自客户端的请求，同时向所有被动副本传播更新。为简单起见，你将实现一个通用的键值对存储，字符串作为键，JSON 为值。如此将省去为批量处理服务操作定义类型的麻烦——这些操作在任何情况下都与模式应用这个中心无关。本例的全部源代码都可在网站 www.manning.com/books/reactive-design-patterns 或 GitHub 库 https://github.com/ReactiveDesignPattern 找到。

在开始之前，让我们先看一下客户端与存储副本之间的交互协议消息：

```
sealed trait Command

sealed trait Result

final case class Put(key: String, value: JsValue, replyTo: ActorRef) extends Command

final case class PutConfirmed(key: String, value: JsValue) extends Result

final case class PutRejected(key: String, value: JsValue) extends Result

final case class Get(key: String, replyTo: ActorRef) extends Command

final case class GetResult(key: String, value: Option[JsValue]) extends Result
```

对于 Put 命令的响应，你期待一个确认或者拒绝的回复，而 Get 命令的结果则总是给定键当前的绑定值(视情况而定，可能为空)。后面你将看到，在复制失败或者服务过载时，命令可被拒绝。JsValue 类型在 play-json 库[1]中代表的是任意 JSON 值，而具体的序列化库的选择过程在本例中并不重要，因此先忽略。

当集群单例 Actor 启动时，它必须先联系被动副本以获取当前的起始状态。询问位于同一个 Actor 系统(指的是在相同网络主机)里的副本效率最高，因为这样做避免了整个数据存储的序列化以及经由网络发送的操作。在接下来的实现中，本地副本的地址将通过 Actor 的构造函数进行传递。

代码清单 13-1 单例作为主动副本来接管

```
class Active(
  localReplica:      ActorRef,
  replicationFactor: Int,
  maxQueueSize:      Int) extends Actor with Stash with
ActorLogging {

  private var theStore: Map[String, JsValue] = _     <- 数据存储，为了让示例简单，保存在内存中
  private var seqNr: Iterator[Int] = _     <- Replicate请求的序号生成器

  log.info("taking over from local replica")     <- 要求本地存储副本提供InitialData
  localReplica ! TakeOver(self)

  def receive: Receive = {
    case InitialState(m, s) =>
      log.info("took over at sequence {}", s)
```

[1] 由 Play 团队开发的 play-json 库，以前是 play framework 的一部分，现在已经拆分出来作为一个独立的项目，可以在 play framework 之外运行。具体信息可参见 https://github.com/playframework/play-json。

```
      theStore = m
      seqNr = Iterator from s
      context.become(running)
      unstashAll()
    case _ => stash()
  }

  val running: Receive = ??? //... <-- running状态时的行为
}
```

当 Actor 正在等待初始状态消息时，它需要忽略所有流入的请求。与其丢弃请求或者返回虚构回复，还不如先将请求暂存在 Actor 内，等到你拥有了必要的数据后，再立即对请求进行回复。Akka 对这种用法直接提供现成的支持，你只需要在实现的 Actor 类中混入 Stash 特质即可。在 running[2]状态时，Actor 将使用数据存储和序号生成器，但它需要更多数据结构来组织其行为，如下所示：

代码清单 13-2　主动副本传播复制请求

```
class Active(
  localReplica:      ActorRef,
  replicationFactor: Int,
  maxQueueSize:      Int) extends Actor with Stash with
ActorLogging {
  // ...                                          <-- 如代码清单13.1中的初始化操作
  private val MaxOutstanding = maxQueueSize / 2

  private var theStore: Map[String, JsValue] = _
  private var seqNr: Iterator[Int] = _
  private val toReplicate = mutable.Queue.empty[Replicate]  <-- 需要被复制的未完成项目的队列
  private var replicating = TreeMap.empty[Int, (Replicate, Int)]  <-- 正在处理的复制请求的有序集合

  private var rejected = 0

  val timer: Cancellable =
    context.system.scheduler.schedule(
      1.second, 1.second, self, Tick)(context.dispatcher)  <-- 周期性触发的Timer，用于重发未完成的复制请求

  override def postStop(): Unit = timer.cancel()

  log.info("taking over from local replica")
  localReplica ! TakeOver(self)

  def receive: Receive = {
    case InitialState(m, s) =>
      log.info("took over at sequence {}", s)
      theStore = m
      seqNr = Iterator from s
      context.become(running)
      unstashAll()
```

2 此处直接保留 running 不翻译是因为 running 是状态标志。这是通过 Actor 内置的 Become/Unbecome 语义实现的，一个 Actor 可通过调用 ActorContext 上的 become 和 unbecome 方法来主动切换自己的当前行为。参见 https://doc.akka.io/docs/akka/current/actors.html#become-unbecome。——译者注

```
    case _ => stash()
  }

  val running: Receive = {
    case p @ Put(key, value, replyTo) =>
      if (toReplicate.size < MaxOutstanding) {
        toReplicate.enqueue(Replicate(seqNr.next, key, value, replyTo))
        replicate()
      } else {
        rejected += 1
        replyTo ! PutRejected(key, value)
      }
    case Get(key, replyTo) =>
      replyTo ! GetResult(key, theStore get key)
    case Tick =>
      replicating.valuesIterator foreach {
        case (replicate, _) => disseminate(replicate)
      }
      if (rejected > 0) {
        log.info("rejected {} PUT requests", rejected)
        rejected = 0
      }
    case Replicated(confirm) =>
      replicating.get(confirm) match {
        case None =>                          <—— 已经被移除
        case Some((rep, 1)) =>
          replicating -= confirm
          theStore += rep.key -> rep.value
          rep.replyTo ! PutConfirmed(rep.key, rep.value)
        case Some((rep, n)) =>
          replicating += confirm -> (rep, n - 1)
      }
      replicate()
  }

  private def replicate(): Unit =
    if (replicating.size < MaxOutstanding && toReplicate.nonEmpty) {
      val r = toReplicate.dequeue()
      replicating += r.seq -> (r, replicationFactor)
      disseminate(r)
    }

  private def disseminate(r: Replicate): Unit = {
    val req = r.copy(replyTo = self)
    val members = Cluster(context.system).state.members
    members.foreach(m => replicaOn(m.address) ! req)
  }

  private def replicaOn(addr: Address): ActorSelection =
    context.actorSelection(
      localReplica.path.toStringWithAddress(addr))
}
```

可在恰当时机分发进一步复制请求的辅助方法

向所有副本发送复制请求，包括本地副本

这个 Actor 持有了一个队列，称为 toReplicate，其中包含需要被复制的项目，以及一个正在进行处理的复制请求的队列。replicating 队列使用了有序 Map 来实现，因为你需要在复制请求完成后，直接地访问队列元素。只要 Actor 接收到 Put 请求，它就去检查待复制项目的队列中是否仍有空间。如果队列已满，客户端会立即得到“请求已拒绝”的通知；否则，新的 Replicate 对象就会入队(该对象描述了需要被执行的更新)，之后将调用 replicate()方法。这个方法将更新从 toReplicate 队列传送到仍有空间的 replicating 队列中。这是为了对当前未完成的复制请求的数量加以限制，如此一来，客户端就能在复制机制无法跟上更新负载时得到通知。

当更新移动到 replicating 队列时，Actor 将调用 disseminate 函数。这里，你需要实现算法的一些核心片段：每个主动副本所接受的更新都要发送到所有被动副本进行持久化存储。因为你现在正使用 Akka Cluster，所以可从 Cluster Extension 中获取所有副本的地址清单，之后使用本地副本的 ActorRef 作为模板，轮流向模板中插入每一个远程地址(如此一来，你就获得了每个远程副本对应的本地副本的 ActorRef，进而获得该 ActorRef 的 ActorPath)。replicate 函数将带有复制数量要求的更新保存在 replicating 队列，并以更新的序号索引。更新会一直留在队列里，直到收到足够多的 Replicated 消息形式的确认回复。这种消息的格式在代码清单 13-2 的 running 行为中已经定义。只有当回复的数量达到了，系统才会将更新应用到本地存储，然后给原始客户端发送确认信息。

更新请求和确认回复都可能在网络节点间进行传输的过程中丢失。因此，主动副本安排了定时器进行定期提醒，以重新发送当前 replicating 队列中的所有更新。这可确保最终会有足够多的被动副本接受更新。但没必要让所有副本都从主动副本接收更新，正如你会在接下来实现被动副本时看到的一样。选择这种设计的理由在于：让主动副本关切所有成功的复制将使其实现更复杂，并会进一步增加请求的响应延迟。

在我们专注于被动副本的功能实现之前，你需要先赋予它数据持久化以及读回的能力。对于本例的目标，你可使用如下的简单文件存储。很明显这个技术选型并不适合生产系统；我们将在第 17 章中讨论与持久化相关的各个模式。

代码清单 13-3 通过将 JSON 文件写入到本地磁盘来实现持久化。

```
import java.io.File

import akka.actor.ActorRef
import play.api.libs.json.{ JsValue, Json, OFormat }
import sbt.io.IO

object Persistence {

  case class Database(seq: Int, kv: Map[String, JsValue])
```

一个版本化的键值对存储的超简化模型

使用Play框架的JSON序列化

```
object Database {
  implicit val format: OFormat[Database] = Json.format[Database]
}

def persist(name: String, seq: Int, kv: Map[String, JsValue]):
Unit = {
  val bytes = Json.stringify(Json.toJson(Database(seq, kv)))
  val current = new File(s"./theDataBase-$name.json")
  val next = new File(s"./theDataBase-$name.json.new")
  IO.write(next, bytes)
  IO.move(next, current)
}

def readPersisted(name: String): Database = {
  val file = new File(s"theDataBase-$name.json")
  if (file.exists()) Json.parse(IO.read(file)).as[Database]
  else Database(0, Map.empty)
}
}
```

首先写入单独的文件，从而避免在崩溃时留下不完整的数据…

……然后重命名此文件来替换当前文件，并借此来原子化地用新版本来替换老版本的数据

下面的代码清单假设已经引入了 Persistence 对象，这样你可在需要时直接使用 persist 和 readPersisted 方法。

代码清单 13-4 被动副本追踪它们是不是最新的版本

```
class Passive(
  askAroundCount:    Int,
  askAroundInterval: FiniteDuration,
  maxLag:            Int) extends Actor with ActorLogging {

  private val applied = mutable.Queue.empty[Replicate]

  private val name: String =
    Cluster(context.system).selfAddress.toString.replaceAll
("[:/]", "_")

  def receive: Receive = readPersisted(name) match {
    case Database(s, kv) =>
      log.info("started at sequence {}", s)
      upToDate(kv, s + 1)
  }

  def upToDate(theStore: Map[String, JsValue], expectedSeq: Int): Receive = {
    case TakeOver(active) =>
      log.info("active replica starting at sequence {}", expectedSeq)
      active ! InitialState(theStore, expectedSeq)
    case Replicate(s, _, _, replyTo) if s - expectedSeq < 0 =>
      replyTo ! Replicated(s)
    case r: Replicate if r.seq == expectedSeq =>
      val nextStore = theStore + (r.key -> r.value)
      persist(name, expectedSeq, nextStore)
      r.replyTo ! Replicated(r.seq)
```

为数据存储构建副本识别名称

```
      applied.enqueue(r)
      context.become(upToDate(nextStore, expectedSeq + 1))
    case r: Replicate =>
      if (r.seq - expectedSeq > maxLag)
        fallBehind(expectedSeq, TreeMap(r.seq -> r))
      else
        missingSomeUpdates(theStore, expectedSeq, Set.empty, TreeMap(r.seq -> r))
    case GetSingle(s, replyTo) =>
      log.info("GetSingle from {}", replyTo)
      if (applied.nonEmpty && applied.head.seq <= s && applied.last.seq >= s)
        replyTo ! applied.find(_.seq == s).get
      else if (s < expectedSeq) replyTo ! InitialState(theStore, expectedSeq)
    case GetFull(replyTo) =>
      log.info("sending full info to {}", replyTo)
      replyTo ! InitialState(theStore, expectedSeq)
  }

  def fallBehind(
    expectedSeq: Int,
    _waiting:    TreeMap[Int, Replicate]): Unit = ???

  def missingSomeUpdates(
    theStore:        Map[String, JsValue],
    expectedSeq:     Int,
    prevOutstanding: Set[Int],
    waiting:         TreeMap[Int, Replicate]): Unit = ???
}
```

被动副本服务于两个目标：它保证持久化存储所有流入的更新，以及维护着完整的数据库当前状态，如此一来，主动副本在必要时可被初始化。当被动副本启动时，它先将数据库的持久化状态读入内存，其中包括最后应用的更新的序号。只要所有更新都按正确顺序接收，就只有 upToDate 行为的第三个模式匹配语句才会被调用。它会对本地存储应用最新的更新操作，持久化相关变化，确认复制成功，并修改 Actor 的行为状态来等待由下一个连续序号标识的更新。由主动副本重新发送的更新拥有一个比所期待更新更小的序号，因为已经被执行，所以它们只会被确认。对于从刚刚初始化的主动副本发出的 TakeOver 请求，在这种状态下可以得到立即应答。

但是，如果出现消息丢失，会发生什么呢？除了常见的消息丢失原因外，也可能是由于副本正在重启所造成的：在重启之前的最后一次成功持久化到之后的初始化过程之间的时段，主动副本可能已经发送了任意数量的增量更新，由于在此期间被动副本不可用，所以这些更新不可能被送达到这个实例。这样的丢失只能在后续接收更新的过程中探测到。更新之间的缺口大小可以通过比较预期更新的序号和实际到达的更新所包含的序号来确定；如果缺口太大——由 maxLag 参数决定——那我们可以说这个副本已经滞后；否则，该副本就只是缺失部分更新而已。这两者之间的区别在于你如何从这些情形中恢复，如下所示。

代码清单 13-5 被动副本在滞后过多时请求一份全量更新

```
class Passive(
  askAroundCount:    Int,
  askAroundInterval: FiniteDuration,
  maxLag:            Int) extends Actor with ActorLogging {

  private val applied = mutable.Queue.empty[Replicate]
  private var awaitingInitialState = Option.empty[ActorRef]

  private val name: String =
    Cluster(context.system).selfAddress.toString.replaceAll("[:/]", "_")
  private val cluster = Cluster(context.system)
  private val random = new Random

  private var tickTask = Option.empty[Cancellable]

  def scheduleTick(): Unit = {
    tickTask foreach (_.cancel())
    tickTask = Some(context.system.scheduler.scheduleOnce(
      askAroundInterval, self, DoConsolidate)(context.dispatcher))
  }

  def receive: Receive = readPersisted(name) match {
    case Database(s, kv) ⇒
      log.info("started at sequence {}", s)
      upToDate(kv, s + 1)
  }

  def caughtUp(theStore: Map[String, JsValue], expectedSeq: Int): Unit = {
    awaitingInitialState foreach (_ ! InitialState(theStore, expectedSeq))
    awaitingInitialState = None
    context.become(upToDate(theStore, expectedSeq))
  }

  def upToDate(theStore: Map[String, JsValue], expectedSeq: Int): Receive = {
    // Cases shown previously elided
    case TakeOver(active)                                    ⇒ ??? //...
    case Replicate(s, _, _, replyTo) if s - expectedSeq < 0 ⇒ ??? //...
    case r: Replicate if r.seq == expectedSeq               ⇒ ??? //...
    case r: Replicate                                        ⇒ ??? //...
    case GetSingle(s, replyTo)                               ⇒ ??? //...
    case GetFull(replyTo) ⇒
      log.info("sending full info to {}", replyTo)
      replyTo ! InitialState(theStore, expectedSeq)
  }

  def fallBehind(expectedSeq: Int, _waiting: TreeMap[Int, Replicate]): Unit = {
    askAroundFullState()
    scheduleTick()
    var waiting = _waiting
    context.become {
      case Replicate(s, _, _, replyTo) if s < expectedSeq ⇒
        replyTo ! Replicated(s)
```

```
    case r: Replicate ⇒
      waiting += (r.seq -> r)
    case TakeOver(active) ⇒
      log.info(
        "delaying active replica takeOver, at seq {} while highest is {}",
        expectedSeq, waiting.lastKey)
      awaitingInitialState = Some(active)
    case InitialState(m, s) if s > expectedSeq ⇒
      log.info(
        "received newer state at sequence {} (was at {})", s, expectedSeq)
      persist(name, s, m)
      waiting.to(s).valuesIterator foreach (r ⇒ r.replyTo ! Replicated(r.seq))
      val nextWaiting = waiting.from(s + 1)
      consolidate(m, s + 1, Set.empty, nextWaiting)
    case DoConsolidate ⇒
      askAroundFullState()
      scheduleTick()
  }
}

private def consolidate(
  theStore:    Map[String, JsValue],
  expectedSeq: Int,
  askedFor:    Set[Int],
  waiting:     TreeMap[Int, Replicate]): Unit = ??? //...

private def getMembers(n: Int): Seq[Address] = {
  // using .iterator to avoid one intermediate collection to be created
  random.shuffle(cluster.state.members.iterator.map(_.address).toSeq).take(n)
}

private def askAroundFullState(): Unit = {
  log.info("asking for full data")
  getMembers(1).foreach(addr ⇒ replicaOn(addr) ! GetFull(self))
}

private def replicaOn(addr: Address): ActorSelection =
  context.actorSelection(self.path.toStringWithAddress(addr))
}
```

当滞后过多时，你先向随机选择的副本请求数据库的全量导入，并设定一个计时器。之后将 Actor 的行为切换到 waiting 状态。这种状态下，新的更新将积累起来，留待之后应用；非常老的更新会立即确认；接管请求会被推迟。这个状态只能在接收到“初始化状态”消息才能离开；此时，你开始持久化较新的数据库状态，确认所有积累下来的序号小于期待序号的更新，并通过调用如下的 consolidate()函数来尝试应用所有剩余的更新。

代码清单 13-6　计算可直接应用的队列前段的长度

```
private val matches = (p: (Int, Int)) ⇒ p._1 == p._2
```

```
private def consolidate(
  theStore:      Map[String, JsValue],
  expectedSeq:   Int,
  askedFor:      Set[Int],
  waiting:       TreeMap[Int, Replicate]): Unit = {

  // calculate applicable prefix length
  val prefix = waiting.keysIterator
    .zip(Iterator from expectedSeq)
    .takeWhile(matches)                  计算直接可用的
    .size                              <— 队列前缀的长度

  val nextStore = waiting.valuesIterator
    .take(prefix)
    .foldLeft(theStore) { (store, replicate) ⇒
      persist(name, replicate.seq, theStore)
      replicate.replyTo ! Replicated(replicate.seq)
      applied.enqueue(replicate)
      store + (replicate.key -> replicate.value)
    }
  val nextWaiting = waiting.drop(prefix)
  val nextExpectedSeq = expectedSeq + prefix
                                                        限定被应用的
  applied.drop(Math.max(0, applied.size - maxLag))  <— 缓冲区的大小

  if (nextWaiting.nonEmpty) {                                 检查副本是
    if (nextWaiting.lastKey - nextExpectedSeq > maxLag)  <—  否滞后过多
      fallBehind(nextExpectedSeq, nextWaiting)
    else missingSomeUpdates(nextStore, nextExpectedSeq,
      askedFor, nextWaiting)
  } else caughtUp(nextStore, nextExpectedSeq)
}
```

waiting 参数包含积累下来的、按序排好的更新。然后，你可获取并应用任意数量的更新序列。由于更新存储在有序 Map 里，所以你可直接通过将 Map 里的序号和简单整数数列进行比较，直到发现序列中的不匹配(数据缺口)。匹配的队列前段的长度就需要从 waiting 列表里拿出来要么持久化、要么确认、要么丢弃的更新数量。如果列表现在为空——意味着所有积累的更新都拥有连贯的序号——你就可断定该副本已追上了主动副本，并可切换回 upToDate 模式。否则，你需要再次确定剩余的缺口是否过大，或剩下的小缺口是否能一一填补。后者由如下所示的行为来处理。

代码清单 13-7 确定更新队列里的数据缺口是否可被一一填补

```
class Passive(
  askAroundCount:     Int,
  askAroundInterval: FiniteDuration,
  maxLag:             Int) extends Actor with ActorLogging {

  private val applied = mutable.Queue.empty[Replicate]
```

```
private var awaitingInitialState = Option.empty[ActorRef]

// ... Initialization elided
def receive: Receive = ??? //...

def upToDate(theStore: Map[String, JsValue], expectedSeq: Int): Receive = {
  case TakeOver(active)                                      ⇒ ??? //...
  case Replicate(s, _, _, replyTo) if s - expectedSeq < 0 ⇒ ??? //...
  case r: Replicate if r.seq == expectedSeq                  ⇒ ??? //...
  case r: Replicate                                          ⇒ ??? //...
  case GetFull(replyTo)                                      ⇒ ??? //...
  case GetSingle(s, replyTo) ⇒
    log.info("GetSingle from {}", replyTo)
    if (applied.nonEmpty &&
      applied.head.seq <= s && applied.last.seq >= s) {
      replyTo ! applied.find(_.seq == s).get
    } else if (s < expectedSeq) {
      replyTo ! InitialState(theStore, expectedSeq)
    }
}

def missingSomeUpdates(
  theStore:         Map[String, JsValue],
  expectedSeq:      Int,
  prevOutstanding:  Set[Int],
  waiting:          TreeMap[Int, Replicate]): Unit = {

  val askFor = (expectedSeq to waiting.lastKey).iterator
    .filterNot(seq ⇒
      waiting.contains(seq) ||
        prevOutstanding.contains(seq)).toList

  askFor foreach askAround

  if (prevOutstanding.isEmpty) {
    scheduleTick()
  }
  val outstanding = prevOutstanding ++ askFor

  context.become {
    case Replicate(s, _, _, replyTo) if s < expectedSeq ⇒
      replyTo ! Replicated(s)
    case r: Replicate ⇒
      consolidate(theStore, expectedSeq,
        outstanding - r.seq,
        waiting + (r.seq -> r))
    case TakeOver(active) ⇒
      log.info(
        "delaying active replica takeOver, at seq {} while highest is {}",
        expectedSeq, waiting.lastKey)
      awaitingInitialState = Some(active)
    case GetSingle(s, replyTo) ⇒
      log.info("GetSingle from {}", replyTo)
      if (applied.nonEmpty &&
        applied.head.seq <= s &&
```

```
        applied.last.seq >= s) {
        replyTo ! applied.find(_.seq == s).get
      } else if (s < expectedSeq) {
        replyTo ! InitialState(theStore, expectedSeq)
      }
    case GetFull(replyTo) ⇒
      log.info("sending full info to {}", replyTo)
      replyTo ! InitialState(theStore, expectedSeq)
    case DoConsolidate ⇒
      outstanding foreach askAround
      scheduleTick()
  }
}

private def askAround(seq: Int): Unit = {
  log.info("asking around for sequence number {}", seq)
  getMembers(askAroundCount)
    .foreach(addr ⇒ replicaOn(addr) ! GetSingle(seq, self))
}

// ... Other helpers elided
private def consolidate(
  theStore:    Map[String, JsValue],
  expectedSeq: Int,
  askedFor:    Set[Int],
  waiting:     TreeMap[Int, Replicate]): Unit = ???

private def getMembers(n: Int): Seq[Address] = ???

private def replicaOn(addr: Address): ActorSelection = ???

def scheduleTick(): Unit = ???

}
```

这里，你终于使用了之前在维护的队列放置已应用过的更新。当你推断出缺少部分更新时，就会进入这个状态，并且知悉所期待的下一个连贯序号，以及一系列暂时还无法被应用的后续更新。使用这些信息，你先创建一个所缺少序号的列表——你必须向其他副本询问这些序号所对应的更新。再一次，你安排了定时器来触发询问过程，以防部分更新没有被接收到；为避免反复询问相同的更新，你必须维护一个(已经询问过的)未完成序号的列表。通过将 GetSingle 请求发送到数个被动副本，完成了询问过程，而这个数量是可配置的。在此状态下，你设置了一种行为，这种行为可确认已知更新，推迟来自主动副本的初始化请求，回复全量数据导入请求，以及在任何可能的时刻应答来自其他处于相同情形的副本对于特定更新的请求。接收到复制请求时，它可能是来自主动副本的新请求，也可能是你所询问的缺少的更新。任意情况下，你将它合并到 waiting 列表中，并使用 consolidate 函数来处理所有可应用的更新，之后也许就可以切换回 upToDate 模式。

到此为止，你已经完成了主动和被动副本的实现。使用这些实现时，除了启动集群单例管理者外，你还需要在每个集群节点上启动被动副本。客户端请求将通过使用集群单例代理辅助——一个通过监听集群成员变更时间来追踪当前集群单例位置的 Actor ——转发到主动副本。要获得完整的源代码(包括可运行的示例应用程序)，可访问本书的在线网页 www.manning.com/books/reactive-design-patterns 或 Github 库 https://github.com/ReactiveDesign Patterns。

13.1.3　模式回顾

这个模式的实现包含四个部分：

- 集群成员服务，允许发现和枚举所有副本位置；
- 集群单例机制，保证始终只有一个主动副本在运行；
- 主动副本，接收来自客户端的请求，然后将更新广播给所有的被动副本，并在复制成功后应答客户端；
- 数个被动副本，负责持久化状态的更新，并帮助彼此从消息丢失中恢复。

对于前两者，这里的例子直接使用了由 Akka Cluster 所提供的工具，因为完整的集群解决方案的实现过于复杂，而且一般也不会从头开始构建。其他许多实现方案也能为这个目标所用；而集群实现中所有的重要属性都已经在此罗列好了。两种类型的副本的实现已为特定目标进行了定制化裁剪。我们通过一个用例描述了主动-被动复制模式。这个用例展现了一个很多应用系统都会有的典型操作中的最小集合：Get 请求代表了不会修改复制状态的操作，因此可立即在主动副本上执行；而 Put 请求则凸显了其是一种作用需要被复制的操作，如此一来，这些作用才得以在失败后仍得到保留。

只要没有失败发生，那么这种复制模式的性能将非常好，因为主动副本不需要执行协调任务；所有读请求都能在不需要额外通信的情况下得到响应，并且写入请求只需要被足够多数的副本子集确认即可。这就使得写入性能与可靠性得以平衡：较大的复制因子能减少数据丢失的可能性，而较小的复制因子能够减少部分副本响应缓慢所带来的影响——如果要求 N 个响应，那么当前 N 个最快的副本将满足你的需要。

在失败发生时，你将看到两种不同的性能退化形式。如果一个托管着被动副本的网络节点失败了，那么它重启后，为追上最新状态，网络流量也将增加。如果运行着主动副本的网络主机失败了，就会有一段时间内没有任何主动节点在运行：集群需要花费时间来确认该节点已经失败，并传播需要初始化新的集群单例的认知(并最终达成共识)。这些协调工作的执行需要谨慎地进行，以尽量确保无论老的集群单例所在的节点是否从网络分区中恢复过来，它都不会干扰后来的操作。对于典型的云部署场景，这个过程的耗时通常是秒级别的；它被网络传输的延迟和可靠性中存在的波动所限制。

在讨论失败模式时，我们必须同样考虑可能导致异常行为的一些边缘案例。假设主动副本在发送出一个更新后失败，而下一个推举出的主动副本还没有接收到这个消息。那么为了发现信息已丢失，新的主动副本需要接收到拥有更高序号的更新——但在刚刚描述的算法里，这种情形将永远不会发生。因此，在失败切换后接收到第一个请求时，新的主动副本将不知情地重用某个在其他副本针对不同更新时已经处理过的序号。可通过要求所有已知副本在失败切换后确认已知的最高序号来避免这个问题，然而这样做，必然会增加宕机时间。

另一个问题是：在重启后需要确定什么时候去掉以及什么时候保留持久化存储。最安全的选项当然是删除持久化存储，然后重新导入数据库，然而，虽然这样可以避免引入因为网络分区而造成的主动副本和集群其他存活部分分离所产生的冲突更新；但是，这也会导致在绝大多数情况下，出现没有必要的网络流激增。如果整个集群都关机重启，那么这肯定是致命的。而这个问题可通过维护一个历元[3]计数器(epoch counter)来解决。在每次失败切换后，就增加计数器的值，如此一来，副本就能探测到它在重启后有过时的信息——为实现这个功能，主动副本会将它的当前历元以及历元起始序号包含在复制协议消息里。

你必须根据使用场景在可靠性运维、性能以及实现复杂度上进行权衡。需要指出，不可能实现一个在任何可想象出的失败场景中都能完美运行的解决方案。

13.1.4 适用性

因为主动-被动复制模式要求获得关于主动副本的共识，这种模式在发生停机或者网络分区时，会导致存在服务不可用的时段。这种情况无法避免，因为如果无法在当前可访问集群成员中达到法定人数(quorum)[4]，那么也意味着有可能在无法访问的集群成员中达到了法定人数。但为了保证对于客户端的一致性，必须避免在同一时间选举出两个主动副本的情况。因此，主动-被动复制模式并不适用于那些需要完美可用性的场景。

13.2 多主复制模式

在不同位置上保持服务的多个副本，每处都可接受修改，并将所有修改在各个副本之间传播。

---

3 历元，在天文学是一些天文变数作为参考的时刻点，此处即是时间参照点的意思。——译者注

4 Quorum，法定人数，是指举行会议、通过议案、进行选举或组织某种专门机构时，法律所规定的必要人数。未达法定人数时无效。——译者注

使用主动-被动复制模式，基本的操作模式就是持有一个相对稳定的主动副本，并由这个副本来处理读写请求，而不需要做更多额外的协调工作。这样可尽可能地将常用场景保持得简单高效，只是在失败切换时需要执行特殊操作。这意味着客户端将它们的请求发送到当前主动副本时，并不能确定在失败场景下会得到什么样的结果。因为主动副本的推选，并不发生在每个请求进入时，而是另行通知的。客户端无法得知在失败状态下到底会发生什么：比如说，请求是否已经被传播出去了？

允许请求能由所有副本接受意味着，客户端也可以参与到复制过程中，并能因此获取关于其请求的执行情况更精确的反馈。客户端和副本之间的搭配未必意味着双方都处于运行过程；将它们放置在相同的失败域中可使得它们之间的通信更可靠，共享的失败模型同时也更简单，即使这可能只是意味着将两者都运行在同一台计算机上，或运行于同一个计算中心内。一个系统越分散，分布式固有的问题也就越明显，而且会因为通信延迟的增加以及传输可靠性的降低而进一步恶化。[5]

在多主副本模式下有数种策略可用来接受请求。而它们之间的主要区别在于发生网络分区时如何处理持续到来的请求。在这一节中，我们将分析以下三种类型的策略：

- 最具一致性的结果是通过对每个单独更新确立共识的方式获得，而代价则是在应对失败时不能处理任何请求。
- 可用性可通过在发生网络分区时接收潜在的冲突更新得到提升。这些冲突可在分区结束后再解决，只是可能导致要丢弃已经被各方确认过的某些更新。
- 无数据丢失的完美可用性可通过限制数据模型来获得，这样的并发更新天生就是无冲突的。

13.2.1　基于共识的复制

对于一个群体来说，我们对于共识(consensus)的意义有一个基本的理解：在一个群体内部，所有成员都同意某项提议，并认同这种同意是全体一致的。从个人经验来说，我们知道达成共识是一个可能会耗费很多时间以及精力去进行协调的过程，尤其是如果事件一开始就存在争议——换言之，如果最开始就有多项互相竞争的提议，那么群体就必须决定只支持哪一项。[6]

---

5 因此一般来说，对于多数据中心部署的应用及其依赖，都讲究单元化封闭性，即该应用运行所需的一切都应该尽量在当前单元中完成。——译者注

6 本书的翻译过程就是共识的过程。基本上有争议的点都要经过三位译者和技术评审达成共识之后才会确定下来。——译者注

在计算机科学里，共识[7]这个词大致具有相同的含义，但是，当然有着对它更精确的定义：给定一个拥有 N 个节点的集群以及一组提议 P1 到 Pm，每一个非失败的节点最终会选定单个提议 Px，并且不会撤回此提议。所有非失败的节点会选定相同的 Px。在键值存储的例子中，这意味着单个节点提议更新某个键的值，并在共识协议完成后，集群范围内会有一个一致的决定确认是否执行更新——或者以哪种顺序执行。在这个过程中，部分集群节点可以失败；如果失败节点的数量少于算法可容忍的阈值，那么共识仍可达成。否则，共识是不可能的；这类似于议会决议必须达到法定人数，以此防止缺席的大多数在下一次会议中否定之前的选举结果[8]。

可通过共识算法对复制日志达成共识，并基于此来构建分布式的键值存储。任何流入的更新都以编号的行记录形式写入到一个虚拟账本中；并且，因为所有节点最终都要对哪个更新在哪一行取得一致，因此，所有节点都可按相同的顺序将这些更新应用到它们自有的本地存储里。这样，只要一切都完成了，所有节点就会得到相同的状态。从另一个角度来看待这种模式，则是每一个节点自身都有一个可复制状态机的副本在运行；基于共识算法，所有单独的状态机副本都按相同的顺序进行相同的转换，只要它们中的大部分不在这个过程中发生失败即可。

模式应用

共识算法有很多种，而可供选择的现有实现就更多了。在这一节，我们使用一个来自 ckite 项目[9]的现有例子来展现如何能像下面的代码清单所列一样简单地实现一个键值存储。

代码清单 13-8 使用 ckite 来实现键值存储

```
class KVStore extends StateMachine {
  private var map = mutable.Map[String, String]()
  private var lastIndex: Long = 0

  def applyWrite: PartialFunction[(Long, WriteCommand[_]), String] = {
    case (index, Put(key: String, value: String)) ⇒
      map.put(key, value)
      lastIndex = index
      value
  }
```

---

7 参考 https://en.wikipedia.org/wiki/Consensus_(computer_science)获得概述。

8 巧合的是，一个相似的类比由 Leslie Lamport 在 PAXOS 共识算法的首次描述中使用。该描述在论文 “The Part-Time Parliament”, ACM Transactions on Computer System16, no.2 (May 1998): 133-169, http://research.microsoft.com/en-us/um/people/lamport/pubs/lamport-paxos.pdf 出现。

9 可在 https://github.com/pablosmedina/ckite 找到 ckite 类库的实现，在 http://mng.bz/dLYZ 找到完整的样例源代码。

```
  def applyRead: PartialFunction[ReadCommand[_], Option[String]] = {
    case Get(key) ⇒ map.get(key)
  }

  def getLastAppliedIndex: Long = lastIndex

  def restoreSnapshot(byteBuffer: ByteBuffer): Unit = {
    map = Serializer.deserialize[mutable.Map[String, String]](byteBuffer
.array())
  }

  def takeSnapshot(): ByteBuffer =
    ByteBuffer.wrap(Serializer.serialize(map))

}
```

这个类只描述了节点基于共识算法达成一致之后对于 Get 和 Put 请求的处理，而这就是为什么这个实现完全不必考虑一致性问题的原因。应用 Put 请求意味着更新存储了键值对的 Map 并且返回写入的值；应用 Get 请求则只需要返回当前绑定值(如果没有的话，则返回 None)。

因为从最开始就应用所有写入将是一个比较耗时的过程，所以它也提供存储当前状态的快照的能力，同时会标记最后应用的请求在日志文件中的索引。这都通过 takeSnapshot()函数来完成，ckite 库会按一个可配置的周期调用这个函数。万一 KVStore 在失败或者维护性停机之后被重启了，那么它的逆操作——restoreSnapshot()函数——就能把被序列化的快照转变回 Map。

ckite 使用 Raft 共识协议(https://raft.github.io)。为使用 KVStore 类，读者需要把它当作复制状态机来实例化。

代码清单 13-9 按照复制状态机来实例化 KVStore

```
object KVStoreBootstrap extends App {
  val ckite =
    CKiteBuilder()
      .stateMachine(new KVStore())
      .rpc(FinagleThriftRpc)
      .storage(MapDBStorage())
      .build
  ckite.start()

  HttpServer(ckite).start()
}
```

HttpServer 类启动一个 HttpService。这个服务可将 Http 请求映射成对于键值存储的请求，并支持一致性读请求(通过分布式日志来实现)、只返回本地节点当前已应用更新的本地读请求(这种读可能缺少正在同步中的更新)以及写入请求(上面已经讨论过的)。如此一来，该库的 API 就非常直观了：

```
val consistentRead: Future[Option[String]] = ckite.read(Get(key))
val possibleStaleRead: Future[Option[String]] = ckite.readLocal(Get(key))
val write: Future[String] = ckite.write(Put(key, value))
```

模式回顾

自己实现一套共识算法从来不是个好主意，这里面有太多的陷阱和边缘案例需要考虑，所以直接从众多可靠的、已验证过的算法中挑选一个是非常好的默认选择。由于复制日志和处理日志条目的状态机天生就是分离的，所以使用现存的解决方案来上手也会比较容易，就像上面所展示的，用了尽量简化的代码去实现KVStore 的例子一样。唯一需要编写的部分，就是生成复制请求的逻辑，以及在所有副本位置处理这些请求的状态机。

基于共识的复制的优势在于，能保证副本对于事件的顺序达成共识，因而也能保证对复制数据的状态达成共识。这样一来，推导分布式程序的正确性就变得很直观，因为从某种意义上来说，程序将不会进入不一致的状态。

不过要做到这种令人安心的方案是有代价的，那就是为了避免错误，算法必须是保守的：在任何失败面前(比如网络分区或者节点崩溃)，它都不能冒险前进。在处理下一个更新之前，必须要求多数节点对本次更新达成一致，但是这种要求不仅仅耗费时间，而且也可能会在发生网络分区时发生完全失败(例如发生了任何一部分都无法代表多数的三路分区)。

13.2.2 具有冲突检测与处理方案的复制方式

如果你想要改变自己的复制方案，使其能在发生短暂的网络分区过程中继续工作，你就不得不做出部分妥协。显然，不可能在不通信的情况下达成共识，所以，如果集群中的所有节点一直都在接收和处理请求，那么可能会执行某些存在冲突的操作。

考虑批量处理服务中的存储组件的例子，这个组件存储着部分计算任务的执行状态。当任务被提交时，它的状态被记录成 new; 之后变成 scheduled、executing，并最终成为 finished(为简化起见，这里忽略了失败和重试)。但另一种可能性是：提交了任务的客户端由于不再需要计算的结果(也许是因为已在修改参数后提交了新任务)，所以决定取消之前提交的任务的执行。客户端尝试将任务的状态改成canceled。而根据当前任务的状态，这个过程中可能产生进一步的影响——任务可能被直接从 scheduled 队列中移除，或如果它正在执行的话，则需要将其中止。

假使你想要让存储组件尽可能保持高可用，那么很可能你想让服务一直接收任务状态的更新，即便是在存储集群被网络分区分离成两个部分时。分区会导致直到通信恢复之前，组件根本无法成功地应用共识协议。如果客户端接口将写入canceled 状态的请求发送到集群的一部分，而与此同时另一部分的执行服务正开始运行任务，并因此将任务设置成为 executing，那么存储组件的这两部分就接收到冲突的信息。当网络分区被修复，又可进行通信后，复制协议需要探测到发生了这种冲突，并要根据情况做出反应。

模式应用

用来探测集群节点是否执行了冲突更新的最有效工具称为*版本向量(version vector)*[10]。通过这个工具，每个副本都可通过增加计数器的方式追踪自从上一次成功复制之后，谁更新了任务状态：

- 在节点 A 和 B 上，状态都从 scheduled 开始。此时版本向量都是空的。
- 当客户端接口更新节点 A 上的状态，副本将使用版本向量<A:1>将其登记为 canceled(所有未提及的节点都被假设为只有版本 0)。
- 当执行器更新节点 B 的状态，它会用版本向量<B:1>来登记。
- 如果副本 A 和 B 在分区修复之后比较记录，状态将同时为 canceled 和 executing，而版本向量分别是<A:1>和<B:1>；并且因为没有任何一方完全包含了另一方，这里就检测到一个冲突。

之后就必须设法解决这个冲突。使用 SQL 数据库，可基于固定的或可配置的策略做决定：例如，每个值存储时都带着时间戳，并选取最新的更新。这种情况下，不需要进行任何编码，因为冲突解决在数据库内部完成了。可像没有使用复制的场景那样编写用户代码。

另一种可行的方法被 Riak(http://mdocs.basho.com/riak/latest/theory/concepts/Replication)数据库实现。这种方法将两个冲突值都展现给读取了对应键的任意客户端，并需要各客户端自己决定如何处理冲突。客户端之后可以通过发起明确的写入请求回写合并好的值，如此一来，便可将数据存储带回一致性状态；这种方式被称为读修复(read repair)。在 Riak 的官方文档[11]上能找到一个具体操作的例子。

在批量处理服务的例子里，你可在存储组件的实现里把领域知识也融合进去：当网络分区被修复后，所有副本应该交换在此期间发生了变化的所有的键的版本信息。当发现冲突时，很明显客户端会希望中止正在执行的任务——修复程序自动将任务状态修改到 canceled(用版本向量<A:1,B:1>来记录其包含所有修改)，并请求执行器终结这个任务的执行。对于这个模式的一种实现选择是使用类似 Riak 的数据库来存储数据，然后参考另外存储的关于分区期间哪些键已被写入的信息，在应用层面执行读修复。

---

10 需要特别指出的是，你不需要向量时钟，可参考 Carlos Baquero, “Version Vectors Are Not Vector Clocks,” HASlab, July 8, 2011, https://haslab.wordpress.com/2011/07/08/version-vectors-are-not-vector-clocks 里的讨论(简单地讲：你只需要追踪更新是否被副本执行，不需要知道有多少被执行)。同样可以参考 Nuno Preguiça et al., “Dotted Version Vectors,” November 2010, http://arxiv.org/abs/1011.5808 对此的描述。

11 参考网址 http://docs.basho.com/riak/latest/dev/using/conflict-resolution/。

模式回顾

我们在键值对存储或数据库(通过对已有的解决方案进行封装，实现了对状态复制的处理，形式为关系型数据库管理系统或其他数据存储)级别介绍了冲突探测和解决方法。这里，模式通过记录所有对于已存储数据的变更操作来实现，存储产品由此能探测并处理由于在网络分区过程中(或在其他部分系统不可用的时段内)接收更新而产生的冲突。

当使用服务端冲突解决时(现在流行的 SQL 数据库就是这样做的)，应用程序的逻辑不需要考虑冲突相关的事宜，只是要承担可能在修复过程中丢失更新的后果——选择最新的更新意味着丢弃其他所有更新。客户端冲突解决方案则可定制与领域知识相关的应对策略。但从另一方面来说，它使得应用逻辑写起来更复杂，因为所有以这种方式读取数据存储的访问，都必须有能力处理可能接收到的多份对单个查询的有效应答。

13.2.3 无冲突的可复制数据类型

在前一节，你为批量处理服务的存储组件获得了完美的可用性——这里“完美”意味着“只要副本可访问，服务就能一直运行”。而代价则是要么丢失更新，要么不得不手工实现冲突解决方案。在此基础上，我们可进一步优化，只是不得不付出另一种代价：不可能在避免冲突并维持完美可用性的同时，不对可表达的数据类型进行任何限制。

举个例子，假设有一个计数器需要被复制。为保证避免冲突，可使得在任意副本登记的一个增量最终在所有副本上都(有效)可见，独立于其他同时发生的增量。很明显，在这个例子里面，仅复制计数器的值是不够的：如果数值为 3 的增量被节点 A 接受了，同时数值为 5 的增量被节点 B 接受了，那么复制后的值就会如同在前一节讨论的一样，要么报告检测到冲突，要么丢弃其中一个更新。因此，你将计数器拆分成独立的按节点分布的子计数器[12]，其中每个节点只修改自己的子计数器。读取计数器意味着将所有节点的子计数器的和算出来。按这种方式，值为 3 的增量和值为 5 的增量都是有效的，因为按节点的值看不到冲突更新。当复制结束后，会发现所有计数器的总和增加了 8。

通过这个例子，我们能很清楚地看到，创建一种数据结构来满足要求是可行的，只是实现这个可复制的计数器的必要步骤是为特别使用场景而定制的，所以并不能被广泛应用——特别是，它依赖于将所有子计数器相加求和能够正确表示整个计数器行为的这个事实。对于广泛范围内的数据类型来说，包括 Set 和 Map，这也

12 可参考网址 http://mng.bz/rf2V 中以 Akka Distributed Data 为背景的实现。这种类型的计数器只能增长，因此它的名字是 GCounter。

是可行的。但当有任何全局不变量无法被翻译成本地不变量时，这种方式就行不通了。对于 Set，避免重复很简单，因为重复检查可在每次插入时完成。但构建一个“值必须限定在给定范围内”的计数器就又需要更多的协调工作了。

这里讨论的数据类型被称为“无冲突的可复制数据类型(Conflict-Free Replicated Data Types，CRDT)[13]。这些数据类型被许多分布式系统类库和数据存储所采用。为定义这样一个数据类型，你需要制定一套如何合并其中两个值，并以此来获得新值的规则。不同于探测并处理冲突的方案，这种数据类型知道如何合并并发的更新，因此不会产生冲突。

合并函数最重要的属性在于对称性和单调性：值 1 合并值 2，或者值 2 合并值 1 不应该有任何不同；之后再用合并好的值去合并第三个值，新的合并值不应该回到之前的状态(比如，如果 v1 和 v2 合并到 v2，那么任何其他值与 v2 进行合并之后都不应该再得到 v1——你可以画出这种函数：值按某种顺序排列，并且合并只会按顺序向前进行，永远不会向后)。

模式应用

回到更新批量处理任务的状态的例子，我们现在演示一下 CRDT 是如何工作的。首先，你定义所有可能的状态值和它们的合并顺序，如图 13-1 所示——这样的图形化演示是设计一个只有少量值的 CRDT 类型时最简单的开始办法。当合并两种状态时，有如下三种情形：

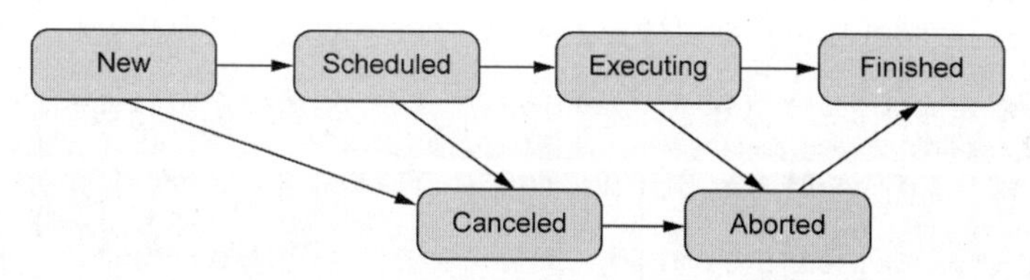

图 13-1 批量处理任务的状态的值集合作为 CRDT 类型，它们的合并顺序用状态连接箭头表示：沿着箭头方向行走就是从前驱向后继合并的方向

- 如果两个状态值一样，那么显然你可随意取其中一个。
- 如果它们其中一个能按照箭头的指向走到另一个，那么你选择箭头所指方向的状态；例如，合并 New 与 Executing 将得到 Executing。
- 如果上述情形都不符合，那么你需要找到一个新状态，前面两者都能通过箭头方向到达这个新状态。但是你想要找到的应该是：离这两者最近的状

13 参考论文 M. Shapiro et al., “A Comprehensive Study of Convergent and Commutative Replicated Data Types,” 2011, https://hal.inria.fr/inria-00555588 以获取概览信息；参考论文 C. Baquero, “Specification of Convergent Abstract Data Types for Autonomous Mobile Computing,” 1997, http://haslab.uminho.pt/cbm/publications/specification-convergent-abstract-data-types-autonomous-mobile-computing 了解早期的基础工作。

态(否则，Finished 将总会是最终解决方案，但是它并不一定是有用的)。

在图中只有一个例子，就是合并 Executing 和 Canceled，这时我们会选择 Aborted——选择 Finished 在技术上是可行的、也是一致的，但是这个选择会丢失信息(Executing 和 Canceled 所表示的信息片段你应该都想保留)。

下一步就是将这种逻辑转化成代码。本例准备使用 Akka Distributed Data 模块来表示结果状态。这个模块可帮助我们处理 CRDT 的值的复制与合并过程。所有需要做的就是实现 merge 函数。这个函数是 ReplicatedData 接口唯一的抽象方法。

代码清单 13-10 图 13-1 中图形的代码表示

```
final case class Status(name: String)(
  _pred: ⇒ Set[Status], _succ: ⇒ Set[Status]) extends ReplicatedData {

  type T = Status

  def merge(that: Status): Status = mergeStatus(this, that)   ◁— 将另一个状态与这个状态合并

  @volatile lazy val predecessors: Set[Status] = _pred   | 指向该状态的箭头以及
  @volatile lazy val successors: Set[Status] = _succ     | 从这个状态流出的箭头

}

val New: Status =
  Status("new")(Set.empty, Set(Scheduled, Cancelled))
val Scheduled: Status =
  Status("scheduled")(Set(New), Set(Executing, Cancelled))
val Executing: Status =
  Status("executing")(Set(Scheduled), Set(Aborted, Finished))
val Finished: Status =
  Status("finished")(Set(Executing, Aborted), Set.empty)
val Cancelled: Status =
  Status("cancelled")(Set(New, Scheduled), Set(Aborted))
val Aborted: Status =
  Status("aborted")(Set(Cancelled, Executing), Set(Finished))
```

这是对于图 13-1 的简单表示，状态图上的每个节点都用一个拥有两组其他节点(分别描述流入和流出的箭头)的 Scala 对象表示：箭头总是从前驱指向后继(例如，Scheduled 状态是 New 状态的后继，而 New 状态是 Scheduled 状态的前驱)。我们本可选择一种更紧密的表达方式，让箭头只需要编码一次。例如，如果我们只拥有后继信息，那么在构建所有状态后，第二遍构建会自动将前驱集合填满。这里选择更显式地进行处理，并省略了 post-processing 步骤所需的代码。现在是时候来分析下面的代码清单中的合并逻辑了。

代码清单 13-11 合并两个状态来产生第三个合并后的状态

```
def mergeStatus(left: Status, right: Status): Status = {
```

```
  /*
   * Keep the left Status in hand and determine whether it is a predecessor of
   * the candidate, moving on to the candidate's successor if not successful.
   * The list of exclusions is used to avoid performing already determined
   * unsuccessful comparisons again.
   */
  def innerLoop(candidate: Status, exclude: Set[Status]): Status =
    if (isSuccessor(candidate, left, exclude)) {
      candidate
    } else {
      val nextExclude = exclude + candidate
      val branches =
        candidate.successors.map(succ ⇒ innerLoop(succ, nextExclude))
      branches.reduce((l, r) ⇒
        if (isSuccessor(l, r, nextExclude)) r else l)
    }

  def isSuccessor(
    candidate: Status,
    fixed:     Status, exclude: Set[Status]): Boolean =
    if (candidate == fixed) true
    else {
      val toSearch = candidate.predecessors -- exclude
      toSearch.exists(pred ⇒ isSuccessor(pred, fixed, exclude))
    }

  innerLoop(right, Set.empty)
}
```

在这个算法里，合并了两个状态，一个称为 left，另一个则是 right。在整个过程中，你都保持 left 不变，并将 right 看成我们也许需要沿箭头方向移动的候选值。例如，考虑合并 New 状态和 Canceled 状态：

- 如果 New 状态被当作 left 参数的值传入，你就会将 Canceled 状态作为候选值，然后进入内部循环(即这里的 innerLoop()方法)中。第一个条件语句将调用 isSuccessor 函数，并使用 Canceled 和 New 作为函数的前两个参数。它们并不相等，于是 isSuccessor 的 else 分支将搜索 Canceled 的所有前驱(New 和 Scheduled)来确定它们中是否有一个是 New 的后继。而这满足了条件 candidate == fixed，所以 isSuccessor 返回 true，而 innerLoop 中的候选值(Canceled)将被当作合并结果返回。
- 如果 New 被作为 right 参数的值传入，那么第一个 isSuccessor 将返回 false。你就此进入另一个条件分支中。这时，候选值 New 的两个前驱都会被检查；而这时检查 Scheduled 同样无效，因而升级到它的后继 Executing 和 Canceled。把这个故事简化一下，你最终会发现对于 Executing 候选值的合并结果将是 Aborted，而对于 Canceled 则是 Canceled 本身。这些分支后通过两两比较和挑选前驱的方式，最终被归约到单个值，而这个值在刚才尝试 Scheduled 的情况下则是 Canceled。返回到最外层循环的调用，你因此从这两个分支得到相同的结果 Canceled，而这个结果也就是最终结果。

这个过程在某种程度上因你允许 Executing 和 Canceled 这两种状态相互无关的事实复杂化了，这就迫使你必须有能力找到共同的后继。稍后会再回到这个例子，讲一讲为什么这里需要具备这个能力，不过我们还是先看一看这个 CRDT 是怎样被假想(并且超级简化)的客户端接口所使用。为实例化 CRDT，你需要定义一个可在集群内鉴别出它的键：

```
object StorageComponent extends Key[ORMap[Status]]("StorageComponent")
```

你需要将每个批量任务都和一个 Status 关联，而对于这个目标来说最合适的预定义 CRDT 就是 Observed Remove Map(简称 ORMap)。这个名字起源于以下特性：键只有在其存在性被观测到后才能从 map 中移除。移除是一个困难的操作，因为你已经见过 CRDT 数据结构需要单调的、向前移动的 merge 函数——在某个节点上移除某个键，然后在集群上复制这个新的 map，这意味着其他节点会再次把移除掉的键在合并时添加回来，因为这就是键如何在集群上进行分布所依靠的最基本机制。[14]

还有一点要注意：CRDT 能像之前所示的例子般进行编写，ORMap 使用 String 作为键(这在 Akka Distributed Data 的实现中是固定的)，CRDT 类型作为值。除了使用自定义的 Status 类型，如果你需要一个现成的计数器的集合来作为起始点，那么这里需要提一下的一种可能性是：你可使用 PNCounter 的 Observed Remove Set(简称 ORSet)。这使得你可创建带有表现良好的复制语义的容器数据类型。这种类型在不同上下文中都是可重用的。在客户端接口内部——后续代码清单中用特别简化的 Actor 表示——我们通过引用 StoreageComponent 的键来使用状态 Map。

代码清单 13-12 使用 Akka Distributed Data 来传播状态变更

```
class ClientInterface extends Actor with ActorLogging {
  private val replicator: ActorRef = DistributedData(context.system).replicator
  private implicit val cluster: Cluster = Cluster(context.system)

  def receive: Receive = {
    case Submit(job) ⇒
      log.info("submitting job {}", job)
      replicator ! Replicator.Update(
        StorageComponent,
        ORMap.empty[String, Status],
        Replicator.WriteMajority(5.seconds),
        Some(s"submit $job"))(_ + (job -> New))
    case Cancel(job) ⇒
```

14 要了解更多实现细节，参考 Annette Bieniusa et al., “An Optimized Conflict-Free Replicated Set,” October 2012, https://hal.inria.fr/hal-00738680。

```
      log.info("cancelling job {}", job)
      replicator ! Replicator.Update(
        StorageComponent,
        ORMap.empty[String, Status],
        Replicator.WriteMajority(5.seconds),
        Some(s"cancel $job"))(_ + (job -> Cancelled))
    case r: Replicator.UpdateResponse[_] ⇒
      log.info("received update result: {}", r)
    case PrintStatus ⇒
      replicator ! Replicator.Get(
        StorageComponent,
        Replicator.ReadMajority(5.seconds))
    case g: Replicator.GetSuccess[_] ⇒
      log.info("overall status: {}", g.get(StorageComponent))
  }
}
```

Replicator 是 Akka Distributed Data 模块提供的 Actor。它负责在集群节点之间运行复制协议。大部分类似 ORMap 的泛型 CRDT 都需要辨认出给定更新的发起者，为此代码中隐式地使用了 Cluster 扩展——这里在处理 Submit 和 Cancel 请求时修改了 Map 的那些函数字面[15]都需要它。

使用 Update 命令，你要把 StorageComponent 键、初始值(如果 CRDT 之前未被引用过)以及复制因子的设置都包含进来。这个设置决定了一次成功更新的确认信息将在什么时间点被发送回 ClientInterface Actor：你可选择一直等到大多数集群节点都被通知到，但你也可能需要所有节点都更新成功，或只要求本地节点获得了新值并开始传播就满意了。后者具有最低的可靠性却可获得完美的可用性(假设本地失败也意味着 ClientInterface 同样受到影响)；等待所有节点确认对于保留被存储的数据来说是最可靠的，但很容易在存储时失败。很多情况下，使用多数确认(即代码中使用的 WriteMajority 策略)都是运行良好的折中方式——就如同我们为了立法目的而采用的投票制度一样。

由客户端接口所执行的修改操作并不关心任务之前的状态。它们创建一个状态为 New 的任务或用 Canceled 重写已存在的任务状态。执行组件会有更多有趣的用法，如下所示。

代码清单 13-13 引入对于任务的请求标志

```
class Executor extends Actor with ActorLogging {
  private val replicator: ActorRef = DistributedData(context.system).replicator
```

15 将函数字面与其他类型的字面进行比较更容易理解。字面是源代码里表示部分类型的值的记号。Scala 内有整型字面、字符字面、字符串字面等。在 Scala 中，函数是一等公民，它的值在源代码里也可以用函数字面表示。这些函数值都会有一个对应的函数类型。举个例子，5 是代表 Int 类型的一个值的整型字面；'a'是 Char 类型的一个字符字面；(x: Int) => x + 2 是代表了 Int => Int 这个函数类型的某个值的函数字面。字面通常被用作匿名值。如果不需要重用，这样使用会使程序更紧凑，如 List(1,2,3).filter((x: Int) => x > 2)。——译者注

```
  private implicit val cluster: Cluster = Cluster(context.system)

  private var lastState = Map.empty[String, Status]

  replicator ! Replicator.Subscribe(StorageComponent, self)

  def receive: Receive = {
    case Execute(job) ⇒
      log.info("executing job {}", job)
      replicator ! Replicator.Update(
        StorageComponent,
        ORMap.empty[String, Status],
        Replicator.WriteMajority(5.seconds), Some(job)) { map ⇒
          require(map.get(job).contains(New))
          map + (job -> Executing)
        }
    case Finish(job) ⇒
      log.info("job {} finished", job)
      replicator ! Replicator.Update(
        StorageComponent,
        ORMap.empty[String, Status],
        Replicator.WriteMajority(5.seconds))(_ + (job -> Finished))
    case Replicator.UpdateSuccess(StorageComponent, Some(job)) ⇒
      log.info("starting job {}", job)
    case r: Replicator.UpdateResponse[_] ⇒
      log.info("received update result: {}", r)
    case ch: Replicator.Changed[_] ⇒
      val current = ch.get(StorageComponent).entries
      for {
        (job, status) ← current.iterator
        if status == Aborted
        if !lastState.get(job).contains(Aborted)
      } {
        log.info("aborting job {}", job)
        lastState = current
      }
  }
}
```

当执行一个批量处理任务时，对于 CRDT 的更新请求包含了请求标志(Some(job))。到目前为止，我们还未对这个标志进行任何说明：由 Replicator 发送回的成功或者失败信息将包含这个值。所提供的 update 函数现在会检查前置条件，即当前所知的给定任务的状态是否仍然是 New。否则，update 函数将抛出异常并中止。只有在接收到带着这个任务名的 UpdateSuccess 消息后，确切的执行才会开始；否则，将产生一个 ModifyFailure(它是 UpdateResponse 的子类型)的消息，并作记录。

最终，执行器应该中止那些在启动后被取消的批量任务。我们通过订阅来自负责传播 StorageComponent 的 CRDT 数据的 Replicator 的变更事件，来实现这一点。无论何时，如果发生了变更，Replicator 都会注意到它，并且只要通知周期(这个周期可配置)到了，就会发送一条带着用 CRDT 表示的当前状态的 Replicator.

Change 消息。执行器追踪之前接收到的状态，因而可确定哪些任务最近变成 Aborted。在这个例子里，你对这个信息进行了记录；而在真实的实现里，将需要终止任务的 Worker 实例。完整的例子(包括必要的集群设置)可在本章的源代码文件中找到。

模式回顾

无冲突的复制带来了完美的可用性，也额外带来了将问题转化成由特殊的数据类型(CRDT)描述的需求。第一步决定哪些语义是需要的。在本例中，你需要定制化数据类型，不过已经有若干通用的有用类型可供直接使用。只要数据类型定义好了，就需要使用或者开发一种复制机制，传播所有状态变更，并在任何必要的地方调用 merge 函数。这可以是一个类库(如同在代码清单 13-12 中所展现的一样)，或者是现成的基于 CRDT 的数据存储。

尽管可像这样简单地开始，但还要注意这个解决方案无法提供强一致性：更新可能在整个系统中同时发生，使得给定键的值的历史是非线性的(意味着不同的客户端将能看到冲突的值历史，而这些值最终将被调合)。而这对于最熟悉而且习惯于中心授权的事务性环境的人来说可能是一个挑战——这种方式的中心化其实正是无冲突的复制所克服的对回弹性和弹性的限制，代价则是最多只能提供最终一致性。

13.3　主动-主动复制模式

在不同的地方持有服务的多份副本，并在所有副本上执行所有的修改操作。

在前面的模式中，通过跨不同位置(数据中心、可用性区域等)的复制，你帮助存储子系统获得了回弹性，该存储子系统是示例的批量作业处理设施的一部分。你了解到，只有实现失败切换机制才能获得强一致性；而基于 CRDT 的复制以及冲突检测机制都以不保证强一致性的代价来避免失败切换。失败切换的属性之一就是它需要耗费时间：首先，你需要探测到问题的存在；然后，你还必须对于如何修复这个问题达成共识——例如，通过切换到另一个副本来解决。这两个步骤都要求进行通信，因此无法立即完成。而当这种损耗无法忍受时，你就需要选择新策略。只不过，因为没有完美的银弹，你不得不接受不同程度的限制。

除将失败切换作为探测到问题之后的措施，你也能假设失败会发生，所以要做好对冲意外的准备：与其只访问其中一个副本，不如总在所有副本上执行所有渴求的操作。如果其中一个副本无法正确响应，你可断定它失败了，并避免再次访问它。然后，基于监控信息和监督策略添加新副本。

在计算机科学里，主动-主动复制模式的首次描述由 Leslie Lamport[16]提出。他提出，事实上所有分布式状态机副本上的时间都以足够相似的步调流逝，彼此的状态可根据这个基础达到同步。他的描述催生了一个比本章所呈现的对于复制更通用的框架。此处使用的主动-主动复制模式的定义[17]其实是受到了航天工业所启发。比如，在航天工业，使用全天候多传感器以及硬件级别的投票机制，来选择传感器中最有效的观测结果。通过假定少数传感器的偏离值为失败的结果丢弃它们，如此来执行精准测量。举个例子，卫星的主母线电压被校准器所监控。校准器会决定是继续消耗电池，还是使用来自太阳能电池板的多余能量来给它们充电；就这一点而言，如果校准器做出了错误决定，那么最极端的结果是毁坏了这颗卫星。因此卫星设计者们使用了三个校准器一起处理这件事情。它们的信号被提供给多数表决电路，进而获得最终的决定。

这种模式的缺点就是：你必须假设给所有副本的输入都是一样的，如此响应才能保持一致；所有副本内部都会一起经历相同的状态变更。不同于卫星例子中具体被测量的母线电压——真理的唯一来源——某个有状态服务的三个副本可能被多个客户端访问，而这意味着必须要有中心点来确保将请求按相同顺序发送给所有副本。而这个点要么成为系统的单个瓶颈点(考虑失败和吞吐量)，要么又一次需要高代价的协调工作。下面来看一个具体例子。

13.3.1 问题设定

又一次，你会将这种复制模式应用到表示批量处理任务服务的存储组件的键值对存储上。两个被涉及的子组件——协调器和副本——都通过极其简化的 Actor 表示，以专注于主要的运行原理。这个模式背后的思想是：所有副本都可以在不需要协调它们的动作，并且完全异步运行的前提下，步调一致地经历相同的状态变更。由于协调肯定是必需的，所以你需要引入中间人机制来控制被发送到副本的请求。这个中间人同时扮演着簿记员和监督者的角色。

13.3.2 模式应用

实现这个解决方案的起始点就是副本。在这里副本不需要做协调工作，所以实现可以保持很简单。

---

16 Leslie Lamport, "Using Time Instead of Timeout for Fault-Tolerant Distributed Systems," ACM Transactions on Programming Languages and Systems 6, no. 2 (April 1984): 254-280。

17 注意，数据库厂商有时会用“主动-主动复制”来指代“冲突探测与解决”方案。

代码清单 13-14　用无协调工作的实现来开始主动-主动复制模式

```
private case final class SeqCommand(seq: Int, cmd: Command, replyTo: ActorRef)

private final case class SeqResult(
  seq:     Int,
  res:     Result,
  replica: ActorRef,
  replyTo: ActorRef)

private final case class SendInitialData(toReplica: ActorRef)

private final case class InitialData(map: Map[String, JsValue])

class Replica extends Actor with Stash {
  private var map = Map.empty[String, JsValue]

  def receive: Receive = {
    case InitialData(m) ⇒
      map = m
      context.become(initialized)
      unstashAll()
    case _ ⇒ stash()
  }

  def initialized: Receive = {
    case SeqCommand(seq, cmd, replyTo) ⇒
      // tracking of sequence numbers and resends is elided here
      cmd match {
        case Put(key, value, r) ⇒
          map += key -> value
          replyTo ! SeqResult(seq, PutConfirmed(key, value), self, r)
        case Get(key, r) ⇒
          replyTo ! SeqResult(seq, GetResult(key, map get key), self, r)
      }
    case SendInitialData(toReplica) ⇒ toReplica ! InitialData(map)
  }
}
```

首先，你定义了带序号的命令以及结果包装器，以供协调者和副本之间的通信使用，同时还要定义在副本之间进行发送的初始化消息。副本从等待包含初始化状态消息的模式开始——你必须有能力将新副本添加到运行中的系统。一旦接收到了初始化数据，副本将切换到 initialized 行为，并回放之前所有暂存的命令。除了 Put 和 Get 请求之外，副本也能接收一个让其将当前键值储存的内容发送到另一个副本的命令，从而帮助那个副本进行初始化。

如同在代码中注明的一样，我们故意搁置了所有对序号的追踪以及重发逻辑(代码清单 13-15 中的 coordinator actor 里也同样进行了忽略)，以便专注于这个模式的本质。因为我们已经解决了主动-被动复制的更新的可靠性传递问题，所以我们认为问题的这一部分已经得到了解决；如有必要，你可以回顾 13.1 节。不同于要求副本彼此之间交换缺失的更新，在本例中，你只需要确定 coordinator 和副本各自之间的重发协议即可。

假设如果所有副本都按相同的顺序接收所有请求，它们就能完成自己的职责。你现在需要做的就是满足这个条件：由 Coordinator 负责广播命令，处理并且聚合回复，并管理可能的失败以及不一致的情况。为进行精确表达，你需要创建合适的数据类型来表示 Coordinator 对于单个客户端请求的处理状态的知悉情况，如下所示。

代码清单 13-15 封装对于单个客户端请求的知悉情况

```
private sealed trait ReplyState {
  def deadline: Deadline

  def missing: Set[ActorRef]

  def add(res: SeqResult): ReplyState

  def isFinished: Boolean = missing.isEmpty
}

private final case class Unknown(
  deadline: Deadline,
  replies:  Set[SeqResult],
  missing:  Set[ActorRef],
  quorum:   Int) extends ReplyState {

  override def add(res: SeqResult): ReplyState = {
    val nextReplies = replies + res
    val nextMissing = missing - res.replica
    if (nextReplies.size >= quorum) {
      val answer =
        replies.toSeq.groupBy(_.res)
          .collectFirst {
            case (k, s) if s.size >= quorum ⇒ s.head
          }

      if (answer.isDefined) {
        val right = answer.get
        val wrong = replies.collect {
          case SeqResult(_, result, replica, _) if res != right ⇒ replica
        }
        Known(deadline, right, wrong, nextMissing)
      } else if (nextMissing.isEmpty) {
        Known.fromUnknown(deadline, nextReplies)
      } else Unknown(deadline, nextReplies, nextMissing, quorum)
    } else Unknown(deadline, nextReplies, nextMissing, quorum)
  }
}

private final case class Known(
  deadline: Deadline, reply: SeqResult,
  wrong: Set[ActorRef], missing: Set[ActorRef]) extends ReplyState {
```

```
  override def add(res: SeqResult): ReplyState = {
    val nextWrong = if (res.res == reply.res)
      wrong
    else
      wrong + res.replica
    Known(deadline, reply, nextWrong, missing - res.replica)
  }
}

private object Known {
  def fromUnknown(deadline: Deadline, replies: Set[SeqResult]): Known = {
    val counts = replies.groupBy(_.res)
    val biggest = counts.iterator.map(_._2.size).max
    val winners = counts.collectFirst {
      case (res, win) if win.size == biggest ⇒ win
    }.get
    val losers = (replies -- winners).map(_.replica)
    Known(deadline, winners.head, losers, Set.empty)
  }
}
```

对此没有达成共识，使用简单多数表决

ReplyState 负责追踪各种信息，例如，客户端回复何时过期、回复值是否已知、哪个副本的响应与普遍的响应偏离，以及哪个副本的响应仍未完成等。当发出新请求时，你开始于回复状态 Unknown，这个状态包含回复的一个空集合以及所缺少副本的 ActorRef 的集合(这些缺少的副本就是当前所有副本)。随着接收到来自副本的响应，你的知悉情况就不断增长，如代码清单中的 add 函数所示：响应会被添加到响应集合中，并且只要一致性的回答达到了要求的法定数量，那么 ReplyState 会切换到 Known 状态(需要注意从其接收到错误回答的副本的 ActorRef)。如果在接收到最后的响应后，没有任何回答满足法定人数，就必须选择其中一个答案以便继续。这时，你可以使用简单多数制，就像 fromUnknown 函数中实现的那样。在 Known 状态里，你仍然会追踪抵达的响应，通过这样的方式，就能探测到损坏的副本。在对这一点进行深入探讨前，先按如下所示的代码清单展现 Coordinator 的整体结构。

代码清单 13-16　将副本当作子 Actor 管理

```
class Coordinator(N: Int) extends Actor {
  private var replicas = (1 to N).map(_ ⇒ newReplica()).toSet
  private val seqNr = Iterator from 0
  private var replies = TreeMap.empty[Int, ReplyState]
  private var nextReply = 0

  override def supervisorStrategy: SupervisorStrategy =
    SupervisorStrategy.stoppingStrategy

  private def newReplica(): ActorRef =
    context.watch(context.actorOf(Replica.props))
```

```
// schedule timeout messages for quiescent periods
context.setReceiveTimeout(1.second)  <--  对沉寂周期安排超时消息

def receive: Receive = ({
  case cmd: Command ⇒
    val c = SeqCommand(seqNr.next, cmd, self)
    replicas foreach (_ ! c)
    replies += c.seq -> Unknown(5 seconds fromNow, Set.empty,
      replicas, (replicas.size + 1) / 2)
  case res: SeqResult if replies.contains(res.seq) &&
    replicas.contains(res.replica) ⇒
    val prevState = replies(res.seq)
    val nextState = prevState.add(res)
    replies += res.seq -> nextState
  case Terminated(ref) ⇒
    replaceReplica(ref, terminate = false)
  case ReceiveTimeout ⇒
}: Receive) andThen { _ ⇒
  doTimeouts()
  sendReplies()
  evictFinished()
}

//...
private def doTimeouts(): Unit = {
  val now = Deadline.now
  val expired = replies.iterator.takeWhile(_._2.deadline <= now)
  for ((seq, state) ← expired) {
    state match {
      case Unknown(deadline, received, _, _) ⇒
        val forced = Known.fromUnknown(deadline, received)
        replies += seq -> forced
      case Known(deadline, reply, wrong, missing) ⇒
        replies += seq -> Known(deadline, reply, wrong, Set.empty)
    }
  }
}


@tailrec private def sendReplies(): Unit =
  replies.get(nextReply) match {
    case Some(k @ Known(_, reply, _, _)) ⇒
      reply.replyTo ! reply.res
      nextReply += 1
      sendReplies()
    case _ ⇒
  }


@tailrec private def evictFinished(): Unit =
  replies.headOption match {
    case Some((seq, k @ Known(_, _, wrong, _))) if k.isFinished ⇒
      wrong foreach (replaceReplica(_, terminate = true))
      replies -= seq
```

```
        evictFinished()
      case _ ⇒
    }

  private def replaceReplica(r: ActorRef, terminate: Boolean): Unit =
    if (replicas contains r) {
      replicas -= r
      if (terminate) r ! PoisonPill
      val replica = newReplica()
      replicas.head ! SendInitialData(replica)
      replicas += replica
    }

}
```

在这段简化了的代码里，Coordinator 直接将副本创建为子 Actor；生产用的实现经常会要求基础设施提供并启动副本节点，一旦副本在节点上运行起来，那么这些节点就会把自己注册到 Coordinator 中。Coordinator 同样使用 context.watch()方法来注册所有副本的生命周期监控过程，以便能在基础设施层探测到永久性失败时做出反应——以 Akka 为例，这个服务隐式地由 Cluster 模块提供。另外需要注意的一件事情是：在本例中，Coordinator 是副本的父 Actor，因此也是它们的监督者。因为上报到 Coordinator 的失败通常意味着消息丢失，而这个简化的例子假定了消息的可靠传递，所以你在这里使用终结任何失败子 Actor 的监管策略(在失败的子 Actor 被关闭后)。Coordinator 最终将接收 Terminated 消息，这样，Coordinator 就能创建新副本来替换之前被终结的那一个。

在图 13-2 里描画了流经 Coordinator 的消息流。外部客户端发送命令并期待返回结果，而副本之间流转请求则需要部分额外信息；因此，消息被各自包装成 SeqCommand 和 SeqResult。名称中的 Seq 表示它们正确排列，即使我们像之前说的省略了基于内含的序号进行的可靠传递的实现。唯一被模型化的顺序属性便是，外部客户端将基于相关命令被送达的顺序看到对应的结果；这就是在接下来实现的 sendReplies()函数中使用 nextReply 变量的原因。

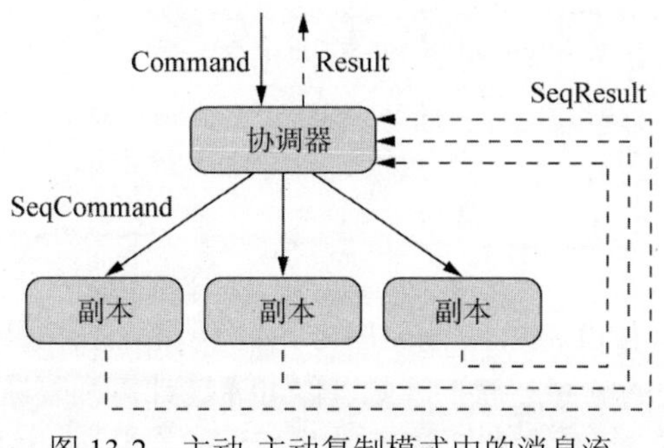

图 13-2　主动-主动复制模式中的消息流

代码清单 13-17 按序发送回复

```
@tailrec private def sendReplies(): Unit =
  replies.get(nextReply) match {
    case Some(k @ Known(_, reply, _, _)) ⇒
      reply.replyTo ! reply.res
      nextReply += 1
      sendReplies()
    case _ ⇒
  }
```

如果下一个将被发送的回复含有 Known 值，你就将其发送回客户端，并继续处理下一条回复消息。这个方法会在每条消息处理完成后被调用，以便在回复就绪时冲刷给客户端。流经 Coordinator 的响应追踪队列(使用以命令序列索引的 TreeMap 实现)的整体回复流在图 13-3 中展现。

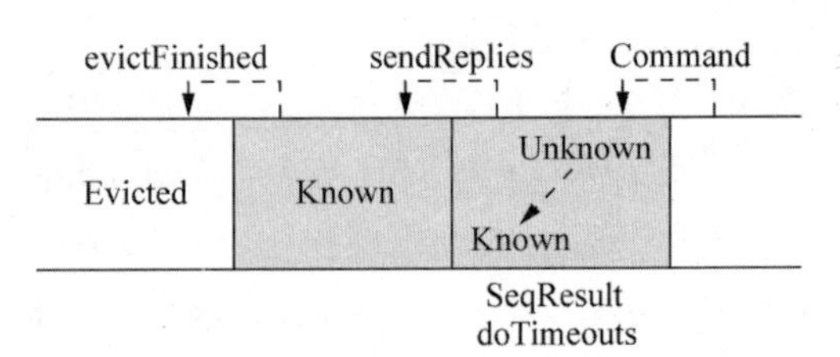

图 13-3 回复在 Coordinator 内部流经状态追踪队列时的移动：只要接收到命令，就会生成新条目，之后无论是因为接收到 SeqResult 消息，还是因为超时，它们都会从 Unknown 状态流转到 Known。连续的 Known 结果将被发送回外部客户端，而不再有副本响应的回复则从队列中移除

到此，你看到了对于 SeqResult 消息的处理已在 Coordinator 的行为里定义，只留下如下的 doTimeouts() 函数。该函数是另一种将 Unknow 状态的回复转变成 Known 状态回复的可能途径。

代码清单 13-18 一旦超时，就强迫将 missing 回复转为 Known 回复

```
private def doTimeouts(): Unit = {
  val now = Deadline.now
  val expired = replies.iterator.takeWhile(_._2.deadline <= now)
  for ((seq, state) ← expired) {
    state match {
      case Unknown(deadline, received, _, _) ⇒
        val forced = Known.fromUnknown(deadline, received)
        replies += seq -> forced
      case Known(deadline, reply, wrong, missing) ⇒
        replies += seq -> Known(deadline, reply, wrong, Set.empty)
    }
  }
}
```

因为 Coordinator 按严格升序分配序号，并且所有命令都具有相同的超时限定，所以回复也将按相同的顺序超时。因此，你可通过计算回复队列前缀的方式来获取当前所有过期的回复，只需要找到逾期的最后期限在队列的位置即可。你将这些条目每一个都转变成 Known，而 Known 回复不再需要更多(来自副本的)响应——即使流入的是错误回复，也会被丢弃。而在后续请求中，你要留意受损的副本。如果某个命令没有结果能被选定，你可再次使用 fromUnknown 函数来使用简单多数制做出选择，并注明哪些副本响应了不同的回答(这些回答按定义来说是错误的)。那么，最后剩下的步骤则类似于事后检视：对于每个你响应了的命令，你必须检查其偏离的响应，并立即替换掉它们的来源副本。

代码清单 13-19　终止并替换未完成的副本

```
@tailrec private def evictFinished(): Unit =
  replies.headOption match {
    case Some((seq, k @ Known(_, _, wrong, _))) if k.isFinished ⇒
      wrong foreach (replaceReplica(_, terminate = true))
      replies -= seq
      evictFinished()
    case _ ⇒
  }

private def replaceReplica(r: ActorRef, terminate: Boolean): Unit =
  if (replicas contains r) {
    replicas -= r
    if (terminate) r ! PoisonPill
    val replica = newReplica()
    replicas.head ! SendInitialData(replica)
    replicas += replica
  }
```

evictFinished 函数检查最早入队的命令的回复状态是否完整(不再需要更多响应)。如果是，它就初始化所有出错副本对应的替代者，并将回复状态从队列中移除，然后重复这个过程直到队列为空，或遇到一个未完成的回复状态为止。替换一个副本正常来说意味着请求基础设施终止对应的机器，并供给新的，但在这个简化的例子里，你只是终结了子 Actor 并创建一个新的。

为加快新副本的拉起过程，你需要为其提供当前的复制状态。一种简单的可行办法是：请求某个已经存在的副本将其当前状态传输到新副本。因为这个消息将在所有当前未完成的命令后、任何后续命令前送达，所以此时的状态刚好是新副本所需要的，而且能使新副本直接加入到可立即接收新命令的副本集合中——副本 Actor 内部的命令暂存和回放恰好拥有相同的语义。在真实的实现中，这个初始化过程需要一个“超时-重试”机制，以处理类似于“要传输状态的副本在其能完成传输之前失败”的场景。要注意将错误副本从作为初始化数据源的副本中排除，就像排除新副本一样。

13.3.3　模式回顾

主动-主动复制模式来源于一次与在金融机构工作的某些软件架构师之间的

交流。它解决了一个特定问题：怎样才能让服务以容错方式继续运行，并带有完全复制的状态，同时不需要承受高代价的共识过程，以及在失败时可避免任何不可用时刻(甚至不允许花费数毫秒去检查失败和失败切换)呢？

这个解决方案由两部分构成：在副本执行命令并生成结果时不用关心彼此；协调器(Coordinator)保证所有副本将按相同的顺序接收命令。通过比较每个单独命令接收到的响应，并标记偏差进行出错副本的检测。在示例的实现中，这是唯一的处理方案；而在某个变种方案中，则是当副本总是不能在截止时间之前完成响应时，对其进行替换。

这种模式的一个附带好处是：只要对“响应是什么”达成一致，就能产生外部响应。这意味着只要五个副本中有三个进行回复即可，因而能缩短延迟分布中经常出现的长尾。假设慢响应与副本无关(也就是说，慢响应不是由命令的特定属性或其他相关造成的)，那么多于两个副本超过它们延迟分布的第 99 个百分位的概率只有 0.001%，而这朴素地意味着个体的第 99 个百分位是集群的第 99.999 个百分位[18]。

13.3.4 与虚拟同步模型的关系

这个模式在某些方面与 1980 年 Ken Birman 等人所著论文中提出的虚拟同步模型[19]类似。两者的目标都是使基于复制的分布式进程以类似于同步的方式执行，以相同的顺序进行相同的状态变迁。虽然我们的例子通过要求中心化的入口——协调器——限制并简化了解决方案，而在虚拟同步模型中并没有假定这样的瓶颈点。如同在 13.2 节中所讨论的，这通常要求使用共识协议来保证，一旦所有副本知悉它们将要执行状态变迁，该变迁只会发生一次。遗憾的是，这种方式注定会失败，就如同被 Fischer、Lynch 以及 Paterson 在论文[20]中论证的那样。虽然在实践中发生的概率相当小，但已经足以质疑试图在分布式系统中提供完美顺序保证的努力。

虚拟同步模型避免了上述限制，因为它注意到在大部分情形下，按序处理不同来源的请求并不重要：如果请求 A 和 B 的作用是可交换的，那么不管按照 A、B 或者 B、A 的顺序应用这些请求都不会产生影响，因为副本的状态最终仍

18 这当然过于乐观，因为延迟分布里的异常值通常由与机器相关的原因引起。例如，如果数个 JVM 同时被启动，运行相同的程序，并接收相同的输入数据，那么这些 JVM 就很可能在大致相同的时间因为垃圾回收而产生停顿。

19 见网址 https://en.wikipedia.org/wiki/Virtual_synchrony。可参考论文 Ken Birman, “A History of the Virtual Synchrony Replication Model,” https://www.cs.cornell.edu/ken/history.pdf 获取介绍和历史讨论。

20 Michael Fischer, Nancy Lynch, and Michael Paterson, “Impossibility of Distributed Consensus with One Faulty Process,” ACM, April 1985, http://dl.acm.org/citation.cfm?id=214121.

是一样的。这类似于 CRDT 获得无冲突的完美可用性的方式，如果可用的数据类型和操作被限制在一种无法产生冲突的方式里，那么“不可能定理”就无关紧要了。

让我们后退一步，并回顾一下我们的日常生活。我们通常遵循事情的起因和结果进行思考：我(Roland，本书主要作者)看到妻子的咖啡杯空了，就自觉地去帮她倒满咖啡，然后告诉她咖啡好了，期望她会因为看到杯里现在沏满了咖啡而感到愉快。通过等我倒满咖啡后再告诉她这一先后关系，我确定这个物理定律——因果律——将确保达成我想要的结果(除非发生了大灾难)。这种思维如此根深蒂固，以至于我们倾向于认为所有事情都是按照这种模式进行的，包括分布式系统。当使用事务型数据库时，通过将所有事务串行化来保证了因果律；事务就像一个接着一个地执行，每个事务都能看到前面执行过的所有事务的完整结果。尽管这是一个很好的编程抽象，但它比我们所需要的保障强得多；因果律并不意味着事情都按通用顺序发生。实际上，狭义相对论明确地描述了哪些事件是因果相关的，哪些不是——如果两个事件发生在距离遥远的地点上，即使你以光速也无法从一个事件发生的地点飞达另一个点，那么这两个点上发生的事件就是事实上并发的(它们之间并无因果关系)。

而这个事实则有助于推动你去发现，因果关联的一致性是你在分布式系统里所能实现的最佳一致性[21]。相对于基于共识的复制模式，虚拟同步模型允许不相关的消息按随机顺序传递给副本，获得了更大的回弹性和较少的协调开销。而这种方式可获得堪比这一节所描述的主动-主动复制模式的性能，而代价则是需要小心翼翼地将你渴求的程序翻译成只依赖于因果相关的顺序。如果程序不能按这种方式编写，例如，部分作用并不是可交换的，那么对于这些操作来说，就必须付出确立共识的协调开销。从这个意义上说，协调器(Coordinator)代表着这么一种权衡：要么引入瓶颈点以获得能在可复制方式下运行任意一种算法的能力，要么需要完成额外的适配工作。

13.4　小结

本章讨论了不同类型的复制模式。正如不要将所有鸡蛋都放在一个篮子里一样，这些模式允许我们在空间上对系统进行分布。对于复制，你面临着一个选择：你是更偏好一致性、可靠性还是可用性呢？答案则取决于你手上的应用场景，并且很难非黑即白——在这些极值之间存在可连续的变化，而大部分模式都是可调

21 Wyatt Lloyd et al., “Don’t Settle for Eventual: Scalable Causal Consistency for Wide-Area Storage with COPS,” SOSP ’11, ACM 2011, http://dl.acm.org/citation.cfm?id=2043593.

整的。下面的清单可以帮你寻找和调整方向：

- 主动-被动复制模式基于已经存在的集群单例实现，使用起来相对简单。在正常的操作下它运行得很快。因为只有一个主动副本，所以能提供良好的一致性。只是在失败切换时可能产生宕机时间。
- 基于共识的复制模式允许更新可被任意副本接受，从而获取更好的回弹性。但是作为提供完美一致性的后果，它不得不承受高额的协调开销，以及因此造成的低吞吐率。在发生严重错误时，对于一致性的偏好所造成的不可避免的代价是系统不可用。
- 基于冲突探测与解决的复制模式允许系统在严重失败条件下仍然能保持可用性，但这会导致数据丢失，或要求额外的、对于冲突解决的手动处理。
- 基于无冲突的可复制数据类型的定制，使得冲突从根本上就无法出现。因此，应用这种模式，就算在发生严重失败的情况下，系统也能获得完美的可用性；但可用的数据类型却又受到限制，并要求程序代码进行特殊适配，以及将其设计成最终一致性模型。
- 主动-主动复制模式处理了如何在失败时避免不可用时段的问题，同时维持了通用的编程模型。代价则是所有的请求必须通过单个瓶颈点进行发送，以保证副本的一致性行为——或者，程序可按关联一致性重组，采用虚拟同步的方法来获得高性能和高可用性。

这个小结的确相当简略。如果你想要了解对每种方式的更全面讨论，请回顾正文中对应的内容。

第14章 资源管理模式

大多数系统都面临着一个共同问题，那就是需要管理或展现各种资源；例如，这些资源包括文件存储空间、计算能力、对数据库或 Web API 的访问，以及打印机和读卡器等物理设备。你所创建的某个组件，有可能独立为系统的其余部分提供某种资源，也可能需要与外部资源进行整合。本章将讨论一些设计模式，用于在反应式应用程序中处理资源，并着重讨论以下几种：

- 资源封装模式(Resource Encapsulation pattern)
- 资源借贷模式(Resource Loan pattern)
- 复杂命令模式(Complex Command pattern)
- 资源池模式(Resource Pool pattern)
- 以及用于管理阻塞的多种模式

前面两章列举了批量处理作业服务的例子，该系统允许客户端提交计算作业，然后交由弹性配置的工作者节点执行。前两章专注于这类系统的层级分解和失败处理。现在，我们来仔细看一看工作者节点的配置和管理，因为这些工作者节点是批量处理作业服务所管理的主要资源。

14.1 资源封装模式

资源及其生命周期必须由一个组件负责。

通过了解简单组件模式，你知道每个组件应该只做一件事，并且完整地做好这件事；换句话说，每个组件提供给系统其余部分的功能完全由它自身负责。如果我们把各个功能看成一个能被其他组件所用的资源(无论在系统内部还是外部)，那么显然，资源、职责和组件这三者是完全重合的。这三个术语都拥有同一个边界，从这点看，资源封装和单一职责原则是等同的。分析其他资源，特别是用于提供组件功能的资源时，我们也可采取相同的思路。这些资源并不通过编码实现，而仅由组件管理或展现。资源封装模式的本质是：你必须确定每个资源的归属，而资源本身则成为该组件的部分职责。有时，会依据管理外部资源的责任的重要性，将资源管理本身分解为一个独立的简单组件。

这种模式与层级分解(第 6 章)和有界一致性(第 8 章)原则密切相关。在我们继续深入探讨前，你可能希望回头复习一下这几个主题。

14.1.1 问题设定

回顾一下批量处理作业服务的架构：客户端接口既代表系统向外部客户端提供系统的整体功能，也代表外部客户端与系统联系；作业调度组件确定所提交作业的执行顺序；执行组件负责运行已经排期完成的作业；而在这些组件之下，存储组件使系统的其余部分能跟踪工作状态的变化。对于执行组件内部，你也明确了两个管理职责：与数据中心基础设施的互动，以及负责由数据中心基础设施自动配置的各个工作者节点。

任务：每个工作者节点是必须由执行组件所管理的资源。通过接收来自基础设施(自动配置)的工作者节点，你接管了它的所有权以及相应的职责。而基础设施本身是你在系统中所表示的另一种资源。你的任务是：在执行组件监督者的上下文中实现工作者节点的自动调配。

14.1.2 模式应用

你将通过思考执行组件如何管理工作者节点生命周期的过程，来应用此模式。学习了主要的管理流程后，你将看到哪些部分属于一个整体，以及它们在层级结构中最合理的位置。

当需要将一个节点添加到计算集群时，我们需要通知基础设施。这一点可以有多种实现方式。例如，通过使用 Mesos 这样的资源协调框架，通过直接与亚马逊 EC2 或 Google Compute Engine(GCE)等云服务商交互，或者使用可通过网络协议访问的自定义机制(例如 HTTP API)。虽然所有这些方法都需要通过网络发送请求，但它们的客户端接口通常都以库的形式呈现，因此在所选用的编程语言中可以方便地使用。当执行组件启动时，它将需要初始化与基础设施提供者的交互，这一般通过从部署配置中读取访问密钥和对应的网络地址来完成。

下面的代码清单显示了一个极度简化的例子，示范如何使用 Java 语言版本的 EC2[1]的 AWS (Amazon Web Services) API 来创建新工作者节点。

代码清单 14-1　亚马逊 EC2 实例作为工作者节点

```
public Instance startInstance(AWSCredentials credentials) {
      final AmazonEC2 amazonEC2Client =
        AmazonEC2ClientBuilder.standard()
            .withCredentials(new AWSStaticCredentialsProvider(credentials))
            .build();

  RunInstancesRequest runInstancesRequest =
      new RunInstancesRequest()
          .withImageId("")
          .withInstanceType("m1.small")
          .withMinCount(1)
          .withMaxCount(1);

  RunInstancesResult runInstancesResult =
      amazonEC2Client.runInstances(runInstancesRequest);

  Reservation reservation = runInstancesResult.getReservation();
  List<Instance> instances = reservation.getInstances();

  // there will be exactly one instance in this list, otherwise
  // runInstances() would have thrown an exception
  return instances.get(0);
}
```

请求正好创建一个新节点

这个列表里有且只有一个实例，否则 runInstances() 方法将抛出异常

你可根据实例中的描述符，获取这个新工作者节点的内网地址，并开始与节点进行互动。交互的体现形式取决于你所使用的组件间通信结构，它甚至可能像 HTTP API 一样简单[2]。在继续这一个话题前，我们先考虑 AWS 由于某些原因而变得无法访问或者失败的可能性。客户端库会抛出一个 AmazonClientException 来发出信号，从而通知你需要处理这个异常，处理手段可以是重试操作、切换到服务降级模式乃至上报失败。如 12.4 节所述，你还应当使用断路器来监控云基础设施的可靠性，从而避免在短时间内发出大量无意义的请求。通过用一个 Future 封装，并以事件驱动的方式来描述这几个功能角度，将使这些需求都变得更易于处理，如下所示。

代码清单 14-2　将 EC2 节点提升到一个 Future 中，从而简化失败处理过程

```
private ExecutionContext executionContext; // value from somewhere
private CircuitBreaker circuitBreaker; // value from somewhere

public Future<Instance> startInstanceAsync(AWSCredentials credentials) {
```

1 参见 http://aws.amazon.com/documentation/ec2 的“Amazon Elastic Compute Cloud Documentation”。

2 预期将来会开发一种高级别的服务定义框架，该框架将抽象具体的通信机制，并以完全位置透明的方式提供一致的服务交互表示形式。

```
Future<Instance> f = circuitBreaker.callWithCircuitBreaker(
  () -> Futures.future(
    () -> startInstance(credentials), executionContext));

PartialFunction<Throwable, Future<Instance>> recovery =    ◁ 定义恢复策略
  new PFBuilder<Throwable, Future<Instance>>()
    .match(AmazonClientException.class,
      AmazonClientException::isRetryable,    ◁ 有些 AWS 调用可以安全地重试
      ex -> startInstanceAsync(credentials))
    .build();                                 ◁ 断路器会处理重现的失败，任何不匹配的异常都不会被恢复

return f.recoverWith(recovery, executionContext);    ◁ 使用恢复过程来装饰 Future
}
```

你以这种方式完成了实例化新工作者节点的任务，并登记好所有的失败案例——在必要时断路器可以跳闸——对于可通过重试而进行定期修复的失败，我们可采取“重试”策略。这里有一个假设：这样的失败是完整的(没有改变了系统状态的部分成功)和瞬态的。可实现一个退避策略(backoff strategy)对这个方案进行改进，该策略将在稍后的不同时间点上进行逐步重试，而不是立即进行再次尝试。很容易看出，它的实现通过一个调度器调用来完成(例如，使用 akka.pattern.after[3])，将 startInstanceAsync()包装到恢复策略中。当然，你肯定不能使用 Thread.sleep()方法来阻塞 ExecutionContext 线程池中的线程。

细心的读者会注意到，上面的代码清单使用的是 AmazonEC2Client 的同步版本，即使AWS也提供了异步版本：AmazonEC2AsyncClient 提供了一个runInstancesAsync()方法，该方法接受一个完成回调作为其第二个参数(对于基于事件驱动的编程来说，正如第 3 章中所讨论的，这个方法所返回的 java.util.concurrent.Future 适用度不高)。你可使用回调函数为 Promise 提供该值，从而获得支持事件驱动方式的 Scala Future。

代码清单 14-3　通过桥接客户端代码执行亚马逊的异步客户端

```
public Future<RunInstancesResult> runInstancesAsync(
    RunInstancesRequest request,
    AmazonEC2Async client) {

  Promise<RunInstancesResult> promise = Futures.promise();
  client.runInstancesAsync(
    request,
    new AsyncHandler<RunInstancesRequest, RunInstancesResult>() {

      @Override
      public void onSuccess(
```

3 有关 Java 文档，请参见 http://doc.akka.io/japi/akka/current/akka/pattern/Patterns.html。

```
        RunInstancesRequest request,
        RunInstancesResult result) {
      promise.success(result);
    }

    @Override
    public void onError(Exception exception) {
      promise.failure(exception);
    }
  });
 return promise.future();
}
```

遗憾的是，AWS 库的异步版本实际上基于其同步版本的库实现，该同步版本的库(基于 Apache HTTP 客户端库)使用的是阻塞 HTTP 网络库，不同之处只在于：异步版本在单独线程池上运行代码。在实例化 AmazonEC2AsyncClient 时，通过把 ExecutionContext 作为构造函数的参数提供，你可将该线程池配置为用于运行 Scala Future 的相同 ExecutionContext。然而，这并不是一个理想结果，因为这里不应仅用 Future 包装同步调用，而必须以代码清单 14-3 所示的方式桥接所有客户端方法——每个 API 方法都将有 15～20 行(额外代码)的开销。执行机制将是相同的，但适配不同的异步 API 风格将涉及大量额外的编程工作(因此也更容易出错)。14.5 节讨论用于管理阻塞的模式时，将深入研究这类情况。

现在，你已经启动了工作者节点，但你还需要管理它的生命周期的余下部分。执行组件需要跟踪哪些工作者节点可用，通过执行常规的状态检查来进行健康状况监控，并在不需要某些节点时关闭相关节点。执行健康检查通常意味着服务调用，以查询服务内部用作监控的性能指标。接收到响应的事实表明了组件的当前可用状态，而测量的数值则可在将来决定是否需要增减工作者节点数量时用作参考。测量的数值还可显示特定问题(例如异常的高内存消耗)，需要使用专门的反应方式来处理这类问题(例如，给运维人员报警或在诊断内存转储后自动重启)。

作为工作者节点生命周期的最后一步，我们需要关闭 AWS 实例：执行组件需要通知基础设施关闭节点。可按如下所示操作。

代码清单 14-4　关闭 EC2 实例

```
public Future<TerminateInstancesResult> terminateInstancesAsync(
  AmazonEC2Client client, Instance... instances) {

  List<String> ids = Arrays.stream(instances)
    .map(Instance::getInstanceId)
    .collect(Collectors.toList());
  TerminateInstancesRequest request = new TerminateInstancesRequest(ids);

  Future<TerminateInstancesResult> f =
```

```
    circuitBreaker.callWithCircuitBreaker(
      () -> Futures.future(() ->
          client.terminateInstances(request),
        executionContext));

  PartialFunction<Throwable, Future<TerminateInstancesResult>> recovery =
    new PFBuilder<Throwable, Future<TerminateInstancesResult>>()
      .match(AmazonClientException.class,
        AmazonClientException::isRetryable,
        ex -> terminateInstancesAsync(client, instances))
      .build();

  return f.recoverWith(recovery, executionContext);
}
```

当然，你可能会想在这里使用与代码清单 14-4 中的 runInstancesAsync()方法里一样的断路器和 ExecutionContext，因为你需要解决相同的基础设施服务问题——把创建和终止机器实例假设为两个相互独立的操作是不合理的，特别是当其中一个能持续工作，而另一个则系统性地不可用时(无法响应，而不是拒绝无效的输入)。因此，你需要将与基础设施服务进行通信的责任归纳到独立的执行子组件中(12.3 节中称为资源池接口)。虽然 AmazonEC2Client 提供了丰富而详细的 API(这里省略了安全组的创建、可用区域和密钥对的配置等)，但资源池只需要提供高级操作，如创建和终止工作者节点。你仅向系统的其他组件展示和提供一套裁剪过的外部功能，而这需要通过专职的单独组件来完成。

这还有一个重要好处：你不仅封装了处理外部服务可用性变化的责任，还可用完全不同的基础设施服务提供商替换这个内部表示。执行组件不需要知道工作者节点是运行在亚马逊的弹性计算云上，还是在 Google Compute Engine 上(或是你在读这篇文章时的任意一个流行计算基础设施)，只要它能与工作者节点提供的服务通信即可。

责任的分配还有另一个考虑因素：这里是你实现服务调用配额管理的唯一位置，如果基础设施 API 会限制请求频率，那么对于通过这个访问路径的请求来说，可对它们进行跟踪。这将允许你推迟请求，以免暂时超出配额，从而导致惩罚性的服务降级——据我们所知，AWS 不会这么做，但对于其他 Web API 来说，这种限制和强制执行则十分常见。与其用尽外部服务的配额，还不如(优先)降级内部服务，这样外部服务就不会因为过多的请求而负担过重。

简单总结一下，这里审视了执行组件所需执行的管理操作(用于提供和释放工作者节点)，并确定了基础设施(负责执行相关操作)提供商的责任代表归属(放在专用的资源池接口子组件中)。尽管对于执行组件和其工作者节点来说，随着实际可用的服务框架的不同，在它们之间传递请求和响应的机制也将改变，但在资源封装模式的上下文中还需要讨论的方面是：如何对执行组件中有关工作者节点管理的知识进行建模。

每个工作者节点都将收集自身的性能指标，并对它可自行解决的失败做出反应，但终究是执行组件对当前正在运行的工作者节点进行负责，它通过向资源池请求调配工作者节点来履行这个职责。因为，某些类别的失败(如 CPU 周期或内存方面的致命性的资源耗尽)无法从发生失败的组件内部解决，所以监督组件需要跟踪其下级，并处理那些已经出现致命失败或完全不可访问的组件。从另一个角度来看待这个问题，工作者节点为系统的其余部分提供了自己的服务，同时耦合了一个必须被管理的资源(除了资源所提供的服务外)。这一点作用于所有的对应场景：通过影响创建或者要求转让这种资源的所有权，监督组件承担了这种职责。作为管理工作者节点底层资源的演示，以下代码清单草拟了承担这个职责的一个 Actor。

代码清单 14-5　执行组件和看成工作者节点的 Actor 通信

```
class WorkerNode extends AbstractActor {
  private final Cancellable checkTimer;

    public WorkerNode(final InetAddress address, final Duration checkInterval) {
      checkTimer =
          getContext()
              .getSystem()
              .getScheduler()
              .schedule(
                  checkInterval,
                  checkInterval,
                  self(),
                  DoHealthCheck.INSTANCE,
                  getContext().dispatcher(),
                  self());
    }

  @Override
  public Receive createReceive() {
    List<WorkerNodeMessage> msgs = new ArrayList<>();
    return receiveBuilder()
      .match(WorkerNodeMessage.class, msgs::add)
      .match(DoHealthCheck.class, dhc -> { /* perform check */ })  <—— 执行检查
      .match(Shutdown.class, s -> {
        msgs.forEach(msg ->
          msg.replyTo().tell(          <—— 请求资源池组件关闭这个节点实例
            new WorkerCommandFailed("shutting down", msg.id()), self()));
        /* ask Resource Pool to shut down this instance */
      })
      .match(WorkerNodeReady.class, wnr -> {
        /* send msgs to the worker */
        getContext().become(initialized());  <—— 开始将消息转发给工作者节点
      })
      .build();
  }

  private Receive initialized() {
    /* forward commands and deal with responses from worker node */
```

```
    //...
    return null;        <-
  }

  @Override
  public void postStop() {
    checkTimer.cancel();
  }
}
```

转发命令，并处理来自工作者节点的响应

本着“有界一致性”精神(见第 8 章)，在这个演示中，你将和工作者节点交互的各个方面都列在一起，以便向工作者节点发送消息以及从工作者节点和接收消息时，可顾及工作者节点的生命周期更改以及当前的健康状况。通过这个封装，对于每个要求资源池创建的工作者节点来说，执行组件都为其创建一个 WorkerNode Actor；然后它只需要与该 Actor 通信即可，就像这个 Actor 是工作者节点本身一样。这个代理掩盖了定期的健康检查和一个真相，即在创建实例之后，需要经历一定的时间，工作者服务才能启动并发送出准备好接受命令的信号。

在实现 WorkerNode 类时，你需要请求资源池来关闭其所表示的相关实例。在一个完整实现中，你可能想添加更多需要与资源池进行交互的功能。例如，通过云基础设施提供商的工具(在 14-5 的代码清单中，这将是 Amazon CloudWatch)来监控实例。这也是将所有此类交互的职责放置于一个专用子组件中的另一个原因，否则，你将需要在多个位置重复(复制和粘贴)这些代码，从而失去在单一位置上持续地监控云基础设施服务可用性的能力。注意这只是逻辑意义上的，未必是物理意义上的节点。资源池接口也可以很容易进行复制，从而实现容错；这种情况下，你不需要关心如何同步它所维护的状态，因为在组件崩溃期间，丢失断路器的状态不会造成很大的或持续性的负面影响。

14.1.3 模式回顾

我们已经审视了执行组件和提供工作者节点的基础设施服务之间的交互，并将这种交互的各个方面都放在一个专用的资源池接口子组件中。这个组件的职责是将资源池呈现给系统的其他部分，以便对基础设施提供商的可用性和限制进行一致处理。这种封装也符合“对潜在可交换资源的具体实现进行抽象”的原则；这种情况下，你可简化对不同云基础设施提供商的适配。

需要阐明的第二个方面是：工作者节点是动态供给的资源，它们需要由其监督组件所拥有。因此，你把监控工作者节点以及与其通信的职责都放在了执行组件的一个 WorkerNode 子组件中，并以一个 Actor 来描绘和演示。对于工作者节点所提供的服务之间的通信来说，尽管可由服务结构或框架来处理，但由于涉及节点底层资源的管理，所以仍有部分职责无法在工作者节点内得到满足。

依照简单组件模式和有界一致性的原则考虑，资源封装模式应该在两种情况下使用：代表外部资源和管理被监督的资源——无论从生命周期还是从功能角度来考虑。这里还掩盖了一点：如何准确定义工作者节点子组件与其父执行组件之间的关系？WorkNode 的监督者应该是一个独立自主的组件，还是应该与执行组件捆绑在一起？这两种方法当然都可行。面向对象编程所提供的代码模块形式可对相关要点做必要的封装，也便于在执行组件所使用的硬件资源上部署 WorkerNode 服务实例。而启动一个新节点将要求你再次建立一套监督方案，因此无法解决这个问题[4]。解决方案的敲定过程取决于当前状况。相关影响因素如下：

- 资源管理任务的复杂程度；
- 在所选服务框架下进行服务分离的运行时开销；
- 增加另一个异步消息传递边界所带来的开发工作量。

大多数情况下，对子组件的管理最好是在其父组件的环境中处理(即，将这类相关需求封装在一个单独的类或函数库中)。当使用基于 Actor 的框架时，将资源管理抽离到独立的 Actor 中通常都是一种很好的妥协，这会使管理模块的外观和举止看起来像一个单独组件，但又共享了大部分运行时上下文，避免了大量的运行时开销。

14.1.4 适用性

资源封装模式是一种架构模式，主要影响组件层级结构的设计以及实现细节在代码模块中的放置，从而深化原先建立的层级分解，或者引导自身实现的细化。代码中的具体实现方式取决于需要管理和代理的资源特性。这种模式适用于任何需要将资源集成到系统中的场景，特别是当需要管理或展现这些资源的生命周期时。

某些情况下，系统所使用资源的属性并不明显：在这一节的例子中，初学者可能犯的错误是：创建工作者节点实例并将其留在对应的设备上，而当不再需要某些节点实例时，让它们自我关闭。这种做法在大多数情况下都行得通，但如果因失败而导致出现大量残留的、无法提供服务的实例时，影响将会以惊人的基础设施成本呈现，此时，对可靠生命周期管理的需求显然就变得十分重要。

14.2 资源借贷模式

在不转让所有权的情况下，给予客户端对稀缺资源独占的临时访问权。

资源借贷模式的其中一种变体已经广泛应用于非反应式系统，其中最突出的

4 需要注意，这取决于具体所使用的服务框架，即框架可能已经提供了与健康监控结合的自动资源清理——这意味着这种模式已在框架层面进行了深度整合。

例子便是数据库连接池。由一个连接对象所代表的数据库访问会执行各类相关操作。由于连接的创建十分昂贵，而且数量有限；因此，客户端代码并不拥有连接，而是在执行操作之前从池中获取，并在完成之后放回。连接池负责管理连接的生命周期，而客户端代码获得使用它们的临时许可。这种情况下，失败会传达给客户端，但它们对连接的影响则由连接池来处理——连接池拥有并监督这些连接。

在反应式系统中，你在努力减少资源争用以及对协调工作的需要。因此，经典的数据库连接池通常仅作为某个组件的内部实现细节，而组件的数据存储则以关系数据库实现。在开发系统时，你经常遇到需要使用稀缺资源的情况，而驱使建立连接池抽象的理念在反应式系统设计中同样有用。

14.2.1 问题设定

在上一节讨论资源封装模式的结尾处，我们谈到将资源的所有权和使用权分离的可能性：因为用户不再负责监督方面的工作，所以他们可从执行监控或恢复任务的操作中释放出来。在批量处理作业服务的执行组件示例中，WorkerNode 子组件需要通过资源池接口监控物理实例的供给，这看起来有点多余。如果资源池不仅作为云服务提供商通信的消息层，而且负责管理其所提供的实例的生命周期，那岂不更好？

任务：你的任务是改变资源池接口组件和执行组件之间的关系，以便资源池能保留它所提供的工作者节点的所有权，而执行监督者也可专心管理批量处理作业。

14.2.2 模式应用

在深入讨论这一点之前，我们需要先理解一些术语。借贷(loan)这个词常用在金融领域：贷方给借款人一定数额的款项，并预期借款人将来会偿还，一般还会附带利息。更笼统地说，这个术语适用于任何可转让的资产，重要的是，在整个过程中，资产所有权仍属于贷方，资产转让也是暂时的，最终借方必须归还。租赁公寓就属于这一类。房东让你住在他们的财产(公寓)中，并希望你在租期结束时腾出公寓；同时，房东还要对公寓的简单保养以及租约中所有包含的物件(如灯泡和家具)负责。这个例子也说明了这种安排的排他性，因为一个公寓一次只能租给一个租户。因此，资源(这种情况下指公寓)也是稀缺的；单个物产不能被复制，也不能被多个租户同时独立地进驻。这种资源的成本核算以单个实例为单位。

为解答“如何让资源池为所供给的实例的生命周期负责？”这个问题，我们把资源池接口所提供的工作者节点看成执行组件想要使用的公寓。它将在每间公寓里放置一个工作者实例；工作者实例将处理批量作业。一个工作者节点是一个执行批量处理作业过程的潜在居所。这种情况下，公寓由云服务器基础设施提供，但这是你能想到的最基础的、没有任何装修和家具的公寓——除非有人入住，不然屋里空无一物。批量处理作业服务架构中的工作者节点组件，对应于需要公寓居住的人。一旦工作者实例搬进公寓，执行组件就可将工作任务发送到他们的地址，并从那里得到应答——业务信息便可流动起来。目前我们还缺了个门房。他得照看租给工作者实例的公寓，并定期检查公寓和工作者实例，看一切是否正常。这允许执行组件(工作提供者)完全专注于关于将要完成的工作的对话，而对劳动力的监控则由门房完成。门房还负责在工作者实例搬出时结束租约，并解决潜在的资源泄露问题。

从拟人比喻切换回计算机编程，当执行组件向资源池接口请求一个新的工作者节点时，资源池通过云服务基础设施供给一个新的机器实例。例如使用前述模式的讨论中所示的 AWS EC2 API。但资源池并不只是将实例标识符和网络地址返回给执行组件，现在更要对工作者节点负责；它需要开始执行定期性的健康检查以进行服务监控。执行组件只接收提供新工作者节点服务的网络地址，并假定资源池会维持这个节点处于良好的工作状态——否则，终止该节点并提供一个新的节点资源。

要做到这一点，资源池必须要知道工作者节点所提供的服务类型。它必须能提供相关的性能指标集，并且必须读解数据的含义，以便为工作者节点的适用性进行评估。因此，资源池接口需要承担比以往更多的责任，并与其所提供资源的功能耦合得更紧密。这样一来，资源池不再只是云基础设施 API 大致的表现形式，而是变得更具体，并针对批量处理作业服务的需求进行裁剪和适配。作为回报，你可更好地分离贷方和借方之间的关注点。前一种模式中的关系是制造商(WorkerNode 的作者)和买方(实例化 WorkerNode 的人)的关系，而后者执行维护工作的职责导致一种本来在这种情况下可避免的耦合。在源代码中，这意味着 WorkerNode 类既出现在执行组件中，也出现在资源池接口组件中，但这样一来能处理一些先前混在同一个类时的不同问题。

代码清单 14-6　分离资源和任务的管理

```
class WorkerNodeForExecution extends AbstractActor {   <-- 在执行组件中使用的表示

  @Override
  public Receive createReceive() {
    List<WorkerNodeMessage> msgs = new ArrayList<>();
    return receiveBuilder()
      .match(WorkerNodeMessage.class, msgs::add)
      .match(Shutdown.class, s -> {
        msgs.forEach(msg -> {
          WorkerCommandFailed failMsg =
            new WorkerCommandFailed("shutting down", msg.id());
```

```
          msg.replyTo().tell(failMsg, self());  ◁— 要求资源池关闭这个实例
        });
      })
      .match(WorkerNodeReady.class, wnr -> {
        getContext().become(initialized());   ◁— 开始将消息转发给工作者节点
      })
      .build();
  }

  private Receive initialized() {
    /* forward commands and deal with responses from worker node */
    //...                                      ◁— 转发命令，并处理由工作者节点发回的响应
    return null;
  }
}

class WorkNodeForResourcePool extends AbstractActor {  ◁— 在资源池接口中使用的表示
  private final Cancellable checkTimer;

  public WorkNodeForResourcePool(
      InetAddress address,
      FiniteDuration checkInterval) {
    checkTimer = getContext().system().scheduler()
        .schedule(
            checkInterval,
            checkInterval,
            self(),
            DoHealthCheck.instance,
            getContext().dispatcher(), self());

  }

  @Override
  public Receive createReceive() {
    return receiveBuilder()
      .match(DoHealthCheck.class, dhc -> { /* perform check */ })   ◁— 执行检查
      .match(Shutdown.class, s -> {/* Cleans up this resource */})  ◁— 清理该资源
      .build();
  }

  @Override
  public void postStop() {
    checkTimer.cancel();
  }
}
```

14.2.3 模式回顾

应用这种模式时，会将维护和使用资源的职责分离。执行组件请求新建工作者节点的服务，并在所有权转移没有带来额外负担的情况下得到响应。以这种方式借出的资源仍然只能由借方使用；执行组件可保留使用情况的统计信息，它知道工作者节点只处理由执行组件所发送的作业。在借贷发生期间，不同借方之间不存在对这个资源的争夺竞争。

对借方做这种简化的代价是，贷方必须承担部分曾属于借方的责任，要求贷方对所借出的资源有更多了解。重点在于，这些了解应该尽量保持在最小范围内；否则，你就违反了简单组件模式，并且不必要地混淆了贷方和借方的功能。当不同类型的借方进入时，这一点的重要性更显著。分离贷方、借方和借贷资源的目的是保持它们的职责分离，并在实际中尽可能松耦合。除了执行必要的健康检查，贷方不应该知道更多关于资源的能力范围。借方对资源的具体使用也与此目的无关。

作为一个反例，假设不借用资源，而是由资源池接口完全封装并隐藏工作者节点，那么对每个执行组件要进行的请求，都强制执行组件要通过这个接口。稍后将从这个角度展开对资源池模式的详细讨论。这就导致除了能和资源沟通外，资源池接口必须还能和工作者节点有共同语言(协议)。通过借用资源，借方能以任何必要的方式使用它，但贷方并不知情，这样贷方就没有了解这种交互的负担。考虑以下执行作业时可能的对话：

(1) 执行组件将作业描述发送给工作者节点；

(2) 工作者节点确认收到，并开始发送常规的执行指标；

(3) 执行组件可以代表终端用户(例如一个实时日志文件查看器)请求中间结果；

(4) 工作者节点在被询问时回复中间结果；

(5) 工作者节点在工作完成时发出工作完成的信号；

(6) 执行组件确认收到，并将工作者节点从它的工作中解放出来。

所交换的每个消息都是搭建这个交换过程的小积木。资源借贷模式的目的是让贷方的注意力不过多地放在这个只由借方和资源之间共享的协议上，如图 14-1 所示。

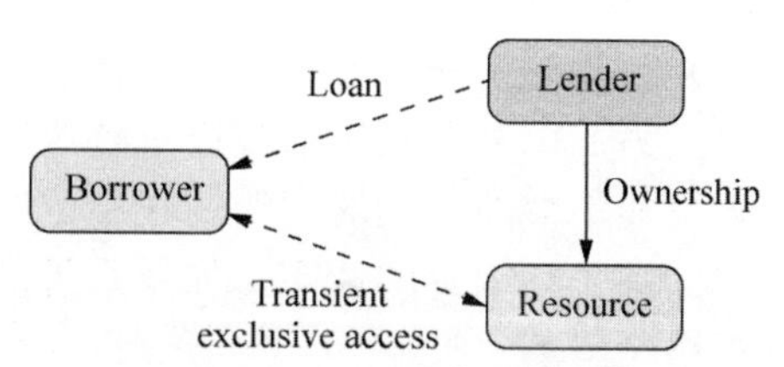

图 14-1　在资源借贷模式中，贷方、借方和资源之间的关系。目标是促进借方和资源之间的高效交换，同时将所有权的负担放在贷方

14.2.4　适用性

这种模式适用于以下场景：某组件需要使用某个资源，而该组件的具体责任并不预设包含对该资源的监控和生命周期管理。如果供给、监控和处置等方面的处理都可被分解到各自的组件中，那么资源的使用者就可从这些关注点的细节中有效地解放出来，不必被迫承担这些附带责任。

为这个问题做决定时，重要的参考是：所生成的资源管理器组件必定较复杂(nontrivial)。对简单资源的管理进行分解只会导致额外的运行时和设计开销；对于每个拆分出去的组件来说，它们都应被认为具有基本成本。这个成本需要能够由实现解耦和隔离所带来的好处所抵消。

14.2.5　实现上的考虑

在本节例子中，执行组件具有工作者节点的完全控制权，而节点的使用时长以及何时关闭等问题也由执行组件全权决定。如果你假定节点对应的计算资源是稀缺的，并可能需要因为对外部事件的响应(例如，每分钟的运行时成本高于某个阈值)而移除，那现行的做法就需要做出改变。对于这种情况，执行组件只会计算出所需工作者节点的数量，而资源池接口将决定提供多少个工作者节点。我们还可以预想一下：需求将会导致工作者节点被重新分配到不同的计算集群中不同的执行组件。

这种情况要求资源贷出方在必要时保留强制收回资源的权力。如果把借出资源的直接引用交给借方，那么借方可保留该资源，并在借贷被撤回后还能继续使用。解决方案是：交出资源的代理而不是资源本身。在服务引用的形式具备位置透明性的前提下，这很容易实现，因为借方并不关心或不知道请求到资源的精确途径。这个资源代理必须能在借方和资源之间转发请求和响应，还必须服从贷方的停用命令，在停用后，它将拒绝来自借方的所有请求。贷方因而得以按需削减借方的资源，并在解除或者重新分配资源时，再不会受到违规借方的干扰。

另一个考虑是当借方终止时，应该归还借给不同服务实例的资源。否则，贷方可能不会注意到对资源的使用已经结束，而资源本身则可能处于健康和功能完好却被长期闲置的状态。如果系统没有意识到这种情况的出现，那么实际上相当于资源泄漏。

14.2.6　变体：使用资源借贷模式进行局部公开

将子组件分发给外部客户端的机制也可用于公开组件的部分功能或数据。设想一个组件，它拥有一个很大的浮点数多维数组，这些数字由海量数据分析产生。客户端可能对数组的特定切片感兴趣，但不允许进行更改。通过使用资源借贷模式，该组件可提供一种协议，用于获取特定形状的数据切片的句柄，从而进行只读访问。客户端调用此句柄上的方法来获取包装在Future中的特定值。这使得具体的实现可决定：需要立即发送给客户端多少引用值，以及当客户端最终请求其余数据时又如何检索它们。想象一下，如果它被转移到前面，那么一个足够大的切片将导致大量的网络使用。

通过使用资源借贷模式，管理多维数组的组件知道了当前有多少个只读句柄处于活跃状态，并在需要时可使它们失效。例如，只有有限数量的快照可保存在内存中——客户端有指向它们的句柄——当需要进行进一步更改时，废弃最旧的快照从而释放它所占用的空间。

14.3 复杂命令模式

向资源发送复合指令以避免过度使用网络。

你已经把系统所使用的资源封装在管理、代表或直接提供功能实现的各组件中。这使得你可将职责限制起来，这不仅是为了代码模块化的原因(第 6 章)，而且为了垂直伸缩和水平扩展性(第4章和第5章)以及原则性失败处理(第7章)服务。所有这些优点带来的代价是：在资源和系统的其他部分之间引入了一个只能通过异步消息传递来跨越的边界。资源借贷模式可能有助于将资源尽可能靠近其用户，但这层屏障仍然存在，增加了延迟，并且通常会占用通信带宽。复杂命令模式的核心则在于把整个行为发送给资源，以节省时间和网络带宽，并防止资源和用户之间频繁地交换信息；资源的用户只对信息量较小的结果感兴趣。

这种模式已经应用在相关用途上很长一段时间了。我们举个常见的例子来探讨一下。考虑一个庞大的数据集，其数据大得无法放进单台机器的工作内存中。因此可将数据存储在一个机器集群中，而其中每台机器只拥有一小部分数据——这就是所谓的大数据(big data)。而这个数据集是一个将被系统的其他部分所使用的资源。与这些数据交互的其他组件将发送查询请求，这些请求需要根据数据所在位置被分发到正确的集群节点。如果数据存储只允许检索单个数据元素，并将其留给客户端进行分析，那么任何汇总操作都将涉及大量数据的传输；因为需要在客户端和数据源之间频繁地来回传输更复杂的分析，并会导致本来就高涨的网络使用量以及相应的高响应延迟值进一步恶化。因此，大数据系统通过让用户将计算作业发送到集群的方式来工作，而不是将计算逻辑放在集群外部进行查询。

另一种思考这种模式的方式是：将客户端和资源(大数据集)想象成两个即将协商合约的国家。为促进高效交流，一位大使(批量工作)从一个国家前往另一个国家。谈判可能需要进行很多天，但在最后，大使总会带着结果回国。

14.3.1 问题设定

我们可将这个问题概括如下：客户端想从资源中提取一个结果，相对于为获得这个值所需进行的频繁交换过程中所移动的数据数量来说，这个结果值是比较小的。相比启动计算的客户端组件，计算过程与数据更密切相关。客户端对数据的处理方式并不真正感兴趣，它只要得到结果即可。而在另一方面，资源只保存数据，并不知道客户端请求的结果的提取过程。因此，需要将计算过程的描述从客户端发送给资源；客户端需要由程序员来提供这个描述，因为他们知道数据的需求和结构。

这正是我们熟悉的批量处理作业例子。你需要稍微修改一下你大脑里的图片：我们将 12.2 节的图形概览拿到图 14-2 中进行复习。工作者节点不再是可以动态供给和销毁的无状态服务；相反，大数据集群中存在一组固定的工作者节点，而且每个工作者节点都持久地保存着被委托的分区数据。根据作业所需的数据，执行组件将负责把作业发送到正确的工作者节点，这反过来又将对调度决策产生影响。这些结果虽然有趣，但高度依赖于所选择的特定示例。就这个通用模式而言，更多的启示是：什么构成了批量处理作业，以及它将如何被工作者节点所执行？你将在本节看到，这个问题有不止一个答案。

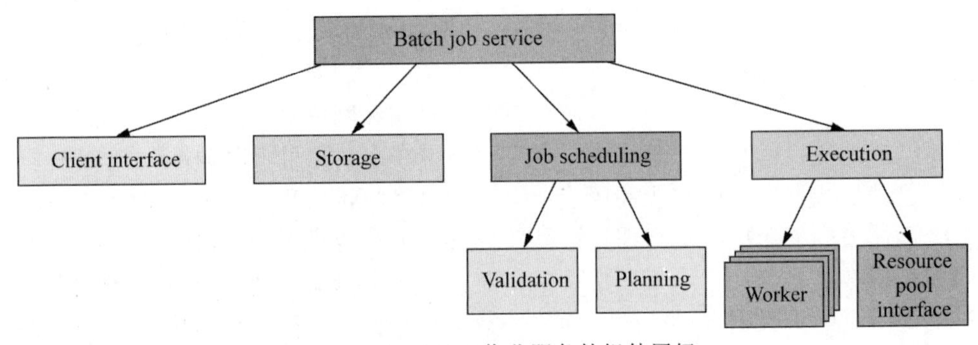

图 14-2 批量处理作业服务的组件层级

14.3.2 模式应用

我们首先分析需要传达的关键部分。系统为将作业传送到正确节点，要了解哪些数据是必需的；数据集的描述符因此需要成为批量处理作业定义的一部分。调度器组件将不得不检查这些信息，并将这些信息纳入决策因素中，即调度器只需要读取和理解这部分信息，而不必操作数据集。另一方面，执行组件必须根据数据的分区信息将作业分成多个部分：除了读取和理解数据集描述符之外，执行组件还需要能创建整个批量处理作业的副本，以用于处理数据子集，这些副本将由各个工作者节点执行。

另一种解决方案则是，系统始终传送完整的作业描述，并让工作者节点忽略数据集中所有缺失的部分。但是，如果数据分布发生变化或数据分区通过复制进行容错，就会产生问题。如果数据筛取不能保证始终在同一位置进行，将很难或者不可能保证每一个请求的数据元素最终只会被处理一次。而如果能将收敛过的数据筛取指令发送到工作者节点，则能给予节点一套清楚而且没有歧义的执行指引，让节点明确表示某些请求的数据在其位置上已经不再可用。

这会使你得出结论：批量处理作业本身必须是一种不仅可由客户端，还可由其组件构建的数据结构。批量处理作业的数据结构所包含的数据的第一部分是一个数据集描述符，而这个描述符则需要被多个批量处理服务组件解读和拆分。

该数据结构中必须传达的第二种信息是用于筛选数据的处理逻辑。为此，批量处理作业的逻辑必须描述如何消耗数据集中的元素，以及在这个处理过程中如何生成结果值。而数据结构最后的一部分则指引如何将来自单个工作者节点的部分结果合并成一个整体，并将其运送回外部客户端。

使用平台的序列化能力

在忽略诸如客户端认证、授权、配额和优先级管理等所有附带信息的前提下，我们在下面的类定义中，尝试刻画批量处理作业的基本数据结构。批量处理作业具有用于识别待处理数据的选择器、用于创建部分结果的处理逻辑以及用于合并部分结果的合并逻辑。

代码清单 14-7　批量处理作业的基本构成

```
public interface ProcessingLogic {
  PartialResult process(Stream<DataElement> input);
}

//
public interface MergeLogic {
  Result merge(Collection<PartialResult> partialResults);
}

public class BatchJob {
  public final String dataSelector;
  public final ProcessingLogic processingLogic;
  public final MergeLogic mergeLogic;

  public BatchJob(String dataSelector,
                ProcessingLogic processingLogic,
                MergeLogic mergeLogic) {
    this.dataSelector = dataSelector;
    this.processingLogic = processingLogic;
    this.mergeLogic = mergeLogic;
  }

  public BatchJob withDataSelector(String selector) {
    return new BatchJob(selector, processingLogic, mergeLogic);
  }
}
```

为简单起见，假定数据选择器(dataSelector)具有基于 String 的语法(描述数据集本身不是该模式的重点)，并通过 withDataSelector()方法提供了一个拷贝构造器，以便执行组件可生成作用于该数据子集的作业(数据结构)拷贝。

现在将深入讨论其中更有趣的部分：数据结构中所传达的执行逻辑。这里，逻辑表现为客户端需要提供实现的两个接口。ProcessingLogic 描述了如何从一个数据集中计算出部分结果，该数据集表示为元素的 Stream[5]。你可能正在处理海量数据，这些数据无法一次性地载入内存，因此将完整的 Collection<DataElement> 传递给处理逻辑很容易导致工作内存耗尽(即 Java 中的 OutOfMemoryError)，这往往是致命的。而 MergeLogic 接受这些部分结果作为参数，并将它们组合成客户端想要的完整结果；这里，你希望涉及的数据量较小——即使是上千个部分结果也不应该占用大量内存，因为设计基于如下假设：合并后返回的结果值，信息量比所分析的数据集要少得多。

为将 BatchJob 消息从客户端发送到批量处理作业服务系统，你需要序列化这个 Java 对象。在代码清单 14-7 中，你可在几个地方添加 extends Serializable 并添加一些 serialVersionUID 值，这样一来，Java 运行时环境(JRE)就能将 BatchJob 对象转化为可传输的字节序列。而在另一端——(批量处理作业)服务系统中——你需要逆转这个过程，但这里你遇到了一个问题：JRE 只能反序列化已知其定义的类，而序列化信息只能包含被引用的对象的类名以及它们所包含的原始值(整数、字符、数组)的序列化形式。描述对象行为的字节码在这里丢失了。

为传输对象行为，你必须在(批量处理)服务端和客户端之间的协议中添加相应的词汇表。必须将 JAR[6] 文件与作业(数据)一起上传，以便在需要解释 BatchJob 消息的地方都能知道所需的类定义。这是一项乏味且易出错的工作，任何类的遗漏或库版本的错误都会导致致命的 JVM 错误，从而导致无法运行相关作业。另外需要注意，这个方法将客户端和服务节点以及两者所选择的运行时环境绑定在一起。在代码清单 14-7 中，双方只有使用兼容版本的 Java 运行时，才能保证行为逻辑的字节码以及序列化的数据对象的传输和执行都能成功。而这会导致基于 JavaScript、Ruby 和 Haskell 等编写的客户端无法使用批量处理作业服务。

使用另一种语言作为行为转移的格式

如果以一种角度看待这个问题：批量处理作业服务为客户端接口协议定义了一种隐式的语言选择。批量处理作业(数据结构)必须按固定格式编写，以便服务可以理解和执行它们。反过来，你也可在这方面尝试更大的自由度：如果服务(仍用 Java 编写)准备接受由另一种语言所编写的处理逻辑，那么最好是一种已经被广泛使用，并为交付和能在各种环境中运行做过优化的语言；如此一来，你可避开直接传输 Java 类时遇到的代码紧耦合。在这方面有好几个选择，包括无处不在、

5 参见 https://docs.oracle.com/javase/8/docs/api/java/util/stream/Stream.html。

6 Java 存档文件：基本上按类文件组织，并包含计算机可读的、库的类定义的压缩文件。

易于解释的 JavaScript；还有在数据分析方面非常普及的 Python。Java 8 运行时中包含一个 JavaScript 执行引擎，可用来方便地验证这个方案的可行性。

代码清单 14-8　通过调用 Nashorn JavaScript 脚本引擎执行处理逻辑

```
public class PartSuccess implements PartialResult {
  public final int value;

  public PartSuccess(int value) {
    this.value = value;
  }

  @Override
  public String toString() {
    return "ResultSuccess(" + value + ")";
  }
}

public class PartFailure implements PartialResult {
  public final Throwable failure;

  public PartFailure(Throwable failure) {
    this.failure = failure;
  }

  @Override
  public String toString() {
    return "ResultFailure(" + failure.getMessage() + ")";
  }
}

public class BatchJobJS {
  public final String dataSelector;
  public final String processingLogic;
  public final String mergeLogic;

  public BatchJobJS(String dataSelector,
                    String processingLogic,
                    String mergeLogic) {
    this.dataSelector = dataSelector;
    this.processingLogic = processingLogic;   <—— JavaScript代码
    this.mergeLogic = mergeLogic;
  }

  public BatchJobJS withDataSelector(String selector) {
    return new BatchJobJS(selector, processingLogic, mergeLogic);
  }
}

public class WorkerJS {
  private static final ScriptEngine ENGINE =
    new ScriptEngineManager().getEngineByName("nashorn");

  public PartialResult runJob(BatchJobJS job) {
    Invocable invocable = (Invocable) engine;
```

```
      try {
        engine.eval(job.processingLogic);          ←— 对JavaScript代码进行求值
调用指定的 | final Stream<DataElement> input = provideData(job.dataSelector);
JavaScript | PartialResult result =
      函数 |   (PartialResult) invocable.invokeFunction("process", input);
        return result;
      } catch (Exception e) {
        return new PartFailure(e);
      }
    }

    private Stream<DataElement> provideData(String selector) {
      /* fetch data from persistent storage in streaming fashion */
      return Stream.of(1, 2, 3).map(DataElement::new);
    }
  }
```

处理逻辑作为一段简单的、可序列化的字符串进行传递，其中包含一段 JavaScript 文本，求值后的代码中定义了 process()函数。然后传入数据元素流调用该函数，并预期返回一个结果。一个处理逻辑脚本的简单例子如下所示：

```
var PartSuccess = Java.type(
   'chapter14.ComplexCommand.PartSuccess');

var process = function (input) {
   // 'input' is a Java 8 Stream
   var value = input.count();              ←— Java 8的Stream
   return new PartSuccess(value);
}
```

如果你想在 Java 应用程序中嵌入一些 JavaScript 尝试一番，可在 www.manning.com/books/reactive-design-patterns 和 GitHub 上的源码存档中找到这部分代码。

使用这种技术你可能会遇到一个问题：为省时省力，所提交的逻辑可能使用其他库来实现。例如，让我们来看一下包含待分析图像数据的 DataElement。假设分析工作是由喜欢图像处理库 Gimp JS(假想的库)的人编写的，当执行作业时，作业脚本需要用到这个库。那么，可通过在执行环境中提供这个库作为批量处理服务合同的一部分来实现，或者，库的代码也可包含在作业脚本中。前一种方法节省资源，后者则在选择使用哪个库及哪个版本上给了你更多自由。

简而言之，我们到目前为止，探索了两种从客户端到批量处理服务传输行为(即处理逻辑)的方法，一种方法绑定了 Java 语言和运行时，而另一种方法则使用不同的语言。后者用作一种行为交换格式，对双方来说可能都是外来数据，但具有易于传输和解释的优点。而我们尚未考虑的是让客户端向大数据集群提交任意处理指令的安全隐患。虽然它们只用来分析海量数据，但同样有能力调用 JRE 中的任何公有方法，包括文件系统访问等。

为确保集群的安全，你可实现过滤器来检查提交的代码(在不拒绝太多合法作业的情况下，很难确保正确)；你也可限制脚本解释器(在不拒绝所有恶意作业的情况下，很难做到)；或者可定义一种行为交换格式，只用于表达你想要暴露给客户端的操作。只有最后一个选择可提供安全性，但代价高昂，因为大部分现成的语言都是为通用目的开发的，因而功能对于这种场景都过于强大。

使用一种领域特定语言

注意事项：这一节所描述的技术非常强大，但要求使用者拥有比初学者更深入的知识和更高的技能。即使不能完全理解这一节中所提出的解决方案及其相关工作原理，你仍可以记下其中的相关特性，作为将来设计适用场景的灵感来源。

在上一节末尾提及的前两个方案选项，是针对本书示例定制的，并希望引导你去对 JavaScript 进行更深入的了解。而其第三个选项的价值则更有通用性。沿着这条道路继续走下去，你需要设计一个领域特定语言(DSL)。正如 Debasish Ghosh 在《DSL 实战》(Manning, 2011)一书中所讨论的那样，这种语言有两种基本形式：

- **内部 DSL**——语法基于宿主编程语言描述，并能嵌回宿主语言。
- **外部 DSL**——完全自成一体的领域专业语言。

一个外部 DSL 的设计包括：创建相关语法，并根据 DSL 语言的目标使用场景实现相应的解析器，通常，还需要创建一些工具，来验证甚至(自动化)处理使用了该语言描述的文件。外部 DSL 的优点是不受宿主编程语言语法规则的束缚：它的设计完全由你定制。想象你在设计一种大数据处理语言，它可按下述方式描述对输入的分步处理。

代码清单 14-9　外部 DSL 使用不同于宿主编程语言的语法

```
FOREACH Car (_, _, year, price)          <-- 根据需要给数
SELECT year ? 1950 && year < 1960            据记录的字段
MEDIAN OF price                              赋予名字
REMEMBER AS p

FOREACH Car (make, model, _, price)      <-- 第二次迭代
SELECT price > p
DISTINCT VALUES OF (make, model)
RETURN AS RESULT
```

这个脚本的执行将遍历数据集两次：首先找到 20 世纪 50 年代(1950～1960)汽车价格的中位数，然后收集价格高于中位数的所有汽车的品牌和型号。这里展现的代码，将指引一个顺序化的(数据)执行流程；即通过规定可使用的命令，可对客户端代码的使用场景进行严格控制。工作者节点将这些脚本分析成语法树，之后要么直接解释执行它，要么将其编译为节点运行平台上的原生执行程序。在 Java 示例中，这通常意味着发送与 DSL 中描述处理过程相对应的字节码。后者(编

译)只有当 DSL 包含像循环、条件分支和递归这些控制结构，以至于解释的方式会生成大量表达式时才需要。在这个例子中，与大型数据集[7]上的实际计算相比，解释这些语句所消耗的 CPU 周期非常少，几乎可忽略不计。

如果由表达式带来的这种完全自由度不是最重要的，那么内部 DSL 可能更适合。为一门定制的语言构建和维护其语法解析器和解释执行器会带来大量的开发工作和团队组织上的开销，更不用说设计一门合理地自行保持一致的语言并非每个工程师都具有的天赋。作为内部流处理 DSL 的一个例子，让我们来看一下 Akka Stream 库：用户首先创建 Graph—— 一个不可变的、可重用的蓝图(blueprint)，用于规划处理流程拓扑，然后物化(materialize)并执行这个蓝图，通常由一组 Actor 来实现物化过程。你可分开实现这两个步骤，可由客户端创建 Graph，序列化后提交给(批量处理)服务系统，最后在(系统的)工作者节点上反序列化并执行。依据代码清单 14-9 中的外部 DSL，定义的相应 Graph 类型可能以如下形式展现：

代码清单 14-10 内部 DSL

```
public static void akkaStreamDSL() {
  RunnableGraph<CompletionStage<Long>> p =
    Source.<DataElement>empty()                       <-- 表示真实
      .filter(new InRange("year", 1950, 1960))            的数据源
      .toMat(
        Sink.fold(0L, new Median<Long>("price")),
        Keep.right());

  Source.<DataElement>empty()                     简单表达式的
    .map(new Inject<Long>(p, "p"))            <-- 限制性词汇表
    .filter(new Filter("price > p"))
    .to(Sink.fold(
      Collections.emptySet(),
      new DistinctValues<Pair<String, String>>("make", "model")));
}
```

一般来说，map、filter 和 fold 操作意味着可接受你所提供的任何函数字面(lambda 表达式)，而这个语法在这里也是合理的。使用随意编写的代码会使你面临之前提因此这就是为什么这个例子只提供一个受限的词汇表，以保证批量处理服务系统的工作者节点必然知晓相关指令。你提供的操作指令，可以是复合计算，如此例的中位数计算：将元素(DataElement)送往数据接收器(data sink)，从初始值 0L 开始，配合你所提供的函数，对输入的元素进行 fold 操作。在具体的框架实现里，程序同时记录了图的布局以及所有你所提供的对象，以便你可检查这个图并执行序列化。当你在折叠函数(folding function)中遇到中位数(Median)对象时，你

7 对于每个数据项，唯一需要解释的是“按年选择汽车”的表达式，其他内容都由预先打包好的复合操作提供。

知道该行为传输至工作者节点执行。而除了操作指令自己的名称以外，唯一需要序列化的信息是需要计算中位数的字段名称。这使你可以在源代码存档中看到整个数据流相关的类定义草图。

同样的原则也适用于过滤步骤，你可使用 InRange 这类预先包装好的操作(配置了一个字段名称、允许范围的最小和最大值)。也可将这种(内部 DSL)方法与外部 DSL 结合使用，如代码清单 14-10 中的通用过滤操作(filter)所示；为简单的数学表达式实现一个解析器和解释器并不需要像实现完整功能的语言那样复杂，而且其通用性足以在各个项目中重复使用。

如果两端(客户端和服务端)都能使用 Akka Stream 库，那么这里所展示的方法会得到最佳效果，因为这样可节省创建基本的 Graph DSL 基础设施和流处理引擎的工作量。你只需要提供 Akka Stream 所支持的特定操作即可。如果需要更大的灵活性，那么为这些 Graph[8]选择的序列化格式可作为外部 DSL 提供给并非基于 JVM 的客户端实现。又或者使用不同的代码来描述处理逻辑。

14.3.3　模式回顾

我们从这一个假设开始：对于信息交换双方需要进行频繁往复的场景，用户将行为发送给资源，能达到节省网络往返时间以及网络带宽的目的。而用户只对(与整体数据集比较)较小的结果值感兴趣。通过对各种可能进行探索，我们发现了几个解决这个问题的方案：

- 如果用户和资源都是基于相同的执行环境编写，可直接使用与用户代码相同的编程语言编写行为并将其发送给资源。根据执行环境选择的不同，这可能引入相当大的额外复杂度。例如，在 Java 类中，你将需要识别所需的字节码，传输并在接收端加载(这些字节码)。需要注意，一旦采取这项选择，以后很难取消，因为隐含的行为交换格式已经与运行时环境紧密耦合了。
- 为克服直接使用宿主编程语言的限制，你可选择一种不同的编程语言作为行为传输格式，挑选一门已经针对异地系统传输和执行做过优化的编程语言。我们把 JavaScript 作为这种语言的一个常见示例，因为 JRE 8 及其以后的版本已经直接支持 JavaScript 的执行。
- 如果担心安全问题，那么前两个解决方案的表现能力都过于强大，给了用户太多权力。用户将能以资源的名义执行与自身无关的行为，从而能做任何事情。确保这一过程安全的最佳方式是创建 DSL 来限制用户可以表达的内容。这可以是外部 DSL，其设计上具有完全的自由度，但相应的实现

8 在撰写本书时，Akka-Stream(版本 1.0)并未提供序列化 Graph 的能力。

成本很高；也可以是内部 DSL，重用宿主编程语言进行实现；甚至可以是另一种内部DSL，如使用 Akka Stream 库的例子所示。

在这个例子中，需要由用户传递给资源的另一个信息是：批量处理作业将要处理的数据集。这并不是这种模式的通用特征；而发送给资源的行为很可能有能力选择其操作的目标资源。这样的路由信息通常只在资源的实现代码中携带才有意义；在基于 DSL 的行为描述的情况下，通常可从已序列化的行为中提取所需的选择器。

14.3.4　适用性

复杂命令模式提供了将用户和资源解耦的方案：资源的实现可仅支持一些基本操作，而用户仍可发送复杂的命令序列，以避免在单次处理过程中通过网络发送太大的结果和请求。代价是需要定义和实现一种行为传输语言。这具有很高的开发成本，无论你使用宿主编程语言并使其适用于网络传输、选择一门不同的编程语言，还是创建一个 DSL，设计时都需要特别注意保护解决方案，避免来自恶意用户的攻击。

因此，这种模式的适用性受到以下限制：在项目需求的背景下，需要在实现解耦与网络带宽减少这两者所带来的收益之间进行平衡。如果成本超过收益，那么你需要从下面的选项中选择一个：

- 仅提供基本操作，以使资源实现独立于资源的使用，代价是更多的网络往返传输。
- 在对应相关资源的协议内实现客户端所需的复合操作，以避免对灵活的行为传输机制的需求。

第一个选项把代码模块化看得比网络使用更重要，第二个则相反。

14.4　资源池模式

在资源的所有者后面隐藏一个弹性资源池。

到目前为止，我们已讨论过单个资源的建模和操作，以及它与客户端的交互。敏锐的读者将注意到这里面缺少一些东西：反应式系统设计的核心原则要求复制。回顾从第 2 章开始的讨论，你知道如果不在所有的失败坐标轴(软件、硬件和人)上分配解决方案，就无法实现弹性。而且你知道为实现弹性，需要将负载处理分摊到一系列能根据需求动态调整的资源上。

在第 13 章中，你了解过复制组件的各种方法。在这个机制中所付出的努力很大程度上取决于有多少组件的状态需要在多个副本之间同步。该模式侧重于副本的管理和外部表示。而按照在第 4 章和第 5 章中的推理，实现伸缩性很大程度上依赖于异步消息传递和位置透明。

14.4.1　问题设定

现成的例子是你在前几章中构建和改进的批量处理作业服务。尽管整个系统是一个更复杂的资源池实现，其中包含复杂命令(批量处理作业)的精细调度，但执行组件则提供了一个相对单纯的资源池示例：在调度器组件决定了即将到来的作业的运行顺序后，执行组件将选中作业，并在工作者节点可用时(要么完成它们之前的工作，要么提供新的工作者节点以响应不断增长的需求)，将其分配给工作者节点。

我们不去研究调度器组件，以及执行组件和工作者节点之间的关系是如何在代码中表示的，而是关注这些组件之间所产生的消息传递模式，尤其是工作者节点和执行组件的生命周期事件。这样我们可以一种更容易应用于其他用例的方式来阐明它们的关系。

14.4.2　模式应用

我们需要检视的批量处理作业服务部分是执行组件的逻辑，该逻辑负责将传入的批量处理作业分配给可用的工作者节点。这些作业可从调度器组件发布的调度任务里取出。基本过程如图 14-3 所示，图中使用了附录 A 建立的反应式系统约定。

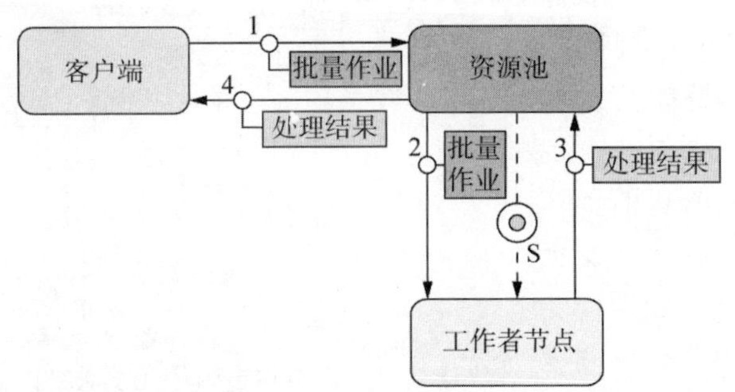

图 14-3　客户端代表批量作业的来源，即作为执行组件已经从发布的调度任务中拉取了作业部分。资源池是创建、拥有和监督工作者节点的子组件。这里忽略了多个工作者节点可能在一个作业上协作的事实，基本的工作流是将作业发送给工作者节点，并将结果传回客户端

根据这种消息传递拓扑，资源池控制着工作者节点生命周期的所有方面：发送作业、取回结果以及创建和终止工作者节点——资源池会一直记录各个工作者

节点的当前状态。创建一个新的工作者(节点)通常是为了响应工作的可用性而发生的；该过程如图 14-4 所示。

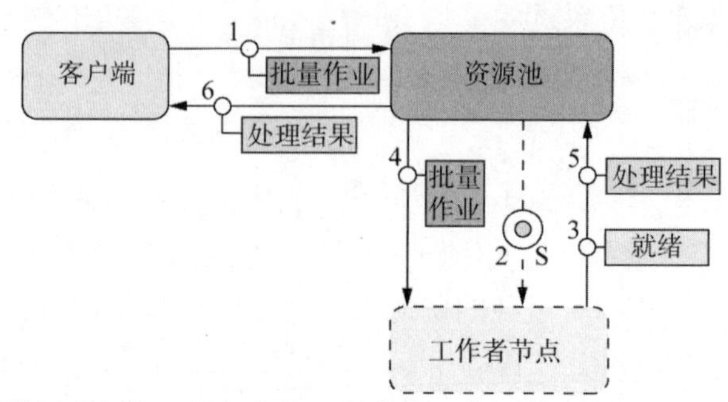

图 14-4 与前面的过程相比，插入步骤 2 和步骤 3 来创建工作者节点(使用资源封装模式中的基础架构服务)，一直等到就绪为止

尽管这个消息流展现了工作原理，但是不应该从字面上进行解读：触发创建新工作者节点的作业可能交给另一个不同的工作者节点负责，而不是正在创建的那个，尤其是如果系统提供一个工作者节点需要很长的时间。新的工作者节点向资源池发出准备好的信号后，会收到派发的下一份作业；从这个角度看，发送一个新节点准备就绪的信号与发回一个已经启动的对应作业的处理结果具有同样的意义。注意，这指两个信号都可以知道资源池接收新作业。

在系统处理的负载减少的期间，资源池将注意到工作者节点是闲置的。因为资源池知道它分配了多少工作，以及哪些节点是闲置的，因而它所处的位置能很好地决定何时关闭节点。相应的消息流示意图如 14-5 所示。

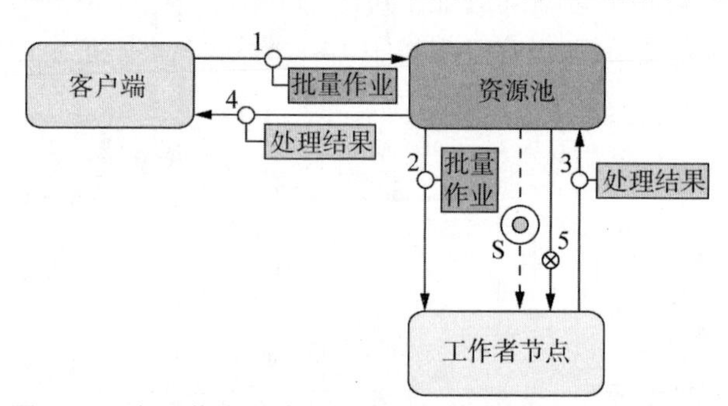

图 14-5 在工作者节点处理完成一个作业后，资源池发送终止信号并避免将更多作业发送给该节点。消息 4 和 5 之间可以有相当大的延迟来实现空闲超时

工作者节点生命周期的最后一个关注点是如何处理失败。资源池应该通过执行定期的检查[9]来监视所有的工作者节点，并可能要求进度更新。当工作者节点在处理作业时发生故障，资源池会将此故障发送回执行组件以记录并转发给外部客户端，或通过将作业提供给另一个工作者节点来重试该作业。失败节点的恢复过程取决于具体用例的需要。在“放任崩溃”模式中描述了推荐的恢复方法：停止并释放工作者节点及其所有资源，然后提供一个全新的工作者节点。当工作者节点在空闲时失败

9 此功能可能已被包含在正在使用的服务框架中。

时，只需要执行恢复过程即可。

到目前为止，你所看到的消息流都假定工作者节点从单个消息中接收到一个作业，而回复的结果也可放进单个消息。这涵盖了广泛的服务类型，但也有很多例外，如提供先验(但无界)响应的流服务，或者目的是提供给定速率传输的服务，相关外部客户端可在响应到达时就开始处理数据，而不必做缓存。在资源借贷模式中讨论的另一个例外是：外部客户端可能保留一个工作者节点，并与其进行持续的通信以执行复杂任务。

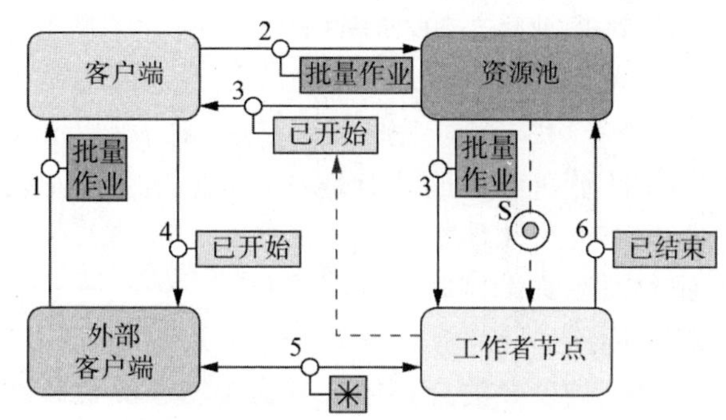

图 14-6　为响应作业请求消息，资源池将分配一个工作者节点并通知该节点将要完成的工作。同时，包含该工作者节点身份的消息被发送到外部客户端。这两条消息的顺序并不重要，这就是为什么它们在图中共享了序号 3。外部客户端可以直接与工作者节点通信，直到工作完成。然后工作者节点发信号给资源池，从而能接受更多作业

为适应这些使用场景，需要稍微重新阐述基本的消息流，如图 14-6 所示。该流程的变体通过代表资源池客户端的中介，发送工作者节点和外部客户端之间的所有消息(步骤 5)，或者不发送来自工作者节点的完成消息，而是让外部客户端通过和作业描述的相同路径传达这一信号。前者允许更严格地控制外部客户端和工作者节点之间所许可的协议，而后者使得资源池能够获知更多关于工作者节点何时完成工作的详细信息。

应该形成的一个重要观念是：为创建和终止工作者节点保留相同的过程，即在资源池和工作者节点之间保持相同的基本消息流结构。资源池发起工作，工作者节点最终回复工作完成的通知消息。

14.4.3　模式回顾

概括而言，我们通过勾勒相关消息的主要流向，阐明了资源池与它所拥有的单个资源之间的关系。资源池可自由分配资源或动态地调整资源的数量，因为它完全控制资源、资源的生命周期及资源的使用。如何使用资源取决于外部客户端所应用的模式：

- 基本的模型是客户端将一个请求发送到资源池，并且资源池只在这个请求期间分配一个对应的资源。
- 为在处理单个请求的过程中传输大量数据或消息，可将资源借给外部客户端进行直接独占访问。资源借贷模式的所有方面在这里都适用，包括使用代理来强制实施使用限制的可能性。

- 如果一个频繁往复的交换，只是为了提取一个较小的结果值，那么可使用复杂命令模式来避免将资源借用给外部客户端的开销。

另一个需要考虑的方面是：我们所讨论的基本消息流涉及资源和资源池之间的完整回路，以告知请求的完成并获取下个请求。这是最精确、可预测的模型，而且处理请求的时间比网络往返时间大得多也是很正常的。在其他情景里，使用缓冲策略将是有益的，在这种策略中，资源池将在缓冲中留有多个请求，并将这些请求发送资源进行逐一处理。资源返回的结果使得资源池能跟踪当前有多少请求未完成，并限制未完成请求的数目。

排队解决方案的缺点是，如果向当前不空闲的资源发送请求，意味着处理可能会被不可预知地推迟。即使只有一个请求违反 SLA，也可能会对某些后续请求产生负面影响。排队还意味着：在发生故障的情况下，可能需要调度多个请求以重试(如果情况合适)。

对这种模式的介绍中，我们提出了弹性和回弹性是复制资源的动机；到目前为止，我们只考虑了前者。后者由于资源池和其资源之间的所有权及监督关系而变得更麻烦：如果资源池失败，则资源被孤立。有两种方法可解决这个问题。你可复制资源池，连同它管理的资源——比如在不同的数据中心运行完整的初始化程序；或者只复制资源池管理者，并通过转移资源的所有权以实现它们之间的失败切换。所有权转让只能由现任的资源所有者(如果它还可正常工作)发起，否则，每个资源都必须监视它所属的资源池[10]，并在收到其所属资源池[11]的失败通知之后，将自己提供给新的所有者。要复制资源池管理器，可使用前一章中讨论过的任何复制方案，并依据手头的具体用例要求进行选择。

14.4.4 实现上的考虑

这种模式可通过服务框架实现：资源的部署包括动态扩展的复制因素或性能指标，而查找资源则导致资源池代理被隐式地插入客户端和资源之间。如果资源是无状态的(只提供计算功能)，或者使用多主复制，那么这种模式对于在查找点生成的资源池代理来说，即使没有中心协调也是可行的。在这些情况下，每个依赖服务实例都可以有一个代理消除任何单点故障。但这里有一个潜在的困难，它假定了资源可处理来自多个源的传入请求。在应用资源借贷模式或复杂命令模式的情况下，这会很有挑战性，因为与中心协调的请求分配相比，请求可能会因为缺少控制而导致延迟。

10 这通常应该由服务框架以通用方式来实现。

11 熟悉 Akka 的读者会注意到 Actors 不支持重新指定其父节点，但我们正在讨论的是一般资源组件的资源池，而不是封装了资源的 Actors。这里提到的服务抽象是比 Actor 模型更高层次的构造。

14.5　托管阻塞模式

阻塞资源需要慎重考虑并明确所有权。

在展示批量处理作业服务中的执行组件是如何提供新工作者节点的示例代码中，你遇到了正在使用的 API 被设计为会阻塞其调用者线程的情况。对于 AWS API 来说，可采用其他方法避免阻塞，但这种情况并不常见。许多你可能想要使用，或不得不使用的库或框架并没有提供事件驱动交互的选项。Java 数据库连接(JDBC)[12]就是一个众所周知的例子[13]。为在反应式系统组件中使用这些 API，需要特别小心地正确管理隐式占用的资源，尤其是执行它们需要占用的线程。

14.5.1　问题设定

考虑一个管理信息的组件，信息的管理可很好地转化为关系数据库模型——这可能是一个预订的账簿、用户和团队的管理、一家传统的宠物店等。在批量处理服务示例中，这个组件可能用在客户端接口组件用于确定给定请求是否合法的身份验证和授权服务中。你可从头开始编写这个组件，将每个领域对象建模为一个持久化 Actor，也可方便地利用现成的数据库管理系统。如果没有特别好的理由反对，那么最好重用现有的工作解决方案，因此你将在基于 Java 和 Akka Actors 的实现中使用 JDBC 驱动程序。

你现在面临的问题是，执行数据库查询可能花费任意长的时间：数据库可能过载或失败，查询可能由于缺少索引而未完全优化，或者可能是在一个大数据集中进行的非常复杂的查询。如果你在运行于共享线程池中的 Actor 上执行缓慢的查询，那么该线程将实际上对于该线程池不可用——从而导致它对于所有其他 Actor 也不可用——直到结果集被传回为止。同一线程池上的其他 Actor 可能有已经调度了的计时器，除非有足够多的其他线程可用，否则这些计时器将只能以较大的延迟进行处理。线程池越大，可同时容忍的阻塞行为就越多；但线程是 JVM 上的一个有限资源，这意味着对这些阻塞行为的容忍度也是有限的。

---

12 Java 数据库连接(http://docs.oracle.com/javase/8/docs/technotes/guides/jdbc)是 Java 平台的一部分，是关系数据库的通用访问层，通过该访问层，应用程序与特定数据库的具体实现解耦。这是一种通过应用程序容器中的依赖注入来提供数据源的标准机制，通常由外部部署配置文件驱动。

13 关于目前的 Java 异步数据库 API 草案，可参见 https://blogs.oracle.com/java/jdbc-next:-a-new-asynchronous-api-for-connecting-to-a-database。——译者注

14.5.2 模式应用

这个问题的根源在于共享资源(线程池)是以违反用户组协作契约的方式被使用的。我们期望 Actor 能够快速处理消息，然后给其他 Actor 运行的机会：这是高效线程共享机制的基础。通过抓住不放而使资源变得对其他 Actor 不可用，意味着至少在这个例子中的数据库查询期间，阻塞某线程的 Actor 独占了该资源的所有权。你已经看过资源借贷模式，即所有者可以授予对另一个组件的独占访问权限，但是这必须始终显式地发生：即你必须向所有者请求权限。

线程池通常没有一个机制来告知大家特定的线程正在被当前所运行的任务独占地阻塞[14]。如果你无法向共享线程的所有者申请权限，那么合乎逻辑的结论是：你需要拥有一个线程的所有权，以专门来运行数据库查询。这可通过创建一个由 Actor 管理的私有线程池来完成：现在你可将阻塞的 JDBC 调用作为任务提交给这个线程池。

代码清单 14-11 维护一个私有的 ExecutorService

```
public enum AccessRights {
  READ_JOB_STATUS,
  SUBMIT_JOB;

  public static final AccessRights[] EMPTY = new AccessRights[] {};
}

public class CheckAccess {
  public final String username;
  public final String credentials;
  public final AccessRights[] rights;
  public final ActorRef replyTo;

  public CheckAccess(String username, String credentials,
      AccessRights[] rights, ActorRef replyTo) {
    this.username = username;
    this.credentials = credentials;
    this.rights = rights;
    this.replyTo = replyTo;
  }
}

public class CheckAccessResult {
  public final String username;
  public final String credentials;
  public final AccessRights[] rights;

  public CheckAccessResult(CheckAccess ca, AccessRights[] rights) {
    this.username = ca.username;
```

14 ForkJoinPool 是一个例外，可使用 ForkJoinPool.managedBlock()来被告知(请参阅 https://docs.oracle.com/javase/8/docs/api/java/util/concurrent/ForkJoinPool.ManagedBlocker.html)。但这种情况下，额外创建的线程的管理也是有限的。

```
    this.credentials = ca.credentials;
    this.rights = rights;
  }
}

public class AccessService extends AbstractActor {
  private final ExecutorService pool;
  private final DataSource db;

  public AccessService(DataSource db, int poolSize, int queueSize) {
    this.db = db;
    pool = new ThreadPoolExecutor(
        0, poolSize,
        60, SECONDS,
        new LinkedBlockingDeque<>(queueSize));
  }

  @Override
  public Receive createReceive() {
    final ActorRef self = self();
    return ReceiveBuilder.create()
      .match(CheckAccess.class, ca -> {
        try {
          pool.execute(() -> checkAccess(db, ca, self));
        } catch (RejectedExecutionException e) {
          ca.replyTo.tell(
            new CheckAccessResult(ca, AccessRights.EMPTY), self);
        }
      })
      .build();
  }

  @Override
  public void postStop() {
    pool.shutdownNow();
  }

  private static void checkAccess(DataSource db,
      CheckAccess ca, ActorRef self) {
    try (Connection conn = db.getConnection()) {
      final ResultSet result =
          conn.createStatement().executeQuery("<get access rights>");
      final List<AccessRights> rights = new LinkedList<>();
      while (result.next()) {
        rights.add(AccessRights.valueOf(result.getString(0)));
      }
      ca.replyTo.tell(
          new CheckAccessResult(
              ca, rights.toArray(AccessRights.EMPTY)),
          self);
    } catch (Exception e) {
      ca.replyTo.tell(new CheckAccessResult(ca, AccessRights.EMPTY), self);
    }
  }
}
```

作为try语句的一部分，
连接在这里被隐式地关闭了

JDBC 连接的一个特点是，为充分利用数据库服务器的计算能力，通常需要创建多个连接，以便服务器可并行处理多个查询。出于这个原因，你以期望的 poolSize 创建一个线程池——每个数据库连接一个线程——并在任务进入时(向线程池)提交，而不用跟踪正在运行的查询数量。当输入负载不断增加时，会达到池中的所有线程都处于工作状态的临界点；因为线程的数量等于数据库连接的数量，因此所有数据库连接也都处于工作状态[15]。这时，新的请求将开始排队。在这个例子中，你不需要在 Actor 中显式地管理这个队列，而是为线程池配置一个有限容量的队列。由于所有线程都忙而无法立即执行的任务将被保留在此队列中，直到有线程完成其当前工作并请求更多的工作。如果任务在队列满时提交过来，线程池将拒绝执行。你使用这个机制来实现有界队列行为，正如第 2 章所述，这对于实现反应式组件的即时响应性十分必要。

由于线程池已经实现了所需的有界队列，所以在这个例子中，你可直接从数据库查询任务中将响应发送回客户端：在返回时不需要与 AccessService 进行交互。如果想要发送查询的 Actor 也参与进来，可将数据库结果发给 Actor，再让 Actor 将最终响应发送回原客户端。这样做的原因可能是：你需要明确地管理内部请求队列——为按优先级排序、能够取消请求等，或者数据库结果只是组成最终响应结果的几个输入之一。让请求和响应都经过 Actor 总的来说使其能更全面地管理这个过程的方方面面：有效管理一个单元的唯一方法就是只让一个人负责，并让他充分了解所有情况。

14.5.3 模式回顾

在这个例子中，你完成了以下几个步骤：

(1) 你注意到用例中需要的资源并不明显。资源通常由编程语言中明确传递或配置的对象来表示，但隐式资源却总被认为是理所当然的，并且很少被审慎重视——如线程或工作内存——因为它们通常是共享的，因此，按照惯例，系统在大多数情况下都可以正常工作。但当你遇到边缘情况时，你就需要在系统设计中明确地列出这些资源。

(2) 在确认需要执行某个功能的资源后，你明确地对资源进行建模：在这个例子中，这些明确建模的资源包括线程池和数据库连接池。线程池配置了给定数量的线程和最大提交队列长度，以便为其所使用的辅助资源数量设置上限。数据库连接池也是如此，虽然我们没有在示例代码中展示相关配置。

(3) 为符合资源封装性，你将这些资源的管理放在一个由 Actor 代表的组件

---

15 对数据库连接池大小的配置，推荐参考 https://github.com/brettwooldridge/HikariCP/wiki/About-Pool-Sizing 给出的公式。——译者注

中。资源的生命周期包含在 Actor 的生命周期中。线程池在启动时被创建，在停止时被关闭。该组件对于数据库的连接基于每个请求进行单独管理，并控制这些数据库连接，使它们能被独立地释放，而不依赖于处理过程如何完结。这是由放任崩溃(Let-It-Crash)思想所启发的，关闭线程池将释放所有相关的资源，包括当前所使用的数据库连接。

(4) 最后一步实现了简单组件模式，因为你所开发的组件的职责是根据用户的凭据为用户提供授权信息。为此，你需要资源和逻辑来使用这些信息，并将所有资源和逻辑都打包在一个组件中，这个组件只完成其本职工作。

尽管许多广泛使用的 API 都隐式地使用了调用线程之类的隐藏资源，但你会看到这个模式习惯用于管理线程的阻塞：模式也因此得名。尽管在数年前的.NET 生态系统中就被提到过，但术语“受托管的阻塞”(managed blocking)首次被大家熟知是它用于为 Java 7 开发的 ForkJoinPool 中。ForkJoinPool 并非一个通用的 Executor，而是作为一个针对性工具来帮助促进在大量数据上执行的任务的并行化，在可用的 CPU 之间分配工作并将部分结果连接在一起。它需要托管阻塞的支持，以在某些线程停止运行、等待 I/O(从网络或者磁盘)时保持 CPU 处于繁忙状态。因此，进入托管阻塞部分时，通常会产生一个新的工作者线程执行持续运算，而当前线程变成暂时不活跃状态。

因为要考虑到任何需要阻塞的资源，以及针对被阻塞的资源允许量身定制管理策略，你可以泛化这种模式，让其更通用。其中一个例子就是，显式地管理从主应用程序堆中分离出来的独立内存区域，以便设置一个大小上限，并明确地控制对该资源的访问——同一进程内的所有组件对普通堆内存的使用是不受限制的，这意味着一个行为不端的组件可能会妨碍其他所有组件的功能。从另一个角度看，对于已被封装为反应式组件的资源来说，托管阻塞与资源借贷模式是类似的。

14.5.4　适用性

这个模式的第一步是调查隐藏资源的使用方式是否违反了它们的共享合约，这一步一定要做。没有认识到这种情况将导致伸缩性问题或者因资源耗尽(比如 OutOfMemoryError)导致的应用程序失败，就像我们为甲方提供咨询业务中经常遇到的场景。

在另一方面，切勿在获得掌控资源的独占权上过于入迷，特别是在一些过于细化的级别上，或者仅能使用共享资源的情况下。这在线程池的例子中特别明显：对于事件驱动激活方案，Actor 模型已经通过共享核心部分(CPU 和内存)合理地使用了计算机的资源。给每个 Actor 分配一个线程看起来给予了它们各自独占访问计算资源的权利；但事实上，这不仅会给每个 Actor 增加几个数量级的开销，还会导致底层 CPU 的竞争，因为所有线程都在争夺运行的机会。

识别资源的使用与学习如何确定什么情况下需要独占资源、什么情况下需要共享资源同样重要。遗憾的是，没有简单的规则能够帮你做出这一决定。

14.6 小结

本章完全致力于对资源的建模和管理。正如“资源”这一术语是泛化的概念，本章描述的模式也可灵活地适用于各种情况：

- 每个资源都应该由一个完全负责其生命周期的组件所拥有。所有权是独占的——只能有一个所有者——但资源可被你正在构建的反应式系统内部或外部的各种客户端使用，有时甚至需要获得更直接的访问方式，而不是通过中间人(资源所有者)。
- 资源借贷模式有助于使资源尽可能靠近客户端。它使资源和客户端的距离减少到只有一个异步消息传递的边界，以便进行瞬时独占访问，从而执行复杂的操作。
- 复杂命令模式反过来将客户端中往复交换的繁杂部分打包起来，使其能够直接发送给资源，就像将一个大使公派到外国直接处理事务一样。
- 资源池模式通过将各个独立的资源拥有者隐藏在它们的管理者后面，来解决实现弹性和回弹性的问题。其结果将导致客户端与资源之间距离的增加，这可通过将这种模式与前两种模式相结合来减轻。

这一章中，我们考虑了在组件的实现过程中资源的使用方式，尤其是，某些库和框架会隐式地使用资源，而反应式系统会共享资源。本章还列举一个在事件驱动系统中管理线程阻塞的例子。

第15章 消息流模式

本章将探讨一些存在于反应式组件之间最基本的通信模式；具体而言，将讨论消息是如何在它们之间流动的。在第10章中，我们讨论了相关理论背景，并提到了系统中通信路径的设计对于系统的成功来说至关重要——无论是对现实世界中的组织结构，还是反应式应用程序。

接下来遇到的大多数模式是非常通用的，如开篇的请求-响应模式(Request-Response Pattern)。它们可应用在各种场景下，并具有多种表现形式。因此，本章中的示例将比其他章节中的更抽象，但我们将使用一个大型服务的前端门面(façade)作为问题设定。你可将此看成是对批量处理作业服务的客户端接口组件的更细致解析。我们将涵盖的具体模式如下：

- 请求-响应模式(Request-Response pattern)
- 消息自包含模式(Self-Contained Message pattern)
- 询问模式(Ask pattern)
- 转发流模式(Forward Flow pattern)
- 聚合器模式(Aggregator pattern)
- 事务序列模式(Saga pattern)
- 业务握手模式(Business Handshake pattern)

15.1 请求-响应模式

消息中包含一个用于接收响应的返回地址。

这是我们所知最基本的互动模式；它是所有自然交流的基石，在人的成长过程中根深蒂固。当父母对婴儿说些什么时，起初婴儿会以手势或声音回应；等学会说话后，孩子便能用单词或者句子表达。

请求-响应模式是你学习如何说话的方式，也是你以后学习所有其他复杂沟通形式的基础，虽然回应可能是非言语上的(特别是面部表情，但也有可能故意面无表情)，但大多数情况下，在成功结束一次交谈前，你都需要得到一个答复。这个答复可能是你要求的一条信息，或者是给出的命令的确认。

在所有这些场景里，若把这种基本的通信形式转换为编程模式，就有一个需要明确的共性：这个过程开始于两个参与者 A 和 B，其中 A 知道如何访问 B；在接收到请求后，B 将需要学习或者推断出如何访问 A，以便发回响应。对应的关系图如图 15-1 所示。

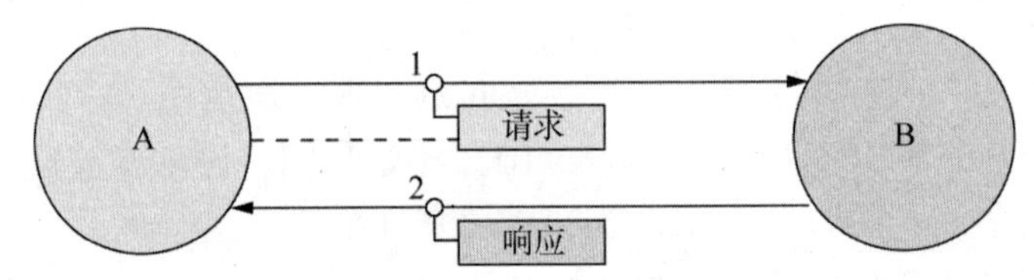

图 15-1 进程 A 向进程 B 发送了一条消息，其中包含 A 自身的地址(用虚线表示)，以便在步骤 2 中，能以相反的方向传递响应

在现实生活中，包含发件人地址这一行为是隐式的：当有人开始与你交谈时，你会将头转向声音传来的方向以确定来源，这就具备了你进行响应需要的全部信息。这个模式在许多常见的计算机协议中已经直观地内置了，这一节将对其中一些进行讨论。

15.1.1 问题设定

设想有两个组件 A 和 B，其中 A 知道 B 的地址，而 B 不知道 A 的地址。这就是客户端-服务器设定的原型初始状态，其中客户端需要首先进行访问——而服务器在任何给定的时间都无法知道有哪些客户端需要访问它的服务。在我们一直使用的示例中，你可以查看一下批量处理作业服务的客户端接口组件：特别是外部客户端与该服务入口点之间的关系。客户端请求启动一个动作(例如，启动一个批量处理作业)、查询信息(例如，查询所有当前正在运行的作业列表)，或者同时请求两者。该服务将执行所需的动作或者检索所请求的信息，然后进行回复。

任务：你的任务是通过用户数据报协议(UDP)[1]网络(或者你选择的其他面向数据报的传输机制)，来实现请求-响应交换机制，从而在两个进程之间进行交流。

15.1.2　模式应用

我们首先讨论进程 B(称为 Server)，它将接收请求并发回响应。这个过程由操作系统定义，因此在大多数编程语言中都具有大致相同的编程套路：首先需要打开一个套接字，并将其绑定到对应的 UDP 端口上，然后从这个套接字接收数据包；最后，还需要通过此套接字发送数据包。基本过程如下面的代码清单所示，代码是用 Java 编写的。

代码清单 15-1　服务器向发起请求的地址发送响应

```
public class Server {
  static final int SERVER_PORT = 8888;

  static public void main(String[] args) throws IOException {
    try (final DatagramSocket socket =
        new DatagramSocket(SERVER_PORT)) {          <-- 绑定到套接字以便接收数据包

      final byte[] buffer = new byte[1500];
      final DatagramPacket packet1 =
          new DatagramPacket(buffer, buffer.length);
      socket.receive(packet1);                     <-- 接收数据包

      final SocketAddress sender = packet1.getSocketAddress();  <-- 提取返回地址
      System.out.println("server: received " +
          new String(packet1.getData()));
      System.out.println("server: sender was " + sender);

      final byte[] response = "got it!".getBytes();
      final DatagramPacket packet2 =
          new DatagramPacket(response, response.length, sender);
      socket.send(packet2);                        <-- 发送响应
    }
  }
}
```

如果你运行这个程序，程序不会有任何动静——进程将耐心地在 socket.receive()方法上等待一个 UDP 数据包的到来。为发送这个数据包，你还需要编写与这个进程对应的另一部分——客户端(进程 A)——它将首先发送一个数据包，然后接收一个返回的数据包。

1 TCP 协议通过网络传输字节(也称之为八比特)流，将消息的编码留给它的上层协议，而 UDP 协议传输的数据包最大为 64 KB；参见 https://en.wikipedia.org/wiki/User_Datagram_Protocol。

代码清单 15-2 客户端发送一个请求，然后阻塞直到接收到服务器的响应

```
public class Client {
  static public void main(String[] args) throws IOException {
    try (final DatagramSocket socket = new DatagramSocket()) {   <-- 获取一个本地套接字，随机选择一个端口

      final byte[] request = "hello".getBytes();
      final SocketAddress serverAddress =
          new InetSocketAddress("localhost", SERVER_PORT);
      final DatagramPacket packet1 =
          new DatagramPacket(request, request.length, serverAddress);
      socket.send(packet1);                  <-- 向服务器发送一条消息

      final byte[] buffer = new byte[1500];
      final DatagramPacket packet2 =
          new DatagramPacket(buffer, buffer.length);
      socket.receive(packet2);               <-- 等待接受一个数据包

      final SocketAddress sender = packet2.getSocketAddress();
      System.out.println("client: received " +
          new String(packet2.getData()));
      System.out.println("client: sender was " + sender);
    }
  }
}
```

而运行这个程序将驱动消息交换过程。

你将看到服务器接收到一个数据包。

```
server: received hello
server: sender was /127.0.0.1:55589
```

而客户端随后也接收到一个数据包：

```
client: received got it!
client: sender was /127.0.0.1:8888
```

为什么这次就可以正常运行呢？这个消息交换过程的关键部分是，通过网络传输的UDP数据包不仅携带其预期接收者(即服务器)的IP地址和端口，还携带了客户端套接字的 IP 地址和端口。这个“返回地址”将在服务器的代码中使用DatagramPacket的getSocketAddress()方法提取。将信息记录到控制台后，你可将其注入第二个数据包中，从而描述其预期的目的地——你将所接收到的请求消息中的来源地址复制到对其响应的数据包中。

消息交换成功的另一个关键先决条件是，客户端知道如何访问服务器。这一点似乎很直观，几乎不值得一提，但不可或缺。要点如下：

- 客户端使用已知的目的地地址，在一个UDP数据报文中将请求发送给服务器；
- 服务器使用之前接收到的请求数据包，提取其中包含的地址信息，然后在一个UDP数据报中将响应发回给客户端。

15.1.3　该模式的常见实例

请求-响应模式可以是一个协议的内建部分。客户端发送一个请求，并且假定响应将返回给同一个客户端。这个模式可能给你一种同步行为的错觉：函数进行了一次调用，并将结果返回给调用方。信任这种错觉的风险自负，因为你甚至没法保证响应会到达。或者，你也可以使用两个显式的异步消息来实现这个模式。

HTTP 协议

请求-响应模式实现中最常用的是 HTTP(事实上，HTTP 已经无处不在)，它内建了这个模式。该协议建立在面向流的传输层之上，请求以字节流的形式从客户端传递到服务器，而响应的方向则相反；在本书成文时期，传输层几乎完全以 TCP 通过 IPv4 或者 IPv6 的形式提供，并可选择在 HTTP 和 TCP 之间使用传输层安全协议(TLS)[2]。

从客户端到服务器建立起一个 HTTP 连接，这些角色还确定了会话中各方的角色：客户端发送请求，而服务器发送响应，每个请求恰好对应一个响应。这个模型非常流行，因为它适合于大多数情景用例：客户端希望服务器执行一些处理。在示例的问题设定中，你可能组成下面的请求：

```
GET /request?msg=hello HTTP/1.1
Host: client-interface.our.application.domain
Accept: application/json
```

服务器随后可能用这样的消息响应(不相关的部分已经用省略号替换掉)：

```
HTTP/1.1 200 OK
...
Content-Type: application/json
Content-Length: 22
{"response":"got it!"}
```

现在有大量的文献讨论如何构造这些请求与响应的内容，其中表征状态转移(REST)[3]是一种流行的模式，但是我们现在更感兴趣的是 HTTP 是如何实现请求-响应模式的。当刚才应用该模式执行一个 UDP 消息交换时，你已经看到客户端的地址需要传到服务器，以便服务器能传回响应。这个实践显得容易，是因为 UDP 已经符合这个要求：发送的端口地址已包含在网络数据包中，并通过数据报文在网络上传输。TCP 也在构造连接的所有网络数据包中包含发送者和接收者的地址。这使得它不仅可将字节从客户端传输到服务器，还可进行反向传输，这也正是系

2　安全套接字层(SSL)的后继者，SSL 曾是 TCP 上第一个得到广泛使用的加密层，直到它在 2015 年被废弃(参见 https://tools.ietf.org/html/rfc7568)。

3　参见 https://en.wikipedia.org/wiki/Representational_state_transfer。

统将 HTTP 响应发回 HTTP 客户端的方式。

Actor 模型

在 Actor 模型中，唯一定义的通信方式便是发送消息：没有定义任何连接、响应或者类似的概念。使用该模型的实现之一 Akka，可尝试用以下方式来完成最开始提出的任务。

代码清单 15-3 使用 Akka UntypedActor 来建模请求-响应模式

```
object RequestResponseActors {

final case class Request(msg: String)

final case class Response(msg: String)

  class Responder extends Actor {
    def receive: Receive = {
      case Request(msg) ⇒
        println(s"got request: $msg")
        sender() ! Response("got it!")
    }
  }

  class Requester(responder: ActorRef) extends Actor {
    responder ! Request("hello")

    def receive: Receive = {
      case Response(msg) ⇒
        println(s"got response: $msg")
        context.system.terminate()
    }
  }

  def main(args: Array[String]): Unit = {
    val sys = ActorSystem("ReqRes")
    val responder = sys.actorOf(Props[Responder], "responder")
    val requester = sys.actorOf(Props(new Requester(responder)), "requester")
  }

}
```

你首先定义用于请求和响应的消息类型，然后制定一个 Responder Actor，对于每一个请求，它将回应一个响应，并将消息输出到控制台以观察实际发生的变化。然后定义第二个 Actor——Requester，它使用 Responder 的 ActorRef(作为参数)实例化。Requester 将首先发送一个请求，对接收到的响应，Requester 会将消息打印到控制台并关闭整个进程，以此作为反应。主程序将首先启动 Responder，然后启动与之相关联的 Requester。运行这段程序时，你将看到预期的输出，如下所示：

```
got request: hello
got response: got it!
```

这里实现请求-响应模式的代码应用了一个 Akka 专有的功能：当发送请求消息时，! (tell)操作符会隐式地捕获请求者自己的 ActorRef[4]，而 Akka 系统会将 Request 消息放置到一个内部的信封[5]里，信封中也同样携带该发送者的 ActorRef。这也是 sender()方法为何能在 Responder Actor 内部访问到发送者的地址，并发回响应的原因。而正因为请求-响应模式已是一种广泛使用的通信模式，所以才有了这个例子里的幕后功臣(信封)这种实现细节。

查看一下 Akka Typed 模块——从最初的 Untyped Actor 实现并使用了 6 年后，Akka 项目才引入这个模块，你可以看到，sender()这一特性已不复存在。这一变化背后的原因是多方面的，如果要进行充分的讨论，则可能已经超出本书的讨论范围，但最主要的原因可总结为：实践证明，在提供全面的类型检查的 Actor 消息传递的同时，已无法继续维持该特性[6]。

没有了 sender()特性，消息的返回地址就需要显式地包含在所发送的消息中。作为说明，下面的代码清单描述与代码清单 15-3 相同的 Actor 程序，但使用完整类型标识的 Actor 以及 ActorRef。

代码清单 15-4　在请求消息中显式地包含响应地址

```
object RequestResponseTypedActors {

final case class Request(msg: String, replyTo: ActorRef[Response])

final case class Response(msg: String)

  val responder: Behavior[Request] =
    Static {
      case Request(msg, replyTo) ⇒
        println(s"got request: $msg")
        replyTo ! Response("got it!")
    }

  def requester(responder: ActorRef[Request]): Behavior[Response] =
    SelfAware { self ⇒
      responder ! Request("hello", self)
      Total {
        case Response(msg) ⇒
          println(s"got response: $msg")
          Stopped
```

4 这里使用了 Scala 的隐式参数能力。——译者注

5 这里指 akka.dispatch.Envelope。——译者注

6 在 Akka-Typed 中去掉了对每条消息的发送者的隐式支持，也带来了额外好处，比如一旦 Akka-Typed 不再基于传统的 untyped 实现，再也不必在消息传递时创建一个临时的 akka.dispatch.Envelope 对象，从而节省了运行时的开销。——译者注

```
      }
    }

  def main(args: Array[String]): Unit = {
    ActorSystem("ReqResTyped", ContextAware[Unit] { ctx ⇒
      val res = ctx.spawn(responder, "responder")
      val req = ctx.watch(ctx.spawn(requester(res), "requester"))
      Full {
        case Sig(_, Terminated(`req`)) ⇒ Stopped
      }
    })
  }
}
```

你从头再来一次实现，先定义两个消息类型，而这次将在请求中包含用于返回响应的地址，即 replyTo 字段。另外注意，你不需要在 Response 消息中包含返回地址，因为客户端已经知道如何联系服务器(如果它还需要再次请求服务器) ——盲目地捕获返回地址实际上是浪费精力。

Responder Actor 由其行为(Behavior)所描述，即通过记录和发送响应对所接收到的消息做出反应；这是一个不改变自身行为的静态 Actor。Requester Actor 在实例化时需要使用 Responder 的 ActorRef(与可发送任何消息的 Untyped Actor 例子相比，现在 ActorRef 精确地类型化了)，在启动后，它做的第一件事就是发送请求。返回地址必须从执行 Behavior 的上下文环境中提取，并使用 SelfAware 行为装饰器做到这一点。依照面向对象的优良传统[7]，你将 Actor 的 ActorRef 称为 self，并在构造请求以及将请求发送到 Responder 时都使用这个 ActorRef。而后，Requester 将执行一个新行为，通过记录信息内容以及终止自己，以此作为它响应消息接收的反应。

这个主程序的组成只创建了一个 ActorSystem，其 guardianActor 先创建一个 Responder，然后创建一个相关联的 Requester。而后者的生命周期已通过使用 watch 命令监视起来；当发送了终止信号时，整个 ActorSystem 都将关闭。

AMQP

在前面的示例中，请求-响应模式至少在某种程度上得到某种内部通信机制的直接支持。而高级消息队列协议(Advanced Message Queueing Protocol，AMQP)[8]则可以作为不原生支持这种模式的消息传输示例：通过将消息放置到消息队列来进行传递，发送者和接收者都没有自己的地址。接收者只是从给定的队列中抽取消息。这意味着，为发回响应，原始的发送者还需要有一个队列用于接收消息。一旦建立好用于发回响应的队列，便可通过在请求消息中包含该队列的地址来应用请求-响应模式。程序将随后将响应送回到该队列，以便请求者可从中检索。

7 指代的是由 Alan Kay 等人创建的 Smalltalk 编程语言；Allan kay 是面向对象编程之父。

8 参见 https://www.amqp.org。

RabbitMQ 的教程[9]中包含如何进行这类请求-响应交换的例子；由于它的 JavaScript 版本的示例代码相当简洁，所以这里用作展示。我们将从 responder 开始，通过记录日志以及发回响应作为对请求的反应。

代码清单 15-5　基于单向消息传递的请求-响应模式

```
var amqp = require('amqplib/callback_api');

amqp.connect('amqp://localhost', function (err, conn) {
   conn.createChannel(function (err, ch) {
      var q = 'rpc_queue';
      ch.assertQueue(q, {durable: false});
      ch.prefetch(1);
      ch.consume(q, function reply(msg) {
         console.log("got request: %s", msg.content.toString());
         ch.sendToQueue(msg.properties.replyTo,
            new Buffer('got it!'),
            {correlationId: msg.properties.correlationId});
         ch.ack(msg);
      });
   });
});
```

响应者首先需要与本地的 AMQP 消息代理建立连接，然后创建一个名为 rpc_queue 的通道，并安装一个消息处理器用作发送响应。与之前的实现相比，这里有个新的角度：用于通信的队列可能不仅由单个请求者和响应者所使用。所以，要求每个请求都带有一个关联 ID，并传递给相关的响应。通过查看下面所示的一个请求者代码实现例子，你就会了解到如何使用这项特性。

代码清单 15-6　监听与原始请求具有相同的关联 ID 的响应

```
var uuid = require('node-uuid');

amqp.connect('amqp://localhost', function (err, conn) {
   conn.createChannel(function (err, ch) {
      ch.assertQueue('responses', {}, function (err, q) {
         var corr = uuid.v1();
         ch.consume(q.queue, function (msg) {
            if (msg.properties.correlationId === corr) {
               console.log('got response: %s', msg.content.toString());
               setTimeout(function () {
                  conn.close();
                  process.exit(0)
               }, 500);
            }
         }, {noAck: true});
         ch.sendToQueue('rpc_queue',
```

9 具体地讲，是 rpc_server.js 和 rpc_client.js，所在文件夹路径为 http://mng.bz/m8Oh。

```
                new Buffer('hello'),
                {correlationId: corr, replyTo: q.queue});
        });
    });
});
```

请求者将使用一个名为 responses 的队列，并期望从中接收到响应。因此，它会安装一个消息处理器，首先验证响应中携带的关联 ID，如果匹配，则记录响应并结束。一旦处理器就位，程序将请求发送到 rpc_queue。

15.1.4 模式回顾

请求-响应模式的使用与人们的生活习惯密不可分，也在很多流行的网络协议以及高级的消息传输机制中受到支持。因此，我们很容易忽略使其行之有效的两个重要属性：

- 基于一个已知的目标地址，请求者向响应者发送请求；
- 基于请求中所包含的地址信息，响应者将向请求者发回响应。

本模式形成的基础是寻址信息能以位置透明的方式进行传递：请求者的地址在传递给响应者后，它的地址仍然有效并且可用。当你试图弄清楚为何某个特定的响应没有投递给请求者时，你最应该回想起这一点。

在使用本模式时，常会出现另一种顾虑，在长期运行的参与者之间，请求和响应需要可靠地匹配：请求者必须能将所接收到的响应与相应的请求关联起来。尽管在某些情况下，由于使用了专门的通信通道(比如 HTTP)，这是一个隐含的过程，但当对应的双方都需要参与寻址时，这一点变得至关重要，正如代码清单 15-5 和 15-6 中的 AMQP 例子所示。通过包含一个唯一的标识符(如通用唯一标识符(UUID))[10]满足这个需求，并且允许对请求进行重新发送，而不会产生重复：如果接收者记录了这些标识符，它就可以通过使用 UUID 确定所请求的操作是否已经执行。

15.1.5 适用性

这种模式的应用无处不在，而且也理应如此——对于你所发出的大多数请求来说，为确定请求已经由程序接收或者已经执行相应的动作，都需要一个响应。不过，有以下几点需要牢记于心：

- 在现实生活中，计算机需要能在一段时间之后放弃等待响应；否则，通信错误将导致应用程序挂起。因此，你必须考虑适合于每次交换(请求-响应)

10 另外参见 RFC 4122 (https://tools.ietf.org/html/rfc4122)。

的超时时间；

- 当目标组件不可用(超载或者失败)时，你应该选择退让(back off)，并给予一定的时间来恢复。幸运的是，请求-响应模式正是断路器所需的、能完全体现其功能的模式；参见第 12 章；
- 在接收响应时，你需要记住相关请求的上下文信息，以便恢复处理并完成请求-响应周期的完整过程。接下来将进一步讨论这个方面。

15.2 消息自包含模式

每个消息都包含处理请求以及理解其响应需要的全部信息。

在上一节结尾处提到，在发送一个请求时，你需要记住需要对最终返回的响应做出的处理。换句话说，你需要管理更复杂的操作状态，而当前组件之间流动的请求-响应交换只是这类操作的一部分。这种状态管理可完全由请求者完成(存储上下文信息)，或者也可撒手不管，而通过让整个上下文信息跟随请求和响应在网络上进行传递来实现。在具体实践中，这一职责通常是共享的，即将部分状态保留在请求者中，而将另一部分内容随着消息一起传递。这种模式的关键在于，你应该尽量在消息中包含足够多的信息，以便完整呈现与当前请求有关的状态——否则在得到证明前，应将删除和重新放置相关的信息都看成过早优化。

15.2.1 问题设定

设想设计一个充当电子邮件网关的服务，该服务为系统的其他组件提供了向客户发送电子邮件通知的功能。已经有一种协议用于跨计算机网络传递电子邮件：简单邮件传输协议(SMTP)[11]。这是互联网上所使用的最古老协议之一，建立在 TCP 之上，并具有以人为本的可读性设计。Alice 向 Bob 发送电子邮件的示例会话可能如下所示(其中 C 是客户端，S 是服务器)：

```
S: 220 mailhost.example.com ESMTP Postfix
C: HELO alice-workstation.example.com
S: 250 Hello alice-workstation.example.com
C: MAIL FROM:<alice@example.com>
S: 250 Ok
C: RCPT TO:<bob@example.com>
S: 250 Ok
C: DATA
S: 354 End data with <CR><LF>.<CR><LF>
C: From: "Alice" <alice@example.com>
```

11 另外参见 https://en.wikipedia.org/wiki/Simple_Mail_Transfer_Protocol。

```
C: To: "Bob" <bob@example.com>
C: Date: Fri, 23 October 2015 10:34:12 +0200
C: Subject: lunch
C:
C: Hi Bob,
C:
C: sorry, I cannot make it, something else came up.
C:
C: Regards, Alice
C: .
S: 250 Ok, queued as 4567876345
C: QUIT
S: 221 Bye
```

在本次会话期间，客户端和服务器之间一共交换了 13 条消息，并且双方都在追踪当前会话的进展状态。

任务：你的任务是草拟一套将电子邮件至邮件发送网关服务的数据类型以及协议序列，以便客户端可从该服务接收一份验收确认，并将客户端和服务器之间的会话状态最小化。

15.2.2　模式应用

你需要在客户端和服务器之间进行双向的消息传输，针对这种交互的最小协议结构正是前面讨论的请求-响应模式。需要发送到该服务器的信息如下所示：

- 发送者的邮件地址；
- 接收者(可能多个)的邮件地址；
- 邮件的主体；
- 关联 ID，以便客户端可识别后续的确认信息。

稍后，该服务将至少回复一个状态码以及关联 ID。由于 Scala 编程语言具备方便的样例类(case class)特性，下面的代码清单使用 Scala 来草拟请求以及响应的数据类型。

代码清单 15-7　封装多个 SMTP 交换所需的信息

```
final case class SendEmail(
  sender:        String,
  recipients:    List[String],
  body:          String,
  correlationID: UUID,
  replyTo:       ActorRef[SendEmailResult])
final case class SendEmailResult(
  correlationID:  UUID,
  status:         StatusCode,
  explanation:    Option[String]) extends Result
```

相对于使用普通的 String，所包含的发件人和收件人的电子邮件地址应使用更具体的类来表示，以确保有效的邮件地址语法，但这里先略过这些细节，以便将精力集中在数据交换上。

这个协议能否满足要求呢？客户端在一条消息中传输了服务需要的全部信息：并将由 SMTP 执行的协议步骤折叠为单个请求-响应周期。这使该电子邮件网关可在收到单个请求消息后，立即开始进一步处理电子邮件。这意味着该网关不再需要维护和当前交换相关的任何会话状态，而只需要处理当前这条消息即可；仅需要发送响应，然后就完成了会话。根据该网关所能提供的可靠性保证，可能不得不推迟响应，直到系统将发送电子邮件的意图记录到持久化存储中，或者在电子邮件已经转送到目标邮件系统之后(此时，必须保留返回的地址和关联 ID，直到整个周期完成)。但这种会话生命周期的延续并不是由协议决定的，而是其他更强力保障的固有部分。从客户端的角度看，这种方法也达成了所有目标。发送电子邮件只需要一条消息，然后客户端保留关联 ID，以便在发送电子邮件之后继续自己的处理过程。

如果这种简单方式就可以完全满足你的所有需求，那么可能会出现一个疑问：为什么 SMTP 交换过程如此复杂呢？因为早在 20 世纪 70 年代，通过网络连接发送数据需要花费很长时间；因此，该协议通过很多小步骤来执行消息交换，以使得服务器在需要时可以尽早拒绝电子邮件(例如，在传输发送者或者接收者的电子邮件地址后：如果目标地址不存在，则拒绝电子邮件)。而今，在各大洲之间发送几千字节的文本消息已经不再是问题，但你仍想避免在单个请求消息中发送非常大的电子邮件主体——比如，包含超大的文件附件。原因在于，你可处理拒收，而不必发送大量潜在的无用字节。还必须考虑处理过程中所占用的带宽资源。以最大的速度接受大型消息是接收者自己的特权，而为 SMTP 采用的基于行的独占 TCP 连接处理可使这类操作变得很自然。

不过，你不需要为给予接收者足够的控制权去决定是否(以及如何)使用电子邮件正文，并因此改变协议的结构来满足请求-响应模式。唯一需要的功能是将大块数据的传输放在邮件输送渠道以外进行处理，例如，框架是否支持将部分消息作为按需消费的流(on-demand stream)发送。

代码清单 15-8　分离电子邮件主体，使得其可按需投递

```
final case class SendEmail(
  sender:        String,
  recipients:    List[String],
  correlationID: UUID,
  replyTo:       ActorRef[SendEmailResult])(body: Source[String])
extends StreamedRequest {
  override def payload: Source[String] = body
}
```

这部分草拟代码示意了一套假设的微服务框架，它可透明地处理指定消息部分的流式传输，请求消息中的第一个参数列表中的数据(到 replyTo 为止)将尽早序列化，而 payload 部分的数据则将按需传递。实现这种目的的另一种方式是：在消息中包含可获取电子邮件正文内容的位置(例如，通过 URL 的形式，如 http://example.com/emails/12)，此后，网关服务可在需要时自行访问该位置。

代码清单 15-9 允许邮件主体由接收者拉取

```
final case class SendEmail(
  sender:        String,
  recipients:    List[String],
  bodyLocation:  URL,
  correlationID: UUID,
  replyTo:       ActorRef[SendEmailResult])
```

15.2.3 模式回顾

在上一节中，你将原本的协议会话的 13 个步骤压缩到仅有 2 个步骤。在任意方向上你都只能发送一条消息，同时允许客户端确定电子邮件实际上已经转送到该网关服务，这也是你所允许执行的最小操作。作为一种变体，我们也考虑如何将一部分(电子邮件的正文的传输)拆分出来作为一个单独的子协议，而我们所采用的框架将透明地处理这个子协议，或将其转换为服务和另一个端点(endpoint)之间的次级会话。这种变体在原则上并不会使得客户端-服务会话复杂化。

这种变化的优点是多方面的。我们一开始就预设了这样一个要求：在客户端和服务之间的整个会话过程中，将需要维护的状态最小化。这很重要，因为从某种意义上讲，该服务现在已经变成无状态的了，即它可以响应请求，又不必保存有关客户端的任何多余信息，而且会话也不需要继续进行。如果服务想要识别随后的重发请求，它只需要存储 UUID 即可，不需要跟踪单个客户端。

还有一个更大的潜在优势，如果不需要存储会话的状态，那么可以在空间和时间的广度上分发请求的处理过程：可将 SendMail 消息排队，也可序列化到磁盘、重放并发送到多个电子邮件网关服务实例中的一个；如果可合理地描述其对应的结果(SendEmailResult)，甚至可由框架自动重试。通过将对话缩短到最低限度，可让你在处理和转换电子邮件时具有更大的自由度。

这与简化恢复过程是相辅相成的。由于请求中包含处理需要的全部内容，因此也完全可在处理失败后对它进行重试。相比之下，旧协议需要重新建立一个冗长的、有状态的会话——而且在大多数情况下，这些会话都由客户端发起——这就要求在所有参与者之间建立具体的恢复过程。

15.2.4　适用性

就尽量使会话协议保持简洁的场景而言，这种模式是普遍适用的。你可能无法总把交互减少到单次请求-响应交换，但是，如果有合适的机会，它将极大地增加你处理协议时的自由。如果需要多个步骤来实现所需的目标，那么最好让用于交换的消息保持完整和独立，因为依赖隐式共享的会话状态将使得通信各方的实现都变得更复杂，并使得它们的沟通更脆弱。

如果状态的数量远比可合理传输的量大，则不适合应用这个模式。

15.3　询问模式

将产生响应的过程委托给专用的临时组件。

下面的两种思考路径都会归结到这一设计模式：

- 在一个纯消息驱动的系统(如 Actor 模型)中，常有这种情况发生：与另一个 Actor 执行了请求-响应周期后，当前的业务流程需要继续执行操作。为此，Actor 可保留关联 ID 和相关的延续信息之间的映射(如由早期收到的消息所启动的正在进行中的业务事务详情)，或可能生成一个临时的子 Actor，并将其地址作为响应的返回地址给出，从而把进一步的处理过程委托出去。后者是在 Gul Agha 的论文[12]中所描述的方法：这是 Actor 思维模式。由于这个模式在消息驱动系统里很常见，所以也可能得到来自库或者框架的特殊支持。
- 传统的 RPC 系统完全建立在请求-响应调用前提下，假设远程过程调用和本地过程调用具有相同的语义。如同本书第 I 部分中所讨论的那样，这些同步的语义形式使分布式系统以一种不可取的形式耦合。为解耦调用者和被调用者，本地返回的类型将从直接的结果值改变为 Future——一个容器，以承载将来可能到达的结果值。然后，调用方业务流程的延续也需要提升到 Future 域中，并使用变换组合子(transformation combinator)来执行后续步骤。Future 是一个短暂的组成部分，其目的是接收终会到达的响应并启动后续动作，如上面提到的子 Actor。

12 GulAgha 于 1985 年发布论文“ACTORS: A Model of Concurrent Computation in Distributed Systems”。参见 https://dspace .mit.edu/handle/1721.1/6952。

15.3.1　问题设定

回顾上一节的例子：客户端与电子邮件网关交换一组请求-响应信息，以发送电子邮件。这种情况也发生在另一类业务事务场景中，如账户验证过程，在这个过程中，系统将向账户持有者发送一个网络链接，以便在用户点击后完成账户验证。发送电子邮件后，你可能还需要更新网站，以提醒用户检查电子邮件收件箱，并提供一个链接以便再次发送邮件，以防之前所发送的电子邮件寄失。

任务：你的任务是实现一个 Actor，该 Actor 在接收到 StartVerificationProcess 命令后，会联系电子邮件网关服务(同样由 ActorRef 表示)发送账户验证链接。接收到响应后，该 Actor 将使用 VerificationProcessStarted 或 VerificationProcessFailed 消息响应之前接收到的命令，具体则取决于电子邮件请求的结果。

15.3.2　模式应用

通过定义额外消息类型(包括上一节定义的 SendEmail 协议)，下面的代码清单设定了后续的处理阶段。

代码清单 15-10　请求启动验证过程的简单协议

```
final case class StartVerificationProcess(
  userEmail: String,
  replyTo:  ActorRef[VerificationProcessResponse]) extends MyCommands

sealed trait VerificationProcessResponse

final case class VerificationProcessStarted(userEmail: String) extends
VerificationProcessResponse

final case class VerificationProcessFailed(userEmail: String) extends
VerificationProcessResponse
```

然后，可使用 Akka Typed 来编写该 Actor，如下所示。

代码清单 15-11　一个转发结果的匿名子 Actor

```
def withChildActor(emailGateway: ActorRef[SendEmail]): Behavior
[StartVerificationProcess] =
  ContextAware { ctx: ActorContext[StartVerificationProcess] ⇒
    val log = new BusLogging(
      ctx.system.eventStream,
      "VerificationProcessManager", getClass, ctx.system.logFilter)

    Static {
      case StartVerificationProcess(userEmail, replyTo) ⇒
        val corrID = UUID.randomUUID()
```

```
      val childActor = ctx.spawnAnonymous(FullTotal[Result] {
        case Sig(ctx, PreStart) ⇒
          ctx.setReceiveTimeout(5.seconds, ReceiveTimeout)
          Same
        case Msg(_, ReceiveTimeout) ⇒
          log.warning(
            "verification process initiation timed out for {}",
            userEmail)
          replyTo ! VerificationProcessFailed(userEmail)
          Stopped
        case Msg(_, SendEmailResult(`corrID`, StatusCode.OK, _)) ⇒
          log.debug(
            "successfully started the verification process for {}",
            userEmail)
          replyTo ! VerificationProcessStarted(userEmail)
          Stopped
        case Msg(_, SendEmailResult(`corrID`, StatusCode.Failed, explanation)) ⇒
          log.info(
            "failed to start the verification process for {}: {}",
            userEmail, explanation)
          replyTo ! VerificationProcessFailed(userEmail)
          Stopped
        case Msg(_, SendEmailResult(wrongID, _, _)) ⇒
          log.error(
            "received wrong SendEmailResult for corrID {}",
            corrID)
          Same
      })
      val request = SendEmail("verification@example.com", List(userEmail),

        constructBody(userEmail, corrID), corrID, childActor)
      emailGateway ! request
    }
  }
```

既然使用了一个 ActorRef 来代表电子邮件网关服务，那么你还需要构造一个为 StartVerificationProcess 消息提供持续服务的行为(Behavior)；为此，需要使用 Static 行为构造函数。你提取当下的 ActorContext，因为你需要使用它来创建子 Actor 并发出日志记录信息。对于所接收到的每个命令，你都将创建一个新的 UUID，随后将其用作发送电子邮件的标识符。然后，你创建一个匿名的[13]Actor，它的 ActorRef 将作为你最终发送给电子邮件网关服务的 SendEmail 请求的返回地址。

因为子 Actor 需要接受系统的通知，所以我们使用 FullTotal 行为构造函数进行构建：我们还使用了接收超时(receive-timeout)特性，以便在电子邮件网关未能在分配的时间间隔内收到响应时，终止整个处理过程。如果 Actor 在超时时间过期之前收到响应，那么你需要区分下面这三种情况：

- 带有正确关联 ID 的成功结果，将导致对原始请求的成功响应；

13 也就是说没有显式地指定 Actor 的名称——框架将为它自动计算出一个唯一名称。

- 带有正确关联 ID 的失败结果，将导致对原始请求的失败响应；
- 带有不匹配的 ID 的响应将由程序记录到日志并忽略[14]。

在所有会导致响应发回原始客户端的情况中，这个子 Actor 都将在系统发送响应后停止自己——临时组件的目的已经达到，不需要进一步处理了。

正因为这个模式的适用性非常广泛，所以 Akka 才为它提供了特殊支持。在处理一个请求-响应会话场景时，可先将对应的响应消息捕获到一个 Future 中，以便为下一步处理做准备。上例也可改写为如下形式。

代码清单 15-12 由询问模式所产生的 Future，并进行了转换

```
def withAskPattern(emailGateway: ActorRef[SendEmail]):
  Behavior[StartVerificationProcess] =
  ContextAware { ctx ⇒
    val log = new BusLogging(
      ctx.system.eventStream,
      "VerificationProcessManager", getClass, ctx.system.logFilter)
    implicit val timeout: Timeout = Timeout(5.seconds)
    import ctx.executionContext
    implicit val scheduler: Scheduler = ctx.system.scheduler

    Static {
      case StartVerificationProcess(userEmail, replyTo) ⇒
        val corrID = UUID.randomUUID()
        val response: Future[SendEmailResult] =
          emailGateway ? (SendEmail(
            "verification@example.com",
            List(userEmail),
            constructBody(userEmail, corrID), corrID, _))
        response.map {
          case SendEmailResult(`corrID`, StatusCode.OK, _) ⇒
            log.debug(
              "successfully started the verification process for {}",
              userEmail)
            VerificationProcessStarted(userEmail)
          case SendEmailResult(`corrID`, StatusCode.Failed, explanation) ⇒
            log.info(
              "failed to start the verification process for {}: {}",
              userEmail, explanation)
            VerificationProcessFailed(userEmail)
          case SendEmailResult(wrongID, _, _) ⇒
            log.error(
              "received wrong SendEmailResult for corrID {}",
              corrID)
            VerificationProcessFailed(userEmail)
        }.recover {
          case _: AskTimeoutException ⇒
            log.warning(
```

注释：产生Future的ask(?)操作符（指向 emailGateway ? 一行）；根据结果，对Future进行进一步的转换（指向 response.map 一行）

14 在接收到不匹配响应的情况下，将重设接收超时。这个场景下，也不去纠正这个潜在的响应超时时间延长，原因是不要将这个例子过度复杂化；错误的响应派发是极其罕见的。

```
            "verification process initiation timed out for {}",
            userEmail)
          VerificationProcessFailed(userEmail)
      }.foreach(result ⇒ replyTo ! result)
    }
  }
```

执行 Future 的转换需要指定一个 ExecutionContext，你可使用 Actor 的 Dispatcher 来执行这些任务。响应超时的处理是 Akka 中实现的 AskPattern(询问模式)支持的特性；它通过隐式声明的超时值进行配置。通过导入 akka.typed.AskPattern._获得?操作符，而这个模式的使用则从调用?操作符开始，“?”所接受的各个参数值并不是消息，而是函数；这个函数将把内部创建的 PromiseActorRef 注入消息中。在 Akka AskPattern 的底层实现里，系统将创建一个轻量级的临时 Actor[15]，类似于前面的实现，但这个 Actor 的唯一目的是将所接收到的任何消息放入 ? 操作符所返回的 Future 里。

所以在分析 Future 中的内容时，将发现需要处理与 Actor 例子相同的情况(除了超时结果不是以 ReceiveTimeout 信号出现，而以失败的 Future 形式出现)。两者的明显区别为，一个 Future 只能执行处理一次响应(注意，与 Actor 的生命周期不同)；因此，处理逻辑将不能略过带有错误关联 ID 的响应。其他情况下，询问方将不得不选择终止处理过程。

15.3.3　模式回顾

要在不使用询问模式的情况下实现此过程，可使用如下的代码清单。

代码清单 15-13　不使用内置支持实现询问模式

```
def withoutAskPattern(emailGateway: ActorRef[SendEmail]):
  Behavior[StartVerificationProcess] =
  ContextAware[MyCommands] { ctx ⇒
    val log = new BusLogging(
      ctx.system.eventStream,
      "VerificationProcessManager", getClass, ctx.system.logFilter)
    var statusMap = Map.empty[UUID, (String, ActorRef
[VerificationProcessResponse])]
    val adapter = ctx.spawnAdapter((s: SendEmailResult) ⇒
      MyEmailResult(s.correlationID, s.status, s.explanation))

    Static {
      case StartVerificationProcess(userEmail, replyTo) ⇒
        val corrID = UUID.randomUUID()
        val request = SendEmail("verification@example.com", List(userEmail),
```

15 在内部，Akka 会创建一个 MinimalActorRef 实例，来支持类似的操作。这里是 PromiseActorRef。——译者注

```
      constructBody(userEmail, corrID), corrID, adapter)
    emailGateway ! request
    statusMap += corrID -> (userEmail, replyTo)
    ctx.schedule(5.seconds, ctx.self, MyEmailResult(
      corrID, StatusCode.Failed, Some("timeout")))
  case MyEmailResult(corrID, status, expl) ⇒
    statusMap.get(corrID) match {
      case None ⇒
        log.error(
          "received SendEmailResult for unknown correlation ID {}",
          corrID)
      case Some((userEmail, replyTo)) ⇒
        status match {
          case StatusCode.OK ⇒
            log.debug(
              "successfully started the verification process for {}",
              userEmail)
            replyTo ! VerificationProcessStarted(userEmail)
          case StatusCode.Failed ⇒
            log.info(
              "failed to start the verification process for {}: {}",
              userEmail, expl)
            replyTo ! VerificationProcessFailed(userEmail)
        }
        statusMap -= corrID
    }
  }
}.narrow[StartVerificationProcess]
```

与代码清单 15-12 中给出的解决方案相比，这存在几个缺点：

- 该 Actor 需要将电子邮件网关的外部协议(特别是 SendEmailResult 消息类型)合并到自己的消息集中。Akka Typed 为此提供了工具，用于将 SendEmailResult 消息转换为 MyEmailResult 对象。代码清单 15-13 中使用了这样的适配器，然后 ActorRef 作为 SendEmail 请求的返回地址。
- Actor 需要显式地维护所有当前未完成事务的状态信息集合。代码清单 15-13 维护一套关联 ID 与最终所需参数的映射(即这个示例中的用户电子邮件和原始请求者的 ActorRef 之间的映射)作为信息集合。相对于使用询问模式，维护这份映射需要更多规则，在事务结束时，你需要正确地删除旧状态；而使用询问模式时，这个清理动作将非常方便地与临时 Actor 的生命周期绑定在一起。
- 处理超时需要得到这个 Actor 的通知，同时需要保留足够多的标识信息。在这个示例中，它将需要跟踪每个事务的关联 ID，这可很容易地映射到失败的 SendEmailResult，但总体而言，这可能需要在 Actor 的内部协议再添加一种消息类型。
- 这个 Actor 需要回应更多消息，当然，这也撕开了一道口子，更容易将错误消息发送到这个不设防且覆盖范围更大的服务中；而如果使用询问模式，将会委托临时的端点处理这类消息。

在代码清单 15-13 中，这个验证管理服务的草案只授予了一个外部服务，在使用询问模式时，所处理的相关联状态信息数与代码行数大致相当。设想一个需要与其他几个服务进行通信的服务，显然，对所有相关联状态的一致性管理将一起堆积起来，而且交织将错综复杂，变得更难演进和维护。而如果使用询问模式，你可在处理较大的业务事务时，分离出所发生的子对话；通过对各个对话进行分离，并将其委托给子组件，可解耦这个过程。

15.3.4　适用性

询问模式适用于以下情形：在进一步处理一个完整事务流程作前，需要执行一个请求-响应周期。不过，这只针对非临时组件。如果所围绕的事务已由一个专门的临时组件处理，那么通过把该请求-响应周期的状态管理限制在此组件内部，通常不会额外增加复杂性。

使用询问模式的一个后果是，上级组件将不能自动获知下级对话的进度；如果需要跟进，那么需要下级进行明确汇报。如果需要限制同时未完成的请求数量(不管是为了保护目标服务不受到突发请求洪峰冲击，还是防止本地的计算和网络资源受到太多并发冲击)，都要注意这一点。滥用询问模式很容易成了变相采用无界队列，会带来 2.1.3 节讨论的响应延迟等各种负面影响，更可能耗尽所有可用内存。

15.4　转发流模式

让信息和消息尽可能直接地流向其目的地。

这个模式听起来很直观，甚至可能微不足道。为什么你要故意在不必要时，绕道发送消息呢？答案是，这种行为很少是有意的；而是大家急于应用一个方便的、众所周知模式的后果。这个模式就是“请求-响应”模式，无论有没有包了“询问模式“的糖衣；如果过度地应用这种模式，将导致不必要的网络带宽消耗，以及延迟增加。这时，请考虑应用转发流模式，它可帮助你识别这些场景，并提高服务质量。

15.4.1　问题设定

设想一个消息路由器，会将传入的文件流请求派发到存放这些文件的服务实例池。这些文件可能是发送到客户端的视频文件，从而在用户的屏幕上进行流式播放。

任务：你的任务是草拟在客户端、消息路由器和文件服务器之间发送的消息序列，使得消息路由器不会成为视频流传播过程中的瓶颈。

15.4.2 模式应用

基于原始的请求-响应模式通信，你可能预见客户端将消息发送到消息路由器；而从文件服务器的角度看，消息路由器又代表了客户端，响应进而通过路由器回流到客户端。如图 15-2 所示。

图 15-2 嵌套询问模式时的消息流：所有响应都通过中间的消息路由器组件进行

在这种方案中，消息路由器必须能将从文件服务器返回的所有流转发给所有客户端，这意味着它的网络接口带宽将限制整个系统每秒可传输的字节上限。现在的网络连接正变得越来越快，但如果这个流媒体服务是为了服务于互联网上的客户，它很快将达到极限。因此，你必须更多地考虑请求和响应在这种场景下的含义：客户端发送请求，其逻辑目标是文件服务器，而不是消息路由器。而响应是一个视频流，其源头是文件服务器，目标是客户端。虽然需要将消息路由器作为请求的中介(当请求处于托管机器上的特定视频文件时，将在文件服务器副本池中进行负载均衡)，但你不需要它参与响应的处理过程。结果的消息流如图 15-3 所示。

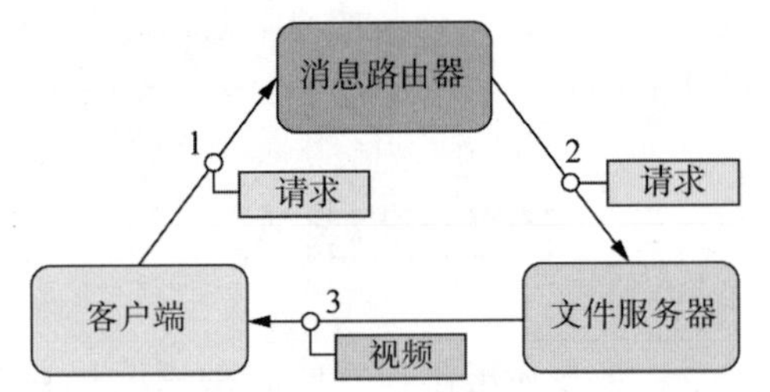

图 15-3 应用转发流(模式)时的消息流：虽然请求需要通过消息路由器进行负载均衡，但信息量更大的响应并不需要采用相同的路由。它可直接从文件服务器返回到客户端

这里，请求通过最短路径流向目的地，而响应也不应该在它们返回的过程中浪费任何时间。因为文件服务器直接与客户端进行通信，所以你可以几乎无限制地扩展可用的计算和网络资源。

15.4.3 模式回顾

我们分析了请求路径上各步骤独立应用请求-响应模式的初步草案，并发现如果发送响应时不采用与请求相同的路径，链路反而会从中获益。它们应采取更直接的路线。通过抽离中间人，你可自由地扩展可用响应的带宽，而不必受限于单个消息路由器。

这同样适用于文件上传服务。上传的数据流直接流向文件服务器，但响应则可能通过其他服务进行发送，以便更新文件目录，或执行记账任务。流经记账服务发送大量数据将要求系统有扩展能力，以处理流量所产生的负载，但这纯粹是偶然性的顾虑，因为记账系统对数据字节并不感兴趣。

另一方面，通过从消息路径中抽走一些中间跃点，可减少消息到达最终目的地所需的时间。毕竟消息在每个节点都要排队、派发，会带来延迟方面的成本。

15.4.4 适用性

为使用转发流来优化总体的资源消耗或响应延迟时间，要求涉及的各方服务都允许使用这些捷径。它们或者需要彼此了解(如同该消息路由器所演示的一样，清楚意识到文件服务器池的需求)，又或者消息协议需要考虑指定消息目标路线的可能性，从而使中间人可保持在消息流中的位置无关性。因此，为应用该模式，需要评估在服务质量方面的收益与使用该模式所引入的额外复杂性或耦合性之间的关联程度。在视频流服务例子中，很明显，系统的性能要求最终决定了这种方法；但在其他情况下，可能就不那么明朗了。与所有优化一样，前提是应用程序已经测量了更简单的替代解决方案的性能，并发现其的确不能满足要求。

15.5 聚合器模式

如果需要多个服务响应来计算服务的调用结果，可专门创建一个临时组件。

我们已经介绍过询问模式，它适用于应答服务调用前需要完成请求-响应周期的案例。但有些情况下需要完成许多这样的周期，且没有任何一个请求依赖于其他请求的响应——换言之，请求-响应周期可并行执行。忽略这种并行性的机会意味着延长响应时间(直到将完整的响应发回客户端)，从而浪费了减少延迟的机会。

15.5.1 问题设定

设想一个新闻网站的个性化首页。为渲染这个页面，你需要多个输入源：

- 用户已经配置的主题，用于网站样式设置；
- 按照每个用户的主题选择显示的新闻条目；
- 展示给所有用户的热门新闻条目。

这些输入由不同的服务通过请求-响应协议提供。

任务：你的任务是制定一个 Actor，在接收到 GetFrontPage 请求后创建一个临时组件。这个组件将以并行方式检索这三个输入，一切就绪时，组合它们的结果，并返回给原始的请求者。

15.5.2 模式应用

使用询问模式，可将任务分解为两个步骤：首先发起三个询问操作(每个输入对应于一个操作)，然后使用 Future 组合子来组合结果。换句话说，你使用 Future 的能力作为监督整个过程的临时组件。完整的代码可从本书的下载资源中获取。这些消息简单直观，所以这里省略了它们的定义。对应的代码如下。

代码清单 15-14 使用 for 推导式来聚合三个 Future 表达式的结果

```
def futureFrontPage(
  themes:       ActorRef[GetTheme],
  personalNews: ActorRef[GetPersonalNews],
  topNews:      ActorRef[GetTopNews]): Behavior[GetFrontPage] =
  ContextAware { ctx ⇒
    import ctx.executionContext
    implicit val timeout: Timeout = Timeout(1.second)
    implicit val scheduler: Scheduler = ctx.system.scheduler

    Static {
      case GetFrontPage(user, replyTo) ⇒
        val cssFuture =
          (themes ? (GetTheme(user, _: ActorRef[ThemeResult])))
            .map(_.css)
            .recover {
              case _: AskTimeoutException ⇒ "default.css"
            }
        val personalNewsFuture =
          (personalNews ? (GetPersonalNews(
            user,
            _: ActorRef[PersonalNewsResult])))
            .map(_.news)
            .recover {
              case _: AskTimeoutException ⇒ Nil
            }
        val topNewsFuture =
          (topNews ? (GetTopNews(_: ActorRef[TopNewsResult])))
            .map(_.news)
            .recover {
              case _: AskTimeoutException ⇒ Nil
            }
        for {
          css ← cssFuture
          personalNews ← personalNewsFuture
          topNews ← topNewsFuture
```

为(首页)每个部分创建一个 Future

使用组合子生成单个结果

```
      } {
        val topSet = topNews.toSet
        val allNews = topNews ::: personalNews.filterNot(topSet.contains)
        replyTo ! FrontPageResult(user, css, allNews)
      }
    }
  }
```

这段代码定义了一个 Actor，对于每个 GetFrontPage 请求，它都创建三个 Future；每个 Future 都基于询问模式(并附带一个值转换过程)提取感兴趣的信息，并且包含一个恢复步骤(定义了超时发生时所使用的替换值)。这里只列出一些与题目直接相关的方面；而在一个完整的应用程序中，你当然需要按需安装断路器，同时需要限制未完成的询问请求的总数，以防止无限制的资源使用。在第二步，该 Actor 使用 for 推导式将三个独立的 Future 联系在一起，以计算最终结果，并将其发回由初始请求提供的返回地址。

可使用另一种方式实现同样的流程，即创建一个临时子 Actor，而不使用 Future 组合子，如下所示。

代码清单 15-15　用子 Actor 替代 Future 组合子

```
private def pf(p: PartialFunction[AnyRef, Unit]): p.type = p   <-- 避免类型警告的帮助方法

def frontPage(
  themes:       ActorRef[GetTheme],
  personalNews: ActorRef[GetPersonalNews],
  topNews:      ActorRef[GetTopNews]): Behavior[GetFrontPage] =
  ContextAware { ctx =>
    Static {
      case GetFrontPage(user, replyTo) =>
        val childRef = ctx.spawnAnonymous(Deferred { () =>   <-- 派生一个临时的子Actor
          val builder = new FrontPageResultBuilder(user)
          Partial[AnyRef](
            pf {
              case ThemeResult(css)          => builder.addCSS(css)
              case PersonalNewsResult(news)  => builder.addPersonalNews(news)
              case TopNewsResult(news)       => builder.addTopNews(news)
              case ReceiveTimeout            => builder.timeout()
            } andThen { _ =>
              if (builder.isComplete) {
                replyTo ! builder.result
                Stopped
              } else Same
            })
        })
        themes ! GetTheme(user, childRef)                    直接响应子Actor
        personalNews ! GetPersonalNews(user, childRef)
        topNews ! GetTopNews(childRef)
        ctx.schedule(1.second, childRef, ReceiveTimeout)   <-- 如果子Actor未接收到完整的响应集，则使其超时
    }
  }
```

这个临时子 Actor 的结构包括两个方面。首先，任何新信息都将合并到当前的知识集里，由一个可变的构建器(builder)来管理(如代码清单 15-15 所示)，然后对构建器进行查询，以确定响应目前是否完整。当完成时，将通过把结果发回原始的请求者来完成整个过程。为启动这个过程，需要将三个请求发送到各自的内容提供者，同时将临时子 Actor 的 ActorRef 作为返回地址。

代码清单 15-16 使用一个构建器来更直接地表达领域模型

```
class FrontPageResultBuilder(user: String) {
  private var css: Option[String] = None
  private var personalNews: Option[List[String]] = None
  private var topNews: Option[List[String]] = None

  def addCSS(css: String): Unit = this.css = Option(css)

  def addPersonalNews(news: List[String]): Unit =
    this.personalNews = Option(news)

  def addTopNews(news: List[String]): Unit =
    this.topNews = Option(news)

  def timeout(): Unit = {
    if (css.isEmpty) css = Some("default.css")
    if (personalNews.isEmpty) personalNews = Some(Nil)
    if (topNews.isEmpty) topNews = Some(Nil)
  }

  def isComplete: Boolean = css.isDefined &&
    personalNews.isDefined && topNews.isDefined

  def result: FrontPageResult = {
    val topSet = topNews.get.toSet
    val allNews = topNews.get :::
      personalNews.get.filterNot(topSet.contains)
    FrontPageResult(user, css.get, allNews)
  }
}
```

相对于基于 Future 的解决方案，这个构建器给现有的程序增加了几行代码，使你更自然、无障碍地描述问题域。询问模式及其底层的 Future API 专注于最终可用或失败的单个值，使程序更难定制可一次性影响多个方面的作用或反作用。在代码清单 15-16 的超时处理示例中，基于 Actor 的方式，我们可只在同一个地方处理所有超时，而 AskTimeoutException 的恢复逻辑必须针对这三个单独的 Future 重复处理一遍。

另一个案例是实现一种机制，使系统能在特殊活动时重写首页内容和样式。在基于 Actor 的实现中，可向第 4 个服务发送请求；对于给定的回复，你可适当地重写构建器的字段并完成结果。为此，可在接收消息的 case 语句中添加一行代码。在基于 Future 的方式中，有必要将它们指定为两个相互竞争的操作，因为在当前的方案中，为添加第四个输入，你需要等待针对其他三个不相关请求的响应，以防发生重写。结果代码的可读性变得更差，如下面的代码清单所示。

代码清单 15-17　添加第 4 个服务，降低了代码的可读性

```
val overrideFuture =
  (overrides ? (GetOverride(_: ActorRef[OverrideResult])))
    .recover {
      case _: AskTimeoutException => NoOverride
    }
for {
  css ← cssFuture
  personalNews ← personalNewsFuture
  topNews ← topNewsFuture
  ovr ← overrideFuture
} ovr match {
  case NoOverride =>
    val topSet = topNews.toSet
    val allNews = topNews ::: personalNews.filterNot(topSet.contains)
    replyTo ! FrontPageResult(user, css, allNews)
  case _ =>
}
for {
  ovr ← overrideFuture
} ovr match {
  case NoOverride => e
  case Override(css, news) =>
    replyTo ! FrontPageResult(user, css, news)
}
```

在返回NoOverride时，发送普通结果

无操作

在返回Override时，发送重写后的结果

虽然相对于所添加的代码行数来说，这算不上大改动。但这会使你更难推导这段代码的行为。一个重要的隐含约束仅在注解中表示；即执行分为两个部分，只有小心地处理 OverrideResult，才能保证整体结果的确定性。

15.5.3　模式回顾

你扩展了询问模式，以便在计算整体结果时包括多对请求-响应。同时，你发现使用 Future 组合子更直接，因为只要所有单独的结果都可独立处理(聚合过程只涉及影响聚合逻辑的决策)，那么显式地创建一个临时组件来封装这个过程就变得更合适了。Future 是受限的，它们没有名称或标识可在创建后继续用于交流，它们的输入值在调用生成它们的组合子之后将立即固化。这是它们最强大的优势，同时也可能是一个弱点。

相比之下，聚合器模式所推崇的临时组件——在代码清单 15-15 中用一个 Actor 作为模型——可以很容易地表达生成聚合结果的任何过程，而不必顾虑哪些

输入是必要的，以及相关的影响范围。这是一项优势，特别在聚合过程需要根据所收集的一些输入，来有条件地选择应用不同计算逻辑的情况下。

15.5.4 适用性

聚合器模式适用于需要组合多个询问模式的结果，而直接地使用 Future 组合子又不能充分或简洁地表达聚合过程的场景。无论何时，如果你发现自己正在使用多层 Future，或在使用像 Future.firstCompletedOf()方法这样不确定的“竞态”组合子，你就应该使用 Actor(或者其他命名的、可寻址的组件)来草拟出等价的过程，并查看逻辑是否还可得到进一步简化。经常驱动这一方向的一个关注点是：需要对超时或者其他的部分失败进行复杂的分层级处理。

15.6 事务序列模式

将耗时长的分布式事务切分为快速的本地事务，并通过补偿操作进行恢复。

换言之：创建一个临时组件来专门管理分布在多个组件中的一系列动作的执行过程。

术语 Saga(事务序列)由 Hector Garcia-Molina 提出[16]。他的论文描述了一种拆分耗时长的业务事务的方案，从而缩短数据库需要持有锁的时间——为确保事务的原子性和一致性，这些锁不可或缺，但其缺点是，其他涉及相同数据的事务此时不能并发执行。

在分布式系统中，出于某些方面的原因，你需要拆解涉及多个参与方的事务。获取共享锁是一项昂贵的操作，在面对某些故障(比如网络分区)时甚至根本无法实现。正如第 8 章中所讨论的，可伸缩性和松散耦合的关键是将每个组件都看成有界一致(delimited consistency)的独立部分。但是，对于需要从多个组件获取输入还需要对多个组件的输出进行修改的业务事务，我们应当如何对其进行建模呢？而对事务序列模式的研究主题，正是为各种用例提供一个高效而且健壮的解决方案。

注意，这一节仅给出概述；针对这个主题可写一本独立完整的书。CQRS 论文中所提出的过程管理器(process manager)[17] 是一个非常类似的概念，主要区别在于，事务序列(Saga)专注于事务性方面(原子性和一致性)，而过程管理器则主要作

16 参见 Hector Garcia-Molina 发表于 ACM 的论文 Sagas，地址为 http://dl.acm.org/citation.cfm?id=38742。

17 参见 MSDN 上的 CQRS Journey(July 2012), reference 6: A Saga on Sagas。地址为 https://msdn.microsoft.com/en-us/library/jj591569.aspx。

为从参与各方的组件中分解出来的对特定过程的描述。

15.6.1　问题设定

一个业务事务影响多个一致性实体(或领域驱动设计术语中的*聚合*的典型示例是：资金从一个银行账户转账到另一个账户。无论是为了弹性还是回弹性，将以前由单个 RDBMS 实例管理的应用程序状态扩展到分布式计算机集群时，此类问题将立即出现。非分布式系统的代码将在一个事务中更新这两个账户，依靠 RDBMS 来维护原子性、一致性、隔离性以及持久化方面的保证。而在分布式系统中，由于没有这种机制，所以需要使用 Saga 模式。

任务：你的任务是草拟在临时 Saga 组件和两个银行账户组件之间进行的会话，从而执行转账操作，并考虑各个步骤都可能发生的永久性失败(例如，因为源账户在过程开始后没有足够的资金，或者目标账户已经关闭)。不可靠的通信将在稍后的模式中进行考虑。然后，你也可在代码中实现事务序列模式，例如，作为一个持久化的 Actor。

15.6.2　模式应用

在设计多方之间的通信协议时，一个自然的类比就是设想一群人之间的对话。这里，你要描述 Sam(即事务序列)如何与 Alice 和 Bob 进行协商，从而让 Alice 将她的一部分预算转给 Bob。如果这个协商过程的本质属性清晰明了，那么这个类比最能说明问题。这种情况下，要使用现金进行交易是不可能的，因为这种完全同步的过程不是分布式系统的工作方式。因此，你将在他们之间进行 10 000 美元的预算再分配。

在考虑各种失败的情景前，我们将描述一下各种标称的成功案例，可能类似于下面这样：

Sam：“Alice，如有可能，请将你的预算减少 10 000 美元吧。”

Alice：“好的，我已经这样做了。”

Sam：“Bob，请将你的预算增加 10 000 美元。”

Bob：“谢谢，Sam，已经完成了。”

Sam：“谢谢大家，转账已经完成了。”

因为 Sam 在协调整个转账过程，所以 Alice 和 Bob 之间就不必进行相互交谈。因此，在这种情景下，我们也可让这两个子会话过程并行地发生。现在，让我们考虑一些失败状况——例如，Alice 没有足够的预算。

Sam：“Alice，如果可能的话，请把你的预算减少 10 000 美元吧。”

Alice：“对不起，Sam，我的预算已经太低了。”

Sam: “大家听好了，这次转账取消了。”

这种情况很简单。该过程的第一步瞬间就失败了，因此不会造成任何损害，整个过程也立即终止了。如果 Bob 无法增加预算金额，则会发生更复杂的情况。

Sam: “Alice，如果可能的话，请将你的预算减少 10 000 美元吧。”

Alice: “好的，我已经这样做了。”

Sam: “Bob，请将你的预算增加 10 000 美元。”

Bob: “对不起，Sam，我的项目刚被取消——我不再有预算了。”

Sam: “Alice，请把你的预算增加 10 000 美元。”

Alice: “谢谢，Sam; 已经完成了。”

Sam: “大家听好了，这次转账取消了。”

这种情况下，Sam 想要执行的第二个步骤无法完成。在这个点上，Alice 已经削减了她的预算，所以在逻辑上，Sam 手持 10 000 美元——但他没有预算来让自己对这些钱进行管理。要解决这个难题的办法是将这 10 000 美元归还给 Alice。这个过程称为补偿交易(compensating transaction)。使用这个技巧，我们还可使得整个转账过程并行化，并仍然保持正确。

Sam: “Alice，如果可能的话，请将你的预算减少 10 000 美元吧。Bob，请将你的预算增加 10 000 美元。”

Bob: “谢谢，Sam，已经做好了。”

Alice: “对不起，Sam，我的预算已经太低了。”

Sam: “Bob，请将你的预算降低 10 000 美元。”

Bob: “好的，我已经这样做了。”

Sam: “大家听好了，这次转账取消了。”

当然，这里假设补偿交易总会成功；但如果不是这样呢？如果在最后一个例子中，Bob 已经极快地花掉了这 10 000 美元，而 Sam 还在等待 Alice 的回应呢？这种情况下，系统将处于不一致状态，而 Sam 在没有外部帮助的情况下是无法修复的。这种思维试验的寓意在于，计算机和算法并不可能承担处理所有可能的边界情况，特别当涉及分布式系统时，“完全局部性的顺序执行”这种便利的简化手段无法得到应用。这种情况下，必须认为可能存在不一致的系统状态，并向上一级发出信号。例如，由运维人员来制定决策。有关本主题的进一步阅读，请参阅 Pat Helland 的 Memories, Guesses, and Apologies[18]。

18 参见 MSDN 博客，2007，http://blogs.msdn.com/b/pathelland/archive/2007/05/15/memories-guesses-andapologies.aspx。

15.6.3　模式回顾

假设已有以 Alice 和 Bob 为代表的两个账户，我们引入另一个过程：由 Sam 扮演的 Saga 角色去协调将预算从一个账户转移到另一个账户。让 Alice 和 Bob 直接同意这一转账过程将是一个代价高昂的过程，在此期间，这两者对于其他请求来说都将是不可用的，因为那些请求可能使当前共识建立的对话状态失效。这将使用分布式事务完成一个类似传统 ACID 的解决方案(有点像我们在 RDBMS 中惯用的事务)。只不过，我们将维持系统的状态一致性的责任留给一个执行该过程的新的外部进程。

你已经看到，要做到这一点，你不仅要描述每个账户上完成的单个交易，还必须提供在有必要终止 Saga 时，需要用到的补偿交易。这与在 RDBMS 上执行的事务回滚操作是一样的。但是，由于你不只处理单一的一致性领域，所以系统无法自动推断出所需回滚的具体构成。Hector Garcia-Molina 指出，编写补偿交易并不是什么黑魔法；它通常与对应的事务编码难度相当。

到目前为止，我们所忽略的补偿事务的其中一项属性需要一些形式化描述：当事务 T_1 将组件从状态 S_0 转移到状态 S_1 时，补偿事务 C_1 将状态从 S_1 返回到 S_0。我们在几个不同组件的一致性边界中应用了这些事务——例如前例中的 Alice 和 Bob——在这些组件中，执行一组事务序列 $T_1...T_n$，将对应组件的状态从 S_0 转移到 S_n。因为，事务之间通常不能彼此交换，所以将系统从 S_n 状态恢复到 S_0 状态，将需要引用补偿事务序列 $C_n...C_1$。而补偿事务将以相反的顺序应用，而且顺序非常重要。我们已经在两个子会话(Sam-Alice 以及 Sam-Bob)的并行操作上进行了思维试验，但你必须始终谨慎地维护确定性，从而使得对于所有应用到 Alice 和 Bob 的事务来说，其相反顺序的补偿事务都可独立进行。有关补偿语义的深入讨论，请参考 Garcia-Molina 的 Saga 论文。

在开始讨论这一模式时，我们提到了来自 CQRS 中的术语*过程管理器(process manager)*。这个术语指我们所描述模式的另一个属性：为能执行预算的转移，Alice 和 Bob 都不需要知道背后的原理；他们只需要管理自己的预算，并响应“减少或增加预算 ”的请求即可。这样做的一个重要好处是：允许将复杂的业务流程描述与在运行和开发过程中受到影响的组件的具体实现相互分离。过程管理器是保存有关此业务流程所有知识的唯一位置。如果需要更改，只需要修改这个软件模块即可。

在反应式系统中，将这一过程拆分到自己的一个临时组件的需求，来源于两个方面：我们需要对影响多个组件的工作流程建模，同时保持最终一致性，而且我们需要拆分出跨组件的活动，从而不会强耦合这些组件的开发或执行过程。在编写 Saga 论文时，并没有考虑分布式系统，但它的确为这两种问题提供了一种解决方案。它的出现比 CQRS 术语还早 20 年；而正因我们喜欢提案中简洁而带有隐喻的抽象，我们将这个模式命名为事务序列模式(Saga pattern)。

回到这个例子，Sam 有一个我们尚未讨论的特质。以这种方式建模后，你期望不管发生什么，转账都将最终完成或终止。所以你不希望 Sam 因为分心，而忘记了整件事情。这不仅将把这个类比推得太远，也是一项你不希望计算机系统拥有的属性——你希望它们是可靠的。在计算机术语中，事务序列管理的状态是需要完成持久化(persistent)操作的。如果运行该事务序列的计算机失败了，你需要能在其他地方重启这个过程，并让其恢复操作。只有这样，你才能确定，在你继续提供计算资源的前提下，这个过程终会完成。

聚合器模式描述了一种简单的工作流形式——从多个源检索信息，并将其转换为一个整体的结果——而 Saga 模式则允许制定任意过程。聚合器模式是一种简单特例，而事务序列模式则描述了普遍适用的服务组合。

15.6.4 适用性

精明的读者可能已经变得越来越不耐烦，等着开始讨论这个模式无法回避的核心问题：如果这个模式可作为分布式事务的一个替代解决方案，那么我们如何调和“这个场景与事务序列彼此之间不具备隔离性”的事实呢？回到这个例子，你很容易想象出另一个过程，通过询问所有项目领导，从而盘点公司所有已经分配的项目预算：如果这个盘点询问发生在转账正在进行的过程中，比如 Alice 已减少了预算，而 Bob 还未来得及增加预算，那么盘点结果将出现 10 000 美元的短缺，因为这部分金额正在处理过程中。在不进行任何转账操作的非活跃期进行盘点将得到正确结果，否则总有出现错误的风险。

对于某些系统，这是不可接受的。这类系统不能接受分散为多个自治的、分离的组件。事务序列模式通常都不能够用于解决这类问题。

事务序列模式适用于当业务流程需要建模为涉及多个独立组件的场景，即当业务流程跨越多个分离的一致性区域时。在这些场景下，该模式提供了原子性(atomicity)(通过应用补偿事务来进行回滚的能力)以及最终一致性(eventual consistency)(在这种意义上，应用程序级别的一致性是通过发送致歉(apology)来达成的；请参阅 Pat Helland 的相关博客文章)，但它并没有提供隔离性。

15.7 业务握手协议(或可靠投递模式)

在消息中包含标识符和/或序列信息，并在收到确认之前一直重试。

在讨论前面的模式时，我们做了一个隐性假设，即在 Saga 和受影响的组件之间的通信是可靠的。我们描绘了一组人站在同一个办公室里，并且在没有外部干扰情况下的讨论过程。这是一种很有用的开场白，因为它允许你专注于对话的本质部分；但我们知道，生活并非总是一帆风顺，特别是在分布式系统中，其中由于不可预知的、必然的子系统失败，总可能出现消息传递的丢失或者延迟。

幸运的是，我们可在不同层次上处理这两个问题。想象一下，在繁忙而嘈杂的办公室中发生的对话，并不会使得我们正在构建的业务流程的基本结构无效化。所有需要做的就是更仔细地传递每个消息，如果因为其他事件的发生遮掩了某个信息，那么再次传递它。第二个层次就是业务握手模式的全部内容。

15.7.1　问题设定

在前例中，我们假设一旦 Sam——即其中的事务序列——传达了“如果可能，请将你的预算减少 10 000 美元”这个信息，那么 Alice，则一定给出肯定或否定的响应。但在通信变得不可靠的设定下，则可能发生这样的情况：向 Alice 发送的消息，或来自 Alice 的响应都不能得到传达——用行话来说，就是消息丢失了。如果发生这样的情况，那么整个过程将卡住，因为如果没有进一步的供给，Sam 将无限期地等待 Alice 的响应。在现实生活中，不耐心以及社交习惯将解决这一冲突，但在没有帮助的情况下计算机不知道该怎么处理。

任务：你的任务是描述以可靠方式传递请求和响应的过程，并考虑每条消息都可能丢失这个事实。你应该从 Sam 和 Alice 的角度来思考，使用你的消息驱动通信工具，但不要利用这些工具包潜在提供的可靠投递保证。

15.7.2　模式应用

我们先从一个现实生活例子开始。想象一下，Sam 和 Alice 坐在他们的办公桌旁，他们的办公桌隔几米远，此时办公室比较嘈杂——嘈杂得人们要使劲吼才有机会让对方听到自己在说什么。Sam 喊道：“如果可能，请降低你的预算！”，然后仔细地听 Alice 的响应。如果没有得到任何响应，那么 Alice 可能刚好没有听到，所以 Sam 再次对着 Alice 喊，直到得到 Alice 的回应。而另一方面，Alice 坐在那里正忙着别的事情，直到她听到了 Sam 的呼喊；她自己并不知道 Sam 在这之前已经喊了多少遍了。在听到这个请求后，Alice 调出了预算工作表，为 Sam 减除了 10 000 美元，然后喊着说她已经处理好了。从 Alice 的角度看，一切都已完成了——但是 Sam 可能依然没听到她的响应，所以这种情况下，他还再次呼叫 Alice。事实上，他不得不一直喊，直到 Alice 再次回应，这样他就再有一次机会听到回应了。当 Alice 听到 Sam 再次提出同样的要求时，她自然会喊道：“嘿，我早已经做好了！”过了一段时间，Sam 终于能听到她的响应了，那么这次交互自然也就完成了。

使用 Actor 的实现如下面的代码清单所示(完整源代码可从本书的相关下载资源中找到)。

代码清单 15-18 使用 Actor 实现上面的信息交换

```
case class ChangeBudget(amount: BigDecimal, replyTo: ActorRef)

case object ChangeBudgetDone

case class CannotChangeBudget(reason: String)

class Sam(
  alice:  ActorRef,
  bob:    ActorRef,
  amount: BigDecimal) extends Actor {
  def receive: Receive = talkToAlice()

  def talkToAlice(): Receive = {
    alice ! ChangeBudget(-amount, self)
    context.setReceiveTimeout(1.second)

    LoggingReceive {
      case ChangeBudgetDone               => context.become(talkToBob())
      case CannotChangeBudget(reason) => context.stop(self)
      case ReceiveTimeout                 => alice ! ChangeBudget(-amount, self)
    }
  }

  def talkToBob(): Receive = {   <— 类似于之前的代码清单中的代码
    context.system.terminate()
    Actor.emptyBehavior
  }
}

class Alice extends Actor {
  private var budget: BigDecimal = 10
  private var alreadyDone: Set[ActorRef] = Set.empty  <— 你需要追踪已经完成的处理。这里，每个“Sam”(代表一个Saga)将只会发出一个请求

  def receive = LoggingReceive {
    case ChangeBudget(amount, replyTo) if alreadyDone(replyTo) =>
      replyTo ! ChangeBudgetDone
    case ChangeBudget(amount, replyTo) if amount + budget > 0 =>
      budget += amount
      alreadyDone += replyTo
      context.watch(replyTo)
      replyTo ! ChangeBudgetDone
    case ChangeBudget(_, replyTo) =>
      replyTo ! CannotChangeBudget("insufficient budget")
    case Terminated(saga) =>
      alreadyDone -= saga
  }
}
```

首先需要注意，Sam 将识别信息包含在 ChangeBudget 命令中，形式即是自己的 ActorRef——这是可保证唯一性的标记，为 Alice 识别了一次唯一的预算变更，因为 Sam 是一个临时事务序列。其次要注意，Sam 是如何使用 ReceiveTimeout 机制来重新发送相同的命令，直到收到 Alice 的响应。如果减少预算失败，该事务序列将终止；否则，将以和 Alice 交流的相同方式继续和 Bob 交流。

在接收端，你看到 Alice 验证了传入的命令。如果已经看过一个具有相同返回地址的命令，那么除了确认已经完成外，没什么还需要做的，而在资金不足的情况下，则必须发送一个否定的响应。但是，如果是新的而且有效的命令，将执行对状态的作用(更改预算)并回复请求者你已经完成了该操作。此外，你必须跟踪所完成的工作。这里，你将返回地址存储到一个集合中，以便以后可在重新传输命令时识别它。除非你进行清理，否则这个集合将随着时间流逝无限增长。为此，这里使用了 DeatchWatch 机制。当事务序列终结时，它的 Actor 也将终止，此时你可从集合中移除对应的 ActorRef，因为无法再使用该返回地址进行重传了。

到目前为止，我们概述的是执行业务握手模式的一个快速变化的内存版本。如果要求在机器失败和重新启动时这个执行过程也必须可靠，那么必须使得 Sam 和 Alice 持久化。下面的代码清单显示了这将如何改变 Sam。

代码清单 15-19　向预算消息添加持久性

由于实现上的限制，“传递”并不是有这里开始

```
case class AliceConfirmedChange(deliveryId: Long)

case class AliceDeniedChange(deliveryId: Long)

class PersistentSam(
  alice:                        ActorPath,
  bob:                          ActorPath,
  amount:                       BigDecimal,
  override val persistenceId: String)
  extends PersistentActor with AtLeastOnceDelivery with ActorLogging {

  def receiveCommand: Receive = Actor.emptyBehavior

  override def preStart(): Unit = {
    context.become(talkToAlice())
  }

  def talkToAlice(): Receive = {
    log.debug("talking to Alice")
    var deliveryId: Long = 0
    deliver(alice)(id => {
      deliveryId = id
```

```
      ChangeBudget(-amount, self, persistenceId)
    })

    LoggingReceive({
      case ChangeBudgetDone =>
        persist(AliceConfirmedChange(deliveryId)) { ev =>
          confirmDelivery(ev.deliveryId)
          context.become(talkToBob())
        }
      case CannotChangeBudget(reason) =>
        persist(AliceDeniedChange(deliveryId)) { ev =>
          confirmDelivery(ev.deliveryId)
          context.stop(self)
        }
    }: Receive)
  }

  def talkToBob(): Receive = {
    context.system.terminate()
    Actor.emptyBehavior
  }

  def receiveRecover = LoggingReceive {
    case AliceConfirmedChange(deliveryId) =>
      confirmDelivery(deliveryId)
      context.become(talkToBob())
    case AliceDeniedChange(deliveryId) =>
      confirmDelivery(deliveryId)
      context.stop(self)
  }
}
```

因为在这个方向上只有一种消息类型，所以你将deliveryId保存在局部变量中，而不是让deliveryId随着消息一起传递

这个Actor非常类似于之前在代码清单15-18中所呈现的Sam Actor，但相对于通过Alice和Bob Actor的ActorRef给它们发送消息，你现在只能通过它们的ActorPath来发送消息——区别在于后者在机器重启后仍能保持有效，而前者不能。PersistentSam还需要通过将事件发送到持久化日志来存储状态更改，并由persistenceId标识。混入的AtLeastOnceDelivery特质提供了deliver()和confirmDelivery()方法，实现了之前基于Receive-Timeout机制的重传方案的持久化版本：定期重试投递，直到注册了确认信息。在恢复过程中，PersistentActor将回放所有来自日志中的以前持久化的事件，而PersistentActor将通过相同的状态转换，对相同的消息进行投递和确认，和其之前所做的一样。因此，在恢复结束后，它将达到和强制重启之前相同的状态。

一个值得注意的细节是，只有成功持久化Alice的确认消息后，才会影响和Bob之间的对话的状态变更，如代码清单15-20所示。如果在消息投递后，但在其写入持久化存储前，机器崩溃了，那么效果和消息好像在过程中丢失了一样——这正是正确的语义，因为确认消息必须到达Sam的记忆中，而不仅是他的耳朵中。

代码清单 15-20　Alice Actor 的持久化版本

```
final case class BudgetChanged(amount: BigDecimal, persistenceId: String)

case object CleanupDoneList

final case class ChangeDone(persistenceId: String)

class PersistentAlice extends PersistentActor with ActorLogging {
  def persistenceId: String = "Alice"

  private implicit val mat: ActorMaterializer = ActorMaterializer()

  import context.dispatcher

  private var alreadyDone: Set[String] = Set.empty
  private var budget: BigDecimal = 10

  private val cleanupTimer: Cancellable = context.system.scheduler.
    schedule(1.hour, 1.hour, self, CleanupDoneList)

  def receiveCommand = LoggingReceive {
    case ChangeBudget(amount, replyTo, id) if alreadyDone(id) ⇒
      replyTo ! ChangeBudgetDone
    case ChangeBudget(amount, replyTo, id) if amount + budget > 0 ⇒
      persist(BudgetChanged(amount, id)) { ev ⇒
        budget += ev.amount
        alreadyDone += ev.persistenceId
        replyTo ! ChangeBudgetDone
      }
    case ChangeBudget(_, replyTo, _) ⇒
      replyTo ! CannotChangeBudget("insufficient budget")
    case CleanupDoneList ⇒
      val journal = PersistenceQuery(context.system)
        .readJournalFor[LeveldbReadJournal](LeveldbReadJournal.Identifier)
      for (persistenceId ← alreadyDone) {
        val stream = journal
          .currentEventsByPersistenceId(persistenceId)
          .map(_.event)
          .collect {
            case AliceConfirmedChange(_) ⇒ ChangeDone(persistenceId)
          }
        stream.runWith(Sink.head).pipeTo(self)
      }
    case ChangeDone(id) ⇒
      persist(ChangeDone(id)) { ev ⇒
        alreadyDone -= ev.persistenceId
      }
  }

  def receiveRecover = LoggingReceive {
    case BudgetChanged(amount, id) ⇒
      budget += amount
      alreadyDone += id
```

```
    case ChangeDone(id) ⇒
      alreadyDone -= id
  }

  override def postStop(): Unit = {
    cleanupTimer.cancel()
  }
}
```

Alice 的持久化版本和其瞬态版本的主要区别在于：你是如何识别已经执行过的命令的。这里，将再次使用发送请求的唯一事务序列名称，你使用的是为此包含在消息中的 PersistenceId。这里，通过使用 DeathWatch 来触发对已知标识符集合的清理不是正确答案，因为事务序列在崩溃后可能重启。接收到 Terminated 通知并不意味着事务序列完结，而是其当前的 Actor 不复存在了，这可能是由于机器失败或者网络中断造成的。相反，也可使用事务序列持久化的事件。每隔一小时，Alice 就会查询日志卷获取其当前所知的所有事务序列存储的所有事件。每个已经持久化了 AliceConfirmedChange 事件的事务序列显然不会再重新传输那个命令了，因此你可安全地记住，这个事务序列的更改已经完成，并从存储集合中移除对应的标识符。

这个例子使用了 Alice 已知并由 Sam 持久化的特定事件。这在事务序列和账户实体的代码模块之间可能太接近耦合了；相反，最好在事务序列的生命周期结束时，发出一个已知的、描述完整的事件，以便所有受影响的组件都可将清理操作挂钩到该事件上。这将最大限度地减少开发这些模块的团队之间必须具备的共享知识；从受影响的组件的视角看，这也简化了模拟该事务序列模块的测试编写过程。

15.7.3 模式回顾

跨越组件，进而跨越一致性边界的可靠事务执行需要四个条件：

- 请求者必须在接收到匹配的响应之前，持续地重新发送请求；
- 请求者必须在请求中包含标识信息；
- 接收者必须使用标识信息来防止多次执行同一个请求；
- 接收者必须始终响应，即使对于重新传输的请求也是如此。

我们称之为业务握手模式，因为响应意味着对请求的成功处理这一点至关重要。这就是该模式可保证所期望的作用最多执行一次的基础。仅确认请求投递给接收者是不够的；这得不出以下结论，即接收者同样执行了所请求的工作。在响应承载的所需信息作为业务过程的一部分的情况下，这一区别自然显而易见，但这同样适用于只会导致接收者状态发生改变的请求，其中请求者不需要任何结果值就可以继续它的过程。

该请求使用一个事务序列作为请求源。这使得系统必须追踪命令的独立标识符(通过使用事务序列的标识符的唯一性)，这同时给我们带来一个负担，那就是清理已完成过程的相关存储比较复杂。如果进行可靠通信的发送者和接收者都是常态的，并且交换过程跨越了大量消息，那么使用序列号将更有效。通过这种简化，在发送者和接收者中添加一个计数器，以追踪下一个消息(在发送者中)，以及已成功接收的最小消息编号(在接收者中)。然后，接收者期望序列号是单调连续增加的，使得接收者可检测到丢失的消息，从而保持正确的处理顺序，即使消息是按照乱序重新传输的。

15.7.4　适用性

业务握手模式适用于要求可靠地传递和处理请求的任何情况。在机器故障时不能丢失命令的情况下，你需要使用该模式的持久化形式；如果可容忍无法预料的失败，你也可使用其非持久化形式。值得注意的是，持久化存储是一项昂贵的操作，将大大降低两个组件之间的吞吐量。

值得注意的是，这种模式也可在通过中间组件通信的两个组件之间应用。如果业务握手伙伴之间的消息传递路径上的请求和/或响应的处理都是幂等的，那么这些中间者可放弃使用代价昂贵的持久性机制，而仅依赖于业务握手伙伴之间进行的至少一次投递即可。

15.8　小结

在本章中，你学习了在反应式系统中构建信息流的基本构件块。

- 介绍非常简易的请求-响应模式，并讲述了完整的独立消息的优点；
- 我们将询问模式呈现为一个简化包装的请求-响应对，并与转发消息流的性能优势进行对照；
- 对于组件之间更复杂的关系，我们探索了聚合器和事务序列模式。后者为分布式系统提供了一种“如果不这么做，将会因为事务边界而难以分离各个组件”的模式；
- 最后使用业务握手模式，为点对点通信增加可靠性。

其他许多专用模式与构建消息驱动的应用程序有关。作为进一步阅读，我们推荐 Vaughn Vernon 的 *Reactive Messaging Patterns with the Actor Model* (Addison-Wesley, 2015)以及由 Gregor Hohpe 和 Bobby Woolf 编写的 *Enterprise Integration Patterns* (Addison-Wesley, 2003)。

第16章 流量控制模式

前面的章节介绍了如何将系统拆分成较小部分，以及这些部分之间将如何进行通信，以处理较大任务。到目前为止，有一个角度尚未提及：除了确定谁与谁交互外，你还要考虑通信的时效性。为让系统在不同负载下都具有回弹性，你需要一套能阻止组件因为请求速率过高而不受控制地失败的机制。为此，本章介绍下面4种基本模式：

- 拉取模式(Pull pattern)从消费者将回压传送到生产者；
- 托管队列模式(Managed Queue pattern)使得回压可测量、可操作；
- 丢弃模式(Drop pattern)在严重过载的情形下保护组件的正常运行；
- 限流(Throttling)模式帮你尽可能避免过载情形。

这些模式有很多变种，并有很多可应用的理论供研究(尤其是控制理论和排队理论)，但处理这些研究领域超出本书的讨论范围。我们希望本章所呈现的这些基础内容能对你有所启发，并指引你通过阅读相关文献进行更深入的学习。

16.1 拉取模式

让消费者向生产者对数据的批量大小提出要求。

反应式系统面临的一个挑战是如何平衡消息(无论是需要处理的请求还是需

要持久化的事件)生产者和消费者之间的关系。难点在于，由于错误实现产生的问题本身的动态属性，只有在真实的输入负载下，你才能观察到一个快速的生产者是否会淹没一个资源受限的消费者。通常，负载测试环境要基于可能超过真实使用速率的业务预测来构建[1]。

此处拉取模式的形式化定义是 Roland 在参与制定 Reactive Stream 规范[2]时的成果。这个行为也具有“动态推拉(dynamic push-pull)”的特性。稍后将讨论这一方面。

16.1.1 问题设定

拿一个明确需要流量控制的场景作为描述，假设你要计算交错调和级数：

1 - 1/2 + 1/3 - 1/4 … (向 2 的自然对数收敛)

产生用来计算的输入项，就如同生成一系列自然数一样简单，但要高精度地获得这些自然数的倒数，然后将它们按照正确的正负值相加求和，却是一个昂贵的操作。为简单起见，你可在一个管理者 Actor 中进行数字的生成与求和逻辑，并将带正确符号的倒数化过程分布到若干工作者 Actor 里。这些工作者 Actor 是管理者的子 Actor：数字生成器控制着整个过程，并在目标精度达到之后终止。

任务：你的任务是实现管理者和工作者 Actor，使得在任何未完成的工单数少于 5 时，每个工作者就会以批量形式再次请求 10 个工单。

16.1.2 模式应用

首先考量工作者 Actor，因为在这个模式下，它是主动方。工作者通过请求第一批输入数据开始工作进程，并在处理完其中足够多的部分后，通过请求更多数据来保持进程的持续运行。多个工作者独立地向管理者请求输入，因此，你可将处理过程扩展到多个 CPU 核心上。每个工作者必须管理与之相关的两件事情：保持追踪它已经请求和接收了多少任务，以及执行具体计算，如下面的代码清单所示。

代码清单 16-1 在拉取输入的工作者内部处理昂贵的计算

```
class Worker(manager: ActorRef) extends Actor {
  private val mc = new MathContext(100, RoundingMode.HALF_EVEN)   <-- 设定求倒数的精度和底数
  private val plus = BigDecimal(1, mc)
  private val minus = BigDecimal(-1, mc)
```

1 通常，在对系统链路进行压力测试时，都会从尝试获取整个链路的上限，俗称“摸高”。不过在实际生产运行时，则会依照一个相对保守的性能上限运行。——译者注

2 参考 www.reactive-streams.org (版本 1.0.0，发布于 2015 年 4 月 30 日)。

```
  private var requested = 0                              追踪实际已经请求
                                                         的和已经执行的工
  def request(): Unit =                                  单之间的数量差值
    if (requested < 5) {
      manager ! WorkRequest(self, 10)
      requested += 10
    }

  request()          开始处理过程

  def receive: Receive = {
    case Job(id, data, replyTo) =>
      requested -= 1
      request()
      val sign = if ((data & 1) == 1) plus else minus
      val result = sign / data                           在请求完更多工
      replyTo ! JobResult(id, result)                    单之后，执行昂
  }                                                      贵的计算任务
}
```

考虑你手头上具体的问题和资源时，例子里使用的数字明显需要进行相应调整。很重要的一点是：一定要注意你实现的不是一种“暂停-等待”模式，在那种模式里，工作者拉任务，然后等待数据，之后进行计算，然后回复，再次拉任务。相反，这里所实现的工作者更主动，会一次性请求整批输入，并能在未完成的工单又一次过少时及时更新请求。采用这种方式，工作者的 Mailbox 中永远不会超过 14 项任务(当只剩下 4 项未完成时，又会请求 10 项，之后奇迹般地不会占用任何 CPU 时间，直到那 10 项抵达——这是最坏的假设)。它同样能保证如果工作者处理得比管理者快，总会有未完成的需求通知到管理者，以催促管理者立即发送新任务。

代码清单 16-2 中展示的管理者需要实现拉取模式的另外一部分，根据从每个工作者接收到的每个请求，对应地发送若干工单。这里重要的部分在于：两边(生产者和消费者)需要对还有多少工作未完成的概念达成一致——对于工单的请求最终必须得到满足，以免系统被等待工单的工作者和等待需求的管理者所阻塞。在这个例子中，可通过以下方式保障这个属性：立即并且完全满足每个工作请求。

代码清单 16-2　按工作者所请求的数目为它们提供任务

```
class Manager extends Actor {
                                                    定义一个拥有1 000 000
  private val works: Iterator[Job] =                     个任务的工单流
    Iterator from 1 map (x => Job(x, x, self)) take 1000000

聚合  private val aggregator: (BigDecimal, BigDecimal) => BigDecimal
逻辑  = (x: BigDecimal, y: BigDecimal) => x + y
  private val mc = new MathContext(10000, RoundingMode.
  HALF_EVEN)                                             保持追踪已
  private var approximation = BigDecimal(0, mc)          发送但是尚
                                                         未完成的工
  private var outstandingWork = 0                        作的数量
```

启动8个工作者Actor

```
    (1 to 8) foreach (_ => context.actorOf(Props(new Worker(self))))

    def receive: Receive = {
      case WorkRequest(worker, items) =>
        works.toStream.take(items).foreach { job =>
          worker ! job
          outstandingWork += 1
        }
      case JobResult(id, report) =>
        approximation = aggregator(approximation, report)
        outstandingWork -= 1
        if (outstandingWork == 0 && works.isEmpty) {
          println("final result: " + approximation)
          context.system.terminate()
        }
    }
  }
```

管理者只启动工作者。之后，它将被工作者提出的工单请求和它们的计算结果所驱动。一旦工单流全部被处理完毕，管理者会将最终近似结果打印到终端后，终止整个应用。

16.1.3 模式回顾

我们通过把一项计算任务分布在一组工作者 Actor 上执行，来展现单个任意快的生产者和若干较慢的消费者之间互动的例子。当你实现一种可立即分布所有工单的管理者时，可能发现一些问题：

- 给定足够多的工单(或比这个简单例子更大的数目)，那么系统最终因为工单将在工作者的 Mailbox 中堆积，导致处理过程的早期就耗尽内存。
- 预先决定的平均分布最终得到不平均的执行情况，因为部分 Actor 会比其他 Actor 更晚地完成分派给自己的任务。CPU 利用率在这个时段会低于理想值。
- 如果某个工作者失败了，那么所有分配给它的任务都会丢失——管理者需要把这些任务重新发送给其他工作者。在当前模式，用来储存当前未完成的计算任务的内存大小受到严格限制。如果反过来预先分布任务，内存大小可能超过可用资源的限制。

为避免上述问题，可让工作者控制各自缓冲在 Mailbox 中的工单的预期数量，同时，让管理者控制它分发出去进行并发执行的期待工作量。

这个模式的一个要点是批量地、主动地请求工作内容。这样不仅能将多个请求合成单个消息，从而节省发送开销，也允许系统适配生产者和消费者之间的相对速率。

- 当生产者快于消费者时，生产者最终会缺少需求。随着消费者的每个请求都能从生产者处拉取到工单，系统此时运行在“拉取”模式下。

- 当生产者慢于消费者时，消费者最终会有未被满足的工单需求。系统此时将运行在“推送”模式下，因为生产者不需要等待消费者的工单请求。
- 在负载一直变化的情况下(由于变更部署结构或可变的使用模式)，这个机制将自动在前述的两种模式中切换，而不需要任何额外的协调工作——它表现得就像一个“动态推拉模式(dynamic push-pull)”的系统。

这个模式的另一个值得注意之处是：它使得组合一系列相关组件的流控关系成为可能。以工单需求存在或缺乏的形式，消费者告知生产者它当前的处理能力。在生产者仅是中介的情形里，生产者又能再次利用拉取模式，从其关联的工作源那里获取工单。这就实现了一个非阻塞、异步的通道，回压能在其中沿着数据处理链进行传递。正由于这个原因，此模式被 Reactive Stream 标准所采用。

16.1.4　适用性

这种模式非常适用的场景是，当流入请求的处理由弹性工作者池提供，而请求信息则是自包含的、并且不依赖于在每个节点上维护的本地状态。如果请求只有在特定节点上才能被正确处理，那么拉取模式仍可能适用，只是那样，它需要在管理者和每个工作者之间各自独立地确立下来：如果只是因为其他工作者仍有可用的处理能力，而将请求发送给它，将不会产生正确的结果[3]。

16.2　托管队列模式

管理一条显式的输入队列，并对其填充级别予以反应。

分析拉取模式后得到的结论之一是：它适用于在一个组件链的不同处理步骤之间传递回压。传递回压意味着，当某个消费者被瞬时淹没时，停止整条流水线的工作。然而这种情形也许是因为系统内部不公平的工作调度或其他执行假象所引起，从而导致原本可避免的低效。

这种摩擦会引起处理引擎中出现“结巴(stuttering)”行为：消息流量的短暂爆发波段，与回压穿越系统时的非活跃时段，将交替出现。采用缓冲区允许数据在短暂回压状况下继续流动，可平滑掉这些脉冲。而缓冲区是临时持有消息并记住它们顺序的队列。我们称为托管队列(managed queue)，因为使用它们还有额外好

3 这里描述的是底层的协议，设想 Reactive Stream 实现之一的 Akka-Stream 中 Source 上的 groupBy 方法，如果我们将一个本该分发到标识为 subSource1 的消息发送给了标识为 subSource2 的 SubSource，那么多半不会得到正确的结果。——译者注

处：队列可用来监控和控制消息系统的性能。缓冲和托管队列在采用了回压机制的系统边界甚至更重要。如果数据或请求是从不能放慢速度的来源获取的，就需要在有限的内部承受能力与潜在的无限涌入量之间进行调解。

16.2.1 问题设定

在拉取模式例子中，我们实现了一个管理者。这个管理者拥有创建所需工单的方案。现在，你先将管理者仅看成是调解者，而工单的来源并不在它的控制下。该管理者将接收工作请求，并维护与其工作者之间的拉取模式。为保障工作者请求出现短暂空缺时系统依然保持平顺运转，你将在这个管理者内部设置一个缓冲区。

任务：改写拉取模式中的管理者和工作者 Actor 例子，以使需要求倒数的自然数由外部生成。管理者将持有一个不超过 1000 个工单的缓冲区，当缓冲区满时，就对接收到的工单回复拒绝消息。

16.2.2 模式应用

你需要改变的主要部分是管理者 Actor。不同于按需产生工单，它现在需要持有两个队列：一个用来在所有工作者都忙碌时暂存工单；另一个用来在没有任何可用工单时暂存工作者的请求[4]。示例代码如下所示。

代码清单 16-3 管理一个工作队列以对过载作出反应

```
class Manager extends Actor {

  private var workQueue: Queue[Job] = Queue.empty[Job]
  private var requestQueue: Queue[WorkRequest] = Queue.empty[WorkRequest]

  (1 to 8) foreach (_ => context.actorOf(Props(new Worker(self))))

  def receive: Receive = {
    case job @ Job(id, _, replyTo) =>
      if (requestQueue.isEmpty) {
        if (workQueue.size < 1000) workQueue :+= job
        else replyTo ! JobRejected(id)
      } else {
        val WorkRequest(worker, items) = requestQueue.head
        worker ! job
        if (items > 1) {
          worker ! DummyWork(items - 1)
```

如果没有任何请求，那么工作队列会增长，填满以后将拒绝工作请求

4 类似的行为也可以抽象化为一个可以显式控制大小的 AsyncQueue，感兴趣的读者可参考在 Monix 中的实现。——译者注

```
        }
        requestQueue = requestQueue.drop(1)
      }
    case wr @ WorkRequest(worker, items) =>
      if (workQueue.isEmpty) {
        requestQueue :+= wr
      } else {
        workQueue.iterator.take(items).foreach(job => worker ! job)
        val sent = Math.min(workQueue.size, items)
        if (sent < items) {
          worker ! DummyWork(items - sent)
        }
        workQueue = workQueue.drop(items)
      }
  }
}
```

无法立即满足的工作请求将入队，等待后续处理

因为在本例中你可能想以顺序循环(round-robin)方式使用工作者，这就产生了需要改写管理者和工作者之间的协议的场景：当满足一个队列中的工作请求(来自已经接收的工单)时，你需要为 Job 消息回应一条 DummyWork 消息，以告知工作者其所请求的余下工单将不会被发送。这会使工作者快速发送一条新请求，并简化管理者的状态管理工作。你这么做是因为有趣之处并不在于 requestQueue 的管理，而在于 workQueue：这个队列持有管理者当前对它所对应的工作者的负载情况的认知。当外部生产者的速率快于工作者池的速率时，队列将增长；而如果工作者赶上外部工作请求的生产速率，队列将缩短。队列的填充级别因此可当成控制工作者池子大小的信号，或可用来确定系统的这一部分是否过载——你会在本例中实现后者。

相对于拉取模式，工作者 Actor 不需要变动太多；它只需要处理 DummyWork 消息类型：

```
class Worker(manager: ActorRef) extends Actor {
  private val plus = BigDecimal(1, mc)
  private val minus = BigDecimal(-1, mc)

  private var requested = 0

  def request(): Unit =
    if (requested < 5) {
      manager ! WorkRequest(self, 10)
      requested += 10
    }

  request()

  def receive: Receive = {
    case Job(id, data, replyTo) ⇒
      requested -= 1
      request()
      val sign = if ((data & 1) == 1) plus else minus
```

```
        val result = sign / data
        replyTo ! JobResult(id, result)
      case DummyWork(count) ⇒
        requested -= count
        request()
    }
  }
```

16.2.3 模式回顾

你已在管理者及其工作者之间使用了拉取模式，并通过观察一个队列的填充级别(由外部请求填充，基于工作者需求清空)使得回压显化。这种对于已请求和已执行的工作之间的差值的测量可在多个方面发挥作用：

- 我们已经展示过其中最简单的一种形式：使用队列作为一个平滑缓冲区，并在队列填满时拒绝额外请求。这个实现设置了工作队列的上界，也有助于服务的即时响应性。
- 一旦达到某个给定的高水位，即可启动新的工作者，并根据当前服务的使用状况来弹性调整(或添加)工作者池的大小[5]。同样也可通过观察 requestQueue 的大小来移除多余的工作者。
- 不是观察队列的瞬时填充级别，可转而监控变动的速率，将速率的持续增长视为扩大工作者池的信号，将速率的持续下降当成缩小工作者池的信号。

这并不是一个详尽清单。在学术界有一个围绕着此议题的领域——如何基于持续的测量和参考值来指导处理过程，这个领域称为控制论(control theory)[6]。

16.2.4 适用性

用托管队列来替代 2.1.3 节中讨论的隐式队列总是可取的，只是它不需要在处理链中的每一步都使用它。在传递回压(例如通过使用拉取模式实现)的领域内，缓冲区主要用于平滑脉冲流量。可观测或智能队列主要用在系统边界上，用来和系统内部其他没有参与回压机制的部分进行交互。注意，回压代表一种形式上的耦合，因此它的范围必须根据应用它的子系统的需求进行调整。

应用智能队列很有趣，并涉及高级控制论思想、反馈回路、自调节系统等。尽管这可能是令人兴奋的学习体验，可它同样会使得系统变得更复杂，并为新手理解系统的工作过程和工作原理带来障碍。另一个问题则是：系统内部的活跃元素愈多，描述系统行为的理论公式就愈复杂。所以过分使用这个模式等于违反了

5 考虑到弹性扩充工作者到工作者准备好处理工作之间的时间差，我们可预测性地调整这个水位阈值，而非静态地设定一个值。——译者注

6 例如，可参考 https://en.wikipedia.org/wiki/Control_theory。

原本的目的，并有可能导致更不稳定的系统行为、次优的吞吐率以及延迟症状。系统拥有太多“智能”的典型征兆是：对于可控制元素的选定有太多波动，而这可能导致潜在的系统行为内的致命震荡——过快、过频繁地扩展或收缩，并且有时可能触击硬件资源极限或完全失败。

16.3 丢弃模式

丢弃请求，比不受控制地失败更可取。

假设有一个系统暴露在不受控的用户输入下(例如互联网网站)。那么不管怎样部署，它的处理能力和缓冲区大小都是受限的。如果用户输入超过前者足够长的时间，后者就会耗尽，有些事情就需要失败。如果不能清楚地预见这种情形，那么操作系统就会因为内存不足而杀掉服务进程，而这显然不如有计划的负载降级机制令人满意——即使降级负载意味着丢弃请求。

与其说是实现模式，这更像是一种设计哲学。网络协议、操作系统、编程平台以及类库都会在过载的情况下丢弃数据包、消息或者请求；它们这样做是为了保护系统，以便系统能在负载降低时恢复过来。本着同样的精神，反应式系统的作者们也需要对有时故意丢失消息的意图感到心安。

16.3.1 问题设定

我们将回顾托管队列模式中的例子，那里请求的源头处于你的控制之外。当工单发送到管理者的速度快于工作者能够处理的速度时，队列就会增长，并最终发送回 JobRejected 消息。但即使是这样，也只会发生在特定的最大速率下；当任务以更高速率被发送时，管理者的 Mailbox 将开始增长，并会持续，直到系统内存耗尽。

任务：任务是改写管理者 Actor，让它将所有工单都放入最大容量为 1000 的队列，并在流入速率超过所有工作者的处理能力 8 倍时，丢弃工单，而且不发回任何响应。

16.3.2 模式应用

你正在试图进行的改动将要求两种级别的驳回：超过 1000 的队列大小，你将发回拒绝消息；但你仍需要追踪流入速率，以便在流入速率超过工作者池子能力 8 倍时停止发送拒绝消息。但你应该如何达成这一目标呢？

如果你仍使用来自托管队列模式中的方法，在队列大小达到 1000 时停止入队工作任务，你将需要引入另一种数据结构来维护速率信息：你需要追踪 WorkRequest 消息，以得悉工作者以多快的速度处理它们的工单，而且你需要追踪拒绝消息，以衡量流入工单的超出速率。这个数据结构将需要流入的每个信息的当前时间戳，也需要在询问是否决定丢弃工单时知悉当前时间[7]。这些都是可以实现的，但时间就是金钱，这么做在开发时间和运行时间上都得付出代价，而且这个数据结构本身也会消耗内存空间以及占用 CPU 时间来保持更新。

回头来看管理者 Actor，你能看到一个可改为其他用途的数据结构，以提供必要信息：你总可获取队列的长度信息，而你可让队列长度反映超出的速率。这个技巧的关键在于，对缓慢变化的流入速率来说，如果存在一个进入和流出达到平衡的点，那么队列的填充程度将稳定：当工作者拉取工单的速率与工单进入队列的速度相同时，两者会抵消。为让此可行，你必须将流入工作者工单的速率与入队速率进行解耦——可假设工作者池子的处理能力是恒定的，如此一来，你就只需要处理入队速率了。

对于这个谜题的解答就是大体上保持一直入队，但对每个工单来说，你会通过摇骰子来决定它能否入队。被入队的概率必须随着队列大小的增长而降低，如图 16-1 所示，更长的队列将导致更少的项目入队。两者之间的比例就是摇骰子的概率，同时它与超出速率和工作者池处理速率的比例相匹配。

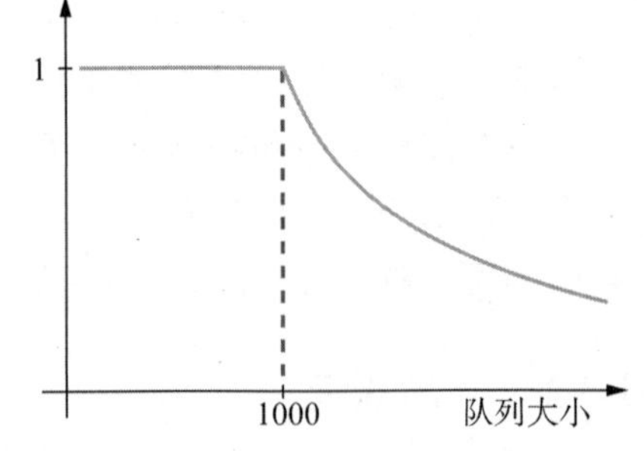

图 16-1 一旦达到了额定值，流入的工单进入托管队列的比率就开始降低

进行一个思维实验更有利于理解这个过程是如何以及为何行得通。假设系统以空队列和 10 倍的超出速率开始，那么队列很快就会被填满(达到 1000 个元素)，这时就会生成拒绝消息。但队列将持续增长——由于是概率性入队，所以只是增加速率更慢一点而已。一旦队列的大小大到入队的概率跌到 10%以下，那么入队速率将与出队速率匹配，并且队列大小将保持稳定，直到外部工单的速率或工作者池的处理能力发生了变化为止。

再回到代码上，并不需要太多行就能实现这种模式，如同你在下面看到的：

```
private val queueThreshold = 1000
private val dropThreshold = 1384

def random: ThreadLocalRandom = ThreadLocalRandom.current
```

---

7 如果读者想要自行实现，可参考 Guava 的 RateLimiter，这里的描述类似于调用 com.google.common.util.concurrent.RateLimiter#tryAcquire()时的效果。——译者注

```
def shallEnqueue(atSize: Int): Boolean =
  (atSize < queueThreshold) || {
    val dropFactor = (atSize - queueThreshold) >> 6
    random.nextInt(dropFactor + 2) == 0
  }
```

可使用下面的逻辑处理流入的 Job 消息：

```
case job @ Job(id, _, replyTo) ⇒
  if (requestQueue.isEmpty) {
    val atSize = workQueue.size
    if (shallEnqueue(atSize)) {
      workQueue :+= job
    } else if (atSize < dropThreshold) {
      replyTo ! JobRejected(id)
    }
  } else {
```

这意味着，你将特定比例的流入工作入队，即使队列大小超过 1000 也一样。入队给定任务的概率将随着队列大小的增长而减少。大小为 1000 时，dropFactor 是 0，从 nextInt(2)的值中挑出 0 的概率是 50%。大小为 1064 时，dropFactor 是 1，概率则降到 33%——依此类推，直到抵达丢弃阈值 1384，这时概率是 1/8。dropThreshold 因此是按期望的对拒绝消息的分界点的实现来选择的。

16.3.3　模式回顾

这个例子里包含两种对于过载的反应方式：要么你发送回不完整的响应(降级功能)，要么根本就不回复。这里实现了测量数据的机制，以基于管理者维护的工单队列选用这两者之一。为此，你需要允许队列可增长到超过它的逻辑能力边界，而超出的部分，将对应基于工单的生产者和消费者之间的匹配误差速率进行比例化调控——通过为 dropFactor 选择不同公式，可使得这个关系是平方级、指数级或任何要求的级别。

这里，重要的一点是：要知道提供服务降级的功能最多只能在某个给定的点以下生效，而一旦突破了这个点，服务就应当预知并采取另一种机制。完全不提供任何功能——丢弃请求——比提供服务降级的功能代价更低；在严重的过载情形下，这是服务保持对资源的控制的唯一手段[8]。

使用我们选择的实现技术的一个显著附带作用是，在强脉冲流量下，你现在可将特定比例的工单入队，而托管队列模式例子中实现的严格界限队列则拒绝这整个突发流量(假定产生的突发流量的速率快于工作者消耗的速率)。

---

8 这里相当于这些流量都扔到了流量黑洞中去，一种应用模式即黑洞过滤。——译者注

隐式队列的扩展

我们目前只注重由管理者 Actor 维护的显式队列的行为。然而，这个 Actor 只有有限的计算资源可供使用，而且计算是否丢弃消息也有一定的开销。如果流入速率高于管理者做出决定判断的速率，那么它的 Mailbox 也将增长。逐渐地，它将吞掉 JVM 的堆内存，并由于 OutOfMemoryError 而导致致命终止。这可通过在显示队列之外同时限制隐式队列(本例中，它存在于管理者的 Mailbox)来避免。

因为你在处理一个由框架(本例中是 Akka)隐式地负责的方面，所以你不需要写太多代码就可以实现这个功能。你只需要指导 Akka 为管理者 Actor 采用有界的 Mailbox 即可：

```
val managerProps = Props(new Manager).withMailbox("bounded-mailbox")
```

用这个描述来创建管理者 Actor 时，Akka 将在它的配置中查找描述这个有界 Mailbox 的部分。下面配置一个被限定最多 1000 条消息的 mailbox：

```
bounded-mailbox {
   mailbox-type = "akka.dispatch.BoundedMailbox"
   mailbox-capacity = 1000
   mailbox-push-timeout-time = 0s
}
```

这里有一个明显的缺点：这个 Mailbox 不仅丢弃来自外部数据源的 Job 消息，也会丢弃来自工作者 Actor 的 WorkRequest 消息。为应付这样的丢失，你必须实现一种重发机制[9](如果工作者被远程部署，那么不管怎样，这个机制都是需要的)，但这不会解决一些更严重的问题。举个例子，如果外部流入速率十倍于系统可处理速率，那么每十条工作请求消息才会有一条得到回应，而这导致了工作者的空闲，因为它们无法及时告知管理者它们的需求。

这说明了在一个较低的级别上进行丢弃，精准度将低于在拥有所有必要信息的级别进行丢弃，但这些信息的高维护代价是过载情景的天性。Akka 里的有界 Mailbox 非常适合处理主要输入的过程中不需要与其他 Actor 进行通信的 Actor，但将它用在类似于管理者这样的场景中就有它的弱点。

为用一个有界的 Mailbox 来保护管理者 Actor，你不得不将这个 Mailbox 与工作者 Actor 通信的 Mailbox 分离开来。因为每个 Actor 只能有一个 Mailbox，这意味着需要设置另一个 Actor，如图 16-2 所示。

---

9 这也可通过使用 Akka 的 ControlAwareMailbox 来实现，参见 https://doc.akka.io/docs/akka/current/mailboxes.html#controlawaremailbox。——译者注

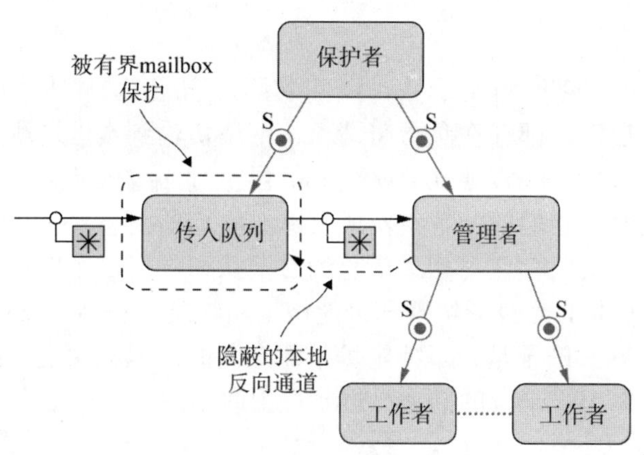

图 16-2　在管理者 Actor 前面放置一个带有有界 Mailbox 的 Actor，并要求管理者使用不基于消息的反向通道来告知它已经接收到了给定的消息。以这种方式，流入队列可以保持严格有界

作为 IncomingQueue 的 Actor 将被配置使用有界的 Mailbox，这样就能使它免受来自极度快速的生产者的伤害。在高负载下，这个 Actor 将一直运行，从它的 Mailbox 中拉取工单并将其发送给管理者 Actor。如果这个过程在没有任何反馈的情况下进行，那么管理者仍需要经受它所有的 Mailbox 不受限制的增长。如前所述，你无法使用 Actor 的消息来实现这个反馈机制。此时，就应该注意到部署是在本地进行的——这种情形下才能遇到这样预见的过载场景——因此管理者可使用共享内存与流入队列进行通信。下面的代码清单展示了一种简单设计：

```
private final case class WorkEnvelope(job: Job) {
  @volatile var consumed = false
}

private class IncomingQueue(manager: ActorRef) extends Actor {
  private var workQueue: Queue[WorkEnvelope] = Queue.empty[WorkEnvelope]

  def receive: Receive = {
    case job: Job ⇒
      workQueue = workQueue.dropWhile(_.consumed)
      if (workQueue.size < 1000) {
        val envelope = WorkEnvelope(job)
        workQueue :+= envelope
        manager ! envelope
      }
  }
}
```

管理者唯一必须做的事情就是根据 WorkEnvelope 的接收情况将 consumed 标志设置为 true。限于篇幅，这里省略了后续改进，包括为防止流入请求的流产生较长停顿(在此期间，工单将被过久地保存在内存中)而执行的周期性清理工作。本例的全部代码能在本书的相关下载里的 DropPatternWithProtection.scala 文件中找到。

尽管这种扩展看起来特定于 Akka，可实际上它通用于其他场景。在任何操作系统以及服务平台上，都存在负责将请求从网络传输到本地进程的隐式队列——它们可能是消息队列、线程池任务队列，等候执行的线程队列等。其中部分队列是可配置的，但改变它们的配置将对所有流经它们的消息产生微妙影响；我们早先已经注意到较高级别存在对相关信息的必要认识，但这个较高级别可能又需要来自较低级别的保护，而较低级别却只能做出粗粒度的决定。应对方法各不相同；这一节给出的 Akka 例子是为了特定场景而定制的，但应用这样的定制化方案的需求，会在任何你想将平台的能力挖掘到极限时出现。

16.3.4 适用性

在系统过载期间，某些类型的失败注定发生。失败类型的确认将由业务决定：系统应该通过放弃即时响应性来保护自己，还是应该继续缓慢运行直到资源耗尽时不受控地停机？直觉肯定是前者，只是典型的工程实践都实现了后者——这并非故意的，只是由于忽略应用设计的其他方面拥有更高的优先级而已。这个模式总是适用的，除非“不通过丢弃请求来降级”是被充分理解的并且是专门的决定。

16.4 限流模式

根据与其他服务之间的约定来限制自己的输出速率。

我们已经讨论过每个组件可以如何传达、测量，以及应对回压，从而避免不受控制的过载情形。随着这些手段都可为你所用，包容其他系统的局限性对于你来说不仅公平，而且也是义务。当比输出的消费者快时，可慢下来以匹配它们的速率，还可确保你不会违反事先确定好的速率协议。

在 12.4.2 节，你看到断路器可被设计成在请求速率变得过高之前能拒绝请求的形式。了解拉取模式后，你可回顾一下这个实现，并尝试如何不生成超过允许发送速率的请求。

16.4.1 问题设定

借用来自拉取模式的例子，假设你拥有一个工单源，你可从这个源里请求工单。我们将结合这个源与来自托管队列模式例子中的工作者池实现，来展现限流模式。目标是按工作者池能处理的速率来传输工单，这样一来，在正常情形下就不会有任务被托管队列所拒绝。

任务：你的任务是实现 CalculatorClient Actor，它会从工作源中拉取工作，并将其转发到工作者池的管理者，而且要保证转发消息的平均速率不会超过配置好的限制速率。如果允许可配置的短脉冲流量经过以提高效率，则可以算作加分项。

16.4.2　模式应用

一个普遍被使用的速率限制算法是令牌桶(Token bucket)[10]。它通常用来拒绝或延迟超过特定带宽分配的网络流量。其中的机制很简单：

- 一个固定大小的桶被持续地以给定速率填充。桶填满后，超出桶大小的令牌会被抛弃。
- 当网络数据包抵达时，就从桶中移除与数据包大小对应的令牌。如果这样可行，就继续流转数据包；如果不可行，就不允许数据包通过。

根据桶的大小，一个数据包脉冲也许会在一段不活跃时期之后被准许进入；但当桶为空时，要么丢弃数据包，要么推迟到有足够的令牌可用时再处理数据包。

你将稍微改写一下这个算法，以使用它来完成目标。首先，在本例中，每个工单带有相同的权重，所以对于每条消息，你只需要一个令牌。其次，消息并不只是抵达 Actor：你必须从工单源请求它们。因为你不希望丢弃或者推迟消息——后者意味着需要对消息进行缓冲，而这是你希望尽可能避免的——请求的数量不能超过基于当前令牌桶的装填程度允许通过的工单。在最糟的场景中，你必须假设所有工单都在令牌桶获得到另一个令牌之前抵达。使用来自代码清单 16-1(拉取模式的例子)的 Worker Actor 作为基础，你得到如下实现。

代码清单 16-4　根据特定速率使用令牌桶来拉取工作

```
class CalculatorClient(
  workSource:    ActorRef,
  calculator:    ActorRef,
  ratePerSecond: Long,
  bucketSize:    Int,
  batchSize:     Int) extends Actor {
  def now(): Long = System.nanoTime()

  private val nanoSecondsBetweenTokens: Long =
    1000000000L / ratePerSecond

  private var tokenBucket: Int = bucketSize
  private var lastTokenTime: Long = now()
```

10　例如，可参考 https://en.wikipedia.org/wiki/Token_bucket。

```
def refillBucket(time: Long): Unit = {
  val accrued = (time -
    lastTokenTime) * ratePerSecond / 1000000000L   <-- 计算自上次之后的新令牌数量，向下取整
  if (tokenBucket + accrued >= bucketSize) {   <-- 以其最大容量给令牌桶加盖
    tokenBucket = bucketSize
    lastTokenTime = time
  } else {
    tokenBucket += accrued.toInt
    lastTokenTime += accrued * nanoSecondsBetweenTokens   <-- 只预付上一个整数令牌的时间，下一次再加上小数部分
  }
}

def consumeToken(time: Long): Unit = {
  // always refill first since we do it upon activity and not scheduled
  refillBucket(time)
  tokenBucket -= 1
}

/**
 * second part: managing the pull pattern's demand
 */
private var requested = 0

def request(time: Long): Unit =
  if (tokenBucket - requested >= batchSize) {
    sendRequest(time, batchSize)
  } else if (requested == 0) {
    if (tokenBucket > 0) {
      sendRequest(time, tokenBucket)
    } else {
      val timeForNextToken =
        lastTokenTime + nanoSecondsBetweenTokens - time
      context.system.scheduler
        .scheduleOnce(
          timeForNextToken.nanos,
          workSource,
          WorkRequest(self, 1))(context.dispatcher)
      requested = 1
      if (Debug) {
        println(s"$time: request(1) scheduled for ${time + timeForNextToken}")
      }
    }
  } else if (Debug) {
    println(s"$time: not requesting (requested=$requested tokenBucket
=$tokenBucket)")
  }

def sendRequest(time: Long, items: Int): Unit = {
  if (Debug) {
    println(s"$time: requesting $items items (requested=$requested tokenBucket
=$tokenBucket)")
  }
  workSource ! WorkRequest(self, items)
  requested += items   <-- 开始整个过程
}
```

```
    request(lastTokenTime)

    /**
     * third part: using the above for rate-regulated message forwarding
     */
    def receive: Receive = {
      case job: Job =>
        val time = now()
        if (Debug && requested == 1) {
          println(s"$time: received job")
        }
        consumeToken(time)
        requested -= 1
        request(time)
        calculator ! job
    }
  }
```

这个 Actor 的代码由三部分组成：第一部分管理令牌桶，第二部分从当前未完成的工单和桶的填充级别里获取需要发送的工作请求，第三部分则转发接收到的工单，同时更新令牌桶，并在合适时请求更多工作。写这些代码时会有一些难以捉摸的地方，而这与 Actor 在不连续时间里执行所引发的你无法精确控制的时间粒度有关：

- 调度器典型地都不具备纳秒级的精度[11]，所以你必须预见被调度的 WordRequest 会在预期的时间后被发送。
- Actor 也许运行得比令牌桶的重填速度更频繁，这要求你处理小数部分的令牌。可通过在遇见这样的场景时不增加上次更新时间来避免。
- 因为除非必要，你不希望使用不精准的调度器，所以你通过工单的活动来触发令牌桶算法的运行。就是说，必须在执行其他操作之前使令牌桶达到最新状态。

带着这些考虑，你获得一个高效而精确的实现。这个实现将确保转发消息的平均速率最多是 ratePerSecond(在数据源无法足够快速地交付时会慢一些)，同时瞬时脉冲流量也被限制在令牌桶大小内，并具有将工单从源中拉出的最佳请求合并批量。

这个例子的完整源代码可从本书的相关下载中获得。注意例子中的应用并不是通过创建 CalculatorClient 这个 Actor 来启动处理过程的。相反，它先使用 Akka Stream 在工作者池子中执行 100 000 次计算。Akka Stream 在内部使用拉取模式，并基于它实现了严密的回压模式，通过选定的组合子确保在任意给定时间内不会有超过 1000 项计算未完成。这意味着工作者池子将不会在充分预热所有代码路径

11 在类 Unix 系统下，典型的调度器精度是 1ms，在本书中文版出版时，在 Windows 平台上，这个精度是 10ms。——译者注

以触发 JVM 的 JIT 编译的同时拒绝单个请求；此后，50000 次/秒的速率在今天的移动端硬件上不会有任何问题。如果没有这个预热过程，你将看到由于工作者池子过慢而引发的拒绝消息，还有由于 JIT 编译而造成的可观测的中断。

16.4.3 模式回顾

你已经使用速率追踪机制——令牌桶算法——来控制拉取模式里的需求。由此得到的工单速率将被令牌桶的配置所限定，使得你可确信发送到其他组件的工单没有超出预先商定好的数量。尽管托管队列使得服务可在一定程度上保护自己(这在对于丢弃模式和它的限制的讨论中也能看到)，限流模式则通过用户许诺以不超过给定的速率调用服务来实现服务之间的协作。这种模式可被有限使用，使得拒绝消息在正常条件下不怎么产生，或者更充分地使用以免不得不带入丢弃模式。但不管是托管队列模式，还是丢弃模式，都不能被限流模式所替代；对于消费者和生产者两边来说，考虑过载保护都是非常重要的。

16.5 小结

在本章中，我们仔细考量了以特定速率进行的通信。你也从中学到了用来管理和处理这个速率的不同方法：

- 拉取模式匹配了生产者和消费者的速率，从而让较慢的一方决定速率。它运行时不需要明确地测量时间或者速率。
- 托管队列模式通过留下可配置的余地(队列大小)来解耦流入和流出速率，并使得生产者和消费者之间的速率差可测量、可利用。
- 丢弃模式提供了对于托管队列模式的封装，以便在速率不匹配过严重时，通过降级服务功能对此进行处理。
- 限流模式根据已配置速率和脉冲流量参数来规整化消息流的速度；它是已展现的模式中唯一对时间进行了显式处理的模式。

第17章

状态管理和持久化模式

前一章介绍了消息速率、负载和时间的各种概念；而我们在之前讨论组件间关系时只考虑了与时间无关(timeless)的部分。本章将添加另一个正交维度来完成整个拼图：维持状态几乎是所有组件的共同目的，但到目前为止我们还没有讨论应该如何实现。本章中所呈现的各个模式彼此密切相关，并形成一个有机整体：

- 领域对象模式(Domain Object pattern)将业务逻辑从通信机制中解耦出来。
- 分片模式(Sharding pattern)能使你在弹性集群上存储任意数量的领域对象。
- 事件溯源模式(Event-Sourcing pattern)通过将事件日志视为真相的唯一来源，统一(状态的)变更通知和持久化的概念。
- 事件流模式(Event Stream pattern)使用这个真相来源来获取和传播信息。

本章仅作为这些模式的基本介绍。我们希望它能激励你深入钻研关于领域驱动设计、事件溯源和命令查询职责分离(Command Query Responsibility Separation)的丰富文献和在线资源(请参阅本章的脚注)。

17.1 领域对象模式

将业务领域逻辑与通信、状态管理分离。

第6章讨论过分而治之的原则；在第12.1节，你学习过如何以简单组件模式的形式应用这个原则。由此产生的组件具有明确的责任：它们只做一件事，并完整地做好这件事。这通常涉及在对这些组件的多次调用之间维持持久化状态。虽然用组件的状态来识别它是很直观的(例如，我们假设说购物车整体由一个 Actor 实现)，但这也有明显缺点：

- 业务逻辑、通信协议和执行关注点纠缠在一起。
- 唯一可用来测试此组件的模式需要采用异步集成测试——其所实现的业务行为只能通过外部定义的协议进行访问。

领域对象模式描述了如何在业务逻辑、状态管理和通信的不同关注点之间保持清晰的边界和分离。这种模式在无需额外知识的背景下即可直观理解，但我们仍强烈建议你学习领域驱动设计[1]，因为它提供了更深入的技术来定义每个限界上下文中所使用的通用语言(ubiquitous language)。限界上下文(bounded context)通常对应于分层系统分解中的组件，而通用语言则是领域专家用于描述组件业务功能的自然语言。

17.1.1 问题设定

本章将通过实现一个购物车组件来举例说明。尽管在现实世界的实现中可能需要涉及各方面的需求，但作为演示这些模式的重点，只需要实现简单几个功能即可。例如，设置购物车所有者、在购物车中添加/移除商品，以及查询商品列表。

任务：你的任务是为购物车实现一个领域模型，它仅包含业务信息，并提供用于执行业务操作的同步方法。然后，你将实现一个封装该领域模型实体的 Actor，并将业务操作作为其通信协议的一部分暴露出去。

17.1.2 模式应用

你先定义组件将如何引用购物车，以及购物车将如何引用其包含的物品和所有者：

```
final case class ItemRef(id: URI)
final case class CustomerRef(id: URI)
final case class ShoppingCartRef(id: URI)
```

你使用 URI 作标识，并用命名类包装各个领域对象，以便可以用它们的静态类型来区分各自的用途，从而避免编程错误。有了这些准备，一个最小化的购物车实现看起来如下面的代码清单所示。

1 例如，参见 Eric Evans 的《领域驱动设计》(Addison-Wesley，2003)；或 Vaughn Vernon 的《实现领域驱动设计》(Addison-Wesley，2013)。

代码清单 17-1　一个最小化的购物车定义

```
final case class ShoppingCart(
  items: Map[ItemRef, Int],
  owner: Option[CustomerRef]) {
  def setOwner(customer: CustomerRef): ShoppingCart = {
    require(owner.isEmpty, "owner cannot be overwritten")
    copy(owner = Some(customer))
  }

  def addItem(item: ItemRef, count: Int): ShoppingCart = {
    require(
      count > 0,
      s"count must be positive (trying to add $item with count $count)")
    val currentCount = items.getOrElse(item, 0)
    copy(items = items.updated(item, currentCount + count))
  }

  def removeItem(item: ItemRef, count: Int): ShoppingCart = {
    require(
      count > 0,
      s"count must be positive (trying to remove $item with count $count)")
    val currentCount = items.getOrElse(item, 0)
    val newCount = currentCount - count
    if (newCount <= 0)
      copy(items = items - item)
    else
      copy(items = items.updated(item, newCount))
  }

object ShoppingCart {
  val empty = ShoppingCart(Map.empty, None)
}
```

购物车一开始是空的，并且没有所有者；通过它的相关类方法，购物车可获得一个所有者，以及加入物品。你完全可用同步和确定性的测试用例对这个类进行单元测试，你应该满意所得到的结果。与负责网站商业功能的人讨论这个类也是相当简单的，哪怕那个人不是编程专家。事实上，这个类不应该由分布式系统专家编写，而应该由一位精通业务规则和流程的软件工程师编写。

接下来，你将定义这个领域类与消息驱动的执行引擎(负责管理和运行)之间的接口。这包括命令及其相应的事件、查询及其结果，如以下的代码清单所示。

代码清单 17-2　用于和购物车对象通信的消息

```
trait ShoppingCartMessage {
  def shoppingCart: ShoppingCartRef
}

sealed trait Command extends ShoppingCartMessage
```

```
final case class SetOwner(
  shoppingCart: ShoppingCartRef,
  owner:        CustomerRef) extends Command

final case class AddItem(
  shoppingCart:  ShoppingCartRef,
  item:          ItemRef,
  count:         Int) extends Command

final case class RemoveItem(
  shoppingCart:  ShoppingCartRef,
  item:          ItemRef,
  count:         Int) extends Command

sealed trait Query extends ShoppingCartMessage

final case class GetItems(shoppingCart: ShoppingCartRef) extends Query

sealed trait Event extends ShoppingCartMessage

final case class OwnerChanged(
  shoppingCart:  ShoppingCartRef,
  owner:         CustomerRef) extends Event

final case class ItemAdded(
  shoppingCart:  ShoppingCartRef,
  item:          ItemRef,
  count:         Int) extends Event

final case class ItemRemoved(
  shoppingCart:  ShoppingCartRef,
  item:          ItemRef,
  count:         Int) extends Event

sealed trait Result extends ShoppingCartMessage

final case class GetItemsResult(
  shoppingCart:  ShoppingCartRef,
  items:         Map[ItemRef, Int]) extends Result
```

一个命令(Command)是一条表示修改意图的消息；如果成功，它会产生一个事件(Event)，事件是一个关于过去的不可变事实。在另一方面，一个查询(Query)是一条表示渴望获取信息的消息，其应对的结果(Result)则表述了在处理查询完成时，领域对象在这一个时间点上的某个展现角度。通过这些业务级定义，你已经可声明一个 Actor 及其相关的一套通信协议，以供客户端执行命令和查询，如下面的代码清单所示。

代码清单 17-3 一个购物车管理者 Actor

```
final case class ManagerCommand(cmd: Command, id: Long, replyTo: ActorRef)
final case class ManagerEvent(id: Long, event: Event)
```

```
final case class ManagerQuery(cmd: Query, id: Long, replyTo: ActorRef)
final case class ManagerResult(id: Long, result: Result)
final case class ManagerRejection(id: Long, reason: String)

class Manager(var shoppingCart: ShoppingCart) extends Actor {
  /*
   * this is the usual constructor, the above allows priming with
   * previously persisted state.
   */
  def this() = this(ShoppingCart.empty)

  def receive: Receive = {
    case ManagerCommand(cmd, id, replyTo) ⇒
      try {
        val event = cmd match {
          case SetOwner(cart, owner) ⇒
            shoppingCart = shoppingCart.setOwner(owner)
            OwnerChanged(cart, owner)
          case AddItem(cart, item, count) ⇒
            shoppingCart = shoppingCart.addItem(item, count)
            ItemAdded(cart, item, count)
          case RemoveItem(cart, item, count) ⇒
            shoppingCart = shoppingCart.removeItem(item, count)
            ItemRemoved(cart, item, count)
        }
        replyTo ! ManagerEvent(id, event)
      } catch {
        case ex: IllegalArgumentException ⇒
          replyTo ! ManagerRejection(id, ex.getMessage)
      }
    case ManagerQuery(cmd, id, replyTo) ⇒
      try {
        val result = cmd match {
          case GetItems(cart) ⇒
            GetItemsResult(cart, shoppingCart.items)
        }
        replyTo ! ManagerResult(id, result)
      } catch {
        case ex: IllegalArgumentException ⇒
          replyTo ! ManagerRejection(id, ex.getMessage)
      }
  }
}
```

这里的模式使用是有章可循的：对于每个命令，你确定了恰当事件，并将事件作为响应发回。查询和结果同理。ShoppingCart 领域对象会将校验错误作为 IllegalArgumentException 抛出，并转化为 ManagerRejection 消息。这种情况下，在一个 Actor 内捕获异常是恰当的：这个 Actor 管理领域对象，并处理源于它的特定部分失败。

这里实现状态管理的方式是：管理者 Actor 维护购物车状态当前快照的引用。除了将购物车状态保存在内存中，你也可在每次状态更改时将其写入数据库，或将其转储到文件；这里没有演示过多的保存状态方式，因为并不需要特别以此作为示范，来说明管理者 Actor 控制着这个方面(状态管理)以及外部通信。完整的源代码可从本书的相关资源下载，包括一个客户端与这个管理者 Actor 之间的示例会话过程。

17.1.3 模式回顾

你先从领域专家的视角开始，把领域逻辑与状态管理和通信方面分离开来。首先，你定义购物车可装载的内容以及它所提供的相关操作，并将其编码为一个类。然后，你为所有的命令和查询，以及它们对应的事件和结果，定义对应的消息表示。直到最后一步，你才创建了一个消息驱动的组件，并以它作为领域对象的外壳，在消息和领域对象所提供的方法之间进行调和。

这里值得特别注意和必须深思熟虑的一点是：领域对象、命令、事件、查询和结果与 Actor 协议之间必须有一个清晰的区分。前者仅引用领域概念，而后者引用通信所需内容(在这个基于 Akka 的示例中，需要的是 ActorRef 以及可用于去重的消息 ID)。如果不得不在定义领域对象的源文件中包含与消息相关的类型，那就是一个关注点未能清晰分离的信号。

17.2 分片模式

基于各类独一无二并且稳定的对象属性，相应地将大量领域对象进行分组分片，从而水平扩展对它们的管理。

领域对象模式让你认识到可将领域状态封装在各个小组件中。而这些组件，作为描述各个领域(甚至一些非常大、单机内存无法容纳的领域)的资源，原则上，可轻松地分布到有多个网络节点的集群中。接下来的难点就变成：在不维护一个目录列明每个对象位置的情况下(这样的目录大小可能很容易就变得不适合保存在内存中)，如何定位单个领域对象。

分片模式通过将领域对象分组到一个可配置数量的分片中，为目录的大小设置上限——领域通过算法分隔成大小可管理的块。术语“算法(algorithmically)”意味着领域对象和分片之间的关联由固定的公式确定，当需要定位对象时，对公式进行求值即可。

17.2.1 问题设定

回顾本章一直延用的示例，假设你需要存储大量的购物车——想象一下，为互联网上的大型零售网站编写后端，每天有数百万客户创建数十亿的购物车。你不需要手动创建管理者 Actor，而是应该采用一套分片策略，这使你能高效、确切地将数据集分布到一个弹性机器集群上。

任务：你的任务是改进本书下载资源中的极简领域对象模式示例，以便使用基于 256 个分片的分片算法，在节点集群上创建管理者 Actor。

17.2.2　模式应用

因为你已经在使用 Akka，所以你可以直接使用 akka-cluster-sharding 模块，这样你能专注于问题的本质。akka-cluster-sharding 模块实现了底层的分片机制。图 17-1 概述了这些机制的工作方式。

需要获得分片模块支持的剩余部分如下所示：

- 当系统第一次引用它们时，如何创建实体的代码片段；
- 从命令或查询中提取唯一实体 ID 的公式；
- 从命令或查询中提取分片号的公式。

第一条将是一个 Props 对象，而后面两条将是两个函数。分片提取函数将消息引导到正确的分片区，然后分片 Actor 将使用实体 ID 在其子 Actor 中找到正确的领域对象管理者。你将这两个函数与购物车分片系统的标识符分组到一起，如图 17-1 所示。

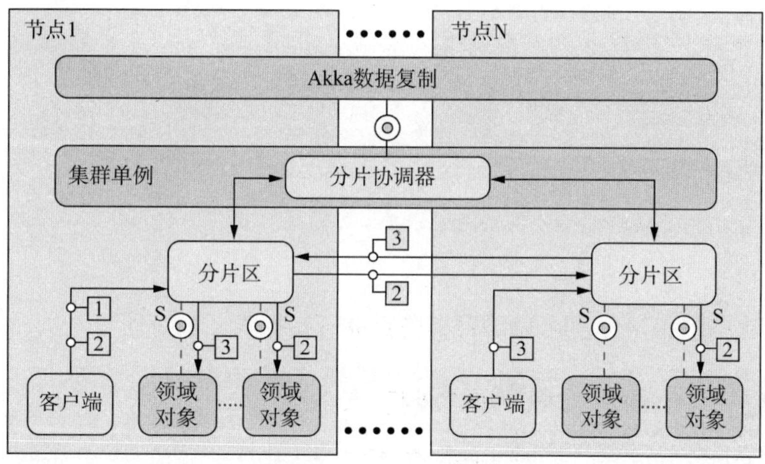

图 17-1　分片需要在所有参与节点上都启动一个分片区(ShardRegion)，并把自己注册到分片协调器(ShardCoordinator)。当消息从一个客户端发送到其中一个托管领域对象(在此称为实体)时，它将通过本地 ShardRegion 发送，该 ShardRegion 将查询协调器集群单例，以确定包含该领域对象的分片的位置。如果分片尚不存在，将按需创建它。分片由位于 ShardRegion 和实体之间的 Actor 维护(为简单起见，此处未展示)。区域分片的内存分配由数据复制(Data Replication)模块在所有节点的内存中复制(请参见第 13.2.3 节中关于 CRDT 的内容)

代码清单 17-4 为购物车定义分片算法

```
object ShardSupport {
  /*
   * use the shoppingCart reference as the sharding key; the partial function
   * must return both the key and the message to be forwarded, and if it does
   * not match then the message is dropped
   */
  val extractEntityId: ShardRegion.ExtractEntityId = {
    case mc @ ManagerCommand(cmd, _, _) ⇒
      cmd.shoppingCart.id.toString -> mc
    case mc @ ManagerQuery(query, _, _) ⇒
      query.shoppingCart.id.toString -> mc
  }

  /*
   * allocate shoppingCarts into 256 shards based on the low 8 bits of their
   * ID's hash; this is a total function that must be defined for all messages
   * that are forwarded
   */
  val extractShardId: ShardRegion.ExtractShardId = {
    case ManagerCommand(cmd, _, _) ⇒
      toHex(cmd.shoppingCart.id.hashCode & 255)
    case ManagerQuery(query, _, _) ⇒
      toHex(query.shoppingCart.id.hashCode & 255)
  }

  private def toHex(b: Int) =
    new java.lang.StringBuilder(2)
      .append(hexDigits(b >> 4))
      .append(hexDigits(b & 15))
      .toString

  private val hexDigits = "0123456789ABCDEF"

  val RegionName = "ShoppingCart"
}
```

通过购物车 ID 标识实体；不匹配的命令会被丢弃

根据购物车 ID哈希值的低 8 位对实体进行分片

有了这些准备，你便可启动群集节点并开始探索，如下所示。

代码清单 17-5 启动一个群集来托管分片

```
val sys1 = ActorSystem("ShardingExample", node1Config.withFallback(clusterConfig))
val seed = Cluster(sys1).selfAddress

def startNode(sys: ActorSystem): Unit = {
  Cluster(sys).join(seed)
  ClusterSharding(sys).start(
    typeName = ShardSupport.RegionName,
    entityProps = Props(new Manager),
    settings = ClusterShardingSettings(sys1),
    extractEntityId = ShardSupport.extractEntityId,
```

```
        extractShardId = ShardSupport.extractShardId)
    }

    startNode(sys1)

    val sys2 = ActorSystem("ShardingExample", clusterConfig)
    startNode(sys2)
```

从这里开始，你可通过分片区与分片的购物车进行通信，分片区充当了本地协调器，将命令发送到正确的节点：

```
val manager =
ClusterSharding(sys1).shardRegion(ShardSupport.RegionName)
```

有关启用集群和分片所需的其他配置，请参阅本书下载资源中的完整源代码。

17.2.3　模式回顾

你已经使用 Akka 的 Cluster Sharding 支持来跨弹性集群对购物车进行分片——即使在添加或删除集群节点时，底层机制也会以维持分片大致平衡的方式向网络节点分配分片。为使用这个模块，你必须使用一小段代码来创建一个领域对象管理者 Actor 和两个函数：一个用于从命令或查询消息中提取目标分片 ID；另一个用于提取领域对象的唯一 ID，该唯一 ID 将用于在其分片内定位它。

实现集群和分片的基本机制是一项复杂的工作，最好留给支持框架或工具包。Akka 并不是唯一支持这种模式的工具包，另一个例子是.NET 平台上由微软提供的 Orleans 框架[2]。

17.2.4　重要警告

在 Akka 中这种方案有一个重大限制，在弹性分片重新分配的情况下，现有的 Actor 将在它们所在的旧节点上终止并在其新的节点上重新创建。如果 Actor 只在内存中保持它的状态(正如到目前为止的例子所示那样)，那么在这种转换之后它的状态会丢失——我们通常不希望看到这种情况出现。

Orleans 通过自动使所有 Grain(Orleans 中对应于 Actor 的概念)默认进行持久化来避免这个问题，在每个消息处理后都拍下它们状态的快照。更好的解决方案是显式地考虑持久化，就像我们将在下一节中所做的那样；Orleans 也允许以相同的方式来定制这种行为。

2 参见 http://dotnet.github.io/orleans 和 http://research.microsoft.com/en-us/projects/orleans。

17.3　事件溯源模式

仅通过应用事件来执行状态变更，并通过将事件存储在日志中来持久化状态变更。

回顾领域对象模式示例，你可以看到：管理者 Actor 执行的所有状态变更都关联到对应的一个事件，并会将该事件发送回请求这次变更的客户端。由于这些事件包含了领域对象状态演变的完整历史记录，因此你也可以使用它来持久化状态变更——从而达到使领域对象的状态持久化的目的。这种模式在 2005 年由 Martin Fowler[3]描述，并由微软研究院重新提出[4]，它塑造了 Akka Persistence 模块[5]的设计。

17.3.1　问题设定

你希望各个领域对象在系统故障以及集群分片重新平衡时都能保持它们的状态。为此，你必须持久化这些状态。如前所述，可通过始终更新数据库记录或文件来完成此任务，但这些解决方案涉及比实际所需更多的协调。不同领域对象的状态更改由不同的“外壳组件”管理，并且天然是串行的——当你持久化这些更改时，概念上你可为每个对象都写入一个单独的数据库，因为它们之间不存在一致性约束。

相对于将状态更改事件转换为对单个存储位置的更新，倒不如逆转思路，把事件本身作为持久性领域对象的事实来源——这也是其名称“事件溯源(event-sourcing)”的由来。事实的来源(即事件)需要持久化，并且由于事件是按照严格串行顺序生成的，所以一个仅支持追加的日志数据结构就能满足这个要求。

任务：你的任务是将领域对象模式中的管理者 Actor 转换为 PersistentActor，而 PersistentActor 的状态将能在重启时恢复。

17.3.2　模式应用

当你在第 15.7.2 节实现*至少一次*消息投递(即使系统发生故障仍然保持这项承诺)时，你已经见过 PersistentActor 特质。通过前几节的准备工作，你应该能非常

3 参见 http://martinfowler.com/eaaDev/EventSourcing.html。

4 参见 https://msdn.microsoft.com/en-us/library/dn589792.aspx 和 https://msdn.microsoft.com/en-us/library/jj591559.aspx。

5 参见 https://doc.akka.io/docs/akka/current/persistence.html。

直观地识别出你需要持久化的事件，以及如何应用它们。首先，你需要将事件和领域对象方法之间的关联从管理者 Actor 提升到业务领域——这正是它们所属的领域，因为对象和事件都是同一业务领域的一部分。因此，领域对象应该知道相关领域事件会如何影响它的状态，如下面的代码清单所示。

代码清单 17-6　将领域事件添加到业务逻辑

```
final case class ShoppingCart(
  items: Map[ItemRef, Int],
  owner: Option[CustomerRef]) {
  def setOwner(customer: CustomerRef): ShoppingCart = {
    require(owner.isEmpty, "owner cannot be overwritten")
    copy(owner = Some(customer))
  }

  def addItem(item: ItemRef, count: Int): ShoppingCart = {
    require(
      count > 0,
      s"count must be positive (trying to add $item with count $count)")
    val currentCount = items.getOrElse(item, 0)
    copy(items = items.updated(item, currentCount + count))
  }

  def removeItem(item: ItemRef, count: Int): ShoppingCart = {
    require(
      count > 0,
      s"count must be positive (trying to remove $item with count $count)")
    val currentCount = items.getOrElse(item, 0)
    val newCount = currentCount - count
    if (newCount <= 0)
      copy(items = items - item)
    else
      copy(items = items.updated(item, newCount))
  }

  def applyEvent(event: Event): ShoppingCart = event match {
    case OwnerChanged(_, owner)      ⇒ setOwner(owner)
    case ItemAdded(_, item, count)   ⇒ addItem(item, count)
    case ItemRemoved(_, item, count) ⇒ removeItem(item, count)
  }

}
```

这样，你便可根据命令、事件、查询、结果以及当前领域对象状态在内存中的一个快照来制定持久化对象管理器者 Actor。完整实现如下面的代码清单所示。

代码清单 17-7　持久化一个事件溯源领域对象

```
class PersistentObjectManager extends PersistentActor {
  // we expect the name to be the shopping card ID
  override def persistenceId: String = context.self.path.name
```

该Actor的名字将与提取的实体 ID相匹配：购物车ID

```
    private var shoppingCart: ShoppingCart = ShoppingCart.empty

    def receiveCommand: Receive = {
      case ManagerCommand(cmd, id, replyTo) ⇒
        try {
          val event = cmd match {
            case SetOwner(cart, owner)         ⇒ OwnerChanged(cart, owner)
            case AddItem(cart, item, count)    ⇒ ItemAdded(cart, item, count)
            case RemoveItem(cart, item, count) ⇒ ItemRemoved(cart, item, count)
          }
          // perform the update here in order to treat validation errors immediately
          shoppingCart = shoppingCart.applyEvent(event)
          persist(event) { _ ⇒
            replyTo ! ManagerEvent(id, event)
          }
        } catch {
          case ex: IllegalArgumentException ⇒
            replyTo ! ManagerRejection(id, ex.getMessage)
        }
      case ManagerQuery(cmd, id, replyTo) ⇒
        try {
          val result = cmd match {
            case GetItems(cart) ⇒ GetItemsResult(cart, shoppingCart.items)
          }
          replyTo ! ManagerResult(id, result)
        } catch {
          case ex: IllegalArgumentException ⇒
            replyTo ! ManagerRejection(id, ex.getMessage)
        }
    }

    def receiveRecover: Receive = {
      case e: Event ⇒ shoppingCart = shoppingCart.applyEvent(e)
    }
  }
```

这里你先将命令映射成事件，然后让购物车(Shopping Cart)对象将事件应用于自身，而不是直接在对象上调用业务操作。当出现校验错误，这里仍会导致IllegalArgument Exception，你可将其转变为一条拒绝消息；如果没有校验错误，那你在回复客户端你已经执行更改前，先持久化事件——此方案与第15.7节中介绍的可靠投递模式具有良好的互操作性。

最大的改变是，你不再只定义一个接收行为，而将原来已存在的接收行为声明为receiveCommand，并增加了一个receiveRecover行为。对于Actor所接收到的消息，不会调用第二个行为。在创建Actor后，系统仅在处理第一条消息之前，才会接收从事件日志(也称为journal)中读取出来的持久化事件。你在此处唯一需要做的事情是将事件应用到购物车快照，从而使其更新到最新状态。本书的下载资源中提供了完整的源代码，以及演示此Actor持久化特性的示例应用程序。

17.3.3　模式回顾

你已对领域对象管理者 Actor 在回复客户端时发送的事件进行了处理，并将这些事件作为领域对象所经历的状态更改呈现。在我们讨论的场景中，每个命令恰好对应一个事件；但有时，除了给客户端发送确认事件外，还会发生内部的状态变化——程序也必须将这些变化提升为事件，并如其他事件一样进行持久化。

值得注意的是，描述领域对象状态变化的事件也是业务领域的一部分。它们除了程序代码的技术背景之外还具有业务意义。考虑到这一点，为事件选择一个更小的粒度可能是适当的，而不是遵循领域对象模式派生出来的情况——这个思路作为学习指南比较有用，而不应视为一个定义。请参考事件溯源文献，以便深入了解如何设计和演化事件。

17.3.4　适用性

这种模式适用于以下场景：将对象状态的整个变化历史进行持久化是切实可行的而且具有潜在价值(你将在下一节的最后学习到更多相关内容)。一个购物车在结账、付款和交付之前可能出现一些反复(从而导致事件数量差异)，但其中的事件总数应该不会超过数百个——毕竟这些事件对应于用户的手动操作。另一方面，网络路由器中令牌桶过滤器的状态会不断变化，在相同的一些状态下来回改变，最重要的是，它可能会在较短时间内经历数万亿次变化；因此要持久化这些变化是不切合实际的，更不用说使用事件溯源。

对于可能在更长时间段内累积状态的领域对象，以及恢复状态的过程中事件恢复可能最终花费比能承受时间更长的情况，有一种解决方法，但应谨慎使用。有时，领域对象的快照状态，可能与它所基于的事件序列号一起保存；那么，恢复过程便可从此快照开始，而不必回到时间的起点。这种方法的问题在于对领域逻辑的修改(比如 bug 修复)很容易使快照失效，我们必须承认和考虑这个事实。这里的根本问题是，尽管事件在业务领域有意义，但快照并没有意义——它只是领域对象逻辑实现细节的投影。

事件溯源通常不适用于需要从日志中删除事件的情况。不仅因为事件溯源整个概念构建在表示不可变(immutable)事实的概念之上，还因为通常只有持久化状态在业务领域没有意义时才会产生删除的需求——例如，将 PersistentActor 用作持久化消息队列时。这个问题还有更多性能更好的解决方案，这些解决方案也更易于使用，例如 Kafka(http://kafka.apache.org)和其他分布式队列。

17.4 事件流模式

散布某个组件发出的事件，以便系统的其他部分可从中衍生知识。

组件存储在其日志中的事件表示其处理过的所有知识的总和。这对于系统其余部分而言是值得深挖的宝库。尽管购物车系统只关心维护客户活动的当前状态，但其他问题也与其相关，比如跟踪各种产品的受欢迎程度。这种次要问题不需要实时更新保证。它是否滞后于最新的信息几秒钟并不要紧(即使这个信息延迟几小时，个人通常也无法注意到)。因此，让购物车组件提供这个摘要信息将成为不必要的负担，并且引入第二个职责也违反了简单组件模式。

专门用于支持这种用例的第一个专用事件日志是 Greg Young 的 Event Store[6]。Akka 提供了 Persistence Query 模块[7]作为该模式的通用实现框架。

17.4.1 问题设定

你之前实现了一个 PersistentObjectManager Actor，该 Actor 使用事件溯源来持久化其状态。事件由 Akka Persistence 写入配置好的事件日志(也称为 journal)中。现在，你想要将这些信息提供给另一个组件，其功能是追踪放入购物车的不同商品的受欢迎程度。你希望一直更新这个信息，并通过查询协议将其提供给系统的其余部分。

任务：你的任务是实现一个使用持久化查询来获取和分析所有购物车 AddItem 事件的 Actor，并保持最新的状态信息以供其他组件查询。你将需要为发送到日志的事件添加标签，以启用查询。

17.4.2 模式应用

默认情况下，由 Akka Persistence 日志持久化的事件仅根据它们的 persistenceId 进行分类，以便在恢复过程中进行回放。对其进行的其他所有查询可能需要做进一步的准备，因为保留额外的信息将产生额外成本——例如，数据库表索引或复制到辅助日志中。因此，你必须以事件适配器的形式在其他维度上添加分类，如下所示。

---

6 参见 https://eventstore.org 和 Greg 在伦敦 React 2014 上的演讲：https://www.youtube.com/watch?v=DWhQggR13u8。

7 参见 https://doc.akka.io/docs/akka/current/persistence-query.html。

代码清单 17-8　在写日志期间给事件添加标签

```
class ShoppingCartTagging(system: ExtendedActorSystem)
  extends WriteEventAdapter {
  def manifest(event: Any): String = "" // no additional manifest needed

  def toJournal(event: Any): Any =
    event match {
      case s: ShoppingCartMessage ⇒ Tagged(event, Set("shoppingCart"))
      case other                  ⇒ other
    }
}
```

标签只是简单的字符串，每个事件都可以有零个或多个标签。你可以使用这个工具来标记所有的 ShoppingCartMessage 类型——这对于进一步的实验(查看添加和删除同一购物车内同一商品之间的相关性)来说很有用，我们将把这个作为练习留给你。有了这个准备，你就可以编写“人气跟踪”Actor 了。

代码清单 17-9　一个正在监听事件流的 Actor

```
object TopProductListener {

  private class IntHolder(var value: Int)

}

class TopProductListener extends Actor with ActorLogging {

  import TopProductListener._

  private implicit val materializer: ActorMaterializer = ActorMaterializer()

  private val readJournal: LeveldbReadJournal =
    PersistenceQuery(context.system)
      .readJournalFor[LeveldbReadJournal](LeveldbReadJournal.Identifier)

  readJournal.eventsByTag(tag = "shoppingCart", offset = Sequence(0L))
    .collect { case EventEnvelope(_, _, _, add: ItemAdded) ⇒ add }
    .groupedWithin(100000, 1.second)
    .addAttributes(Attributes.asyncBoundary)
    .runForeach { seq: Seq[ItemAdded] ⇒
      val histogram = seq.foldLeft(Map.empty[ItemRef, IntHolder]) {
        (map, event) ⇒
          map.get(event.item) match {
            case Some(holder) ⇒
              holder.value += event.count
              map
            case None ⇒
              map.updated(event.item, new IntHolder(event.count))
          }
      }
```

```
      self ! TopProducts(0, histogram.map(p ⇒ (p._1, p._2.value)))
    }
                                                               在发送给 Actor 之
  private var topProducts = Map.empty[ItemRef, Int]           前，转换为真正
                                                               不可变的 Map
  def receive: Receive = {
    case GetTopProducts(id, replyTo) ⇒
      replyTo ! TopProducts(id, topProducts)
    case TopProducts(_, products) ⇒
      topProducts = products
      log.info("new {}", products)
  }
}
```

首先，你为本例中所使用的日志实现获取读日志接口—— LevelDb 日志很容易用于纯本地的小型试验，但它不支持集群或复制，并不适合生产使用。然后使用 eventsByTag 查询构造一个事件源，从日志开始处选择所有以前打过标记的事件(标记为零参数)。然后变换生成的 Akka Stream，仅选择 ItemAdded 事件，并以最多 1 秒或 100000 个事件的间隔对它们进行分组，以先发生者为准。然后，将你已构建的分组数据源标记为具有异步边界——你希望告知 Akka Streams，它应该在一个 Actor 中运行这些步骤，该 Actor 与下游 Actor 是分离的，因为你不希望分析过程影响到基于“分组大小和时间”的分组处理。最后一步是创建一个直方图，将商品添加频率指定给每类商品。为避免在处理过程中创建大量垃圾对象，你使用了一个不可变的 Map 来保存可变的计数器，然后在 foldLeft 操作中更新这些计数器。

在 TopProduct 消息中包装着生成的直方图，以每秒至少一次的频率发送给自己。Actor 将存储这些信息，并允许其他人使用 GetTopProducts 查询来检索它。本书的下载资源中包括完整的源代码，其中包括一个购物车模拟器，它可以创建足够的活动来方便你观察上述行为。

17.4.3 模式回顾

你已将所有购物车事件的常见分类添加到持久化日志配置中，并在另一个 Actor 中使用了这项配置，该 Actor 消费这些事件，以获得这些数据的次级视图。该次级视图不具有与原视图相同的信息；它去掉了单独的细粒度结构，并引入了基于时间的分析——你已经将一种信息表示形式转换为相互关联但又互不耦合的另一种信息表示形式。

在上面的示例代码中，派生的信息是实时计算的，最初从日志的开头开始追溯；但还有其他方法，你可以使用 TopProductListener 进行持久化，存储已经分析过的日志的偏移量，并以那个点为起点进行重启。你也可以持久化计算结果，将

产品-受欢迎程度的历史记录进行汇总，作为另一个组件分析中的一步。

此模式的另一个用例是使用权威来源(购物车的业务逻辑)发出的事件来维护另一种表示形式。例如，将其存储在关系数据库中，以允许广泛的、灵活的查询能力。这也可以用其他术语来描述，数据的规范化形式保存在可以接受更新的地方，而信息异步地分布到以非规范化形式保存相同数据的其他地方，这些数据为检索(而不是更新)进行了优化。这就解释了为什么事件流模式是 CQRS 理念的核心。

事件流还可以跨越不同的组件传输信息，从而进入外部的限界上下文中，其中不同的业务域定义了不同的*通用语言*。这种情况下，事件需要由边界上的组件从一种语言翻译到另一种语言。该组件通常位于消费事件流的限界上下文中，从而让数据源不必知道其所有消费者。

17.4.4　适用性

事件流的一个重要属性是它们不代表系统对象的当前状态；它们只包含关于过去的不可变事实，这些不可变事实也已提交到持久化存储中。发出这些事件的组件可能已经发展到更新的状态，这些状态只会在事件流后面反映出来。事件发布和事件流的传播之间的延迟是日志实现质量中的一个问题，但这种架构固有的显著延迟是无法避免的。

这意味着，必须与权威、实时数据交互的所有操作都必须在原始领域对象上完成，并且不能通过事件流模式进行解耦。有关更深入的讨论，请参阅第 8 章关于有界一致性的内容。

对于时间延迟和一致性限制不成为问题的所有场景，最好都使用此模式，而不是将变更源与其消费者紧密耦合在一起。事件流模式在整个系统中提供了可靠的信息传播，并允许所有消费者通过维持读偏移量并在需要时持久化其状态来选择所期望的可靠性。最大的好处是：这将事实来源(source of truth)牢牢地存放在一个地方——日志——并消除了对可能获得不同信息片段的位置的疑问。

17.5　小结

本章是本书第 III 部分的最后一章。本章中的多个模式提供了关于如何在反应式系统中构建状态管理的指导，并且应该结合起来使用。

- 领域对象模式把业务领域的定义和消息驱动的执行进行解耦，并允许领域专家描述、指定和测试业务逻辑，而不必关心分布式系统中的问题或异步性。

- 分片模式能高效地存储任意数量的领域对象，当然，只要集群的资源足够。
- 事件溯源模式将持久化状态的破坏性更新转变为非破坏性的信息累积，只要你能认识到一个对象状态的完整历史记录是由其发出的变化事件来代表的。
- 事件流模式使用这些持久化的变更事件在整个系统中实现了可靠和可扩展的信息传播，而不会因为此任务而增加原始领域对象的负担。发布的事件可由基础支撑系统分发，并由任意数量的感兴趣的客户端消费，以从其组合中获取新信息，或者维护为查询优化的数据的非规范化视图。

附录A

反应式系统图示

设计反应式系统的核心在于考虑它们内部发生的消息流。本附录建立一组图形化标识，用于描述本书中的消息流。

在表 A-1 中，数字(如 1 或者 2)始终代表一种排序约束：如果一个组件需要执行某些操作，从而响应一个带有数字标号 N 的传入事件，那么传出事件(可能有多个)所具有的数字标号必须大于 N。这些数字标号通常都不是单一自然数，而是一种矢量时钟的变体。

表 A-1 消息流的图示组件

描述	图示表示
原始组件——在所描述的消息流开始前创建的组件	 组件名称
瞬态组件——在所描述的消息流开始后创建(通常也会被销毁)的组件	 组件名称
原始创建——父子关系。左侧组件触发右侧组件的创建过程	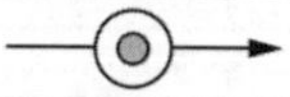
带监督的创建过程——带监督的父子关系。除上述描述外，子组件的失败将由父组件处理	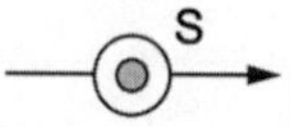 S
在流程中创建——一种在图示的处理流程期间开始创建子组件的父子关系(通过添加 S，同样可与监督相结合)	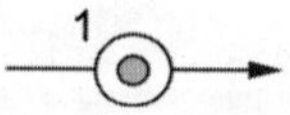 1
终止命令——发送给组件的终止命令，通常由组件的父组件发送	

(续表)

描述	图示表示
消息——从左侧组件发送到右侧组件的消息。这个图示有几种变体，在下列图示中，只描述了其中最重要的部分，但箭头对于它们来说都适用	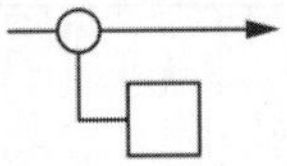
消息描述——一个分发消息，使用消息内容的描述注释。这个变体适用于下列所有消息变体	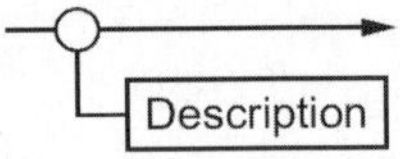 Description
引用包含——包含组件地址的消息。在发送此消息时，消息的发送者必须持有这个地址	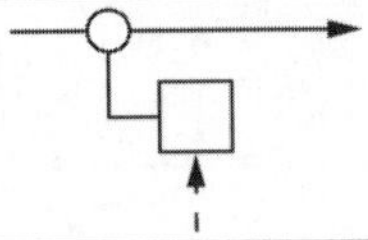
因果关系追踪号——具有因果关系追踪号的消息	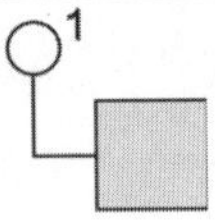 1
周期性消息——从指定的数字开始定期发送的消息	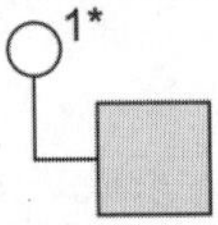 1*
调度消息——在数字标号为 1 时进入调度器，然后在数字标号为 2 时被调度发送。第二个数字标号必须大于第一个数字标号	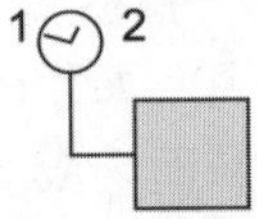 1 2
终止通知——由系统产生的消息，用于通知组件另一个组件已经终止(或在发生网络分区时这样声明)	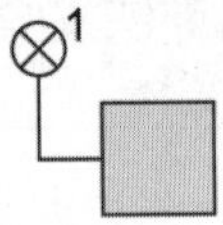 1
消息序列——逐个发送的消息序列，使用相同的数字编号进行汇总	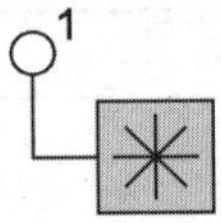 1
失败通知——从组件发送到它的监督者的失败消息	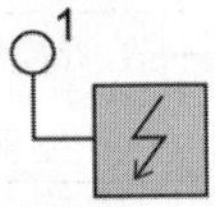 1

附录 B

一个虚构的案例

本附录演示一次对反应式系统设计的动手实践，并通过具体示例来阐明反应式宣言的信条。目标是构建可扩展到支撑全球用户基数的应用程序，在这个过程中，我们可能遇到不少问题，而在解决这些问题时，我们将逐一邂逅宣言中的各项信条。全球性分布的交互也是将在示例中处理的核心问题。将构建一个移动应用程序，用户可通过它实时分享位置，并能在上面观察其他人在地图上的移动[1]。对这个核心功能的一个扩展是：用户可与其他邻近的用户互发文字信息。

更准确地说，每个独立个体的位置信息都用来完成以下两个目标：

- 每个用户都可将他们的位置分享给一组其他用户，这些用户可在地图上追踪位置。
- 每个用户都可以匿名形式分享位置，这样就能将聚合数据展现给所有用户(例如，“每小时有 37 个用户在 50 号高速公路上向西穿越堪萨斯州的道奇城”)。

B.1 地理分区

怎样构建这样的应用程序呢？其中明确的一点是：正如大部分信息只与地球上的特定地点相关一样，这些信息的处理过程也应该只在当地进行。因此，你需

1 对于这个虚构的示例，可从 https://github.com/typesafehub/ReactiveMaps 得到一些参考实现。——译者注

要将地球分成多个区域，也许可先从每块大陆其中一个区域开始(包括部分由海洋覆盖的区域)。每块大陆内的国家疆域的变化幅度也很大，所以为简单起见，你将沿着经纬线对每块大陆进行切分。最终的结果是 16 块，4 乘 4，如图 B-1 所示。

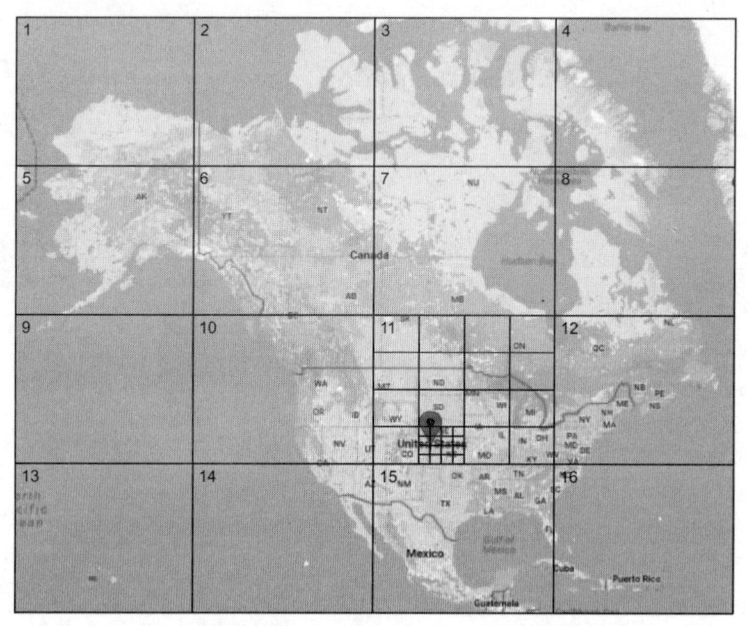

图 B-1　北美大陆，按照 4 乘 4 的图块递归划分

如图所示，递归地执行这个划分过程，每一次都将经纬度的精度提升四倍，直到结果足够好为止——也就是说，在经过多次划分后，每个方向上都少于一英里[2]。现在，你拥有一种能将地球上任何地方与一个地图区域进行关联的方法。例如，就拿堪萨斯州的道奇城来说：

- 它在北美洲的……
- ……第 11 图块内的(位于第一级)
- ……第 14 号子图块内的(位于第二级)
- ……第 9 号子图块(位于第三级)
- ……以此类推

当有人分享位置信息时，必须通知包含该位置的最小分隔地图块，在内部定位一个用户。对查看同一图块的用户来说，他们可注册关注这小块地图区域发生了什么事情的匿名更新。这些最小分隔地图块中的每一个位置更新的流入量，是根据有多少用户在那块地理区域内登录该移动应用程序而定的，而流出量则与之

2 存在多种更精炼的用来划分地图的方法，但这里使用的方法简单够用，允许你专注于程序的核心。要更深入地进行研究，请参考关于 R-tree 的信息或其他文献。

相反，由多少用户正在关注那块地图区域而定。因此，不管有多少用户最终选用这款移动应用程序，你都可通过选择不同的粒度(即选择分隔的层级数)来调控每个地图块所处理的信息量。

实现反应式应用程序的第一个要点是：识别出可独立管理的最小处理单元。你可将记录用户在单个地图块内部的移动信息的功能与其他图块的记录功能相互分离，这些组件也许运行在不同计算机，甚至不同数据中心内——例如，每个数据中心都负责一块单独的大陆。通过增减这些处理单元，可改变整个系统对于负载的处理能力。将两个处理单元合并成一个也没什么问题，因为它们都是互相独立的，所以唯一的限制只在于：你需要如何进行较好的分隔，最终得到一个可弹性伸缩的系统，并能应对不同的负载？

但我们的推进速度太快了，因为当前设计并不完善。用户将总能在经意或不经意间将应用程序逼迫到极限。在这个场景中，一个简单探索就能毁掉计算。在你正在查看的地图块上执行缩小操作，你的关注范围将覆盖很多地图块，系统将随之请求和发送大量对应区域的位置更新。过多数据随之将淹没好奇用户的客户端；如果许多用户都这么做，那么从一个地图块流出的数据量将远超你的预期。所有这些因素都会造成超出所规划带宽的通信消耗，后果将是系统过载和失败。

B.2　规划信息流

在反应式应用程序里，每个独立的处理单元都对所接收到的信息做出反应。因此，考虑哪些信息在哪里流动，以及每个信息流有多大是十分重要的。这个示例应用程序的主要数据流如图 B-2 所示。

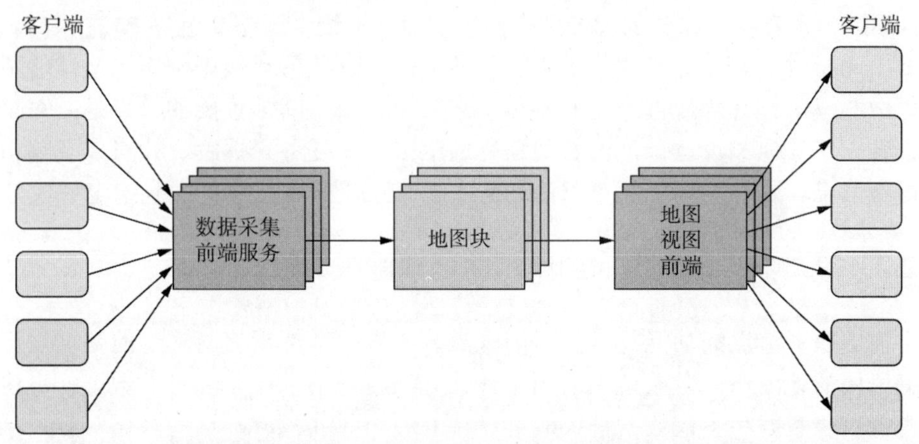

图 B-2　数据从提交位置更新的客户端，经由处理客户端连接的前端服务，进入对应的地图块和关注地图块的客户端

在这个示例应用程序，可设定当应用程序运行在用户的移动设备(手机、平板或智能手表)时，它将以每 5 秒一次的频率发送用户的位置更新。你可通过自行编写客户端应用程序，或在应用程序提供给客户端开发者的 API 里施加这个限制来做到这一点。每次位置更新都将消耗 100 字节左右的流量(时间戳、经度、纬度各消耗 10 字节；底层协议(如 TCP/IPV4)消耗 40 字节；再加上额外留给加密、鉴权和校验数据的空间)。把一些在多个客户端之间用来避免拥塞和消息调度的开销计算在内，你可假设每个客户端的位置更新流平均每秒消耗 50 字节的流量。

B.2.1 第一步：接收数据

首先需要通过互联网将位置更新发送到一个可公开寻址和访问的端点；我们将其称为前端节点(front-end node)。当前用于此目标的通用语言是 HTTP，此时你需要提供一个客户端可联系的网络服务，以便传输它们的数据；此后，协议的选择可能发生变化，但你需要根据预计的用户数来规划这个数据收纳端点的能力的事实仍然不变。端点仅需要按协议校验流入的数据，鉴定客户端的授权，以及验证它们所提交的数据的完整性。端点并不在意位置信息的详细内容；为处理位置信息，端点将把清洗过的数据直接转发给数据所属的地图块。

如今，普通的网络带宽在 100~1000Mbps 之间。因此，这个例子保守地假设有一个 50Mbps 的可用带宽，你将分配半数带宽用于接收位置更新信息；因此对单个前端节点来说，你可获得对 500 000 个客户端的处理能力。为简单起见，也假设这个节点的计算资源足够处理对应速率的数据包的验证、鉴权和校验——否则，你不得不相应地减少每个节点的额定承受能力。

有了这些数据，从数据速率的视角看，一个节点大概只能满足最初的部署需求；不过为了容错，你至少想要拥有两个节点。假设要服务全世界 75 亿人口，将需要 15 000 个活跃的网络节点来收纳数据。而且这些节点最好分布在全球的不同数据中心里，并有合适百分比的备用机来实现冗余。其中重要的一点是：每个节点都独立于其他节点运行，没必要执行通信或协调任务来拆解、检查以及路由位置更新信息。这样，你可简单评估如何才能将系统的这部分扩大到给定规模。

B.2.2 第二步：让数据回到所属的地理区域

前端服务节点的功能是接受并清洗流入的数据，然后将清洗过的数据发送到它们所属的地图块。数据速率的粗略评估方法也适用于已清洗过的数据；你将把完整性校验数据和鉴权数据替换成客户端 ID 及其关联数据。这些数据对客户端与前端节点的网络连接来说是隐式的，现在，需要将它们显式合并到网络连接(即前端节点与从中接收更新数据的地图块之间的连接)的数据包里。

在单个网络节点上托管一个地图块，翻译过来就是那个地图区域内拥有可处理500 000个客户端的能力。因此，地图块需要足够小，以保证不会突破这个极限值。如果所有地图块大小相同(也就是说，将相同的划分级别应用到整个地图上)，那么，对部分地图块来说，对它们的访问频率将比其他地图块更频繁。在曼哈顿、旧金山以及东京这样的人口密集区域，对节点的访问频率非常高，将非常接近节点极限，而覆盖太平洋的大部分地图块则很少有人在那个区域移动。为处理这种不对称，你可将若干低速率的地图块合并到相同的处理节点，并保持高速率地图块仍保留在自有节点。

回顾一下，为通过添加或移除节点的方式来调整整个系统的承受能力，对前端节点来说，能互相独立地执行各自的任务至关重要；当我们讨论如何在系统内部应对失败时，你将进一步体会到这一点的重要性。如何才能对哪个地图块应该托管于哪个内部网络节点取得共识呢？答案就是，你需要通过一个地图块分配服务来传播描述所有地图块的放置信息的数据结构，从而使路由处理简单、明确。这个数据结构能利用地图划分的层级结构进行优化和压缩。还有一点需要考虑：一旦这个应用程序的用户不断增长，超出单个数据中心的承受能力，你可将客户端转送到正确支持当前所在地理区域的数据中心，此时，每个前端节点只需要知道自己的数据中心所负责地图块的位置即可。

这里有个有趣的问题，就是如何对应用程序的部署结构变化予以反应呢？当一个节点下线或被手动替换掉，或当地图块被重新排列以适应用户习惯的变化时，这些信息又应该如何传递到前端节点呢？如果更新被发送到“错误”节点，又会发生什么呢？最直白的答案是：如果发生这样的变更，在一段时间内，关联于特定地图块的位置更新将丢失。这种问题只会短暂存在，只会持续数秒，很可能不会有人注意到；丢失一两个位置更新不会对一个地图块的聚合数据产生重要影响(或这个数据可得到补偿)。在这个蓝色星球上，每几秒有一次看不到朋友在地图上的位置移动不会有什么严重后果。

B.2.3 第三步：重新放置数据以实现高效查询

你现在已确保每个地图块的流入量不超过特定阈值，这个阈值由进行处理的硬件的性能所决定。激发这次对数据速率进行规划的问题是：到目前为止，数据的流出量并未受到限制，因为客户端可缩小地图，因此请求和消费的数量超过它们生产和提交的数量。

当观看一幅可显示区域内移动的所有匿名用户的轨迹的地图时，如果你拉远镜头，你希望看到什么呢？一旦有太多用户出现在你所查看的区域，你当然不可能跟随每个个体并追踪他们的轨迹。所以当你将镜头拉远，从而查看整个欧洲时，你所能期待的最好结果是：用户密度或平均速度等聚合信息——你将无法辨别出每个独立个体的特定位置。

此前，你设计了接纳数据信息流的方式，如法炮制，你现在可着手设计数据抽取方式。查看整个欧洲地图就是个简单场景，因为它并不要求太多数据：大范围内的平均值和聚合数据并不会迅速变化。最大的数据量需求来自那些拉近镜头，并紧密追踪单个移动轨迹的用户。假设在转换到聚合视图前，你最多允许 30 个用户被各自显示，并进一步假设：你将聚合视图下的数据消费量限制到等同于那些单独显示 30 个追踪点时的数据消耗。那么，在一个更新中将包含时间戳以及最多 30 个带有标志、经度和纬度的元组。可假定这些数据已压缩过，因为它们同属于一个小的地图区域，大约每个三元组合计 15 字节。包括部分整体的状态信息，每次更新的数据量约为 500 字节，这意味着每 5 秒更新一次，流量为 100 字节/秒。

再用 50Mbps 的可用带宽来计算，注意，其中一半是已分配给客户端接口的带宽，这样最终可满足 200000 个来自前端节点的地图查看需要(已减去 20%的其他开销)[3]。这些前端节点也会应答来自客户端的请求，但它们不同于负责数据收纳的节点。每当用户登录这款移动应用程序时，移动设备就开始将位置更新信息发送到数据收纳节点；而每次用户在设备上改变地图的视野时，对应的请求也会发送到前端节点，以关注那些将被显示在屏幕上的更新。这样，很自然就解耦了这两种活动，不需要额外的、令人头疼的实现就允许用户查看很远的地图区域。

然而，此时最大的问题在于，这些提供地图查看的前端节点应从哪里获得数据呢？到目前为止，你只给最小分隔的地图块提供了位置更新信息，而请求它们的更新从而计算聚合结果是不可行的：满足 200000 次地图查看需求意味着必须监听数以百万计的地图块更新，相应地，会有每秒数百 TB 的流量。

对于这个困境，只有一个解决办法：你必须在数据源头就开始过滤和预处理数据。其中每个最小分隔地图块都知道地理区域内的所有用户的精确位置和移动情况。它可轻易计算出用户的数量、平均移动速度和方向、重心数据以及其他有趣的量化资料。此后，这些汇总数据将按每 5 秒一次的频率，发送给包含此地图块的上级分隔地图块。

作为一个具体例子，假设最小分隔地图块是北美大陆经过 7 次划分后得到的。其中，堪萨斯州道奇城的市中心在第 7 级。那么这一级地图块将计算汇总信息，并将这些汇总信息发送到包含它的第 6 级图块。而第 6 级地图块同样会从所含的其他 15 个第 7 级地图块接收类似信息。诸如用户数量、重心的聚合数据可与其他数据进行合并，从而在更高粒度上进行聚合(合计用户数量，计算多个单独重心的带权重心等)。第 6 级地图块将每 5 秒执行一次这种聚合，并将它的汇总信息发送给包含它的第 5 级地图块，而相同的过程会一直重复，直到抵达最顶层。

---

3 从单个主机向其他多个地点发送消息比多个客户端向单个主机发送消息需要的开销更少。另请参考 TCP incast 问题(www.pdl.cmu.edu/Incast)。

这样，所需的传输数据速率被固定为汇总数据包的大小：对于发送者来说是每 5 秒一次，而对于接收者来说，则是扩大 16 倍后的数量。你可假设每个数据包约为 100 字节。很多情况下，这些数据甚至不需要跨网络传输，因为人口稀疏的地图区域被分配到相同的处理节点上，而且不同汇总级别也可在最小分隔地图块上一并列出。

如果一个服务于地图查看请求的前端节点需要访问第 4 级汇总数据，以展示跨距约为 100×100 英里的地图，它将请求大约 16 个覆盖该观察口的第 4 级图块。在已知网络带宽很可能是这些地图查看前端节点的最大限制因子的情况下，可在内部进行优化，如在节点之间重定向外部客户端的请求，使单个前端节点能处理较多相似请求(在相同的汇总级别上，对近似相同的地理区域的请求)。这样，节点可从相同的内部数据源获取数据，以满足不同的客户端，如图 B-3 所示。

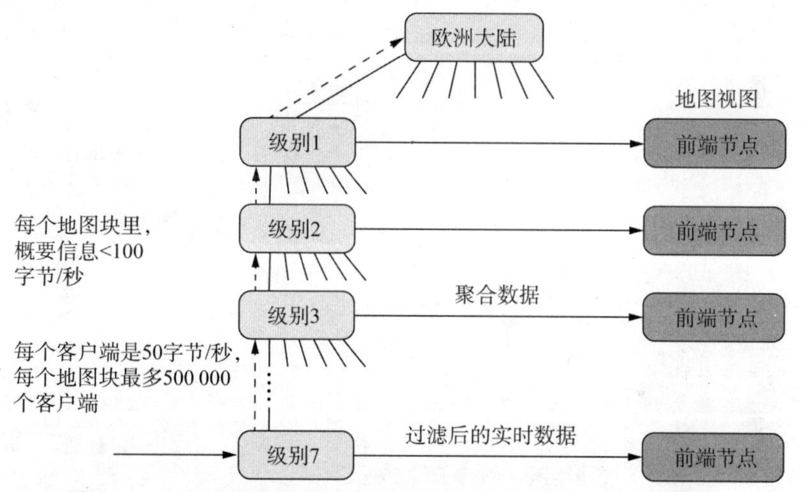

图 B-3　从左边的数据收纳点到右边的地图查看节点的数据流，汇总信息沿着图块层级结构向上移动

还需要考虑如何处理完全放大的场景。当用户在地图上点击大本钟来查看所有聚集在伦敦市中心的游客时，必须注意不要从这个高度拥挤的图块给前端节点发送所有数据，那样的话，很可能占用该节点所有的可用带宽。前面提到过，一旦个体用户关注的数据点数量超过 30 个，地图就应该只展示汇总数据。在这个情景里，对汇总数据的计算必须发生在托管大本钟图块的节点上：来自前端节点的请求将包含预期观察口的坐标，而图块能决定是计算聚合信息，还是发送回最多 30 个单独的用户位置更新。这需要根据被询问的地图区域里目前有多少人正在移动来确定。

在这个流程图中，还要注意一点：每个新信息片段在前进到最顶层的过程都需要耗费时间。在这个例子中，当位于第 7 级时，平均耗时约 18 秒(平均延迟 2.5 秒乘以 7)。尽管如此，因为汇总信息的变化比这个延迟更慢(尤其当你到达层级结构中的更高层时)，所以不构成问题。

B.2.4 现状评估

到目前为止，你获得了什么成就呢？你已经设计了如图 B-4 所示的流经应用程序的信息流。并成功避免了引入数据必须经过的单点瓶颈：这个设计中的所有部分都可单独地进行伸缩。用来接收数据和地图查看请求的前端节点能适应用户的活动变化，地图数据被建模成为具有层级结构的地图块，其粒度可由进行划分的步骤数来选定。对于流经地图块的数据的处理，也可根据计算以及网络资源按需部署到若干个网络节点上。在最简单的场景里，一切都可仅运行在单台计算机上——但与此同时，这个设计也能支持在多个数据中心以及数千个节点上的部署。

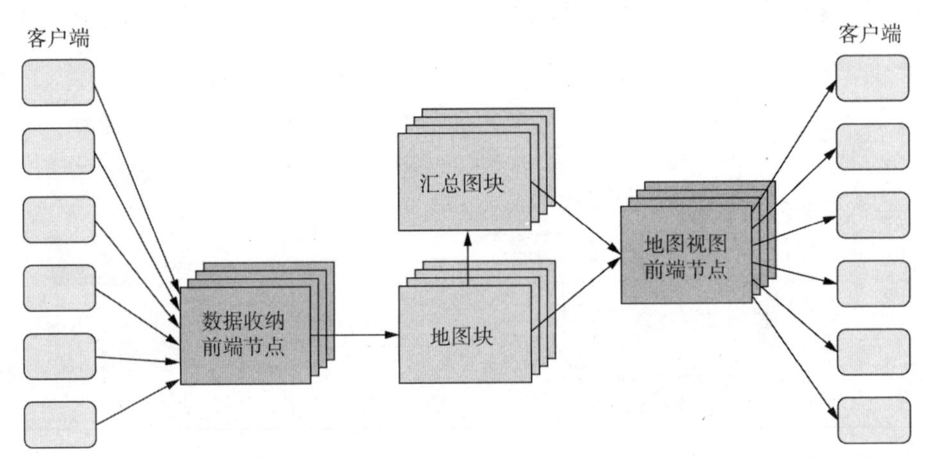

图 B-4 位置更新和汇总信息在应用程序中的流动，在左边生成的位置更新经过图块层级结构流向右边的地图视图

B.3 如果某些部分失败了该怎么办？

你已经概览了应用的每个部分及其中的数据流动，那么，现在你应该开始考虑失败会对它造成什么影响。这并不是什么黑魔法——相反，你可遵循一个简单过程：考虑处理网络里的每个节点以及每条数据流链路，并确定如果它失败了，会发生什么问题？为此，你需要利用失败模型。对于基于网络的系统，下述内容是很好的起点：

- 网络连接能丢弃任意的消息脉冲流量(包括那种“连接已断掉三个小时”的场景)；
- 处理节点可能停止响应而且完全无法恢复(例如，发生了硬件故障)；
- 处理节点可能间歇性地无法响应(例如，由于临时过载)；

- 处理节点可能经受各种延迟(例如，在JVM里由于垃圾回收而发生了停顿)。

还有更多可能出现问题之处，你需要仔细评估系统需求，以确定还需要将什么纳入。部分其他选项包括：网络连接可能损坏数据包、数据包可能经受各种延迟、处理节点可能响应错误数据，或它们也许运行了恶意代码并执行任意行为。你还需要考虑在同一台硬件上执行应用程序的多个部分时可能有什么后果，因为这意味着硬件故障或资源耗尽将同时影响应用程序的所有部分。应用程序的功能对整个组织来说越重要，对失败模型的关注就应该越仔细。在这个示例场景中，你将紧随前述的要点清单。

B.3.1 客户端失败

移动设备可能因为许多原因而失败，例如，硬件损坏、电池电量耗尽以及软件崩溃等。用户习惯于处理这些问题(如换新手机、充电以及重启手机或应用等)，他们不会在发生硬件故障时期待一切如故。因此，你只需要考虑应用内部处理过程在发生失败时所产生的后果即可。

首先，位置更新的流将中止。当发生这种情况时，我们也许想为其他正在查看此用户的用户生成一个可见的表征，例如改变标记的颜色，或让它变成透明的。最小分隔的地图块将负责追踪在内部移动的用户是否仍然在线。

其他失败情形也有很多。这个客户端注册关注的地图视图可能无法再发送位置更新，网络缓冲区可能填满，套接字写入操作最终可能超时。你必须保护地图查看前端，避免被不再活跃的客户端注册所阻塞。这通常通过在协议里加入心跳信号，并在心跳停止流入时关闭连接来完成。

B.3.2 客户端网络连接失败

从应用程序的视角看，位置更新为什么中止无关紧要：应用程序无法将移动设备(或其软件)故障与失败的网络连接区分开。所以处理方法与前面讨论的一致。

但从客户端的视角看，它通常无法区分究竟是所连接的前端节点失败了，还是网络连接出了问题。两者对于客户端来说，看起来大部分是一样的。因此，补救方法将与下一节中所讨论的一致。

B.3.3 数据收纳前端节点失败

这种节点的作用是清洗和转发位置更新，所以失败意味着给客户端发送数据时会遇到问题。地图查看节点使用心跳信号监控客户端健康情况，你也可采用类似方式解决这个问题。如果失败，客户端将重新连接到不同的前端节点，不管这个失败是暂时的还是致命的。这个方法的一种典型实现是：在真实的网络服务端的节点池前放置一个网络负载均衡器。只有在客户端不管将它的更新发送到哪个节点都无关紧要的前提下，这种策略才可行。这个前提对所有网关都适用。

在任何情况下，移动应用都应该让它的用户知道连接是否存在问题。这比让用户通过其他用户活动的缺失来辨别好得多——以这种方式，你能清楚地分辨出问题归属于移动应用程序内部还是网络通信。

另一个必须根据前端节点的失败而采取的行动是：恰当地对前端节点进行销毁(停止应用、关掉机器)，并从已知的良好配置重新启动新实例。失败的精确类型往往无关紧要；整个系统通过施行可能最健壮、最简单的方案(移除并重启)来恢复到完全容错的状态。因此，不管出了什么问题，它都只包含在那些已被移除的节点里，并不能传播到其他节点上。之后，必须有一个单独的服务来初始化恢复过程，而且这个服务必须不能被失败所感染；它被称为监督者服务(supervisor service)。顾名思义，监督者监督下属的正常功能，并在必要时采取适当的纠正措施。

B.3.4 从数据收纳节点到地图块之间的网络连接失败

这种情形对于应用程序的整体功能而言没有负面影响。其后果与已经连接的客户端停止将位置更新发送到受影响的地图块一样。因此，根据网络连接使用哪一种通信协议，双方都应该监控它们之间连接的健康状态，并在连接失效时释放所有的相关资源。

这个问题及其解决方法的简洁性归因于这样一个事实：不管是前端节点还是地图块，都不依赖于另一侧即可正常运转。数据只从一侧沿着一个方向流向另一侧，如果数据停止流动，那么两侧都能知道如何处理这样的情形。这被称为松耦合(loose coupling)，这对于实现健壮的失败处理过程必不可少。

B.3.5 地图块处理节点失败

因为这是应用程序的核心，所以我们将更仔细地考虑不同的失败模式：

- **硬件故障(Hardware failure)**——万一发生了节点崩溃，那么所有托管于此节点的地图块将随之失败。前端节点最终会发现并停止将更新发送到这里，你需要让应用程序能从这样的场景中恢复过来。前端节点不可能负责处理这个，因为那样的话就涉及协调谁来执行必要步骤的工作。因此，你设置监督者服务来监控所有地图块节点，并负责在节点崩溃时启动新实例。与之前所讨论的一样，这个服务接着会更新所有前端节点的路由信息，这样，这些节点就可以开始将更新发送到这个新的目的地了。
- **临时过载(Temporary overload)**——如果地图块接收到超出规划的更多流

量，它将需要被移到单独的处理节点上；否则，它将从所有“邻居”那里抢夺资源，使得过载蔓延，并最终演变为节点失败。这个场景也应该由监督者服务处理。为实现这个目标，监督者需要收集使用数据，如有必要，在所有可用节点上重新分配地图块。如果负载在应用程序的所有部分都持续增长，这个监督者也应能请求将新节点添加上线，这样额外的负载才能被处理。相反，一旦负载显著降低，监督者也应该重新分配地图块，从而腾空并释放多余的节点。

- **永久过载(Permanent overload)**——你的地图有可能划分得不够充分，导致大量请求持续访问其中单个图块。因为你不能再分隔或重分配这个地图块，所以需要在探测到这样的失败时抛出警报，然后手动调整系统配置以纠正错误。
- **处理延迟(Processing delays)**——在部分场景下，无法处理新数据的状况只持续数秒(例如，当 JVM 执行 Major GC 时)。在这样的场景下，在机器恢复正常前，除了可能要丢弃部分已经过时的更新外，不需要执行任何特定的恢复机制。不过，有可能这样的中断会被误认为是节点失败；所以你将不得不配置监督者服务让其能容忍给定时限内的持续暂停。一旦超过，它再来采取纠正措施。

正如前端节点失败场景那样，你需要监督者服务来监控所有已经部署的处理节点，还需要使用它的全局视角在万一发生失败的情况下愈合系统，如有必要，就销毁出错的实例然后创建全新实例。监督者不会变成系统瓶颈，因为你将其隔离在应用程序的主要信息流之外。

B.3.6 汇总地图块失败

这些处理单元在功能上与最小分隔地图块非常相似。它们是相同的信息路由基础设施的部分，所以要以相同的方式监督它们。

B.3.7 地图块之间的网络连接失败

这种情形与前端节点无法将位置更新转发到地图块类似——在失败持续期间，数据将无法抵达。你需要在适当之处放置网络监控，这样就能通知到运维人员，然后由他们来解决相关问题；此外，你必须在数据失效时丢弃它们。这一点很重要，如此一来，便可在网络连接恢复时避免所谓的“惊群效应(thundering herd problem)”：如果缓冲了所有数据，并一次性发送出去，那么目标节点将很可能因此而过载。幸运的是，你不需要在应用程序的这一部分缓冲数据太长时间，因为建模对象是没有历史信息的地图实时查看功能；毕竟，更新丢失才是生活的常态。

B.3.8 地图视图节点失败

在这个场景下，可采取与数据收纳节点相同的方式：确定发生问题后，客户端立即通过负载均衡器进行重新连接，监督者服务在需要时销毁失败的节点并提供新节点。同样也可使用后一种处理方式对负载的变化作出反应；通过让监督者以这样的方式监控系统，使得系统可灵活伸缩。

在这个场景里还有一个需要考虑之处：地图视图的更新是由地图块根据前端节点的注册信息发送的。如果一个前端节点变得不可用并被替换，图块就需要尽快停止给它发送数据，因为新的客户端注册将很快再次占用规划的带宽份额。因此，地图块需要留意它们与地图视图节点之间的连接，并在无法及时向它们传输更新时，放弃发送。

B.3.9 失败处理小结

我们已经系统地分析了所有数据流，并考虑了节点和通信失败可能带来的后果，在这个过程中，我们遇到两方面的主要诉求：

- 通信参与者需要密切监控通信网络的可用性。在没有稳定的消息流能直接用来监控时，可使用心跳机制来生成流量。
- 处理节点必须能被监督服务所监控，以便检测失败和负载问题(包括过度利用和利用不充分)并及时采取纠正措施。

图 B-5 展示添加了监督者的示例应用程序的完整部署结构。从中可看到，对于监督地图块的服务来说，它必须能通知其他两种类型的前端节点关于当前的每个地图块托管在哪里的映射信息。

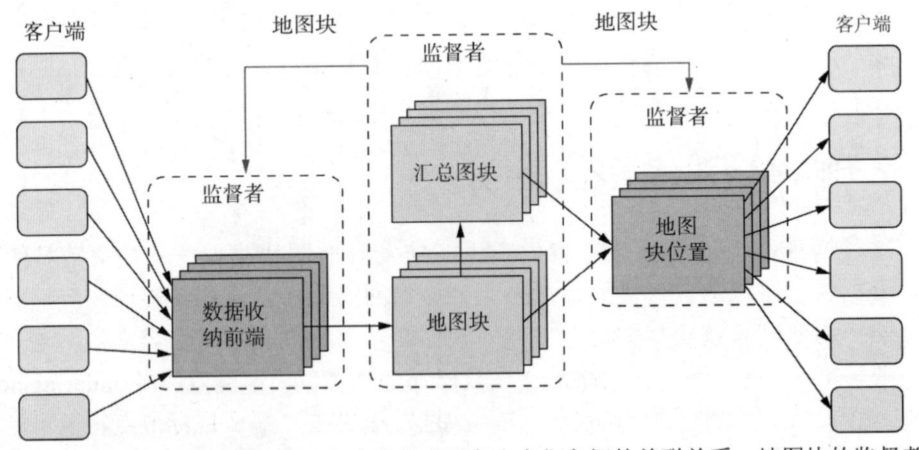

图 B-5 应用程序的部署结构，包含监督者服务和它们之间的关联关系：地图块的监督者通知前端节点的监督者们关于位置更新和地图视图注册的映射信息

B.4 你在这个示例中学到了什么？

我们建立了一个应用程序的模型。这个应用程序可支持任意数量的用户，允许他们分享位置信息，并查看其他人在地图上的移动信息。设计原则是：你可以轻易地进行扩展，从在开发用的笔记本上进行尝试(在本地运行)，扩展到支持全球用户使用(假设性场景)。这么做将需要可观的资源，维护成本也高。但从技术角度看，当前这个示例应用程序已经就绪。你已经考虑了将被该应用程序处理的信息，以及必需的主要数据流。

设计中最重要的特征是：数据永远从它们的源(来自移动设备的位置更新)，经由中间处理阶段(地图块)，向着最终目的地(呈现在移动设备上的地图)流动。这条信息路径上的处理节点是松耦合(loosely coupled)的，于是，可按与通信中断相同的方式来处理单节点失败。

你通过将应用程序中的主要部分看成彼此隔离、只通过网络进行通信的组件，将回弹性融入设计。如果有多个组件运行在同一台机器上，那么机器故障——或由其中一个组件所引发的资源耗尽——将使所有其他组件同时失败。若想获得容错性，那么极其重要的是：必须将负责在失败后修复系统的服务——监督者——与其他组件隔离，并运行在自有资源上。

采用这种方式，你已经体验了反应式宣言中的所有主要信条：

- 基于资源规划和地图划分，应用程序具备“即时响应性”；
- 因为构建了用来修复失败的组件，以及连接到正常运行组件的机制，应用程序具备了“回弹性”；
- 由于去掉了全局瓶颈点，以及运行时处理单元可互不依赖，应用程序可监控不同组件所经受的负载，从而在负载发生变化时，重新分布工作量，应用程序也具备了“弹性”；

而所有这些特性的获得，都因为在应用程序的各部分之间采用了消息驱动的通信模式。

B.5 接下来做什么？

细心的读者可能注意到，在这个示例应用程序中，我们并没有实现所有功能。虽然详述了如何匿名分享位置更新这个次要需求，但省略了用户应只将位置分享给一组特定的其他用户这个首要需求。这将是一个很好的练习题，运用与本例中相同的推导逻辑，基于以用户为中心的数据处理过程(而不是当前构建的以地图为中心的方式)，并为应用程序设计额外组件来逐步实现。需要注意，用户之间信任关系的变更，必须得到比位置更新更可靠的处理，虽然这种修改发生的频率也很低。

附录 C

《反应式宣言》正文

版本 2.0，2014 年 9 月 16 日发布。

C.1 主要内容

在不同领域中深耕的组织都在不约而同地尝试发现相似的软件构建模式。希望这些模式能使系统更健壮、更具回弹性、更灵活，也能更好地满足现代的需求。

近年来，应用程序的需求已经发生了戏剧性变化，模式变化也随之而来。仅在几年前，一个大型应用程序通常拥有数十台服务器、秒级的响应时间、数小时的维护时间以及 GB 级的数据。而今，应用程序被部署到形态各异的载体上，从移动设备到运行着数以千计的多核心处理器的云端集群。用户期望着毫秒级的响应时间，以及服务 100%正常运行(随时可用)。而数据则以 PB 计量。昨日的软件架构已经根本无法满足今天的需求。

我们相信大家都需要一套各类系统都一致合用的架构设计方案，而设计中需要关注的几个维度也已得到各方认可。我们需要系统具备以下特质：即时响应性(Responsive)、回弹性(Resilient)、弹性(Elastic)以及消息驱动(Message Driven)。对于这样的系统，我们称为反应式系统(Reactive System)。

使用反应式方式构建的反应式系统会更灵活、松耦合、可伸缩(参见 C.2.15)。这使得它们的开发过程和调整都更容易。它们对系统的失败(failure)(参见 C.2.7)也更加包容，而当失败确实发生时，它们的应对方案会处理得体而非混乱无序。反应式系统具有高度的即时响应性，为用户(参见 C.2.17)提供了高效的互动反馈。

反应式系统的特质：

- **即时响应性**：只要有可能，系统(参见 C.2.16)就会及时做出响应。即时响应是可用性和实用性的基石，而更重要的是，即时响应意味着可快速地检测到问题并有效地对其进行处理。即时响应的系统专注于提供快速而一致的响应时间，确立可靠的反馈上限，以提供一致的服务质量。这种一致的行为转而也将简化错误处理、建立最终用户的信任，并促使用户与系统进一步互动。
- **回弹性**：系统在出现失败(参见 C.2.7)时依然保持即时响应性。这不仅适用于高可用的、任务关键型系统——任何不具备回弹性的系统都将在发生失败后丢失即时响应性。回弹性是通过复制(参见 C.2.13)、遏制、隔离(参见 C.2.8)以及委托(参见 C.2.5)来实现的。失败的扩散被遏制在每个组件(参见 C.2.4)内部，与其他组件相互隔离，从而确保系统某部分的失败不会危及整个系统，并能独立恢复。每个组件的恢复都被委托给了另一个外部组件，此外，在必要时也可通过复制来保证高可用性。因此组件的客户端不再承担组件失败的处理。
- **弹性**：系统在不断变化的工作负载之下依然保持即时响应性。反应式系统可对输入(负载)的速率变化做出反应，比如通过增加或者减少被分配用于服务这些输入(负载)的资源(参见 C.2.14)。这意味着在设计上并没有争用点和中央瓶颈，得以进行组件的分片或者复制，并在它们之间分布输入(负载)。通过提供相关的实时性能指标，反应式系统能支持预测式以及反应式的伸缩算法。这些系统可在常规硬件以及软件平台上实现具有成本效益的弹性(参见 C.2.6)。
- **消息驱动**：反应式系统依赖异步的(参见 C.2.1)消息传递(参见 C.2.10)，从而确保了松耦合、隔离、位置透明(参见 C.2.9)的组件之间有着明确边界。这一边界还提供了将失败(参见 C.2.7)作为消息委托出去的手段。使用显式的消息传递，可通过在系统中塑造并监视消息流队列，并在必要时应用回压(参见 C.2.2)，从而实现负载管理、弹性以及流量控制。使用位置透明的消息传递作为通信手段，使得跨集群或者在单个主机中使用相同的结构成分和语义来管理失败成为可能。非阻塞的(参见 C.2.11)通信使得接收者可以只在活动时才消耗资源(参见 C.2.14)，从而减少系统开销。

大型系统由多个较小的系统构成，因此整体效用取决于构成部分的反应式属性。这意味着，反应式系统应用一些设计原则，使这些属性能在所有级别的规模上生效，而且可以组合。世界上各类最大型系统所依赖的架构都基于这些属性，而且每天都在服务于数十亿人的需求。现在，是时候在系统设计之初就有意识地应用这些设计原则了，而不是每次都去重新发现它们。

C.2 词汇表

C.2.1 异步

牛津词典把“asynchronous(异步的)”定义为“不同时存在或发生的”。在本宣言的上下文中，我们的意思是：在来自客户端的请求被发送到服务端后，对于该请求的处理可发生这之后的任意时间点。对于发生在服务内部的执行过程，客户端不能直接对其进行观察，或者与之同步。这是同步处理(synchronous processing)的反义词，同步处理意味着客户端只能在服务已经处理完该请求后，才能恢复自己的执行。

C.2.2 回压

当某个组件(参见 C.2.4)正竭力维持响应能力时，系统(参见 C.2.16)作为一个整体就需要以合理方式作出反应。对于正遭受压力的组件来说，无论是灾难性失败，还是不受控地丢弃消息，都是不可接受的。既然它既不能成功地应对压力，又不能直接失败，它就应该向其上游组件传达其正在遭受压力的事实，并让它们(该组件的上游组件)降低负载。这种回压(back-pressure)是一种重要的反馈机制，使得系统得以优雅地对负载做出反应，而不是在负载下崩溃。回压可一路扩散到(系统的)用户，在这时即时响应性可能有所降低，但这种机制将确保系统在负载之下具有回弹性，并将提供信息，从而允许系统本身通过利用其他资源来帮助分担负载，参见弹性(参见 C.2.6)。

C.2.3 批量处理

当前计算机为反复执行同一项任务而进行了优化：在 CPU 的时钟频率保持不变的情况下，指令缓存和分支预测增加了每秒可被处理的指令数。这就意味着，快速连续地将不同的任务递交给相同的 CPU 核心，将并不能获益于本有可能得到的完全(最高利用率的)性能：如有可能，我们应该这样构造应用程序，它的执行逻辑在不同任务之间交替的频率更低。这就意味着可成批处理一组数据元素，这也可能意味着可在专门的硬件线程(指 CPU 的逻辑核心)上执行不同处理步骤。

同样的道理也适用于对于需要同步和协调的外部资源(参见 C.2.14)的使用。当从单一线程(即CPU核心)发送指令，而不是从所有的CPU核心争夺带宽时，由持久化存储设备所提供的 I/O 带宽将得到显著提高。使用单一入口的额外效益，即多个操作可被重新排序，从而更好地适应设备的最佳访问模式(当今的存储设备的线性存取性能要优于随机存取的性能)。

此外，批量处理还提供了分摊昂贵操作(如 I/O)或者昂贵计算的成本的机会。例如，将多个数据项打包到同一个网络数据包或者磁盘存储块中，从而提高效能并降低使用率。

C.2.4 组件

我们所描述的是一个模块化的软件架构，它实际上是一个非常古老的概念，参见 Parnas(1972)。我们使用“组件(component)”这个术语，因为它和“隔间(compartment)”联系紧密，其意味着每个组件都是自包含的、封闭的并和其他组件隔离。这个概念首先适用于系统的运行时特征，但它通常也会反映在源代码的模块化结构中。虽然不同的组件可能使用相同的软件模块来执行通用的任务，但定义了每个组件的顶层行为的程序代码则是组件本身的一个模块。组件边界通常与问题域中的限界上下文(Bounded Context)紧密对齐。这意味着，系统设计倾向于反应问题域，并因此在保持隔离的同时也更容易演化。消息协议(参见 C.2.12)为多个限界上下文(组件)之间提供了自然的映射和通信层。

C.2.5 委托

将任务异步地(参见 C.2.1)委托给另一个组件(参见 C.2.4)意味着该任务将在另一个组件的上下文中执行，举几个可能的情况：这个被委托的内容甚至可能意味着运行在不同的错误处理上下文里，属于不同的线程，来自不同的进程，甚至在不同的网络节点上。委托的目的是将处理某个任务的职责移交给另一个组件，以便发起委托的组件可执行其他处理，或者有选择地观察被委托的任务的进度，以防需要执行额外的操作(如处理失败或者报告进度)。

C.2.6 弹性(与“可伸缩性”相对)

弹性意味着当资源根据需求按比例地减少或者增加时，系统的吞吐量将自动向下或者向上缩放，从而满足不同需求。系统需要具有可伸缩性(参见 C.2.15)，以使其可从运行时对资源的动态添加或者删除中获益。因此，弹性是建立在可伸缩性的基础之上的，并通过添加自动的资源(参见 C.2.14)管理概念对其进行了扩充。

C.2.7 失败(和“错误”相对)

失败是一种服务内部的意外事件，会阻止服务继续正常运行。失败通常会阻止对当前客户端请求(并可能是接下来的所有客户端请求)的响应。与错误相对照，错误是意料之中的，并针对各种情况进行处理(例如，在输入验证的过程中所发现的错误)，将作为该消息的正常处理过程的一部分返回给客户端。而失败则是意料之外的，并在系统(参见 C.2.16)能恢复至和之前相同的服务水平之前，需要进行干预。这并不意味着失败总是致命的(fatal)，虽然在失败发生之后，系统的某些服务能力可能会降低。错误是正常操作流程预期的一部分，在错误发生后，系统将立即对其进行处理，并将继续以相同的服务能力运行。

失败的例子有：硬件故障、由于致命的资源耗尽而引起的进程意外终止，以及导致系统内部状态损坏的程序缺陷。

C.2.8 隔离(和“遏制”相对)

隔离可定义为在时间和空间上的解耦。在时间上解耦意味着发送者和接收者可拥有独立的生命周期——它们不需要同时存在，从而使得相互通信成为可能。通过在组件(参见 C.2.4)之间添加异步(参见 C.2.1)边界，以及通过消息传递(参见 C.2.10)实现了这一点。在空间上解耦(定义为位置透明性(参见 C.2.9))意味着发送者和接收者不必运行在同一个进程中。不管运维部门或者运行时本身决定的部署结构是多么高效——在应用程序的生命周期之内，这一切都可能会发生改变。

真正的隔离超出了大多数面向对象的编程语言中所常见的封装概念，并使得我们可以对下述内容进行划分和遏制：

状态和行为：它支持无共享的设计，并最大限度地减少了竞争和一致性成本(如通用伸缩性原则(Universal Scalability Law)中所定义的)；

失败：它支持在细粒度上捕获、发出失败信号以及管理失败(参见 C.2.1)，而不是将其扩散(cascade)到其他组件。

组件之间的强隔离性是建立在基于明确定义的协议(参见 C.2.12)的通信之上的，并支持解耦，从而使得系统更加容易被理解、扩展、测试和演化。

C.2.9 位置透明性

弹性系统(参见 C.2.6)需要能够自适应，并不间断地对需求的变化做出反应。它们需要优雅而高效地扩大或者缩减(部署)规模。极大地简化这个问题的一个关键洞察是：认识到我们一直都在处理分布式计算。无论我们是在单个(具有多个独立 CPU，并通过快速通道互联(QPI)通信的)节点之上，还是在一个(具有多台通过网络进行通信的独立节点的)机器集群之上运行系统，都是如此。拥抱这一事实意味着，在多核心之上进行垂直缩放和在集群之上进行水平伸缩并没有什么概念上的差异。

如果所有组件(参见 C.2.4)都支持移动性，而本地通信只是一项优化。那么我们根本不需要预先定义一个静态的系统拓扑和部署结构。可将这个决策留给运维人员或运行时，让他(它)们根据系统的使用情况来对其进行调整和优化。

这种通过异步的(参见 C.2.1)消息传递(参见 C.2.10)实现的在空间上的(请参见隔离的定义，C.2.8)解耦，以及将运行时实例和它们的引用解耦，就是我们所谓的位置透明性。位置透明性通常被误认为是“透明的分布式计算”，然而实际上恰恰相反：我们拥抱网络，以及它所有的约束——如部分失败、网络分区、消息丢失，以及它的异步性和与生俱来的基于消息的性质，并将它们作为编程模型中的一等公民，而不是尝试在网络上模拟进程内的方法调用(如 RPC、XA 等)。我们对于位置透明性的观点与 Waldo 等人所著的 *A Note On Distributed Computing* 中的观点完全一致。

C.2.10 消息驱动(与“事件驱动”相对)

消息是指发送到特定目的地的一组特定数据，事件是组件(参见 C.2.4)在达到了某个给定状态时发出的信号。在消息驱动的系统中，可寻址的接收者等待消息的到来，并对消息做出反应，否则只是休眠(即异步非阻塞地等待消息的到来)。而在事件驱动的系统中，通知监听器被附加到事件源，以便在事件被发出时调用它们(指回调)。这也意味着，事件驱动的系统关注可寻址的事件源，而消息驱动的系统则着重于可寻址的接收者。消息可包含编码为有效载荷的事件。

由于事件消耗链的短暂性，所以在事件驱动的系统中很难实现回弹性：当处理过程已经就绪，监听器已经设置好，以便响应结果并对结果进行变换时，这些监听器通常都将直接处理成功或失败(参见 C.2.7)，并向原始的客户端报告执行结果。这些监听器响应组件的失败，以便恢复它(指失败的组件)的正常功能，另一方面，需要处理的是那些并没有与短暂的客户端请求捆绑在一起，但影响整个组件的健康状况的失败。

C.2.11 非阻塞的

在并发编程中，如果保护资源的互斥并没有把争夺资源的线程无限期地推迟执行，那么该算法则被认为是非阻塞的。在实践中，这通常缩减为一个 API，当资源可用时，该 API 将允许访问该资源(参见 C.2.14)，否则它将立即返回，并通知调用者该资源当前不可用，或者该操作已经启动了，但尚未完成。某个资源的非阻塞 API 使得其调用者可执行其他操作，而不是被阻塞以等待该资源变为可用。此外，还可允许资源的客户端注册，以便让其在资源可用时，或者操作已经完成时获得通知。

C.2.12 协议

协议定义了在组件(参见 C.2.4)之间交换或者传输消息的方法与规范。协议由会话参与者之间的关系、协议的累计状态以及允许发送的消息集所构成。这意味着，协议描述了会话参与者在何时可发送何种消息给另一个会话参与者。协议可按其消息交换的形式进行分类，一些常见的类型是：请求-响应模式、重复的请求-响应模式(如 HTTP 中)、发布-订阅模式以及(反应式)流模式。

与本地编程接口相比，协议则更通用，它可包含两个以上的参与者，并可预见到消息交换的进展，而接口仅指定调用者和接收者之间每次一个交互的过程。

需要注意，这里定义的协议只指定可能发送什么消息，而不是它们应该如何被编码、解码，对于使用该协议的组件来说，传输机制是透明的。

C.2.13 复制

在不同的地方同时执行一个组件(参见 C.2.4)被称为复制。这可能意味着在不同的线程或线程池、进程、网络节点或计算中心中执行。复制提供了可伸缩性(参见 C.2.15)(传入的工作负载将会被分布到跨组件的多个实例中) 以及回弹性(传入的工作负载将被复制到多个能并行处理相同请求的多个实例中)。这些方式可结合使用，例如，在确保该组件的某个确定用户的所有相关事务都将由两个实例执行的同时，实例的总数又根据传入的负载而变化(参见弹性，C.2.6 节)。

在复制有状态的组件时，必须小心地同步副本之间的状态数据，否则该组件的客户需要知道同步的模式，并且违反了封装的目的。通常，同步方案的选择需要在一致性和可用性之间进行权衡，如果允许被复制的副本在有限的时间段内不一致(最终一致性)，将得到最佳的可用性，同时，完美的一致性要求所有复制副本以步调一致(lock-step)的方式来推进它们的状态。在这两种“极端”之间存在着一系列可能的解决方案，所以每个组件都应该选择最适合自己需要的方式。

C.2.14 资源

组件(参见 C.2.4)执行其功能所依赖的一切都是资源，资源必须根据组件的需要而进行调配。这包括 CPU 的分配、内存、持久化存储以及网络带宽、内存带宽、CPU 缓存、内部插座间的 CPU 链接、可靠的计时器以及任务调度服务、其他输入和输出设备、外部服务(如数据库或者网络文件系统等)等。所有这些资源都必须考虑弹性(参见 C.2.6)和回弹性，因为缺少必需的资源将妨碍组件在需要时发挥正常作用。

C.2.15 可伸缩性

一个系统(参见 C.2.16)通过利用更多计算资源(参见 C.2.14)来提升其性能的能力，是通过系统吞吐量的提升与资源增加量的比值来衡量的。一个完美的可伸缩性系统的特点是这两个数字是成正比的。所分配的资源翻倍也将使得吞吐量翻倍。可伸缩性通常受限于系统中所引入的瓶颈或者同步点，参见阿姆达尔定律以及 Gunther 的通用可伸缩模型(Amdahl's Law and Gunther's Universal Scalability Model)。

C.2.16 系统

系统为它的用户(参见 C.2.17)或客户端提供服务。系统可大可小，它们可包含许多组件或只有少数几个组件(参见 C.2.4)。系统中的所有组件相互协作，从而提供这些服务。很多情况下，位于相同系统中的多个组件之间，具有某种客户端-服务端的对应关系(例如，考虑一下，前端组件依赖于后端组件)。一个系统中共享一种通用的回弹性模型，意即，某个组件的失败(参见 C.2.7)将在该系统的内部得到处理，并由一个组件委托(参见 C.2.5)给另一个组件。如果系统中的某系列组件的功能、资源(参见 C.2.14)或者失败模型都和系统中的其余部分相互隔离，将这一系列组件看成是系统的子系统将更有利于系统设计。

C.2.17 用户

我们使用这个术语来非正式地指代某个服务的任何消费者，可以是人类或者其他服务。